严昭柱 著

自然之美

自然之美

作家出版社

作者近照

作者简介

1945年生，重庆人，中共党员。1968年毕业于四川大学中文系，1981年毕业于中国社会科学院研究生院文学系美学专业，获文学硕士学位。先后在中国社会科学院文学研究所担任助理研究员、副研究员，在《文艺报》担任副主编、编审，在中共中央政策研究室文化研究局担任局长。中国作家协会会员，现任太湖文化论坛执行主席、秘书长和法人代表，太湖文化论坛终身常务理事。

著有《自然美论》《自然——人类心灵之母》等五部专著。在《人民日报》《求是》《光明日报》及国内多家报刊杂志上发表有关哲学、美学、文艺理论、文艺评论及思想理论等方面的各类文章二百多篇。因对发展我国文学艺术事业做出突出贡献，从1993年起享受政府特殊津贴。1999年发表的《当代科技革命与艺术格局变革》，获中共中央宣传部第七届“五个一工程”优秀理论文章奖。

目 录

前 言

本书是我关于自然美的两部专著的合集。一部是湖南人民出版社1988年10月出版的《自然美论》，一部是暨南大学出版社1990年12月出版的《自然——人类心灵之母》。后者原稿名为《自然美美育论》，根据出版社的建议，定名《自然——人类心灵之母》出版；收入本书，我恢复了原名，可能会更加明确地表现这两部著作的联系和区分。除了改正错别字，两部著作中的文字都保持了历史的原貌。

人皆有爱美之心。热爱美，欣赏美，让世界更加美丽，让自己的心灵和外表都更加美好，这是人类共同的天性，也是人类文明不断进步的不竭动力。然而，究竟什么是美，什么是美的规律，怎样依照美的规律去爱护美、进而创造美，却历来众说纷纭、莫衷一是。自然美问题，更是美学研究中充满分歧和论争的一个热点和难点。有人把自然美问题比喻为美学皇冠上的一颗光彩夺目的宝石。大概是在强调自然美研究的艰难程度和珍贵价值吧。

承认自然美客观存在，并对自然美加以逐步深入的研究，在中外美学史上都有悠久的传统和丰富的思想遗产。同时，也一直存在着这样那样地否定自然美的客观存在的学派和思潮。是非曲直似乎一直难以分辨。不过，分歧和论争有助于研究的深入，是通往真理的阶梯。实践则是帮助人们辨别真伪、检验真理、推动认识发展的准绳。而自然美问题恰恰不是一个书斋里凭空虚构出来的伪问题，而是一个与人们的实践紧密相连、甚至关系到人类生存发展的实实在在的真问题。在这里，实践的说服力终究会胜过任何称雄一时的所谓学术权威。

德国18世纪著名的诗人、哲学家、文学“狂飙突进运动”的代表人物弗里德里希·席勒提出过一个重要的美学论点，认为自然美与人的幸福和自由密切相连。席勒在他的《美育书简》中说道：“美的感性世界像道德世界一样，是最幸福的象征，在我之外的每一个美的自然物都是一个幸福的保证人，它向我呼吁：像我一样自由吧！”这个美学见解，既充满了诗意激情，又蕴含着深刻的哲理。

三百多年过去了，美国的海洋生物学家蕾切尔·卡逊痛心疾首地发出了一个质询：“当鸟儿不再歌唱，当溪流不再流淌，当绿色的森林被褐色的枯草取代，当蔚蓝的海洋被腐臭的鱼覆盖，我们是否还有能力生活下去？”蕾切尔·卡逊不是一位美学家，而是一位自然科学家，她所发出的上述疑问，实际上是一个充满了忧患意识和警世意味的呐喊：如果失去了大自然的美，人类还能生存下去吗？

蕾切尔·卡逊的呐喊不是危言耸听，而源于触目惊心的全球性生态危机日益加剧的严峻现实。各方面的统计数字和科学观察表明，全球性的环境污染、生态破坏、资源短缺愈演愈烈，每个国家乃至每个人都深受其害。它已经对全人类的生存和发展构成越来越严重而紧迫的威胁，也引起越来越多各界人士和广大公众的高度重视。

“在我之外的每一个美的自然物都是一个幸福的保证人”，然而，这些“幸福的保证人”正在陆陆续续离我们而远去。逐走它们的，恰恰是我们人类自己！而毁掉它们，就是在毁掉我们人类自身！

人们正在反思，反思我们过度消耗资源、破坏生态环境的传统生产方式，反思我们现在仍然奉为时髦的那种无节制地追逐物质享受、高消费高能耗高污染的生活方式，反思我们一度意满志得地高踞于自然之上、蔑视自然规律的思想观念和实践，以及这种实践对自然环境、对人的生存发展的短期及长期影响……

一句话，人们正在总结和反思自工业革命以来关于人与自然的关系的观念与实践，努力促进生产方式、生活方式、消费方式、思维方式等的全方位的根本性变革，推动人与自然和谐共生、人与社会和谐发展，迈向生态文明的新时代。

美学研究应当与时代发展的潮流相一致，应当对人类面临的时代课题、时代挑战做出正确的应答。为了全人类的生存和发展，为了子孙后代的幸福，让我们尊重自然、顺应自然、保护自然吧，让我们尊重和热爱客观的自然美，按照美的规律保护和利用自然美，按照美的规律去创造更加美好的新世界吧。

以上这些，就是本书出版的初衷。

严昭柱

2013年3月12日

自然美论

第一章　自然美是自然事物的美

任何一项科学研究，首先总得确定自己的研究对象，才有可能把研究工作逐步地引向深入。我们研究自然美，也必得首先说明自然美指的是什么，对自然美这个范畴的规定性和现实基础有一个比较确切的了解；同时，还应当初步回答自然美何以能够作为美学科学的研究对象。然后，我们才能逐步地进到关于自然美的根源、本质和规律的探讨。这个确定研究对象的工作，就是本章的任务。

第一节　自然美指自然事物的美

自然美究竟是指的什么呢？其实，这并不是一个玄虚深奥的问题，并不需要冥思苦想才能提出初步的回答。因为，自然美对于我们一般人来说，不但不是陌生的，而且还是非常熟悉的、十分亲近的。或许可以说，一谈起自然美，就会唤起我们一串串美好的回忆，就会使我们又沉浸在那亲身体验过的美感愉悦之中：或者是你曾登上高山之巅，遥望鲜红的朝阳从东方地平线冉冉升起；或者是你曾漫步大海之滨，俯身拾起那一个一个绚丽多彩的贝壳；或者是你曾在鲜花盛开的春天里，欢乐地追逐过五彩缤纷的翩翩蝴蝶；或者是你曾泛舟洒满月光的平湖上，任清风带走你缥缈的情思。或许还可以说，在你的一切美好的愿望中，一定也包括了畅游祖国名山巨川、饱览天下自然美景的夙愿。是到黄山去欣赏那奇松怪石，还是到洞庭去眺望那浩渺烟波？是乘船直奔神奇的巫山十二峰下，还是流连于明媚的桂林山水之间？是到南疆的西沙群岛去领略热带奇观，还是到北国的镜泊湖畔去漫游那幽美静谧的“地下森林”?

恩格斯在欣赏自然美时，曾经感受到“幸福的战栗”。他怀着激情写下了下面这段话：“你抓住船头桅杆的缆索，望一望那被龙骨冲开的波浪，它们溅起白色的泡沫，远远地飞过你的头上。你再望一望远方的碧绿的海面，波涛汹涌翻腾，永不停息。阳光从无数闪烁的镜子中反射到你的眼里，碧绿的海水同蔚蓝的镜子般的天空和金色的太阳熔化成美妙的色彩——于是你的一切忧思，一切关于人世间的敌人及其阴谋诡计的回忆，就会烟消云散，你就会溶化在自由的无限的精神的骄傲意识中。”① 恩格斯还说道：“当大自然向我们展示出它的全部壮丽，当大自然中睡眠着的思想虽然没有醒来但是好像沉入金黄色的幻梦中的时候，一个人如果在大自然面前什么也感觉不出来，而且仅仅会这样感叹道：‘大自然啊！你是多么美丽呀！’——那么他便没有权利认为自己高于平凡和肤浅的人群。在比较深刻的人们那里，这时候就会产生个人的病痛和苦恼，但那只是为了溶化在周围的壮丽之中，获得非常愉快的解脱。”② 恩格斯谈到的这种欣赏自然美获得的美感感受和感动，不也是我们一般人所曾亲身体验过的吗?

克鲁普斯卡娅曾经回忆她同列宁一道旅行的经历：“……在弗拉基米尔·伊里奇的背囊中装着一本沉甸甸的法文字典，在我的背囊中也装着一本同样很重的法文书，这本书是我刚刚收到准备翻译的。可是不论字典和书本在我们旅行的期间，连一次也没有翻开过；我们看的不是字典，而是常年积雪的大山，蓝色的湖泊，奇异的瀑布。这样消遣了一个月之后，弗拉基米尔·伊里奇的神经恢复了常态。好像用溪水擦洗身体，也洗掉了乱糟糟的小纠纷。”③ 自然美带给我们的乐趣，是何等的奇妙啊！也许正是由于这个缘故，我们才对自然美怀着亲切的依恋和热烈的向往吧?

① 《马克思恩格斯论艺术》，第4册，人民文学出版社1966年版，第393页。

② 同上书，第399页。

③ 转引自《列宁论文学与艺术》，人民文学出版社1983年版，第377页。

难怪一生广游江南名山，“西陟荆、巫，南登衡岳”的南朝著名画家宗炳，当他老病俱至，不得不回到江陵时，仍将“凡所游历，皆图于壁”，以使自己“卧以游之”[①]。南朝著名文艺理论家刘勰，也曾深有感触地说：“一年四季有不同的景物，不同的景物具有不同的形貌，感情由于景物而改变，文辞由于感情而产生。一张叶子掉下来尚且引起感想，虫声也能够引起情思，何况既有清风明月的良夜，又有丽日春林的朝晨呢！”[②]

由上我们不难概括说，自然界确实存在着许许多多美的自然事物，它们可以使我们获得极大的美感愉悦。而我们一般人所理解的自然美，就是指这些自然事物的美，具体地说，也就是指诸如日光霞霓、高山大海、草树鱼虫和飞禽走兽等等自然事物的美。此外，自然美也还包括由人的自然属性所规定的人的肌肤容貌、体形体态的美，亦即人体的美。这同样是我们一般人的常识。总之，所谓自然美就是指自然事物的美，这是我们对自然美这个范畴的内涵和现实基础的初步说明。

我们研究自然美，就是要以自然事物的美作为研究对象。那么自然美，或者说自然事物的美，果真能作为美学科学的研究对象吗？我们认为，当然是能够的。可是美学史上否认自然美或自然事物的美能够作为美学科学研究对象的，却也不乏其人。黑格尔就是一个重要的代表。

黑格尔曾说：“尽管人们常谈到各种自然美——古代人比现代人谈得少些——从来却没有人想到要把自然事物的美单提出来看，就它来成立一种科学，或作出有系统的说明。”“人们从来没有单从美的观点，把自然界事物提出来排在一起加以比较研究。我们感觉到，就自然美来说，概念既不确定，又没有什么标准，因此，这种比较研究

① 张彦远：《历代名画记》。

② 刘勰：《文心雕龙·物色》。译文根据周振甫《文心雕龙选译》中华书局1980年版，第180页。

就不会有什么意思。”他更进而得出结论说，必须“把自然美排除于美学范围之外”。①

但是，在我们看来，自然美或自然事物的美，不仅是十分确定的，而且是有客观标准的。在这里，我们有必要提出一个人所共知的现象，以对此作出初步的说明。关于这个现象，我们从马克思的一段话说起。

马克思在《评普鲁士最近的书报检查令》一文中说：“你们赞美大自然悦人心目的千变万化和无穷无尽的丰富宝藏，你们并不要求玫瑰花和紫罗兰散发出同样的芳香，但你们为什么却要求世界上最丰富的东西——精神只能有一种存在形式呢？我是一个幽默家，可是法律却命令我用严肃的笔调。我是一个激情的人，可是法律却指定我用谦逊的风格。没有色彩就是这种自由唯一许可的色彩。每一滴露水在太阳的照耀下都闪耀着无穷无尽的色彩。但是精神的太阳，无论它照耀着多少个体，无论它照耀着什么事物，却只准产生一种色彩，就是官方的色彩！……精神只准披着黑色的衣服，可是自然界却没有一枝黑色的花朵……”②

马克思的这段话，以强大的感染力和说服力，批判了普鲁士书报检查令所标榜的精神“自由”。那么，这种雄辩的力量是如何产生的呢？毫无疑问，这在很大程度上产生于马克思用自然事物的美来比较社会事物的美丑的方法。马克思指出，大自然的美千变万化、无穷无尽，自然界的花朵绚丽多彩、异香扑鼻，甚至连检察官也“并不要求玫瑰花和紫罗兰散发出同样的芳香”，检察官也不能不承认“每一滴露水在太阳的照耀下都闪耀着无穷无尽的色彩”。千变万化的美的自然事物，自然事物的无穷无尽的美，是如此千真万确、不容置疑，但是普鲁士书报检查令却只准精神“披着黑色的衣服”、只准具有“官方的色彩”，这种精神“自由”该是多么丑恶啊！这所谓自由不过是

① 黑格尔：《美学》，第1卷，商务印书馆1979年版，第5～9页。

② 《马克思恩格斯论文学与艺术》（一），人民出版社1982年版，第196页。

精神奴役罢了。

这里谈到的，是用自然事物的美来比较社会事物的美丑。而我国的美学传统多是用自然事物的美来品评艺术作品的美。如鲍照评谢灵运的五言诗："如初发芙蓉，自然可爱"[①]。又有人评鲍照的诗，说是："如饥鹰独出，奇矫无前。"[②]或者说是："高鸿决汉，孤鹘破霜。"[③]显而易见，如果"初发芙蓉"的美不是千真万确的，又怎么能启发人们去理解谢灵运五言诗的美呢？如果搏击长空的鹰、鸿、鹘的美不是千真万确的，又怎么能启发人们去理解鲍照诗歌的美呢？因此，这些现象就充分说明，自然美或自然事物的美，同社会美、艺术美一样，当之无愧地是美的领域中的一个重要部分；同社会美、艺术美一样，理所当然地应该成为美学科学的研究对象。

黑格尔提出，到他生活的时代，人们还"单从效用的观点，把某些自然事物提出来研究，成立了一种研究可用来医病的那些自然事物的科学，即药物学"，还根本没有关于自然美的系统理论。诚然，这个说法在一定程度上有它的真实性。但是并不能说，因为过去没有人对自然美作出"有系统的说明"，所以这种说明就根本不可能。

不用说，人类对自然事物的美的认识，与一切认识一样，是从不知开始的。恩格斯曾指出，直到十八世纪末，自然科学还只是搜集材料的科学，到十九世纪，才在本质上成为整理材料的科学。而"首先是三大发现使我们对自然过程的相互联系的认识大踏步地前进了"，使我们逐渐能够"依靠经验自然科学本身所提供的事实，以近乎系统的形式描绘出一幅自然界联系的清晰图画"。甚至"当费尔巴哈在世时，自然科学也还是处在剧烈的酝酿过程中"，虽然已经有了"三个决定性的发现——细胞、能量的转化和以达尔文命名的进化论"，然而"就是在自然科学家当中，当时有一部分人还对这些发现持有异

① 《南史·颜延之传》。

② 《敖陶孙诗评》。

③ 《艺圃折枝》。

议，有一部分人还不懂得充分利用这些发现。”[①]这些情况，当然也适合于黑格尔在世的时代。这就是说，当黑格尔说还“从来”没有人对自然事物的美作出“有系统的说明”的时候，甚至于对自然界作出“有系统的说明”的自然科学也还处在剧烈的酝酿过程中，自然哲学也还仍然在用臆想来补充缺少的事实，用纯粹的想象来填补现实的空白。在这种情况下，既然对自然界也还没有能够作出“有系统的说明”，那我们又怎么能够对没有关于自然美的“有系统的说明”大惊小怪，进而宣布这种系统说明永无可能呢？

并且，黑格尔所提出的只“从效用的观点”来研究自然事物而不“从美的观点”来研究自然事物，只有“药物学”而没有关于自然美的系统理论的观点，虽然一方面在一定程度上反映了部分历史事实，但是另一方面却反映了黑格尔的资产阶级偏见。马克思指出，与资本主义社会阶段相比，“以前的一切社会阶段都只表现为人类的地方性发展和对自然的崇拜”。而“以资本为基础的生产”，则“创造出一个普遍有用性体系”，“创造出社会成员对自然界和社会联系本身的普遍占有”。“只有在资本主义制度下自然界才不过是人的对象，不过是有用物”[②]。因此，按照资本主义社会的意识，也就不可避免地认为，对于自然事物只能“从效用的观点”而不能“从美的观点”来比较研究，只能有“药物学”而不能有关于自然美的系统理论。黑格尔肯定这个事实、坚持这种观点，恰恰说明他抱着的是资产阶级偏见。当然，这种资产阶级偏见，对于克服以前的把自然神化的现象是有积极意义的，但是它的“普遍有用性体系”却剥夺了整个世界、包括人类世界和自然界本身的意义，最终是要把它们变成资产阶级的上帝——金钱——的奴仆，因而终归是极其狭隘的。马克思曾对此进行批判说：“私有财产使我们变得如此愚蠢而片面，以致任何一个对象，只有当我们拥有它时，也就是说，当它对我们说来作为资本而存在时，

① 《马克思恩格斯选集》，第4卷，第241～242、226页。

② 《马克思恩格斯全集》，第46卷，上，第393页。

或者当我们直接享有它，吃它，喝它，穿戴它，住它等等时，总之，当我们消费它时，它才是我们的”。由于这种资产阶级的偏见，自然界沦为了“赤裸裸的有用性”，而“贩卖矿物的商人只看到矿物的商业价值，而看不到矿物的美和特性；他没有矿物学的感觉”。这又是“怎样一种绝对的贫困啊”！[①]那么，黑格尔认为关于自然事物只能有“药物学”、不能有自然美的系统理论，不同样是沦落到了“绝对的贫困”吗？当然是的。

还应当看到，虽然人类在相当长的一个历史发展阶段中，由于认识水平和社会实践的限制，对于自然和自然美都没有能够作出“有系统的说明”，但是随着人类的认识和实践的不断发展，人类对于自然和自然美的规律的探讨也在不断发展，从不知开始，经历着从知之甚少到知之甚多、从知之不够确切到知之比较确切的发展过程。黑格尔看不到这个认识运动的进展，只看到它曾经受到的历史局限，便宣布这个认识运动将无所作为。这当然是悲观的、片面的、错误的。事实上，随着人类社会生活实践和认识运动的发展，我们已经升华到一个历史发展的新阶段。现在，我们对于自然界的认识不仅已经相当系统，而且还在深度和广度上得到迅速发展。这就为对自然美作出“有系统的说明”提供了一个必要的前提。同时，在我们伟大的社会主义祖国，开发、保护、利用自然美的社会实践的发展，已经把对自然美作出“有系统的说明”作为一个历史任务提出来了。在这种情况下，研究自然美不仅具有认识的意义，而且具有实践的意义。反对把自然美或自然事物的美作为美学科学的研究对象，无论在认识上和实践上都没有什么立足之地了。

试看今日之中国，人们不仅到处欣赏美的自然事物，而且愈加自觉地深入探讨自然美的规律，开发自然美、保护自然美、利用自然美，按照自然美的规律使山长青、水长绿，美化我们生活的自然环

---

① 马克思：《1844年经济学—哲学手稿》，人民出版社1979年版，第77～80页。

境。这种对自然美的开发、保护、利用，已经越来越成为全社会的事业，诸如旅游开发、自然保护、健美运动、人体工程等等新型的科学事业形成了，它们对社会主义的物质文明和精神文明的建设发挥着越来越重要的作用。

譬如旅游开发事业的发展，就是以前任何历史阶段所无法比拟的。旅游开发的一项主要内容，是自然美的开发。在我国历史上，自然美的开发很早就有了。南朝刘宋王朝时，谢灵运每到一地便“肆意游遨”，“寻山陟岭，必造幽峻，岩障千重，莫不备尽”；甚至于带领数百随从，翻山越岭，“伐木开径”，以穷幽探胜。他还在会稽“修营别业，傍山带江，尽幽居之美”。[①]这一方面是由于他对自然美特别地热爱和有独到的领悟，另一方面也是由于他政治上失意，因而更加遣情于山水，以至兴师动众去探求自然美。这后一方面有如白居易所评论的那样：“通乃朝廷来，穷即江湖去。谢公才廓落，与世不相遇。壮士郁不用，须有所泄处。”[②]因此，谢灵运对自然美的探求，终究是他个人的事业。唐朝的柳宗元，发现了钴鉧潭西小丘的自然美。他大喜之后，“更取器用，铲刈秽草，伐去恶木，烈火而焚之”，使得“嘉木立，美竹露，奇石显。”由中而望，则“山之高，云之浮，溪之流，鸟兽之遨游”，尽收眼底[③]。显然，他是按照自然美的规律来探求、保护和突出自然事物的美的。然而“丘之小不能一亩”，柳宗元花四百金买到后，也只供他和几位朋友玩赏。不言而喻，谢灵运、柳宗元的作为远远不能与我们今天的开发自然美相比拟。例如近几年开发的张家界自然风景区，面积有二十万亩，“峰三千，水八百”，气象万千，绮丽迷人；而九寨沟自然风景区，面积则达九十万亩。它们是我国美丽的大自然中两颗光华熠熠的风景明珠。虽然由于交通不便等原因，它们的美一直罕为世人所知，似一位“养在深闺人未识”的美人，但

---

① 《宋书·谢灵运传》。

② 白居易：《读谢灵运诗》。

③ 柳宗元：《钴鉧潭西小丘记》。

是在国家的大力开发下，短短几年间便成了人们乐心向往、游客络绎不绝的旅游胜地。这不仅是美丽的大自然空前的幸运，而且也深刻地反映出我们人民当家做主的伟大国家把开发、保护、利用自然美自觉地提高到了全社会的事业的高度。

不用说，徜徉于美丽迷人的自然山水之间，人们的美感激情的潮水，从来舒卷着时代的风云、升华着审美的理想。曾几何时，秦始皇登泰山，封“五大夫松”，寄托着他叱咤风云、一统天下、皇图永固的理想和幻梦；“天下名山僧占多”，晨钟晚磬，袅袅香烟，又使多少名山大川成为佛家、道教的圣地；封建时代的文人骚客，面对美好的大自然，也往往是或者忧谗畏讥、作超尘绝世之想，或者披发狂吟、兴人生易逝之悲。唯有在我们伟大的时代，我们伟大的人民才更能识得庐山真面目，更充分地认识和欣赏自然美，不但在自然美欣赏中获得极大的美感愉悦和精神享受，而且更激发起乐观向上、奋发昂扬的豪情。处在新民主主义革命时期的毛泽东，他在欣赏壮美的北国风光时，曾经慨叹“江山如此多娇，引无数英雄竞折腰”，并抒发出“数风流人物，还看今朝”的豪情壮志。那么可以断言，在社会主义建设时期，自然美的开发、保护和利用，不仅会使祖国山常青、水长绿、人更美，而且会给意气风发的“四化”大业的创业者们带来战斗间歇中的精神享受，也能激起他们争取更大胜利的豪壮之情。从这个意义上，我们不难了解，自然美的研究，或对自然美的有系统的说明，是我们的美学的历史任务之一，并且会对社会主义的物质文明和精神文明的建设作出有益的贡献。而像黑格尔那样，认为只能“单从效用的观点”来对待自然事物，无疑是太狭隘了，它已经远远不能适应今天的认识水平和实践水平，它的理论命运早已经历史地终结了。

总而言之，自然美即指自然事物的美。自然美是美的领域中的一个重要部分，是美学科学不可回避的研究对象。对自然美作出有系统的说明，并在理论的深度和广度上进一步发展，无论对于认识与实践，都是完全必要而十分迫切的。

第二节　自然美是现实美的一个重要类别

既然自然美是指自然事物的美，那么自然美就是一种现实美。无论是天上的朝霞、彩虹，地上的黄金、碧玉，水中的珊瑚、珍珠，也无论是横空出世的巍巍昆仑，奔腾万里的滔滔长江，抑或是刚劲挺拔的青松，婀娜多姿的绿柳，搏击云天的雄鹰，列队远征的鸿雁，这些美的自然现象或自然事物都是现实中本来就存在的，都是客观存在的现实美。当然，现实美不只是自然美。正如一般所说的现实既包括自然界又包括人类社会一样，所谓现实美也既包括自然美又包括社会美。所以，现实美不只是自然美，自然美却是现实美的一个重要部分或重要类别。

不过有的美学家认为：自然美"只是社会生活的美的一种特殊的存在形式"，"是一种客观社会性的存在"[①]。也就是说，自然美既没有独立的品格，也不能离开社会生活而存在；自然美不是现实美的一个重要的部分或类别，而是社会美的一种特殊形式。按照这个说法，自然美就要被社会美所吞并；朝阳晚霞、春花秋月、青山绿水、飞禽走兽，统统都变成了"客观社会性的存在"，"只是"社会美的特殊形式。十分明显，这种见解完全混淆了自然美与社会美的区别，以社会美吞并自然美、否定自然美。这是我们所不敢苟同的。

实际上，自然美和社会美都是现实美，现实美即分为自然美和社会美。自然美和社会美既相互联系，又有显著的区别，无论在产生条件、性质、表现形态以及所引起人们的美感等方面都各有独自的特点，是不容混为一谈的。

自然美与社会美的显著区别，首先在于它们的产生条件不同。自然美是自然事物的美，是自然所产生的。也就是说，自然美的产生是

① 李泽厚：《美学论集》，上海文艺出版社1980年版，第28、61页。

受自然的必然所规定的，不必参与人力，也大都不参与人力，不依赖于人为的加工的。譬如巍峨雄壮的珠穆朗玛峰是很美的。它雄踞于“世界屋脊”之上，耸立云天，横空出世，高达8848米，为世界第一高峰。它不仅以冰川雪原、奇峰峻岭的美著称于世，而且怀抱着香草奇花、蕴藏着珍禽异兽，堪称自然美的集锦荟萃。而它的形成，就是由自然的必然所规定的。在遥远的年代，它的所在还是一片汪洋。后来由于地壳的变动，才随着喜马拉雅群峰一起隆出地面。即在一百万年以前，它仍不过五千公尺，与喜马拉雅群峰平起平坐。但它却以每年3毫米的速度向上增长，成就了今天的奇迹。对于它的这种运动变化，自然科学家可以通过研究用自然规律来解释，例如有的科学家就提出大陆漂移说，以亚细亚陆块与印度陆块的合并挤压来解释。总之，珠穆朗玛峰的崛起，是由不自觉的、盲目的自然的必然所规定的；珠穆朗玛峰丰富多彩的自然美，也是由自然的必然所产生的。又譬如桂林山水是很美的。桂林的山浑圆、对称而娟秀，桂林的水澄澈、碧透而静美，桂林还以它幽奇深邃的溶洞而名闻四海。桂林的这些自然美及其特点，与其石灰岩熔岩地貌的特点是分不开的，因而桂林的自然美的产生，也完全是自然的必然所规定的。

社会美的产生条件就不同了。社会美与社会事物的发展是分不开的，而社会事物及其发展都是由社会关系规定的，也即由社会的必然所规定，故社会美是社会关系的美。由于社会的实体是人，而人总是生活在一定的社会关系之中，所以社会是一切社会关系的总和，主要是人和人的关系，也表现为物和物的关系。因此，社会美作为社会关系美，它的具体所指或者是人的行为美，例如解放战争中董存瑞舍身炸敌堡、抗美援朝中罗盛教舍身抢救朝鲜儿童等美的行为；或者是人的性格美，例如古代的诸葛亮“鞠躬尽瘁，死而后已”、开创蜀汉事业的美的性格，现代的雷锋全心全意为人民服务的美的性格等等；或者是社会环境美，例如抗日战争中延安的美的社会环境等等。那么，从社会美的具体所指就可以知道，社会美的产生与自然美不同，它不能不参与人力，它就是指人的行为、性格或社会环境的美，因而当然是人为地产生的。

进一步说，自然美的产生受自然的必然所规定，而自然的必然则是不自觉的、盲目的；自然美的产生就是这种自然的必然的结果，美的自然现象或事物本身几乎都是无意识、无目的、纯粹受自然的必然支配而形成、发展的。社会美则不然。虽然社会美的产生根本上由社会的必然所规定，但是受社会的必然规定的人却不是消极的、被动的，而是积极的、能动的，是充满了思虑、激情和行动，追求着一定目的的。当这种积极性、能动性符合社会的必然，或者是在认识社会必然的基础上，发挥这种主观能动性，就可能产生社会美。也就是说，社会美的产生不仅在根本上受社会的必然所规定，而且有相对的自由性。在这个意义上可以说，社会美的产生既是必然的，又是自由的，是自由与必然的统一。前述雄伟的珠穆朗玛峰，秀丽的桂林山水，这些自然美的产生就只是自然的必然所规定的，既不存在什么上帝的安排，其本身也没有什么主观能动性、相对的自由性可言。但是社会美的产生则是自由与必然的统一。诸葛亮的美的性格的产生就是如此。早在诸葛亮出仕之初，他就在著名的“隆中对”里对当时战火连年、军阀混战的纷乱形势作了相当精辟的分析。他既看到了统一是形势发展的总趋势，又预见到在一段时期内可能出现“天下三分”的对峙局面，论述了蜀汉立国的根据和前途。在这种认识和政治理想指导下，他出佐刘备，戎马征战，指挥若定，演出了一幕幕威武雄壮的历史活剧，并且果然实现了他早年的建立“跨有荆、益，保其岩阻，西和诸戎，南抚夷越，外结好孙权，内修政理”[①]的蜀汉基业的理想。他鞠躬尽瘁，死而后已，为历史发展作出了一定的积极贡献。他的奋斗，可以说是相当自觉地根据于对历史的必然的一定程度的正确认识，充分发挥了主观能动性，终于建功立业、树德标风，具有一定的

① 陈寿：《三国志·诸葛亮传》。

社会美。而他的社会美的产生，就是自由与必然的统一，借用诸葛亮自己的话来说，也就是："非惟天时，抑亦人谋也。"[①]

自然美与社会美的显著区别，又表现在它们的性质各异上。如前所述，自然美主要是自然界实体事物的美，自然美的产生是受自然的必然规定的。因此，自然美就与自然的真是一致的，它的发展体现着自然的必然，是自然规律的表现。当然，真实的自然事物未必是美的自然事物，自然的必然所规定的发展未必都是美的自然事物的发展，自然规律也未必就是自然美的规律。不过又很明显，美的自然事物一定是真实的自然事物，美的自然事物的发展一定遵循着自然的必然，自然美的规律也一定是与自然规律根本一致的。叶燮曾经说道："彼美之绝世独立，果有法乎？不过即耳目口鼻之常，而神明之。"[②]叶燮这里所论的"美"，是人的自然美即人体美。他认为，美人之所以美，"不过即耳目口鼻之常，而神明之"。所谓"耳目口鼻之常"，在这里即是指耳目口鼻的正常的真实的形态，也就是指自然的真。仅有这种自然的真，未必就是自然的美。不过，自然的美不但不能离开自然的真，而且这自然的真还特别地显豁生动以至达到"神明"的程度。说得更明白些，自然美与自然的真根本一致，而且自然美就是自然的典型的真，是自然事物的具体形态的本质真理。

而社会美既然是人为地产生的，是自由与必然的统一，那么社会美就不仅与社会的真是一致的，而且与社会的善是根本一致的。同样地，善的未必都是社会的美的，但社会美却一定是善。因此可以说，社会美就是善，社会美的发展体现着社会的必然，是社会发展规律的表现。这当然与自然美很不一样。美的自然现象或自然事物，例如雨后的彩虹、艳丽的牡丹，它们本身无所谓善恶，它们的美丑与社会发展规律也了无干系。而社会的美丑就与社会的善恶根本一致，并且是由社会历史的发展规律和发展方向来决定的。有的美学家把自然美说

---

① 陈寿：《三国志·诸葛亮传》。

② 叶燮：《原诗·内篇（下）》。

成是社会美的特殊形态，这岂不是说，雨后的彩虹之所以美是与社会的善根本一致、雨后的彩虹符合社会历史的发展规律、推动了社会历史的前进吗？

自然美与社会美的显著区别，还有多方面的表现。对比来说，自然美主要是自然事物的实体美，反映在表现形态上，自然美就多偏重于自然事物的形式或现象方面，故它所给予人们的美感大都伴随着快感，观赏者往往是“一见如意”、“一见倾心”，获得伴随快感的美感愉悦。而社会美根本是社会的关系美，反映在表现形态上，无论是人的行为美、性格美，还是社会环境美，都偏重于社会事物的内容或本质方面，所以对社会美的认识往往需要联系社会历史进行理性的深思，社会美所给予人们的美感也往往是不伴随感性的快适，而更突出地给人以理性的收获、精神的满足。假如你去参观周总理的故居，或者在红岩村，或者在“周公馆”，追思这位无产阶级革命家的大智大勇、高风亮节、丰功伟业；假如你奔赴南疆，去慰问保卫伟大祖国的边防战士，和他们一起蹲“猫耳洞”、促膝谈心，了解到战士们的英雄事迹，感受到这新一代最可爱的人那宽阔的胸怀、崇高的感情、伟大的性格：难道你不为之思潮起伏、热泪盈眶，感到心灵的震撼、精神的升华、理性的满足吗？而如果你是在欣赏自然美，或者是流连于青山绿水、沉醉于平湖秋月，或者是观赏晶莹的珍珠、欣赏优美的人体，你所获得的美感虽在根本上是理性的，然而，其突出的特点不往往是“一见如意”、似乎不经思考便获得伴随着感性快适的美感愉悦吗？

总之，自然美与社会美的区别是十分明显的。虽然它们都是现实美，但它们却是两种不同类型的现实美，无论其产生条件、性质、表现形态以及所给予人们的美感，都有显著的不同。那种以社会美吞并、否定自然美的观点，实质上是把自然美排除于美学科学的范围之外。

当然，自然美与社会美又是有联系的。自然美与社会美的联系，从根本上来源于自然事物与社会事物的联系。事实上，社会事物原本就是从自然事物发展而来，人则是由自然过渡到社会的桥梁。这不仅是说，有些自然事物，人能够通过自己的劳动实践进行加工改造，或者使它们具有一定的社会性，或者竟使它们转化为社会事物，而且这还是说，人一方面在本质上是社会的，另一方面“我们连同我们的肉、血和头脑都是属于自然界，存在于自然界的”[①]，也就是说，就人是从自然界发展而来、并且“同自然界不可分离”而言，“人是自然界的一部分”[②]。

具体来说，人的劳动实践对自然事物的影响可能是多种多样的，大要不外乎两种情况。第一种情况是，有的自然事物经过人的劳动加工，可以转化为社会事物。例如金银作为矿物本来是自然事物，而通过人的劳动加工，把金银这种天然材料制作成货币如金币或银元，就已转变成社会事物，具有了社会本质和社会属性。又如天然的石头本来是自然事物，但通过人的凿制琢磨而成为建筑材料，如基石、石柱等等，也就转变成为社会事物，同时，这些由自然事物转变而来的社会事物，又往往在一定程度上葆有事物的自然形态，因而或有自然的基础，或有一定的自然性。这种自然形态如果符合自然美的规律，也仍然有自然美。例如金币或银元，虽是社会事物，但它的实体仍然葆有金银的天然光泽的美，也就仍有自然美。尽管这自然性不再是金币、银元等货币的本质方面，由这自然性而来的自然美也并不是金币或银元的美丑的根本方面，然而这种自然性和自然美仍是客观的存在，却是没有疑义的。此外，还有第二种情况。这就是有的自然事物经过人的劳动加工，虽有一定的社会性，但根本上仍是自然事物。树木是自然事物，人们按照树木的生活习性或规律，对它们加以培育，加以移植，使之成为防治风沙的防护林，或者城市街道的林阴树，它们就带有一定的社会性，但根本上却仍然是自然事物。这些自然事物虽有一定的社会性，但它们的实体却仍然是自然形态的东西，它们的

① 《马克思恩格斯选集》，第3卷，第518页。

② 马克思：《1844年经济学—哲学手稿》，人民出版社1979年版，第49页。

美也仍然是自然美。马克思曾谈道："贩卖矿物的商人只看到矿物的商业价值，而看不到矿物的美和特性。"[①]矿物的实体仍是自然形态的东西，它的美仍然是自然美；即使是商人手里的矿物，它的美也还是自然美。既然"贩卖矿物的商人只看到矿物的商业价值"，那么他当然也就看不到矿物的美和自然特性了。从上述两种情况来看，有的自然物如金银、石头、树木等等，可以经过人的加工改造，或成为社会物，或带有社会性。但是这当然不是说，一切自然物都必然地已经过了人的加工改造，不是社会物，即带社会性。例如我们当然不能说，一切金银、石头、树木，全都经过了人的加工改造，全都是有社会性的。事实上，虽然存在以金银制作的、在私有制社会中成为"颠倒黑白的力量"、"人尽可夫的娼妓"[②]的货币，但是也存在着未经人的加工的作为天然矿物的金银；虽然存在以天然的石头加工制作的各种各样的基石、石柱乃至城堡，但是也存在着如黄山的怪石、昆明的石林等等纯自然的石头；虽然存在经过人的加工的防风林、林阴道树、庭园树，但是也存在着天生自在的黄山松、长白山的茫茫林海、峨眉山天然的植物园等等。这些当然都是无可怀疑的客观事实。而这些事实都说明，正如自然事物与社会事物既相联系又相区别一样，自然美与社会美也既相联系又相区别。不能因为自然美与社会美有相联系的方面，就把它们混为一谈；同时，既要看到自然美与社会美的显著区别，又要看到自然美与社会美的联系及这种联系的复杂情况。

因此，我们研究美的自然事物，就既不是研究那些已经由自然事物转化成为社会事物的东西，重点也不是研究那些带有社会性的自然事物的美，而应当以纯自然产生的美的自然事物为研究对象。因为显而易见，某些自然事物经过人的加工既已转变为社会事物，那么这些社会事物的美丑在根本上就已属于社会美的范畴，应该在社会美范围来加以探讨。尽管这些社会事物仍有一定的自然基础或自然性，并且

① 马克思：《1844年经济学—哲学手稿》，人民出版社1979年版，第80页。

② 同上书，第108、106页。

这种自然基础或自然性也可能有美丑的问题，但是如果以它们为对象去研究自然美，那就只是考察了社会事物的自然基础的美学问题，而不是真正地研究了自然美。实际上，有的美学家谈到自然美，往往就以金银制成的货币为例证，结果呢，他们甚至连社会事物的自然基础的美学问题也没有谈到，却把社会事物与自然事物混为一谈，提出所谓“自然的社会性”，说什么一切自然事物皆有社会性、自然美在于自然事物的社会性等等。这样，他们当然不可能真正探索到自然美的奥秘。所以我们研究自然美，就不应当以社会事物为研究对象，这样才能避免理论上的混乱与失误。当然，社会事物的自然基础的美学问题，也是值得探讨的有一定意义的课题，但我们不能把这个问题与自然美问题简单地等量齐观。何况我们在对纯粹的自然事物的美学探索中也可以获得解决这个课题的一些重要启发。同样地，研究自然美也不宜以有一定社会性的自然事物为主要对象。这是因为，它们的情况相当地复杂，所涉及的问题并不只是自然美的问题。另一方面，关于它们的自然美问题，却可以从对纯粹的自然事物的美学探索中得到决定性的启发。

在这里，我们有必要倾听马克思的意见。马克思在《资本论》的序言中说：“物理学家是在自然过程表现得最确实、最少受干扰的地方考察自然过程的，或者，如有可能，是在保证过程以其纯粹形态进行的条件下从事实验的。我要在本书研究的，是资本主义生产方式以及和它相适应的生产关系和交换关系。到现在为止，这种生产方式的典型地点是英国。因此，我在理论阐述上主要用英国作为例证。但是，如果德国读者看到英国工农业工人所处的境况而伪善地耸耸肩膀，或者以德国的情况远不是那样坏而乐观地自我安慰，那我就要大声地对他说：这正是说的阁下的事情！”[①]我们无疑应当学习马克思这里所说的方法。也就是说，尽管在许多地方都有自然美的问题，我们

① 马克思：《资本论》，第1卷，人民出版社1975年版，第8页。

却有理由以纯粹的自然事物的美为研究对象，这样不但可能真正揭开自然美的奥秘，而且可以为进一步解决各种各样复杂的自然美问题提供最重要的依据。

根据上述理由，本书便主要以纯粹的自然事物的美为研究对象。换言之，我们将要研究的美的无机自然物、植物和动物，它们都是纯粹的自然事物，而不是经过人劳动加工的东西。不过，我们还要研究美的人体，人体的情况却有它的特殊性。因为人体只是人的自然性所规定的肌体，而人在本质上却是社会的。这种情况，显然与纯粹的自然事物如无机物、植物和动物有所不同。尽管如此，人体却是自然界长期发展的最高产物，人体美是最高形态的自然美。因而无论是对无机自然物的美的研究，还是对植物、动物的美的研究，都不能代替对人体美的研究。而且对于人的美来说，人体美虽然不是人的唯一的或根本的美，却是人的美的一个相当重要、不可或缺的方面。人体美具有根本不同于社会美规律的自然范畴的人体美规律，人体美不但不能被人的社会美所吞并和代替，而且对人的美有着不容忽视的重要意义。因此我们必须重视人体美的研究。只有理解了人体美，才能更确切地了解区别于人体美的人的社会美，进一步理解人的自然美与人的社会美的相互联系和相互影响，更进而探讨自然美向社会美的发展。

总之，自然美是现实美的一个重要类别，是美学研究的一个重要对象。我们将主要以纯自然物的美为研究对象，努力揭示自然美的独立品格和本质、规律。

为了进一步论证和确定本书的研究对象，我们还有必要论到自然美与艺术美的区别和联系。自然美与艺术美的区别本来是十分清楚的，但是有的美学家却说："自然美是雏形的艺术美，都是'艺术加工'的结果，在加工过程中，都一样要受到当事人的世界观、阶级意识等主观因素的影响。"[①]这种说法，就不仅混淆了自然美与艺术美

---

① 朱光潜：《美学中唯物主义与唯心主义之争》。《美学问题讨论集》，第6集，作家出版社1964年版，第250页。

的显著区别，而且是以艺术美吞并自然美、否定自然美。

自然美与艺术美的显著区别首先在于，自然美是自然产生的，艺术美却是由人创造出来的。刘勰说得好："云霞雕色，有逾画工之妙；草木贲华，无待锦匠之奇。夫岂外饰，盖自然耳。至于林籁结响，调如竽瑟；泉石激韵，和若球锽：故形立则章成矣，声发则文生矣。"① 他指出，云霞美丽的华彩胜过了画家设色的巧妙，草树开放姹紫嫣红的花朵也无需织锦匠人去施展手艺；林中协调的音响有如吹竽弹瑟，泉水淙淙又好像击磬打钟一样优美：这一切不是由于人的加工或创造，而是自然形成的。相反，绘画、织锦或音乐的美，却不是自然所形成，而为人工所创造。唐代张彦远也指出："阴阳陶蒸，万象错布。玄化亡言，神工独运。草木敷荣，不待丹碌之彩。云雪飘扬，不待铅粉而白。山不待空青而翠，凤不待五色而綷。"② 他们都很明白地说到了自然美与艺术美在产生条件上有显著的区别。

西方的达·芬奇也谈到过这种区别。达·芬奇说："远山颜色愈深，显得愈苍翠壮观。颜色最深的远山，显示最美的蓝色。山愈高，山林愈密，则山色愈深浓，这是因为这些树木很高，显示了不受天光照射的黑暗的底层。"③ 这就有力地说明，苍翠壮观的远山的美完全是自然形成的，并不是什么"艺术加工"的结果。远山那"最美的蓝色"，难道不是如达·芬奇说的那样，纯粹是由于自然的原因而造成的，倒是如有的美学家所说是"受到当事人的世界观、阶级意识等主观因素的影响"才形成的吗？如果真如此，那么远山那"最美的蓝色"，究竟是受无产阶级意识的影响所致，还是受资产阶级意识的影响所致呢？这种理论是难以成立的。达·芬奇又说："假如画家想见到能使他迷恋的美人，他有能力创造他们。假如他想看骇人的怪物，滑稽可笑的东西，或者动人恻隐之心的事物，他是他们的主宰与创造

① 刘勰：《文心雕龙·原道》。

② 张彦远：《历代名画记》。

③ 《芬奇论绘画》，人民美术出版社1979年版，第224页。

主。”[①]这又说明，与自然美不同，艺术美却是人创造出来的。达·芬奇这些见解与刘勰、张彦远显然是一致的，是正确的。任何尊重客观事实的人，都不难理解并会同意他们关于自然美与艺术美显著区别的上述见解。

进一步说，自然美与艺术美的显著区别还在于：自然美的产生与人的美的认识无关，而艺术美却是根据人的美的认识而产生的。

前面谈过，自然美是自然产生的，它体现着自然的必然。因此，自然美的产生与人的美的认识无关。也就是说，人的美的认识并不是自然美产生的前提或根据。清人袁枚写过一篇《游黄龙山记》，他不但赞叹黄龙山山形石态的奇美，而且对黄龙山自然美的形成也作了一番深思。他认为，这既不是造物者有意为之，也不是人跃上山顶作了巧妙布置，而是“气化推迁，偶然而生，适然而成”。他举例说，把熔化了的锡倾入水中，便能得到奇形怪状的各种小锡块。“其倾之于水也，余之所知也；其成如是形也，非余之所知也。问之锡，锡不知；问之水，水亦不知。”由此他进而推想分析黄龙山的自然美是这样形成的：“当玄黄未判时，元气茫茫，山水土沙，熔为一片，石如柔乳，羼和其间。一旦天浮，地沉，沙飞，水归，风从而荡揉之，星横于天，石横于地，诡状殊形，或开辟即露，或俟后人搜爬始露。历年愈久，蕴蓄愈厚，山形愈奇……惜人形体小，年寿促，后天地生，先天地亡，不能坐而待之，瞭然视之耳。然其理不过如是。”这也就是说，黄龙山自然美的产生是受不自觉的、盲目的自然的必然所支配，是大自然自身运动发展的结果，而无需等待“后天地生”的人去“艺术加工”，当然不是根据人的美的认识才形成的。

艺术美的产生则不然。艺术美既然是人创造出来的，它的产生就不能不根据于人的美的认识。叶燮有一段话说得中肯：“游览诗切不可作应酬山水语。如一幅画图，名手各自有笔法，不可错杂；又名山

① 《芬奇论绘画》，人民美术出版社1979年版，第24页。

五岳，亦各自有性情气象，不可移换……且天地之生是山水也，其幽远奇险，天地亦不能自剖其妙；自有此人之耳目手足一历之，而山水之妙始泄：如此方无愧于游览，方无愧乎游览之诗。”[①]这就一方面说明，名山五岳的自然美是自然所形成的，天地既不是有意识地创造自然美，也不可能有什么美的认识以“自剖其妙”；另一方面又说明，人却能认识自然美，能“泄”“山水之妙”，并根据对于美的认识而创造出艺术美来。因此我们说，只有获得对于现实美的认识，才能进行艺术美的创造，艺术美的产生，根据于人的美的认识。

或者有人会说，艺术并不都是如叶燮说的那样，只是再现已有的某一实际事物的美。它还可以创造想像中的艺术形象，它并不根据于对现实美的认识，而仅仅是为了表现自我。我们认为，虽然艺术美总是存在于具体的艺术作品之中，但是并非一切艺术作品都创造了艺术美。而且，虽然艺术创造总要在一定程度上表现自我，但是要创造艺术美，在根本上却不能不根据于美的认识。只有根据于美的认识，才能创造艺术美。所谓美的认识，可以是对某一实际事物的美的认识，也可以是美的理想。实际上，美的理想与对于现实美的认识并没有原则的区别，美的理想就是以对于现实美的认识为基础的，因而也还是对于美的认识。清代画家石涛曾说：“山川使予代山川而言也，山川脱胎于予也，予脱胎于山川也。搜尽奇峰打草稿也，山川与予神遇而迹化也，所以终归之于大涤也。”[②]石涛所说，根本上并不是要表现自我，而是要根据美的理想来创造艺术美。“搜尽奇峰打草稿”，则所创造的艺术美当然不是某一实际的奇峰的直接再现。同时，既然要“搜尽奇峰打草稿”，也还是要从对一个个实际的奇峰的美的认识开始，从现实美的认识开始，因而也还是要根据美的认识去创造艺术美。这个根本论点，显然与叶燮一致，并且是非常正确的。

但是，有的美学家却把自然美与艺术美都说成是“艺术加工”的

① 叶燮：《原诗·外篇（下）》。

② 石涛：《苦瓜和尚画语录》。大涤：石涛号大涤子。

结果，这就不仅是要以艺术美来吞并、否定自然美，而且其所谓“艺术美”也必然是落空的，并不是真正的艺术美。自然美是现实美的一个重要类别，否定自然美，也否定现实美，把一切的美都说成是“艺术加工”的结果，这样创造艺术美就不是从对于现实美的认识开始，不是根据于美的认识或理想，因而也就根本不可能创造出真正的艺术美来。

最后，自然美与艺术美不但在产生条件上有显著的不同，而且在性质上也各有特点。简单说来，自然美是自然事物的美，是现实美的一个重要类别，它体现着自然的必然。而艺术美却是存在于艺术作品之中的，它是美的一个重要部类，不同于现实美，与现实美相对待，它是人根据现实美（自然美和社会美）及其规律创造出来的。

当然，自然美与艺术美虽然是两种不同的美，却也有一定的联系。首先来说，既然自然美与艺术美二者都是美，就都符合美的规律。在这个根本意义上，它们是一致的。所以，自然美与艺术美不但可以并存，而且在许多有名的风景区我们还可以看到艺术美协调和加强自然美的实例。在一些险峻雄壮的名山，往往有美的建筑物建于山脊、峰顶或悬崖之上，泰山的南天门、九华山的天台寺就是如此。它们不仅自己具有建筑艺术的美，而且与周围大自然的美协调和谐，强烈地突出了泰山、九华山雄伟壮丽的美的形象特征。又比如有的摩崖雕刻，刻在适合的景点上。像庐山顶上的石松，本来就独步重霄，俯瞰茫茫云海，不仅那凌虚突兀的巨石、翘首云汉的青松很美，而且那空阔无涯的天际、变幻万千的飞云也很美，前人又在那巨石上刻下“纵览云飞”四个遒劲而飘逸的大字，不但与石松的自然美相协调，而且以自己的艺术美赞颂和加强了石松的自然美。不过也很明显，雄伟的泰山、九华山，或者庐山顶上的石松，这些自然美是自然产生的；而这里的建筑、雕刻等艺术美，则是人通过对景点自然美的研究、领会，按照美的规律，有意地为着协调和加强自然美而创造的。我们有时也看到，由于不尊重自然美、不研究自然美，一些秀丽幽静的美的自然风景区建起了高大粗笨的西式洋楼，破坏了整体的美，只能是大煞风景。

自然美与艺术美的联系还有各种丰富多样的表现。从根本说来，包括自然美在内的现实美，是艺术美创造的基础，而艺术美可以比现实美更强烈、更充分、更典型、更有感染力。丰富多彩的自然美为艺术美的创造提供了营养和土壤。在我国艺术史上有山水诗、山水画，在西方艺术史上则有人体的雕塑、绘画艺术，都充分地再现了自然美、反映了现实生活。此外，还有如盆景、园林等等，更是自然美与艺术美的一种有机的统一。

不待说，自然美与艺术美的丰富多样的联系，并不能成为混淆自然美与艺术美的理由。因为它们毕竟是两种不同的美，它们的联系只是两种不同的美的相互联系。不过，考虑到这种联系的某些复杂情况，我们同样应当说明，本书研究的自然美主要是纯自然地产生的美的自然事物。例如我们在讨论松树的美的时候，这松树是指天生自在的松树，而不是盆景中经过人为加工的松树。虽然盆景、园林中也有自然美的问题，但并不仅仅是自然美的问题，应当在另外的场合加以专门的研究。

综上所述，自然美是现实美的一个重要类别。它既不同于现实美的另一个重要类别——社会美，又不同于区别于现实美的艺术美。虽然自然美与社会美、与艺术美存在着这样那样的联系，但是混淆它们之间的显著区别，甚至以社会美吞并自然美，或以艺术美吞并自然美，从而把自然美排除于美学范围之外，则是不科学的。同时，考虑到自然美与社会美和艺术美的区别和联系，本书将主要以纯自然物及其美为研究对象，努力探索自然美的奥秘。

第二章　自然事物的美的根源

自然美是自然事物的美，它作为现实美的一个重要类别，是相当普遍的客观存在。那么，美的自然事物为什么是美的？自然美的规律是什么？这是我们要进一步探讨的课题。不过，要探讨自然美的规律，首先会碰到自然美的根源问题。我们首先需要思考：自然美的根源是什么？换言之，美的自然事物，它的美究竟从何而来？只有对这个问题作出明确的回答，才可能进一步探讨自然美的规律问题。

所以，自然美的根源问题是自然美研究中的一个重要的理论问题。可以说，一定的自然美根源论，在很大程度上决定着自然美规律论的性质和面貌。自然美根源论理应被视为自然美规律论的前提或先声。事实上，对于自然美的根源问题，从来的美学家所作的回答不仅很不一致，有些还是截然相反、针锋相对的。对于这些不同的回答，下面将分别加以讨论，从而提出我们的见解。

第一节　自然事物的美来自理念吗？

自然事物的美是从哪里来的呢？历来有不少美学家回答说：自然事物的美来自理念或神。这种见解在古代哲学中就为不少名家所主张，其影响也曾相当广泛和深远。虽然如恩格斯曾指出的那样，“在今天，在我们关于宇宙发展的概念中绝对没有造物主或主宰者立足的余地”[①]，但是甚至在二十世纪八十年代，也仍然有个别美学家为创

---

① 《马克思恩格斯选集》，第3卷，第386页。

世说的美学大声抗辩，为它争取尽可能广大的立足地。

那么，美学史上主张自然美根源于理念或神的美学家们，他们有什么依据提出这样的意见？这样的意见究竟是否正确，是否真有道理呢？下面，我们即对几位有代表性的历史人物及其理论见解，作一番简要的考察和讨论。

古希腊的柏拉图认为，一切人世间个别事物的美，都根源于“美的本体”，也即“美本身”。他说：“美本身”，就是“那如其本然，精纯不杂的美”；“这种美是永恒的，无始无终，不生不灭，不增不减的”；“这种美并不是表现于某一个面孔，某一双手，或是身体的某一其他部分；它也不是存在于……任何某一个别物体，例如动物、大地或天空之类”；“一切美的事物都以它为泉源，有了它那一切美的事物才成其为美，但是那些美的事物时而生，时而灭，而它却毫不因之有所增，有所减。”① 柏拉图还提出：这个成为一切美的事物的泉源的“美本身”，就是存在于“天外境界”的美的“真实体”，就是“上界里真正的美”，而“她在诸天境界和她的伴侣们同放着灿烂的光芒”。②

柏拉图的所谓美本身或美的本体、真实体，实际上就是他说的理念。他正是从理念论来提出他的美的根源论的。原来，柏拉图认为：“我们经常用一个理念来统摄杂多的同名的个别事物，每一类杂多的个别事物各有一个理念”。而且，“工匠制造每一件用具，床，桌，或是其他东西，都各按照那件用具的理念来制造”。但是，“那理念本身”却不能由一般工匠来制造，因而理应有一位“制造理念的那位工匠”——“神”。不过，“他只制造出一个本然的床，就是‘床之所以为床’那个理念，也就是床的真实体。”③ 根据这种客观唯心主义的哲

① 柏拉图：《文艺对话集》，人民文学出版社1963年版，第272～273页。

② 同上书，第121、125、126页。

③ 同上书，第67～69页。引文中的“理念”，原为希腊文eidos，朱光潜译为“理式”。但eidos的原意并不只是“形式”或“范形”，因此将朱译的“理式”均改为“理念”。以下准此。

学思想，柏拉图也就不但认为整个客观世界都是由理念派生的，而且认为一切美的事物都以理念为泉源。因此，柏拉图一再指出，一切美的事物，包括美的自然事物，都不是真正的美，而只是“上界事物在下界的摹本”①；美的事物时生时灭，而理念、“美本身”却无始无终，不增不减，是真正的美；人们对美的事物的欣赏，不过是因为“由神凭附”而“迷狂”，所以“见到尘世的美，就回忆起上界里真正的美”②。

其实，柏拉图所谓“理念”，原本就存在于“杂多的同名的个别事物”之中，就是具体的个别事物中的共性或普遍性。但是，正如马克思和恩格斯批评的那样：“思辨的理性在苹果和梨中看出了共同的东西，在梨和扁桃中看出共同的东西，这就是‘果实’。具有不同特点的现实的果实从此就是虚幻的果实，而它们的真正的本质则是‘果实’这个‘实体’。”③这段话道破了柏拉图的理念论以及自然美根源于理念的论点的认识论根源。

公元三世纪，普罗提诺（又译为普洛丁）以更神秘的形式继承、改造了柏拉图的理念论及其美学理论。关于自然美，虽然他曾谈到存在“美的颜色或物体”，谈到过阳光、黄金、午夜的闪电、星光、人体等等的美，但是他又指出，这些都不过是应该加以“鄙视”的“潜称美的事物”，因为它们的美“都是从本身以外得来的，掺杂的，不是原本的；它们这些美都是从完全真纯的美本身来的”。所以他强调说：“真正不幸的人不是没有见过美的颜色或物体，……而是没有见过唯一的美本身的人。”④总而言之，“神才是美的来源”，“物体美是由分享一种来自神明的理念而得到的”。⑤他的这个论点，与柏拉图

---

① 柏拉图：《文艺对话集》，人民文学出版社1963年版，第126页。

② 同上书，第125页。

③ 《马克思恩格斯全集》，第2卷，第71页。

④ 《西方美学家论美和美感》，商务印书馆1980年版，第62页。

⑤ 同上书，第57、54页。引文中的“理念”，朱光潜译为“理式”。

是根本一致的。

然而，“神明的理念”如何能为自然事物所“分享”呢？他以“流溢说”对此作了神秘的说明。他认为，最高的理念是世界的本原，这最高的理念也就是神。从神流溢出理性，从理性流溢出灵魂，而从灵魂则流溢出物质世界。由此，自然事物也就分享到“神明的理念”。值得注意的是，心灵在这里充当了重要的角色。普罗提诺说：“心灵一旦经过了净化，就变成一种理念或一种理性，就变成无形体的，纯然理智的，完全隶属于神”；“心灵由理性而美”，而心灵又“使物体能称为美”。[①]也就是说，虽然“神才是美的来源”，但把“神明的理念”分发给自然事物的却是心灵。这也就为他神秘的创世说提供了意识作用方面的论证。

他还从形式来对事物“分享”理念作了说明。他认为，物质“本无形式”，并与理念对立，因而是丑的。“等到理念来到一件东西上面，把那件东西的各部分加以组织安排，化为一种凝聚的整体，在这过程中就创造出整一性”，于是，“美就安坐在那件东西上面，就使那东西各部分和全体都美”。[②]但是，他所说的理念对事物加以组织安排、创造出整一性，其实不过是指“我们在物体中见出理念”，即：“我们一眼就把那分散的杂多部分抓住，加以组织，把它们纳入内在的不可分割的整一体”。[③]这显然是唯心主义的头脚倒置，是把事物的“整一性”在我们头脑中的反映，颠倒为我们的意识把“整一性”加给对象事物，并进一步说成是神的赋予。同时又很明显，他所谓事物“本无形式”、而有了“形式”即有了美的思想，也表现出鲜明的形式主义美学倾向。

普罗提诺还有一段话说：“单纯颜色的美是从克服物质中黑暗的那种形式以及本身就是理性和理念的那种无形体的光得来的。因此在

① 《西方美学家论美和美感》，商务印书馆1980年版，第57、58页。

② 同上书，第54页。

③ 同上书，第55页。

一切物体中，只有火是由它本身而美的……火从开始就有颜色，其他事物从火那里才得到形式和颜色的。火发光照亮事物，因为它是一种理念，比火低下的东西没有用光克服黑暗，就不能美，因为它们还没有分享到颜色的理念全体。”[①]在这段话里，多少也包含了一些客观事实。不过从根本上说，物质的光在这里已被神化为“来自神明的理念”，被当作了神光辐射的象征；神光所到，物体便分享理念而获得美。这种神学比附，充分体现了普罗提诺的自然美根源论的基本特色，说明他的美学思想和柏拉图一样是客观唯心主义的。

把理念作为自然美根源的，还有著名的德国古典哲学家黑格尔。他认为，整个世界都是由抽象的理念派生出来的，而“美就是理念的感性显现”。[②]当然，黑格尔的理念有它的特点，他曾批评说：“柏拉图的理念还不是真正具体的，因为单就它的概念和普遍性来了解，柏拉图就已把理念看作真实的。”而他认为：“理念如果没有现实存在而外在于现实存在，也就不是真实的理念。”[③]抽象的理念为了实现自己，便依据所谓观念性的主体性而进行运动，首先就要沉入生糙的大自然。于是，“理念的最浅近的客观存在就是自然，第一种美就是自然美”。[④]正是在这个意义上，理念成为自然美的根源。由此可见，黑格尔的理念与柏拉图的理念又是根本一致的，它们都是上帝的别名，都是脱离尘世、超越时空的精神实体。因此，他们的所谓自然美根源于理念的论点，也是根本一致的、同样错误的。

毫不奇怪，黑格尔不可避免地要鄙视和否定自然美，认为自然美不是真正的美。他让理念沉入自然界，在那里他又为理念安排了如此的命运：理念在自然事物和自然现象中徘徊不定，在它们的骚动和紊乱中寻找自己、实现自己，却发现它们对自己都不适合，于是，理念

---

① 《西方美学家论美和美感》，商务印书馆1980年版，第55页。

② 黑格尔：《美学》，第1卷，商务印书馆1979年版，第142页。

③ 同上书，第184～185页。

④ 同上书，第149页。

不得不要从生糙的自然存在中挣脱出来，而进到心灵的领域去。也就是说，他在让理念沉入自然的过程中，对自然界各种事物的美作了一番考察，而认为自然美普遍存在一种基本缺陷：它没有自意识；无论是它的概念、目的或灵魂性，还是它的外在的定性，即使在它的最高形式里也显得是受其他外在事物的侵袭和征服才造成的，而不是从它本身生发出来。黑格尔的结论是："就自然美来说，概念既不确定，又没有什么标准"，不是真正的美，因而必须"把自然美排除于美学范围之外"①；"我们的真正研究对象是艺术美，只有艺术美才是符合美的理念的实在"。②

诚然，黑格尔也承认自然美"独立自足地存在着"："鸟的五光十彩的羽毛无人看见也还是照耀着，它的歌声也在无人听见之中消逝了；昙花只在夜间一现而无人欣赏，就在南方荒野的森林里萎谢了，而这森林本身充满着最美丽最茂盛的草木，和最丰富最芬芳的香气，也悄然枯谢而无人享受。"③但是，他又认为自然美虽是自在的，却不是自为的，"既不是为它本身，也不是由它本身为着要显现美而创造出来的"；因此，"自然美只是为其他对象而美，这就是说，为我们，为审美的意识而美"。④也就是说，自然美是从属于我们的审美意识的，而任何没有自意识、在我们意识之外的独立自足的存在都不是真实的和真正美的。这又充分暴露出黑格尔的自然美根源论的谬误。

我们已经简略地评介了西方美学史上三个重要的美学家：柏拉图、普罗提诺和黑格尔。他们关于自然美根源问题的论点是根本一致的，都主张自然事物的美来自理念或神，是这种自然美根源论的三个突出的代表人物。从他们的理论可以看出，这种自然美根源论有着以下共同的倾向和特色。

---

① 黑格尔：《美学》，第1卷，商务印书馆1979年版，第5～6页。

② 同上书，第183页。

③ 同上书，第89页。

④ 同上书，第160页。

一、他们考察自然美的根源，都不是从客观存在的自然界出发，不是从现实的自然事物的美出发，而是从抽象的理念出发。柏拉图是如此，普罗提诺也是如此。黑格尔虽然批评过柏拉图的理念的抽象性和片面性，但是他自己也把自然界当作理念的外化，因此他的理论出发点就仍然是柏拉图式的抽象而片面的理念。正因为他们都从理念出发，所以他们都只能把自然美的根源归结为理念。这就说明，他们的自然美根源论是与他们的客观唯心主义哲学世界观根本一致的。他们都是西方著名的客观唯心主义哲学家，都认为理念是世界的本原，因而也必然认为理念是自然事物的美的根源。这不过是他们的客观唯心主义哲学在自然美根源问题上的必然结论。而他们的所谓理念，实际上只是“把认识的某一个特征、方面、部分”，即把认识所把握的对象事物的普遍性或共性，“片面地、夸大地、过分地发展为脱离了物质、脱离了自然、神化了的绝对”[①]。所以，不但他们的客观唯心主义哲学观是根本错误的，而且他们的自然美根源论也是根本错误的。当然，为了修补他们的客观唯心主义的自然美根源论，他们也曾或多或少地运用主观唯心主义的哲学武器，夸大意识的作用来证明自然事物的美来自理念。然而这也只能证明在颠倒物质与意识、客观与主观、美与美感的根本关系这一点上，他们与主观唯心主义者原是一致的。所以即使运用主观唯心主义的哲学武器，也丝毫不能补救自然美根源于理念这个论点的谬误。

二、他们关于自然美根源于理念的理论根据，归根结底，都不过是神秘的创世说。柏拉图对“制造理念的那种工匠”的信仰和关于对诸天境界的神秘“回忆”的论述，普罗提诺的“流溢说”，当是很显著的例子。而在黑格尔那里，创世说则“采取了比在基督教那里还要混乱而荒唐的形式”[②]。费尔巴哈就曾指出，黑格尔的理念“外化”为自然的理论，“只是用理性的说法来表达自然为上帝所创造、物质

① 列宁：《哲学笔记》，人民出版社1956年版，第365页。

② 《马克思恩格斯选集》，第4卷，第220页。

实体为非物质的、亦即抽象的实体所创造的神学学说"[①]。当然，我们并不是把柏拉图、普罗提诺、黑格尔等人的客观唯心主义的自然美根源论，仅仅看作是胡说一气。如列宁所指出："唯心主义就是僧侣主义。这是对的。""而僧侣主义（=哲学唯心主义）当然有认识论的根源，它不是没有根基的。"[②]实际上，他们的理论，特别是黑格尔的理论，也包含有某种合理内核。如果剥去其唯心主义的外衣，给予唯物主义的批判改造，也还是有意义的。这一点，在后面的章节，我们将具体论到。

三、他们都一致地鄙视自然美、否定自然美，不承认自然事物的美是真正的美。柏拉图要人们把美的自然事物"看得渺乎其小"、"卑卑不足道"[③]，强调自然美不过是"上界事物在下界的摹本"、仅仅是"幻相"[④]。而普罗提诺也说："自然事物本身也还各按一种蓝本抄袭出来的"；"心灵的伟大就在对尘世事物的鄙视"；"偶然遇见神的形象之后，就不再欣赏其他物体美"[⑤]。普罗提诺的这些思想有力地影响了中世纪欧洲的美学和审美趣味。在欧洲中世纪，美学既沦为宗教神学的奴婢，对自然美的鄙视和否定更变本加厉。有的把自然美视作上帝的作品，在露珠、鲜花、贝壳、羽毛中寻觅神学的证明，在天鹅、孔雀、胡桃、玫瑰中发现神的象征；如果谁忘记了上帝，把目光停留在这些美的自然现象和自然事物上面，谁就会被诅咒为蝙蝠或猫头鹰，在夜里才看得见，在夜里才会飞。有的则把自然美视作罪恶的渊薮，视作魔鬼施展的甜蜜的诱惑。他们躲进洞穴，过着禁欲、沉思的僧侣生活，"战战兢兢，闭目塞听，活像一个抽象的阴魂，漫游在鲜花盛开的大自然中"[⑥]。这种对自然美的彻底否定，正是彻底的宗教

① 《费尔巴哈哲学著作选集》，上卷，三联书店1959年版，第114页。
② 列宁：《哲学笔记》，人民出版社1956年版，第365页。
③ 柏拉图：《文艺对话集》，人民文学出版社1963年版，第271、273页。
④ 同上书，第126、274页。
⑤ 《西方美学家论美和美感》，商务印书馆1980年版，第60、57、62页。
⑥ 海涅：《论德国宗教和哲学的历史》，商务印书馆1972年版，第19页。

精神的表现，是宗教美学的自然美根源论的必然归宿。

黑格尔也是鄙视和否定自然美的，这方面的材料前面已经讲过了。不过，也应当看到，宗教神学的美学把自然美当作上帝的作品，或当作神的象征；而黑格尔一则把自然美排除于美学范围之外，二则宣称自然美只是“为我们，为审美的意识而美”[①]，强调“审美带有令人解放的性质”[②]，这毕竟是多少与传统宗教及其美学相歧异、相对立的，因而是有一定的进步意义的。当然，在历史上有一定进步意义的，未必都是正确的或完全正确的。实际上，“在黑格尔的体系中自然界只是绝对观念的‘外化’，好像是这个观念的退化；无论如何，思维及其思想产物即观念在这里是本原的，而自然界是派生的，只是由于观念的下降才存在”[③]。所以，黑格尔认为自然美只是“为我们，为审美的意识而美”，当然是错误的。并且，黑格尔究竟“拖着一根庸人的辫子”[④]，不但他对宗教的批判是极其温和的，而且他的思想体系也是与宗教神学相通的。例如他说道，“从心灵所创造的东西，比从自然所产生和形成的东西，神还能得到更高的光荣。因为不仅人有神性，而且神性在人身上比在自然中所取的活动形式也更高，更符合神的本质。神就是心灵”[⑤]。由此可见，黑格尔的否定自然美不仅是根本违背客观实际的，其在历史上的进步意义也还是有限的。

除了上述三位西方的客观唯心主义哲学家、美学家，我们还要谈到我国汉代的董仲舒。董仲舒继承了殷周以来唯心主义的天命观、天道观和战国以来的阴阳五行思想，系统地提出了天人合一、天人感应、君权神授和“三纲五常”等观点，建立了一套唯心主义的理论体系。他的美学观，实质上是一种宗教神学的美学观；而他的自然美根

---

① 黑格尔：《美学》，第1卷，商务印书馆1979年版，第160页。

② 同上书，第147页。

③ 《马克思恩格斯选集》，第4卷，第217～218页。

④ 同上书，第214页。

⑤ 黑格尔：《美学》，第1卷，商务印书馆1979年版，第37～38页。

源论，则认为自然事物的美来自有意志、有意识的“天”，质言之，来自神。

在董仲舒那里，整个自然界不过是“天”的创造物。他说：“天者，群物之祖也，故遍复包涵而无所殊，建日月风雨以和之，经阴阳寒暑以成之。”[①]“天”不仅创造自然界，而且还创造了人类社会，并且授权于君主，令其代行天意。例如“天以天下予尧舜，尧舜受命于天而王天下”[②]。另一方面，则是“王者上谨于承天意”，“承天意以从事”，“圣人法天而立道”[③]。而且“天”在授权于君主之后，还在监督着君主的得失，并以自然界的变化和灾异对君主或给以褒奖、或给以警示。如果“国家将有失道之败，而天乃先出灾害以谴告之；不知自省，又出怪异以警惧之；尚不知变，而伤败乃至”。所以，“天人相与之际，甚可畏也”。如果君主果然能够“上谨于承天意”，“天”就会加以鼓励。于是，“诸福之物，可致之祥，莫不毕至”，“阴阳调而风雨时，群生和而万民殖，五谷熟而草木茂。天地之间被润泽而大丰美”。故，“人之所为，其美恶之极，乃与天地流通，而往来相应”[④]。也就是说，自然事物是“天”创造的，自然事物的美不但根源于“天”，而且是“天”为了奖励君主而作的有意安排。君权神授，天尊地卑，美丽的大自然成了专制君主皇图永固的象征，成了“天不变，道亦不变”[⑤]的至高无上的天神的礼赞。

由上可见，董仲舒关于自然美的根源的思想，不过是他的神学目的论的组成部分。而所谓“天人合一”、“天人相通”、“天人感应”等等，都是他的神学目的论的理论支柱。同时又很明显，他的神学目的论及其自然美根源论，是直接为巩固、加强西汉王朝中央集权的专制

① 董仲舒：《举贤良对策》。
② 董仲舒：《春秋繁露·尧舜汤武》。
③ 董仲舒：《举贤良对策》。
④ 同上。
⑤ 同上。

统治服务的。恩格斯曾经指出："一个上帝如没有一个君主，永不会出现。支配许多自然现象，并结合各种互相冲突的自然力的上帝的统一，只是外表上或实际上结合着各个因利害冲突互相抗争的个人的东洋专制君主的反映"。[1]这段话也可以用来说明董仲舒的自然美根源论的实质和特色。就其实质而言，董仲舒与西方的柏拉图、普罗提诺和黑格尔在理论上是根本一致的；在直接为专制君主的统治提供神学论证这一点上，董仲舒则更为突出。

我国有的美学家对西方的柏拉图等人的客观唯心主义美学也进行批评、抨击，但是对董仲舒却为之抗辩，甚至提出"美同自然的人化分不开"[2]。这种理论现象与自然美的根源问题联系密切，我们有必要略加考察和讨论。

首先，这些美学家说："应当看到：第一，董仲舒所说的具有意志的天究竟不同于宗教，如西方基督教中所说的那个创造了人和万物的上帝，天对人的谴责处罚也只是降以各种灾难。董仲舒说天产生了人，把天比作人的'曾祖父'，这个产生人的过程实际上是一种自然的过程，就像父母生出子女一样，它同上帝创世说还不是一个东西。第二，董仲舒所说的天并不是同人相敌对的天，不是使人只感到恐怖可怕的一种力量；相反，这个天所具有的最重要的特性是'仁'。'天，仁也'。处处爱护人，无保留地和没有偏私地把德惠施及于万民是天的本性和使命。第三，在董仲舒所说的天的面前，人并不是必须绝对屈从渺小无力的东西；相反，人'超然万物之上而最为天下贵也。人下长万物，上参天地'。由此看来，董仲舒虽然赋予了天以意志感情，但这个'天'并不就是基督教、佛教中的那种人格神。从本质上看，这个'天，其实是董仲舒理想中的实行儒家仁政的君主的神化了的形象"。[3]

---

① 《马克思恩格斯通信集》，第1卷，人民出版社1957年版，第53页。

② 李泽厚、刘纲纪：《中国美学史》，第1卷，中国社会科学出版社1984年版，第485页。

③ 同上书，第486页。

这一大段话反复申论说，董仲舒所说的具有意志感情的“天”，“不同于宗教”，“不就是基督教、佛教中的那种人格神”、“同上帝创世说还不是一个东西”，云云。然而，所谓“创世说”，其根本实质是什么呢？前文曾经引述过列宁的意见，列宁直截了当地指出：“唯心主义就是僧侣主义。”“僧侣主义=哲学唯心主义”[①]。恩格斯更早就指出：“什么是本原的，是精神，还是自然界？”“哲学家依照他们如何回答这个问题而分成了两大阵营。凡是断定精神对自然界来说是本原的，从而归根到底以某种方式承认创世说的人（在哲学家那里，例如在黑格尔那里，创世说往往采取了比在基督教那里还要混乱而荒唐的形式），组成唯心主义阵营。凡是认为自然界是本原的，则属于唯物主义的各种学派。”[②]十分清楚，创世说根本上就是唯心主义，而唯心主义必然“以某种方式承认创世说”。具体来说董仲舒，即以为他辩护的某些美学家的认识来讲，他们也不得不承认董仲舒“赋予了天以意志感情”，说“这个天所具有的最重要的特性是‘仁’”，是董仲舒的“仁政理想”的神学化。那么，这样的“天”，难道不就是精神的化身吗？董仲舒以为这样的“天”创造了人和万物，难道不就是断定精神对自然界来说是本原的，从而承认了创世说吗？但是，某些美学家不从唯心主义与唯物主义的根本对立、基本分野来判断董仲舒是否承认并宣扬创世说，却说董仲舒那个“天”是“爱护人”的、是人的“曾祖父”，因而他不是创世说的宣传者。其实，不但董仲舒说他所谓天是爱护人的，而且基督教也宣传“上帝爱我，我爱上帝”，佛教同样宣传佛祖“普度众生”，难道它们因此就都“同上帝创世说还不是一个东西”了？

实际上，如上文所介绍过的，在董仲舒那里，“天”不但是万物的创造者，它还建造日月风雨使万物和谐协调，驱遣阴阳寒暑使万物生长成熟；而且授权人君代行天意，又时时控制自然界的变化，或降

---

① 列宁：《哲学笔记》，人民出版社1956年版，第365页。

② 《马克思恩格斯选集》，第4卷，第220页。

灾异，或至美祥，与人君流通感应，惩戒褒奖。如果说《圣经·旧约》所宣传的神，用六天时间创造天地万物，尚有第七天作为“安息日”，那么董仲舒的“天”则没有一刻的闲暇，是一个比基督教的神还要忙碌、勤勉的神。因此，它的信徒比基督徒有更充分的理由宣称：“上帝与我同在。”然而，某些美学家居然说董仲舒的“天”不是“人格神”、“不同于宗教”、不是“上帝创世说”。这显然是不符合董仲舒的理论实际的。

这些美学家又说：“尽管董仲舒赋予了天以某种意志、情感等人格色彩，但又仍然肯定人与自然的统一，只不过把那生出人和万物的自然界也加上‘仁’的道德属性。董仲舒所说的‘天’的种种变化，也基本上仍然符合自然规律的变化。从而他的天人合一说同美学的关系，就在于他看到了被人格化了的某些自然现象（天）的变化同人的情感的变化有一种相等同、相类似而相互对应的关系。”[①]因此，“从哲学上空前突出了人与自然的相互渗透和统一，这是董仲舒的一大贡献”[②]。

但是，事实并非如此。

诚然，董仲舒是讲过下面一类话，如：“天亦有喜怒之气，哀乐之心，与人相副，以类合之，天人一也。春，喜气也，故生；秋，怒气也，故杀；夏，乐气也，故养；冬，哀气也，故藏。”[③]他又曾说：“人生有喜怒哀乐之答，春秋冬夏之类也。喜，春之答也；怒，秋之答也；乐，夏之答也；哀，冬之答也。天之副在乎人，人之性情有由天者矣。”[④]然而董仲舒这些言论，根本不是说某些自然现象的变化与人的情感的变化“相等同、相类似而相互对应”，更不是“肯定人

---

① 李泽厚、刘纲纪：《中国美学史》，第1卷，中国社会科学出版社1984年版，第486～487页。

② 同上书，第496页。

③ 董仲舒：《春秋繁露·阴阳义》。

④ 董仲舒：《春秋繁露·为人者天》。

与自然的统一”。应当指出，在董仲舒之前，《淮南子》是肯定过人与自然的统一的。《淮南子》说：“头之圆也像天，足之方也像地。天有四时、五行、九解、三百六十六日，人亦有四支、五藏、九窍、三百六十六节。天有风雨寒暑，人亦有取与喜怒。”[①]董仲舒显然利用了《淮南子》提供的思想资料，却又加以唯心主义的改造和歪曲，有了根本的不同。因为《淮南子》所论并不认为天有意志情感，它所说的天就是指自然界，因而这是一种素朴的唯物主义。而董仲舒却认为天是有意志情感的造物主，它的喜怒哀乐造成了四季的变化，进而支配着人的感情，这就根本不是肯定人和自然的统一，而是论证造物主的存在，培植对“天”的宗教信仰，进一步说，也就是要人们笃信“君权神授”，对专制君主俯首听命罢了。

实际上，董仲舒天人合一论的基本内容，绝不是自然界与人的统一，而是天神与专制君主的统一，根本是为巩固、加强专制君主中央集权服务的。某些美学家极力否定这一点，说董仲舒“之所以抬出了天”，“其实就是要借助天的权威，以节制人君的绝对权势”[②]；“在实质意义上，董仲舒的尊天，可以说是为了尊人”[③]。这就从根本上抹杀了董仲舒天人合一论的“君权神授”的神学主题。当然，董仲舒在鼓吹君主的绝对权势的同时，也曾提醒君主要考虑专制统治的长远利益，缓和尖锐的阶级矛盾，但是这恰恰不是要削弱和动摇、而是要巩固和加强专制君主的中央集权。如果把这一点夸大和歪曲，说董仲舒天人合一论的根本目的在于“节制人君的绝对权势”，其基本出发点是“为了尊人”，那就不是实事求是的态度了。

这些美学家还说：“董仲舒反复申述的这种天人感应的说法并非他首次提出，但他对这种说法作了前所未见的全面扩展，并且明确提出了天与人‘以类合之’、‘同类相动’、‘类之相应而起’的原则观

① 《淮南子·精神训》。

② 李泽厚、刘纲纪：《中国美学史》，第1卷，中国社会科学出版社1984年版，第486页。

③ 同上书，第490页。

点。这种观点，似乎也可以被认为是我国古代思想家对于主体情感同外界事物的同形同构关系的某些素朴的观察和猜测”[①]；并且，“天人合一”、“天人感应”、“天人相通”——“这一原则实际是‘自然的人化’的思想在中国古代哲学和美学中的一种粗陋原始的和扭曲的素朴表现”[②]。他们更强调说：“事实上，美同自然的人化分不开，没有人与自然的统一就决不会有美。”[③]这就从董仲舒一直谈到了“自然的人化”。

那么，什么是“自然的人化”呢？根据他们上面的意见，“主体情感同外界事物的同形同构关系”算得上“自然的人化”。因此，“自然的人化”就是外界事物的情感化、意识化。而且董仲舒的天人合一、天人感应、天人相通，一句话，自然的神化，也算得上“自然的人化”的思想的“素朴表现”。那么，这样的“自然的人化”，不就是地地道道的唯心主义的论点，是要把整个自然界当作神的化身或者人的意识情感的化身吗？据说，美与这种“自然的人化”分不开。这也就是说，美是天神的创造，或者是人的心灵的创造。既然这些美学家有这种美学主张，也就难怪他们要为董仲舒抗辩了。

但是，“自然的人化”被加上引号，表明是引文，它是从哪里来的呢？据说“‘人化的自然’本见于马克思的早期著作”[④]，即《1844年经济学—哲学手稿》。那么，“自然的人化”的引语也应当是从那里得来的。但是查遍《1844年经济学—哲学手稿》，这“自然的人化”是根本没有的。

“人化的自然”也好，“自然的人化”也好，都不是马克思著作中的原话。的确，马克思谈到过“人化了的自然界”、“人的本质的对象化”[⑤]。

---

① 李泽厚、刘纲纪：《中国美学史》，第1卷，中国社会科学出版社1984年版，第488页。
② 同上书，第489页。
③ 同上书，第485页。
④ 李泽厚：《美学论集》，上海文艺出版社1980年版，第171页。
⑤ 马克思：《1844年经济学—哲学手稿》，人民出版社1979年版，第79、80页。

但是马克思这两个用语在根本上是针对资本主义私有制条件下“劳动的异化、外化”、“自然界的异化”以及“人的本质异化”这类事实而讲的，是指在共产主义条件下作为劳动对象的自然不再是与劳动者敌对的，它成为“人化了的自然界”，人的感觉和特性也随之获得解放和丰富的发展。因此，这根本不是抽象地讲什么“主体情感同外界事物的同形同构关系”，更不是讲什么自然界的变化与社会的人事、君主的政绩相互感应流通，或者什么君权神授、天神通过自然界来表达意志等等。由此可见，把董仲舒的天人合一论说成是马克思“自然的人化”思想的“素朴表现”，这是对马克思思想的一种错误理解。

主张自然美来自理念或神，没有正确地回答自然美的根源问题，在理论上、在事实上都是站不住脚的。今天，我们更不应以任何方式来肯定这种美学见解。

第二节　自然事物的美来自心灵吗？

关于自然美的根源问题，历来又有不少美学家认为：自然事物的美来自人的心灵。这种见解的具体说法多种多样，其影响至今还相当广泛。在这里，我们也对几位有代表性的人物及其理论见解作一番简要的考察和讨论。

首先来说十八世纪英国的休谟的有关见解。休谟不但一般地讲“美就不是客观存在于任何事物中的内在属性，它只存在于鉴赏者的心里”[①]，而且还说：“外在的美也只是决定于快乐”[②]。这也就是说，自然美根源于人的心灵。为什么呢？休谟认为：无论“自然的美和道德的美”，也无论“我们身体的美和外在对象的美”，总之，“凡有用的、美丽的、或令人惊奇的事物的共同点，只在于各自产生一种快

① 休谟：《论趣味的标准》，《古典文艺理论译丛》，第5册，人民文学出版社1963年版，第4页。

② 休谟：《人性论》，商务印书馆1980年版，第624页。

乐，此外再无其他共同之点”。例如美的动物，“在一种动物方面产生体力的那个体形是美的；而在另一种动物方面，则表示轻捷的体形是美的”[①]。既然在美的自然事物方面没有作为美的共同之点，既然共同之点“只在于各自产生一种快乐”，那么自然事物的美的根源便不应当从自然事物本身去寻找，而应当从发生“快乐”的主体、即人的心灵去寻找。因此，自然事物的美就来自心灵。

休谟也曾谈到：“我们总还得承认对象中有些东西是天然适于唤起上述反应的。”[②]他甚至还曾说：“任何一个对象就其一切的部分而论，如果足以达成任何令人愉快的目的，它自然就给我们以一种快乐，并且被认为是美的，纵然因为缺乏某种外在的条件，使它不能成为完全有效。只要那个对象本身的条件全部具备，那就够了。”[③]这样，他也就考虑到“对象本身的条件”。但是休谟是一个不可知论者，他在美学上也像在哲学上一样，“他不超出感觉，他停留在现象的此岸，不承认在感觉的界限之外有任何‘确实可靠的’东西”[④]。在他看来，美的自然事物本身没有作为美的“共同之点”，也即没有作为美的确实可靠的东西。因而，“对象本身的条件”终归不能成为美的根源。

休谟总结说：“美是一些部分的那样一个秩序和结构，它们由于我们天性的原始组织、或是由于习惯、或是由于爱好、适于使灵魂发生快乐和满意。这就是美的特征，并构成美与丑的全部差异，丑的自然倾向乃是产生不快。因此，快乐和痛苦不但是美和丑的必然伴随物，而且还构成它们的本质。”[⑤]就是说美虽然要涉及事物的某种秩序和结构，但这种秩序和结构不是由于它们本身，而是由于“我们天性

① 休谟：《人性论》，商务印书馆1980年版，第334～335页。

② 休谟：《论趣味的标准》，《古典文艺理论译丛》，第5册，人民文学出版社1963年版，第7页。

③ 休谟：《人性论》，商务印书馆1980年版，第627页。

④ 列宁：《唯物主义和经验批判主义》，人民出版社1960年版，第97页。

⑤ 休谟：《人性论》，商务印书馆1980年版，第334页。

的原始组织"、人类心灵感受的普遍性原则，因而"适于使灵魂发生快乐和满意"。所以美，包括自然事物的美，只是来自人的心灵。

主张自然美来自心灵的，还有著名的德国古典哲学家康德。康德对美的分析，是从人的主观条件出发，分析在怎样的主观条件下一物方能是美的。因此他对美的分析，只是对趣味判断即美感的分析。康德认为，"审美的规定根据"，"只能是主观的，不可能是别的"①。即是说，纯正的美感态度决定事物的美。他进一步提出了下述根本论点："美不是客体的一个概念，而趣味判断不是知识判断"②；美"实际上只应涉及形式"③。概括说来也就是："趣味判断只把一个对象的表象连系于主体，并且不让我们注意到对象的性质，而只让我们注意到那决定与对象有关的表象诸能力底合目的的形式。"④

康德又认为，他的这个根本论点所规定的美是自由美，而特别适合于许多自然美的情况。例如他说，"花是自由的自然美"，还有许多鸟类如鹦鹉、蜂鸟、极乐鸟，以及许多海产贝类等等，它们的美都"绝不属于依照着概念按它的目的而规定的对象，而是自由地自身给人以愉快的"⑤。康德解释说："一朵花究竟是什么，除掉植物学家很难有人知道。就是这位知道花是植物的生殖器的人当他对之作趣味判断时，他也顾不到这种自然的目的。"⑥所以像花、鸟类和贝类等的自然美，"它们并不表示什么，不是在一定的概念下的客体——而是自由的美"⑦。这就是说，"如果说一个对象是美的，以此来证明我有鉴赏力，关键是系于我自己心里从这个表象看出什么来，而不是系于这事物的存在。"⑧

① 康德：《判断力批判》，上卷，商务印书馆1964年版，第39页。
② 同上书，第134页。其中的"鉴赏判断"按原文改译为"趣味判断"，下同。
③ 同上书，第61页。
④ 同上书，第66页。
⑤ 同上书，第67页。
⑥ 同上。
⑦ 同上书，第68页。
⑧ 同上书，第41页。

所以在康德看来，自然美就不是来自自然事物本身，而是来自人的心灵。

康德的这种美学见解，有其深刻的哲学根源。众所周知，康德在哲学上虽然承认有“自在之物”存在，却认为它不可认识，因为他割裂了现象世界与“自在之物”，认为它们是有原则的区别的。因此他必然要停留在现象的此岸，否定表象中的客观内容。他在美学上主张美与概念无关，只涉及对象的形式，也正是要否定表象中的客观内容。又如他在论及“单纯的颜色”的美的时候，对于“颜色是以太的等时相续的振动，音响里的声音是波动着的空气”这一科学结论，就明确地表示：“我对此仍很怀疑着”[①]。既然他甚至不惜与自然科学对立，固执地否定我们表象中的客观内容，那么他就不可避免地认为自然美来自人的心灵。这个对他来说是必然的结论，是违背客观事实的。

其实，康德自己也感到他所谓的自由美极其狭窄，不要说广大的美的领域，就是自然美也不能都说成是自由美。所以他不得不提出附庸美的概念，认为一个人的美，或一匹马的美，是“以一个目的概念为前提的，这概念规定这物应该是什么，即它的完满性的概念，因此仅是附庸的美”[②]。那么，“美是那不凭借概念而普遍令人愉快的”[③]这个断语，即使按康德自己的理论逻辑来看，也不能完全适用于自然美。虽然康德仍要把附庸美的根源归于心灵，但是既然与概念有关的附庸美也不属于对象，他曾反复申论的美与概念无关、因而不属于对象的论点，就站不住脚了。同样，由于附庸美的提出，所以不但美“只应涉及形式”[④]不能成为全称判断，而且也不能说一切自然美都“只应涉及形式”了。

---

① 康德：《判断力批判》，上卷，商务印书馆1964年版，第62页。

② 同上书，第68页。

③ 同上书，第57页。

④ 同上书，第61页。

即使只以康德承认的“自由的自然美”而论，也是不符合事实的。譬如他曾说，不仅“一块草地的绿色”，而且“一切单纯的颜色，在它们的纯粹的范围内，被视为美”。他解释说，单纯的颜色乃是一种单纯的感觉样式，而“单纯的感觉样式的纯粹性，意味着这感觉样式的同形性不被别样的感觉扰乱和中断，并且仅是属于形式方面”①。在这里，他以先验的感觉样式作为美的根源，割裂自然美与自然事物之间的内在联系。但是任何“单纯的颜色”的美，难道能够离开实际的现实事物吗？当然不能。实际上，葱绿的草地、蔚蓝的天空、雪白的云海等等确实存在色彩美，但它们都根源于实际事物的属性条件，都是实际事物特性的生动表现，而不是脱离了实际事物的虚幻影像或单纯形式。另一方面，康德又否定“混合的颜色”的美，说“它们不是单纯的，人们没有评定它们应否称为纯粹或不纯粹的标准”②。但是，绚丽的朝霞、七色的彩虹，它们的美是否定不了的。即使有康德这样的唯心主义大家要否定它们的美，它们仍不失其为美，而且以它们的美给我们以极大的美感愉悦。

里普斯也主张自然美来自人的心灵。他认为，审美欣赏就是“对于自我的欣赏”。例如人体的美，真正美的不是对象，“不是单就它本身来看的人体形状，而是我在我自身里面感觉到和体验到的那种人体形状，那种强壮的、自豪的、自由的自我”③。因此任何对象如果有美，这美来自观赏者的“自我”。

但是，对象的美如何能来自观赏者的“自我”呢？对此，里普斯提出来一种“错觉的学说”④，即所谓“感情移入说”。里普斯在《空间美学和几何学、视觉的错觉》中提出，存在着一个“心理事实”，即我们对于外在事件加以“人格化”的解释，“亦即按照我们自己的

---

① 康德：《判断力批判》，上卷，商务印书馆1964年版，第62页。

② 同上。

③ 《古典文艺理论译丛》，第8册，人民文学出版社1964年版，第45页。

④ 同上书，第37页。

动作来测度客观事件的方式”。他进一步说：“这种向我们周围的现实灌注生命的一切活动之所以发生而且能以独特的方式发生，都因为我们把亲身经历的东西，我们的力量感觉，我们的努力，潜意志，主动或被动的感觉，移置到外在于我们的事物里去，移置到在这种事物身上发生的或和它一起发生的事件里去。这种向内移置的活动使事物更接近我们，更亲切，因而显得更易理解。”① 他认为，这虽然是一种错觉，但一切审美的喜悦却是由此发生的。在后来的著作里，他更指出，这种自我的情感移置到对象中去的错觉，使得“主客的对立却完全消除了。双方面只是一体。那单纯的意象不再存在了，代替它的是我的实在的感觉。正是由于这个缘故，我才感觉到自己在另一个人的动作里也在发出这个动作”②。以至于“我在蔚蓝的天空里面以移情的方式感觉到我的喜悦，那蔚蓝的天空就微笑起来。我的喜悦是在天空里面的，属于天空的。”③

显而易见，里普斯既承认所谓感情移入不过是“错觉”，又自称“感情移入说”是“错觉的学说”。这也就说明，虽然在观赏者主观上认为自我的感情移置到外物上去了，但在实际上却并没有这样真的到外物上面去。因此，所谓“感情移入说”也就并不能证明自然事物的美果真是来自观赏者“自我”。而且，里普斯所论实际上始终没有超出美感的范围。他的论述不过是说：“审美欣赏的原因就在我自己，或自我。”④ 但是这个论点既割断了美的客观事物与美感的内在联系，又把美感仅仅归结为自我的错觉，显然是完全错误的。

克罗齐又以所谓“直觉说”为根据，主张自然美根源于人的心灵，因此它不是真正的美，或者说，自然美根本不存在。

克罗齐认为：“在直觉界线以下的是感受，或无形式的物质。这

① 《古典文艺理论译丛》，第8册，人民文学出版社1964年版，第40页。

② 同上书，第49页。

③ 同上书，第54～55页。

④ 同上书，第43页。

物质就其为单纯的物质而言，心灵永不能认识。心灵要认识它，只有赋予它以形式，把它纳入形式才行。”“物质，经过形式打扮和征服，就产生具体形象”，“在心灵面前化成对象”；因为在这里打扮、征服物质的那个形式，“它就是心灵的活动”[①]。克罗齐又说：“直觉或表象，就其为形式而言，有别于凡是被感触和忍受的东西，有别于感受的流转，有别于心理的素材；这个形式，这个掌握，就是表现。直觉是表现，而且只是表现。”[②]克罗齐还说，必须“把直觉的特性都付与艺术作品，也把艺术作品的特性都付与直觉”[③]。因此，“美学只有一种，就是直觉（或表现的知识）的科学。这种知识就是审美的或艺术的事实”[④]。总之，在克罗齐看来，直觉即表现、即艺术、即美，“美不是物理的事实，它不属于事物，而属于人的活动，属于心灵的力量”[⑤]。

从上述“直觉说”出发，克罗齐便认为，自然美绝非“在自然中天生成就”，而“只是审美再造中的一个事件”。因为，“凡是不由审美的心灵创造出来的，或是不能归到审美的心灵的东西，就不能说是美或丑。把自然事物安排在完整的形象里，才有审美的作用”[⑥]。既然“每人根据自己心中的表现品去看自然的事实”[⑦]，那么美就不属于“自然的事实”，而属于“心中的表现品”。所以他认为，根本就不存在什么自然美；自然美这个名称与“美的事物”或“物理的美”一样，“在字面上是离奇的”，它只能作为“审美再造中的一个事件”的一种“简称”[⑧]来运用；而在这种意义上所说的“自然美”，当然来自心灵。

克罗齐的“直觉说”显然是主观唯心主义的谬论。实际上，我们

---

① 克罗齐：《美学原理》，外国文学出版社1983年版，第11～12页。

② 同上书，第18页。

③ 同上书，第19页。

④ 同上书，第21页。

⑤ 同上书，第107～108页。

⑥ 同上书，第115页。

⑦ 同上书，第109页。

⑧ 同上书，第108页。

不是根据什么“心中的表现品”去看“自然的事实”，相反，客观的自然事物是我们关于它的认识的泉源；自然事物不是什么“无形式的物质”，而所谓心灵的形式原不过是事物的形式的反映。因此自然事物及其美，都不是什么心灵的创造。

以上，我们简要地介绍和评论了西方美学史上休谟、康德、里普斯、克罗齐的有关理论见解，可以见出主张自然事物的美来自心灵的美学见解有如下共同的理论倾向和特点。

一、无论休谟、康德、里普斯和克罗齐，他们在考察自然事物的美的根源时，实际上都集中地分析讨论在怎样的主观条件下一物被认为是美的，或者说，对自然美的美感是怎样发生的。因此，他们都不是从现实的自然事物的美出发，而是从人的美感出发。而且他们在哲学上都是主观唯心主义者，又大多不同程度地主张不可知论，所以他们都不能将感觉论贯彻到底，不承认人的感觉是客观事物的主观映象，否定人的表象中的客观内容。这样，他们的美感就没有客观的源泉，而是以“自我”为根据的，他们的理论也就局限于美感范围，并且以美感决定对象的美，因而必然得出自然事物的美来自人的心灵的结论。由此可见，所谓自然事物的美来自心灵的论点，乃是主观唯心主义哲学在美学中的运用，就是主观唯心主义美学的自然美根源论。

二、因此，他们在具体阐述自然美来自心灵时，都不可避免地遇到难以克服的困难，其理论论证都是站不住脚的。他们或者说对象的结构形式与人类心灵结构有一种天然的适应，或者说人以先验的心灵结构赋予对象以美，或者说心灵以先验的形式征服物质、创造出对象的形象，或者说人基于对象的功用、通过想象而获得美感，或者说美感纯由错觉而起、对象亦由错觉而加进了美，等等。这些说法都是对于美感决定对象的美的解说，实际上却始终停留在美感的范围，不过是往往把美与美感相混淆、以美感为美罢了。所以，它们不能说明自然美从何而来，终归是否定自然美的存在的。而且，即以美感而论，尽管有的也或多或少地提供了批判继承的思想资料，但从根本上说，都没能对它作出科学的说明。

三、尽管他们要否定自然美，却往往这样那样地悄悄给自然事物本身的美留下某种余地。例如休谟承认美也要“对象本身的条件”，康德说“关于自然界的美我们必须在我们以外去寻找一个根据”①，里普斯说“审美总要有美的事物作为对象”②等等。当然，这并没有改变他们的理论实质，因为他们到底以主观吞并了客观，以心灵吞并了自然事物的美。但他们这些言论说明自然美毕竟是否定不了的；并且，他们从形式方面对自然美的某些思考，也不是完全没有任何意义的，这一点我们在后面还要谈到。

总之，主观唯心主义美学的自然美根源论是根本错误的、站不住脚的。自然事物的美不是来自人的心灵。但是在我国，也有美学家如朱光潜先生是赞同这种主观唯心主义美学的自然美根源论并为之辩护、为之宣传、努力扩大它的思想影响的。因此在这里，我们也有必要对朱光潜的有关理论加以重点介绍、评论。而朱光潜的有关思想、言论，有前期与后期之分。下面先讲他的前期言论。

朱光潜对他的美学方法作过清楚的说明。他强调：“因为事物能引起美感经验才能算是美，我们必先知道怎样的经验是美感的，然后才能决定怎样的事物所引起的经验是美感的。”③其实，这个方法就是上文所说的唯心主义美学以美感来决定美、规定美的方法。

那么，他是怎样理解美感的呢？他认为：“所谓美感经验，其实不过是在聚精会神之中，我的情趣和物的情趣往复回流而已。”④“在美感经验中，我和物的界限完全消灭，我没入大自然，大自然也没入我，我和大自然打成一气，在一块生展，在一块震颤。”⑤“真正的美

① 康德：《判断力批判》，上卷，商务印书馆1964年版，第85页。

② 《古典文艺理论译丛》，第8册，人民文学出版社1964年版，第43页。

③ 《朱光潜美学文集》，第1卷，上海文艺出版社1982年版，第9页。

④ 同上书，第463页。

⑤ 同上书，第18页。

感经验都是如此，都要达到物我同一的境界，在物我同一的境界中，移情作用最容易发生，因为我们根本就不分辨所生的情感到底是属于我还是属于物的。”[1]他所说的“移情作用”，即是里普斯所谓感情移入的错觉。朱光潜还为之辩护说：“从理智观点看，移情作用是一种错觉，是一种迷信。但是如果把它勾销，不但艺术无由产生，即宗教也无由出现。”[2]这就说明，朱光潜所认为的美感的“物我同一的境界”，其实是一种非理智的错觉或迷信；他就是要以这种非理智的错觉去决定美。

于是，朱光潜提出：“美不仅在物，亦不仅在心，它在心与物的关系上面”；“世间并没有天生自在、俯拾即是的美，凡是美都要经过心灵的创造。”[3]对这个根本论点，他阐释说：“美感起于形象的直觉。形象属物而却不完全属于物，因为无我即无由见出形象；直觉属我却又不完全属于我，因为无物则直觉无从活动。”这里“见出形象”的“见”，就是直觉，就是创造。所以，“每个形象都是每个人凭着人情创造出来的，每个人所见到的古松的形象就是每个人所创造的艺术品”[4]。由此可知，在朱光潜看来，美=艺术=形象=创造。显然，这与克罗齐的公式——直觉=表现=艺术=美——在根本上没有什么差别，实际上就是从克罗齐那里接过来的。所以朱光潜说美“在心与物的关系上面”，似乎显得调和公允、不偏不倚，实质上却是主张“凡是美都要经过心灵的创造”，主张美来自心灵，完全是主观唯心主义美学的论调。

由此，朱光潜必然主张自然美来自心灵，并且追随克罗齐而否定自然美的存在。朱光潜在介绍克罗齐的思想时说：“因为有表现然后有美，而表现不是‘物理的事实’，所以克罗齐联带地否认‘自然美’

① 《朱光潜美学文集》，第1卷，上海文艺出版社1982年版，第464页。
② 同上书，第465页。
③ 同上书，第153页。
④ 同上书，第485页。

的存在。自然无所谓美不美。你觉得它美，因为它在你的心中现出一个情趣饱和的意象，这就是说，它已经变为艺术。”[①]而朱光潜自己的见解则与克罗齐一模一样，他说：“美是创造出来的，它是艺术的特质，自然中无所谓美。在觉自然为美时，自然就已告成表现情趣的意象，就已经是艺术品。”[②]他又说：“其实‘自然美’三个字，从美学观点看，是自相矛盾的，是‘美’就不‘自然’，只是‘自然’就还没有成为‘美’……如果你觉得自然美，自然就已经过艺术化，成为你的作品，不复是生糙的自然了。”[③]

由上可知，朱光潜的前期的美学思想以及自然美根源论，是由克罗齐、里普斯等人的见解凑成的，是以“直觉说”和“感情移入说”为支柱，主张美包括自然美来自心灵、并否定自然美的存在的，因而完全是主观唯心主义的。朱光潜自己也曾说，他解放前的美学思想“来源当然是资产阶级的，立场基本是唯心主义的”[④]。那么他的后期美学思想以及自然美根源论，情况又如何呢？

在后期，朱光潜曾多次声明：从前所说“凡是美都要经过心灵的创造”，结果，这“美究竟还是在直觉，还是在心，还是主观的了”，这确实是“没有跳出克罗齐的主观唯心论的掌心”。但是，如果把话只说到“美不仅在物，亦不仅在心，它在心与物的关系上面”为止，那么，“我至今对于美还是这样想，还是认为要解决美的问题，必须达到主观与客观的统一”[⑤]。他又说：“我确实主张美离不开意识活动”，但“我从来没有否定客观条件的重要性，从来没有说单从意识活动里就可以找到美（这是我解放前的错误的看法），而且明确地说，美是主观与客观的统一，是人根据客观现实进行改造制作工夫所

① 《朱光潜美学文集》，第1卷，上海文艺出版社1982年版，第163页。

② 同上书，第153页。

③ 同上书，第487页。

④ 同上书，第18页。

⑤ 《美学问题讨论集》，第1集，作家出版社1957年版，第22页。

得的结果”[①]。归结起来，朱光潜所要声明的是：他已由主张美在于“心灵的创造”而转变为主张“美是主观与客观的统一”了。

所谓“美是主观与客观的统一”，果真与美在“心灵的创造”的论点有原则的区别吗？非也。事实上，就是主张“美是主观与客观的统一”的朱光潜先生明确地说：“美不但是客观世界的反映，也是主观世界的反映。这就是说，美是社会意识形态性的，有时代性、有民族性、有阶级性的。”[②]原来，所谓“主观与客观的统一”中的“客观”，并不是客观世界，而是“客观世界的反映”。那么，他所谓“客观”不就仍然是主观吗？所谓“主观与客观的统一”，不过是主观与自己的统一。于是，美就成为“社会意识形态性的”了。于是，“美是主观与客观的统一”仍然是将美归结为意识，这与美是“心灵的创造”的观点并没有原则的区别。

朱光潜又说：“我认为艺术与美的问题不仅仅涉及‘存在决定意识’所产生的认识，而是要涉及‘存在决定意识，而意识又反过来影响存在’这一个完整不可分割的辩证发展过程”[③]。在这里，他似乎是在以马克思主义哲学的立场来思考美的问题。但是，第一句话就断定美是“认识”，第二句话仍然断定美是意识的产物、是意识影响存在的结果。这就说明，他的前提仍然是美在“心灵的创造”。他对马克思主义哲学的基本原理的理解是不正确的。事实上，尽管朱光潜努力将自己的理论改造成一种新的面貌，然而他的基本理论依然故我，还是过去主观唯心论那一套。譬如他说：“美感的对象是‘物的形象’而不是‘物’本身。‘物的形象’是‘物’在人的既定的主观条件（如意识形态、情趣等）的影响下反映于人的意识的结果，所以只是一种知识形式……美感的对象不是自然物而是作为物的形象的社会的物。”[④]

① 《美学问题讨论集》，第6集，作家出版社1964年版，第240页。

② 同上书，第230页。

③ 同上书，第228页

④ 《美学问题讨论集》，第2集，作家出版社1957年版，第20～21页。

这不就是当年的“形象直觉说”的老调重弹吗？由此而联系到自然美，他过去是说：“每个形象都是每个人凭着人情创造出来的，每个人所见到的古松的形象就是每个人所创造的艺术品”[①]。他现在同样说：“不同的人不会见到不同的西施，具有不同的美感吗？”[②]他过去是说：“美是创造出来的，它是艺术的特质，自然中无所谓美。”[③]他现在同样说：“艺术是一种社会意识形态，是反映现实的，所以它是第二性；美是艺术的一种必不可少的特性，它也只能像它所属的实体一样是第二性的……美既是第二性的，它就不能单纯地是自然界客观事物本有的一种属性，自然物只能有美的条件，这客观条件与主观方面意识形态的条件两对立面的矛盾统一之后才能有艺术，有了艺术才能有艺术所特有的美。”[④]他过去是说：“如果你觉得自然美，自然就已经过艺术化，成为你的作品，不复是生糙的自然了。”[⑤]他现在同样说：“我认为自然美是雏形的艺术美，都是‘艺术加工’的结果，在加工过程中，都一样要受到当事人的世界观、阶级意识等主观因素的影响。”[⑥]综上所述，从关于美的根本论点来讲，所谓“美是主观与客观的统一”和过去的“美不仅在物，亦不仅在心，它在心与物的关系上面”完全一样，其“客观”、其“物”都被主观或心所吞并，其根本思想都是一个公式，即“美=艺术=形象=创造”，因而都不过是说美是意识，也即是说美是“心灵的创造”。就其自然美根源论来讲，无论后期或前期，都认为自然美来自心灵，也都是否定自然美、以艺术美吞并自然美的。因此应该说，朱光潜后期的美学思想以及自然美根源论，和前期一样是主观唯心主义的。

② 《朱光潜美学文集》，第1卷，上海文艺出版社1982年版，第485页。

② 朱光潜：《谈美书简》，上海文艺出版社1980年版，第91页。

③ 《朱光潜美学文集》，第1卷，上海文艺出版社1982年版，第153页。

④ 《美学问题讨论集》，第4集，作家出版社1959年版，第30页。

⑤ 《朱光潜美学文集》，第1卷，上海文艺出版社1982年版，第487页。

⑥ 《美学问题讨论集》，第6集，作家出版社1964年版，第249～250页。

我们还有必要对朱光潜的所谓“马克思主义美学的实践观点”作简要的评述。因为这个说法显然是他在前期所没有的，而他在后期不但对此大谈特谈，还强调说：“实践观点是马克思主义以前所没有的，是马克思主义所特有的。”[①]那么，朱光潜的美学理论是否也因此而转变为“马克思主义美学”了呢？这是应该考察的。

首先，朱光潜所理解和运用的“马克思主义美学的实践观点”究竟是什么呢？他说：“审美活动本身不只是一种直观活动，而主要的是一种实践活动”，“在生产劳动及审美过程中”，“人‘人化’了自然，自然也‘对象化’了人”[②]。这里说得够清楚的了。原来他认为，审美就是“实践”，而且这种实践和生产劳动一样，能够使自然“人化”，而自然也“对象化”了人。

但是，马克思主义果真有这样的“实践观点”吗？朱光潜说：有的，而且就是马克思论掌握世界的不同方式那一段话。马克思这样说道：“整体，当它在头脑中作为被思维的整体而出现时，是思维着的头脑的产物，这个头脑用它所专有的方式掌握世界，而这种方式是不同于对世界的艺术的、宗教的、实践—精神的掌握的。”[③]朱光潜认为，这是说“科学的理论的掌握方式”不同于“对世界的艺术的、宗教的、实践精神的掌握”方式；这种不同，“除了形象思维和抽象思维的分别以外，这里主要的分别还是理论认识与实践的分别”。也就是说，“艺术本身就是一种实践”[④]。他还强调说：“劳动生产是人对世界的实践精神的掌握，同时也就是人对世界的艺术的掌握。”[⑤]也就是说，劳动生产=“人对世界的实践精神的掌握”=人对世界的艺术的掌握。

---

① 《美学问题讨论集》，第6集，作家出版社1964年版，第177页。

② 同上书，第243页。

③ 《马克思恩格斯选集》，第2卷，第104页。

④ 《美学问题讨论集》，第6集，作家出版社1964年版，第206～207页。

⑤ 同上书，第186页。

不用说，朱光潜特地把原文“实践—精神”中的连接号删去，而径直写为“实践精神”，当是有他的用意的，这且不去详说。而他对马克思这段话原意的曲解，同样是十分明显的。马克思是在论理论的掌握世界的方式的特征时讲到上面那段话的，因此，他要谈到这种方式“不同于对世界的艺术的、宗教的、实践—精神的掌握”。这显然是几种不同的掌握世界的方式的比较，也就是几种不同的反映现实的认识方式的比较，而不是以认识方式去与实践方式相比较。即使像朱光潜所强调的那样，“‘掌握’比‘认识’较广，还含有在实践中能‘应付’或‘驾驭’的意义”①，那么，朱光潜为什么不把理论的“掌握世界”也解释为实践、生产劳动，却独把“艺术的、宗教的、实践—精神的掌握”说成是实践，是生产劳动呢？实际上，不但理论的掌握世界的方式不是劳动生产或实践，而且艺术的掌握世界的方式也不是劳动生产或实践。虽然认识总以实践为基础、为目的，但是把认识等同于实践，甚至等同于劳动生产，是根本错误的。

朱光潜不仅错误地把艺术的掌握世界的方式说成是实践、生产劳动，而且还要把审美活动也包括进去。他解释说：“在劳动生产中人对世界建立了实践的关系，同时也就建立了人对世界的审美的关系。”②于是，审美的关系就被他说成实践的关系，审美就“主要的是一种实践活动”，并且和生产劳动一样可以“人化”自然了。但是，生产劳动不但使人对世界建立实践的关系，而且也建立和扩大认识的关系。事实上，随着生产的发展，人的认识领域也在不断地扩大、深化。我们当然不能把生产实践基础上的一切都等同于生产劳动实践，例如认识、审美就不能等同于生产劳动实践。而朱光潜既然把审美等同于生产劳动实践，那么这岂不是说里普斯的感情移入的“错觉”就是实践的成果、朱光潜的物我交融的境界就是自然的“人化”了吗？朱光潜正是这样把审美当作实践，把自然的“人化”说成是意识化，

---

① 《美学问题讨论集》，第6集，作家出版社1964年版，第179页。

② 同上书，第186页。

然后进一步作出了如下的推理和论断：

既然审美是实践，那么就应该“不只是把美的对象看成认识的对象，而要主要地把它看作实践的对象”①。所谓“实践的对象”，又不一定是真要通过劳动实践改造的对象，却一定是通过审美实践而“人化”了的对象。换言之，不是事物本身，而只是那经过审美实践而表现着你的情趣的“物的形象”。所以，应该“把审美的或艺术的活动看作人改变世界从而改变自己或‘实现自我’的一种创造性的活动”②，也就应该把美看作审美实践的创造。这样，朱光潜便通过对马克思主义哲学的实践观点的曲解，又回到他原来的理论立场：不但坚持美是“心灵的创造”，而且把它标榜为“马克思主义美学的实践观点”。是的，这也是一种实践观点，但绝非马克思主义哲学的实践观点，而是以主观吞并客观、以意识吞并现实世界的主观唯心主义的实践观点。

主张自然事物的美来自心灵，这是历来主观唯心主义美学的自然美根源论。这种见解同样没有能够正确回答自然美的根源问题。它在理论上以美感决定自然美和混淆美感与美的自然事物的区别，在事实上则否定自然事物的美的客观存在，因而是根本错误的。当然，这种见解有其认识论的根源，而且历史上持这种见解的某些大家特别是康德的理论中还有一定的进步的、合理的因素。但是，我国当代的个别美学家基本上重复这种见解的陈说，而且曲解马克思主义来为之辩护，却是对美学研究的健康发展不利的。

第三节 自然事物的美来自“自然的社会性”吗？

还有一种美学见解，认为自然事物的美来自“自然的社会性”。持这种见解的美学家，往往给车尔尼雪夫斯基的自然美根源论以高度的评价，并且声称他们自己的理论观点是“历史唯物主义”的、“马克

① 《美学问题讨论集》，第6集，作家出版社1964年版，第243页。

② 同上书，第245页。

思主义”的。

为此，我们首先有必要考察一下车尔尼雪夫斯基的自然美根源论。众所周知，车尔尼雪夫斯基根据“尊重现实生活，不信先验的假设，不论那些假设如何为想像所喜欢”[①]的理论原则，提出了“美是生活”的著名论点。这个论点的基本倾向是唯物主义的，直接批判黑格尔唯心主义美学的；同时，这个论点所表现的唯物主义又是不彻底的，并在他的自然美根源论上突出地反映出来。

原来，车尔尼雪夫斯基不仅是笼统地提出“美是生活”的论点，而且对此还有两条具体的说明：“任何事物，我们在那里面看得见依照我们的理解应当如此的生活，那就是美的；任何东西，凡是显示出生活或使我们想起生活的，那就是美的。”[②]这后一句话，就是讲的自然美。他还明确强调：“美是生活，首先是使我们想起人以及人类生活的那种生活……构成自然界的美的是使我们想起人来（或者，预示人格）的东西，自然界的美的事物，只有作为人的一种暗示才有美的意义。”[③]这就是他的自然美根源论的根本论点。

其实，车尔尼雪夫斯基自己也曾正确地指出：“自然永远照它自己的规律继续运行着，不知有人和人的事情、人的幸福和死亡……自然对人是冷淡的；它不是人的朋友，也不是人的仇敌：它对于人是一个有时有利、有时又不利的活动场所。”[④]而他所说的自然事物“使我们想起人来”和“作为人的一种暗示”，固然包含了以自然事物本身的某种条件作为对象的思想，但根本的意思还是观赏者由自然物而“想起生活”、通过想像而认为自然物是在“暗示”人和人的生活。质言之，所“想起”的、所“暗示”的人和人的生活，不是自然事物本身所具有的，而是我们的想像加给自然事物的。于是自然事物的美，

① 车尔尼雪夫斯基：《生活与美学》，人民文学出版社1957年版，第2页。

② 同上书，第6～7页。

③ 同上书，第10页。

④ 同上书，第28页。

就只是我们的想像的创造物。

车尔尼雪夫斯基还列举实例来具体阐述他关于自然美根源的论点。他说："在哺乳动物身上——我们的眼睛几乎总是把它们的身体和人的外形相比的——人觉得美的是圆圆的身段、丰满和壮健；动作的优雅显得美，因为只有'身体长得好看'的生物，也就是那能使我们想起长得好看的人而不是畸形的人的生物，它的动作才是优雅的。""动物的声音和动作使我们想起人类生活的声音和动作；在某种程度上，植物的响声、树枝的摇荡、树叶的经常摆动，都使我们想起人类的生活来——这些就是我们觉得动植物界美的另一个根源。"[①] 他所分析的，实际上都是人在"觉得动植物界美"时的美感活动。他认为在这种美感中我们总是要"想起人类的生活来"。毋庸讳言，在许多美感活动中的确存在这样的联想和想像。例如，欣赏奋飞的雄鹰可能联想到英勇豪壮的战士，欣赏挺拔的青松可能联想到志士坚贞的气节。但是车尔尼雪夫斯基却是用上面的实例作证据，提出了"构成自然界的美的是使我们想起人来（或者，预示人格）的东西"的关于自然美的根源的论点，也就是要用美感来规定自然美，以美感中的联想的、想像的内容作为自然事物的美的根源。

车尔尼雪夫斯基关于自然美根源的上述论点和论述，显然完全混淆了他自己要努力澄清的"现实世界和想像世界的关系"，违背了他的基本的理论原则。他自己在论及崇高和美的时候曾这样说道："我们觉得崇高的是事物本身，而不是这事物所唤起的任何思想；当然，在观察一个崇高的对象时，各种思想会在我们的脑子里发生，加强我们所得到的印象；但这些思想发生与否都是偶然的事情，而那对象却不管怎样仍然是崇高的：加强我们的感觉的那些思想和回忆，是我们有了任何感觉时都会产生的；可是它们只是那些最初的感觉的结果，而不是原因……同样，在我默察一副美丽面孔的画像时，也许会发生

① 车尔尼雪夫斯基：《生活与美学》，人民文学出版社1957年版，第10页。

这个思想：‘世界上再没有比人更美的东西了。’这个思想并不是我赞赏这画像美的原因，而只是这幅画像令我觉得美的结果”[①]。在这里，他就把现实世界与想像世界作了正确的区分，而且还正确地说明后者是由前者派生的，反对把想像的内容强加于现实。可是，当他说“构成自然界的美的是使我们想起人来的东西”时，他却自相矛盾地把想像强加于自然界。而按照他的理论原则，是否“想起人来”只是“偶然的事情”，“想起人”也只是“加强我们的印象”，并不是自然事物的“美的原因”。也就是说，按照他的理论原则，本来应当正确地指出：由动物的动作“使我们想起长得好看的人”，由动物的声音“使我们想起人类生活的声音”，这并不是动物的“美的原因”，而且这种想像的发生也是“偶然”的。但是，在他的自然美定义中，却偏偏规定“使我们想起人来”不仅是必然的，而且是自然事物的“美的原因”。这当然就根本背离了他自己的基本理论原则。

这就使我们想起了克罗齐的下述论点：“美不是物理的事实，它不属于事物，而属于人的活动，属于心灵的力量。”而“物理的东西和物理的事实本来只是帮助人再造美或回想美的，经过一些转变和联想，它们本身就被简称为‘美的事物’或‘物理的美’了。既已说明这是简称，我们也就不妨用它。”[②]这也正是车尔尼雪夫斯基的自然美根源论的真正面目。因为车尔尼雪夫斯基既认为“美是生活”，又认为自然美之所以美全在于“使我们想起生活”，这当然也即是克罗齐所谓“帮助人再造美或回想美”，而不是自然事物本身有什么美。所以车尔尼雪夫斯基在实质上是主张自然美来自心灵，“属于人的活动，属于心灵的力量的”。这样，他就陷入了主观唯心主义，与他自己的根本理论原则相背离了。

车尔尼雪夫斯基之所以在自然美根源论上发生这种理论的转变、倒退，是有深刻的哲学思想根源的。追根溯源，车尔尼雪夫斯基的美

---

① 车尔尼雪夫斯基：《生活与美学》，人民文学出版社1957年版，第15～16页。

② 克罗齐：《美学原理》，外国文学出版社1983年版，第107～108页。

学探讨，如他所声明的，是作为“一个应用费尔巴哈的思想来解决美学的基本问题的尝试”，并且“只希望做一个应用在美学上的费尔巴哈思想的解说者”[①]。而费尔巴哈的思想是人本主义，车尔尼雪夫斯基所应用在美学上的也正是这个人本主义。列宁曾指出：“费尔巴哈和车尔尼雪夫斯基所用的术语——哲学中的‘人本主义原则’——是狭隘的。无论是人本主义原则，无论是自然主义，都只是关于唯物主义的不确切的肤浅的表述。”[②]就是说，它在根本上是唯物主义的，但作为唯物主义又是不确切的、肤浅的。

所以，车尔尼雪夫斯基的“美是生活”的根本论点，从思想原则上讲，是从现实第一性、思想第二性的唯物主义原则出发的。从这个原则出发，车尔尼雪夫斯基声明要反对所谓“美实际上是我们的想像的创造物，在现实中（或者，在自然中）没有真正的美”[③]的说法。这正表现出人本主义在根本上是唯物主义。但是，它作为唯物主义又是不彻底的、肤浅的。就是说，一方面，人本主义主要从生物学角度来把握人的本质，看不到人的社会性。另一方面，它又从人的角度来规定自然界事物，主张所谓人类中心说，以为自然界事物只有和人联系起来才有意义。因此，车尔尼雪夫斯基所由出发的理论原则虽然根本是唯物主义的，但是一旦具体地考察现实的实际事物的美时，就不能继续贯彻唯物主义。例如他在具体考察自然事物的美时，就要将自然事物与人联系起来，把自然美归结为“使我们想起人来”，归结为人的“想像的创造物”。这样的自然美根源论，正是由于人本主义的缺陷，背离了唯物主义原则，倒退到了唯心主义。

由上可知，车尔尼雪夫斯基的美学思想相当复杂，是应当加以具体分析，才能作出正确评价的。而他的自然美根源论，则是根本错误

---

① 车尔尼雪夫斯基：《生活与美学·第三版序言》，人民文学出版社1957年版，第4页。

② 列宁：《哲学笔记》，人民出版社1956年版，第57页。

③ 车尔尼雪夫斯基：《生活与美学》，人民文学出版社1957年版，第11页。

的，没有能够正确地说明自然美的根源问题。在苏联的当代美学界中，有一个自称为“社会派”而人称“审美学派”的派别。其自然美的根源论有值得注意的特点，并有相当的影响。在这里，对他们的两个代表人物万斯洛夫和斯特洛维奇关于自然美根源的基本观点，作如下简要的述评。

万斯洛夫以“马克思列宁主义美学”自诩，而特别强调他的美学观点根本不同于“对美的直观的形而上学的看法”。他批判说：“在马克思列宁主义以前的直观唯物主义的美学学说中，通常是承认美的客观性的，然而对这个范畴的考察却脱离了人们的社会历史实践。客观现象的一定属性本身被认为是美的，这同人对他们的评价是没有关系的，同具有这些属性的对象在社会生活中的意义是没有关系的。”[①]也就是说，在他看来，美离不开“人对他们的评价”，离不开“人们的社会历史实践”，离不开它“在社会生活中的意义”。

在这里，首先的、根本的问题就是美与人的评价的关系问题。就是说，究竟是客观的美决定人对美的评价呢，还是人的审美评价决定对象的美？万斯洛夫认为：“美是作为对现实现象，首先是对人的劳动产品的审美评价的范畴而产生的。”[②]这也就直言不讳地指出，美是人对现实现象的审美评价，而现实现象的美就来自人的审美评价，是人“把这些或那些对象、社会现象或艺术现象从审美上评价为美”[③]。这样的论点显然不是马克思列宁主义美学的论点，而是主观唯心主义美学从来就主张的论点，即美根源于主观意识的论点。

所以，联系到自然美，万斯洛夫就认为：“美也不只是自然物的自然属性，像直观唯物主义者所说的那样。”[④]“我们说某种现象是美的，所根据的是它所固有的客观特征。生活表现的充实性，某种现象

① 《美学与文艺问题论文集》，学习杂志社1957年版，第2页。

② 同上书，第3页。

③ 同上书，第5页。

④ 同上书，第4页。

的完备性、现象形式的正确性和匀称性等等——所有这些美的客观基础都不是以人为转移的，并且在社会产生以前就在自然界现象中存在。但是，要使我们把这种现象评价成美的，它就不仅应该是完备的，不仅应该具有生活表现的充实性，具有形式的美等等，而且应该符合人们的美的理想，这种理想永远是具体地历史地被制约着的。”[①]就是说，自然事物和现象本身没有美，至多只有某些“美的客观基础”；它们只是由人“评价成美的”，而人的评价则根据人的“美的理想”。一句话，自然事物和自然现象的美是人的意识决定的。然而苍劲的青松、辉煌的红霞，它们的美难道依我们的评价为转移，说它们美于是它们便美，说它们丑于是它们就丑了吗？当然不是这样的。

也许可以为万斯洛夫辩解说，他也曾指出我们的审美评价所根据的是事物“所固有的客观特征”，这与唯心主义是不同的。然而问题在于他认为事物的客观特征并不能有美，只有这些特征符合人的美的理想时才能被我们“评价成美的”。这与休谟、康德的唯心主义观点不是如出一辙吗？或者还可以为他辩解说，他不但认为意识决定美，而且认为那决定美的意识“永远是具体地历史地被制约着的”，这是从唯心主义转变到了历史唯物主义。但是这个辩解同样不能成立。因为万斯洛夫既然认为人的审美评价决定对象的美丑，那么无论他进一步是认为这种评价属随心所欲的胡思乱想，还是认为它受到历史条件制约，都仍然是以审美评价决定对象的美丑，因而不可能从唯心主义挣脱出来。实际上，人的意识、美的理想、审美评价，确实是受历史条件制约的；而客观的美对于人的审美评价来说，又不能不是本原的、第一性的。人们总是在一定的历史条件下对于客观的美进行认识、作出评价，而客观的美也总是人们对美的认识和评价的源泉。万斯洛夫承认对美的评价的历史制约性，只是看到了对美的认识的相对性。然而他颠倒美与人的审美评价的根本关系，认为受历史制约的人

① 《美学与文艺问题论文集》，学习杂志社1957年版，第5页。

的审美评价决定事物的美丑，却根本否定了客观的美，这不是唯心主义美学又是什么呢？

万斯洛夫还曾提出美与“人们的社会历史实践”的关系、美的事物“在社会生活中的意义”[①]等问题，又曾说“在对没有经过人的劳动加工的自然界的审美评价中，也存在着人们对自然界的那种历史地被制约着的关系的因素”[②]。他认为，这些都直接制约人的审美评价，而审美评价再决定对象的美。万斯洛夫的这些见解，被斯特洛维奇进一步加以理论化了。

在万斯洛夫，还是在讨论“客观上存在着美吗？”[③]他的回答是：美是“审美评价的范畴”[④]，即美是人的评价。由此，客观的美被否定了。到斯特洛维奇，则用“审美特性”来代替“美”，他讨论的是“现实的审美特性是什么？这些特性是由什么东西决定的？”[⑤]他说：“人对现实的审美关系的客体可以有各种不同的名字：‘审美属性’，‘审美素质’，‘审美意义’，‘审美的实体’，‘审美价值’等等。”[⑥]同时他还肯定地说：“任何审美感受、任何审美范畴都是客观现实的主观反映。”[⑦]显而易见，斯特洛维奇用“审美特性”代替“美”，也就是混淆“审美”与“美”，把“美”规定为“审美范畴”，用“客观现实的主观反映”来取代“人对现实的审美关系的客体”。因此，斯特洛维奇的美学理论，就是以美是“客观现实的主观反映”是“审美特性”为前提的，质言之，是以美是意识的产物为前提的。而这个前提乃是唯心主义美学的东西。

所以，当斯特洛维奇说到“审美客体”时，实际上不过是指人对

① 《美学与文艺问题论文集》，学习杂志社1957年版，第2页。
② 同上书，第4页。
③ 同上书，第9页。
④ 同上书，第3页。
⑤ 同上书，第45页。
⑥ 《现代文艺理论译丛》，第3辑，人民文学出版社1962年版，第98页。
⑦ 《美学与文艺问题论文集》，学习杂志社1957年版，第48页。

现实的审美评价；当他说“审美客体受社会—历史的关系所制约”[①]时，实际上也不过是说人的审美评价“受社会—历史的关系所制约”。这与万斯洛夫的见解完全一致。斯特洛维奇的理论诡辩之处在于，虽然他实际上是要说人对事物的审美评价是“受社会—历史的关系所制约”的，但是他却不肯像万斯洛夫那样比较坦率地说出来，而要说：“事物的审美特性就是它们的社会特性。”[②]“在社会历史实践的过程中具体的事物和现象‘包括着’社会关系。”[③]“自然现象的审美属性也表现出这些现象同社会的人的关系，虽然有时是间接的。”[④]由此，他提出“自然的社会关系”说，提出自然美来自这种自然“同社会的人的关系”的论点，并且自我标榜为“历史唯物主义”的、“马克思列宁主义美学”的论点。我们应当对此加以考察。

斯特洛维奇说：“审美意识的客体、对象，不是‘自在的’自然界，而是处于它与人类社会的客观的具体历史的关系中的自然界，这种关系是在人的社会的历史的实践过程中形成的。”[⑤]那么，什么是自然界与人类社会的关系呢？他举例说：“某些自然现象（如虹或极光）在人类生活中，虽然只作为它的‘背景’，但也仍然占有一定的地位。”[⑥]这就是说，雨后的彩虹参加到人类生活中来而有一定的社会地位，因为它成了人类生活的“背景”。而且这彩虹又应当不是“自在的”，而应当是自为的，即是自觉地充当人类生活的“背景”、自觉地来到人类生活中并站在一定的社会地位上。这样的彩虹不就是泛神论中的一个精灵，纯粹是斯特洛维奇的诗意的幻想吗？

他又从“自然的人化”去寻觅支持。他说：“‘自然的人化’——这不仅是人对已被改造和未经改造的自然界的认识关系，而且也是客

① 《现代文艺理论译丛》，第3辑，人民文学出版社1962年版，第95页。

② 《美学与文艺问题论文集》，学习杂志社1957年版，第54页。

③ 同上书，第55页。

④ 《现代文艺理论译丛》，第3辑，人民文学出版社1962年版，第91页。

⑤ 同上书，第90页。

⑥ 同上。

观的实践关系。”而所谓未经改造的自然也是“人化”了的，这就是指“事物以人的方式对待人”，也即指“在社会历史实践的过程中形成了物对人的客观关系”[①]。但是彩虹既然未经人改造，就与人没有什么“实践关系”；而且要彩虹自为地对人发生关系，这种“人化”不是神化、意识化，又是什么呢？

由上可知，所谓自然物“包括着”社会关系，所谓未经改造的自然与人有“实践关系”，是既无理论根据，又无事实根据的谬说。因此，自然美来自自然物的“社会特性”的见解，也就是根本站不住脚的。其实，斯特洛维奇提出这样的理论，只是要给人以“历史唯物主义的观点”的假象。他的真实的理论内容不外乎两点：一、他是说：“人对现实的审美关系，就是人对现实世界的精神肯定，就是人对自己的能力、力量和创造力的愉快的感受，就是自由感。”[②]这是在重复休谟的意见：“审美的欣赏并非对于一个对象的欣赏，而是对于一个自我的欣赏。”[③]二、他是说：“自然现象的审美评价中的肯定或否定是取决于这些现象在人类生活中的意义，或是取决于它们与人类的品质的相对关系的。”[④]“如果一种现象能促进社会的进步，有助于揭示人的力量和才能，那么从审美上来看，它就是美的。相反地，凡是妨碍社会的发展，压制和窒息人的能力的东西，从审美的观念来看便是丑的。”[⑤]这不但是认为自然事物只有联系到人才有意义的人类中心说，而且是以审美来决定对象美丑的唯心主义美学。他的这些理论内容，都是否定客观美、否定自然美的。

从苏联的所谓“社会派”、即“审美学派”的情况可以看出他们在理论上的特点。他们在美学上、在自然美根源论上实际主张唯心主

① 《现代文艺理论译丛》，第3辑，人民文学出版社1962年版，第93页。
② 《美学与文艺问题论文集》，学习杂志社1957年版，第52页。
③ 《古典文艺理论译丛》，第8册，人民文学出版社1964年版，第44页。
④ 《现代文艺理论译丛》，第3辑，人民文学出版社1962年版，第91页。
⑤ 《美学与文艺问题论文集》，学习杂志社1957年版，第56～57页。

义的观点，却要打着“马克思列宁主义美学”、“历史唯物主义”等名号，引用马克思主义的词句，并且还对马克思的早期著作《1844年经济学—哲学手稿》有特别的兴趣，把其中某些词句引为自己的经典。

具有这种理论特点的，还有法国的勒菲弗尔。在他的《美学概论》、特别是第二章《马克思、恩格斯论美学》中，就主要是引用马克思的早期著作《1844年经济学—哲学手稿》的个别词句作理论依据的。在这里，我们主要从讨论自然美根源问题去谈他的有关见解。

在勒菲弗尔的《美学概论》的范畴系列中，没有“自然美”，而只有“对自然界的审美观念”、“对自然界的审美史（对自然界的感觉）”[①]。实际上，勒菲弗尔根本否认自然美的客观存在，而只承认有对自然界的“审美感”，并且这种审美感的根源在于“人的本质对象化”。他引用了马克思那部早期著作中的话：“只是由于有了（从对象上）客观发展起来的人的本质的丰富性，才能得到人的主观的感性的丰富性，才能得到欣赏音乐的耳朵、善于识别形式美的眼睛，一句话，人的有欣赏能力的感官一部分是最初就产生的，一部分是在逐渐发展的……”接着，勒菲弗尔说道：“不仅要把通常的五种感觉理解为这些感觉，而且也要把其他的感觉，如爱的感情、性的需要理解为这种感觉。只是由于它们有‘人化的’天性，它们才能作为人的感觉而存在。”而“要使人的感觉富有人性，并且‘要为理解人和自然界的本质的全部财富创造相应的人的理解力’，就必须把人的本质加以发展和‘对象化’。”[②]就是说，人的本质“对象化”产生具有“人化的”天性的审美感觉。于是，“眼睛在这里成了看东西的要求的表现，眼睛天生下来就渴望完满，这种渴望加强了眼睛的天然的机能，同时赋予它以特殊的心理的和社会的功能。”所以，“美感不从外面加进到

① 《勒菲弗尔文艺论文选》，作家出版社1965年版，第77页。
② 同上书，第36页。

自然感觉去”[①]，而就是“从自然感中成长起来”[②]。总之，在他看来，事物包括自然事物原本无美可言，美是由具有“人化的”天性的“审美感”派生出来的，而且在理论概念上，他就几乎不提“美”，根本不谈“自然美”，而只说“审美感”。

不仅如此，他还说：“对于不能欣赏音乐的、‘没有受过教育的’耳朵来说，即使最美的音乐也没有什么意义。”即是说，“对象的意义对于我唯有通过同对象相应的感觉才能呈现出来，对象的意义只能达到‘我的感觉能达到的那样远的地方’”[③]。而对于我的感觉所及的界限之外的自然界，即“对于未经研究的和不理解的自然界，除了说它存在着以外，就什么也说不出来了”。因此，自然界总是“与人的活动相联系的”、“与人支配自然界这一事实相联系的”；对自然界的感觉、认识，就“应当属于实践的内容”[④]。这当然是说，所谓自然界，不是客观存在的自然界，而是我的感觉界限之内的自然界；而感觉到对象，就是“人的本质的对象化”，就是“实践”。所以，美，包括自然美，就是人的“审美感”的对象化，就是人的“实践”的产物了。

由上可知，勒菲弗尔的美学思想以及自然美根源论，原是以“审美感”规定美、代替美的唯心主义美学。

马克思《1844年经济学—哲学手稿》是不成熟的早期著作，是受到人本主义影响的。但是，就是在这部早期著作中，马克思也曾在一般的意义上这样讲过：“工业的历史和工业的已经产生的对象性的存在，是人的本质力量的打开了的书本”；“通过工业而形成——尽管以一种异化的形式——的那种自然界，才是真正的、人类学的自然界”[⑤]。这里的“人化”、“对象化”，显然是指生产劳动实践，“人化了的自然

① 《勒菲弗尔文艺论文选》，作家出版社1965年版，第64页。

② 同上书，第35页。

③ 《勒菲弗尔文艺论文选》，作家出版社1965年版，第35页。

④ 同上书，第75页。

⑤ 马克思：《1844年经济学—哲学手稿》，人民出版社1979年版，第80、81页。

界”显然是指人类生产劳动所创造的“工业”。这不是与勒菲弗尔的“感觉即实践”的说法不仅毫不相干而且完全相反吗？还有一点很明显，马克思在这部著作中虽受人本主义影响，却仍然承认自然界的对象是客观的现实存在，承认自然美不依赖美感而存在。他指出，“忧心忡忡的穷人甚至对最美丽的景色都无动于衷”，“贩卖矿物的商人”则“看不到矿物的美和特性”①，这里又显然肯定了客观存在着“最美丽的景色”、“矿物的美和特性”。这不又是与勒菲弗尔完全不同、截然相反的吗？

苏联的万斯洛夫、斯特洛维奇为代表的美学派别，法国的勒菲弗尔的美学观点，也在中国一部分人中流行，引起反响，逐渐形成了中国的所谓“社会派”。

有的美学家说：“自然本身并不是美，美的自然是社会化的结果，也就是人的本质对象化的结果。自然的社会性是自然美的根源。”②这里的所谓“自然的社会性”，显然是他的自然美根源论的关键概念。那么，什么是“自然的社会性”呢？他曾强调说，这是一个“最一般的大前提”③，一个“极为深刻的哲学概念”④。具体说，“我所说的自然的社会性，我了解的所谓自然是一种‘社会存在’，是指自然在人类产生以后与人类生活所发生的广泛的客观社会关系，在人类生活中所占有的一定的客观社会地位、所起的一定的客观社会作用而言，这些就构成了自然或自然物的社会性，使自然变成了一种社会的客观物质存在。”⑤

但是，“在人类产生以后”果真只有社会的存在，连自然也“变成了一种社会的客观物质存在”吗？这是大可怀疑的。马克思在谈到

① 马克思：《1844年经济学—哲学手稿》，人民出版社1979年版，第79～80页。
② 李泽厚：《美学论集》，上海文艺出版社1980年版，第25页。
③ 同上书，第96页。
④ 同上书，第174页。
⑤ 同上书，第87页。

希腊神话时说道："希腊艺术的前提是希腊神话，也就是已经通过人民的幻想用一种不自觉的艺术方式加工过的自然和社会形式本身。"[①]这里当然是谈"在人类产生以后"的事情，并确切地指出自然和社会在这时是现实的两个互相区别的领域。恩格斯又说："辩证法的规律是从自然界和人类社会的历史中抽象出来的。辩证法的规律不是别的，正是历史发展的这两个方面和思维本身的最一般的规律。"[②]恩格斯还一再提到"自然界或人类历史或我们自己的精神活动"[③]、"自然界、社会和思维"[④]等等。可见，在马克思、恩格斯看来，"在人类产生以后"，仍然存在着与人类社会有质的区别、按照自然规律运动发展的自然界；自然界与人类社会，是现实的两个不同的领域。难道这不是马克思主义的"极为深刻的哲学概念"、马克思主义美学的"最一般的大前提"吗？

再说，什么是"构成了自然或自然物的社会性"的所谓"自然在人类产生以后与人类生活所发生的广泛的客观社会关系"呢？这又是令人费解的。或者简而言之，这种社会关系是指人与自然的关系吧。但是，马克思主义所理解的社会关系，却根本是人与人之间的关系。马克思指出："人们在生产中不仅仅同自然界发生关系。他们如果不以一定方式结合起来共同活动和互相交换其活动，便不能进行生产。为了进行生产，人们便发生一定的联系和关系；只有在这些社会联系和社会关系的范围内，才会有他们对自然界的关系，才会有生产。"而"各个人借以进行生产的社会关系，即社会生产关系"；"生产关系总合起来就构成为所谓社会关系"[⑤]。显然，所谓社会关系是指人们为了进行生产而发生的关系，是指人与人之间的关系，而不是指"他

① 《马克思恩格斯选集》，第2卷，第113页。

② 同上书，第3卷，第484页。

③ 同上书，第60页。

④ 同上书，第490页。

⑤ 《马克思恩格斯选集》第1卷，第362～363页。

们对自然界的关系”。而且，马克思主义的这篇经典文献《雇佣劳动与资本》，在1849年发表后，1891年的版本又把上述引文中的“不仅仅同自然界发生关系”修改为“不仅仅影响自然界，而且也互相影响”，把“对自然界的关系”修改为“对自然界的影响”[①]。这个改动，尤其说明了人们对自然界的关系并不是所谓社会关系。因此，所谓“自然在人类产生以后与人类生活所发生的广泛的客观社会关系”，也是不符合马克思主义基本原理的。

诚然，人与人之间的社会关系可以反映成物与物之间的社会关系。马克思说过：“商品形式和它借以得到表现的劳动产品的价值关系，是同劳动产品的物理性质以及由此产生的物的关系完全无关的。这只是人们自己的一定的社会关系，但它在人们面前采取了物与物的关系的虚幻形式。”[②]因此，社会关系根本是人与人的关系，物与物的社会关系只是人与人的社会关系的“虚幻形式”的反映。而物与物的社会关系也就表现为社会物的社会性。如马克思说的“商品”的社会性包括货币的社会性，就是一种物与物的社会关系对人与人的社会关系的反映。在这里，也没有什么“自然或自然物的社会性”存在的余地。

至于人与自然的关系，无非是人对自然的认识关系和实践关系。人对自然的认识关系，就是人要探索自然规律，在主观与客观的对立统一、辩证运动中去追求客观真理。这当然不是社会关系。人对自然的实践关系也不是社会关系。因为马克思指出过：“劳动首先是人和自然之间的过程，是人以自身的活动来引起、调整和控制人和自然之间的物质交换的过程。人自身作为一种自然力与自然物质相对立。为了在对自身生活有用的形式上占有自然物质，人就使他身上的自然力——臂和腿、头和手运动起来。当他通过这种运动作用于他身外的

---

① 《马克思恩格斯选集》第1卷，第362页。

② 马克思：《资本论》，第1卷，人民出版社1975年版，第89页。

自然并改变自然时，也就同时改变他自身的自然。”①这里讲的，正是人对自然的实践关系。这种关系，显然不是社会关系。因而“人在生产中只能像自然本身那样发挥作用”，并且“经常依靠自然力的帮助”②。可见，所谓自然界“存在于一种具体社会关系之中，它与人类生活已休戚攸关地存在着一种具体的客观的社会关系”③，这显然从马克思主义理论里找不到依据。

所谓自然在人类生活中的“社会地位”、“社会作用”，又是什么呢？据说：“太阳和阳光之所以美，车尔尼雪夫斯基说得好，因为它们是自然中一切生活的泉源，也是人类生命的保障。显然，太阳作为欢乐光明的美感对象，它正在于本身的这种客观社会性，它与人类生活的这种客观社会关系、客观社会作用、地位。”④然而“自然中一切生活”当然不是指人的社会生活，“人类生命”当然是指人的自然存在。如果说太阳“是自然中一切生活的泉源，也是人类生命的保障”，那么在这里的关系、作用或地位，都显然是自然的规定性，“社会”二字还无从说起。由上可知，“自然的社会性”既无理论根据，又无事实依据，完全是虚假的。因此，“自然的社会性是自然美的根源”的说法也是荒唐的。

持上论者又以“自然的人化”来论证他的自然美根源论，认为自然或自然物由于“自然的人化”而获得“社会性”、成为自然美。他说：“这才是我们所理解的自然美的所谓‘人化的自然’的意义：通过人类实践来改造自然，使自然在客观上人化，社会化，从而具有美的性质”⑤。其实，这个堂而皇之的说法是完全落空了的。因为自然事物虽可作为劳动的对象，但是经过人的劳动实践改造、物化了人类

① 马克思：《资本论》，第1卷，人民出版社1975年版，第201～202页。

② 同上书，第56～57页。

③ 李泽厚：《美学论集》，上海文艺出版社1980年版，第61页。

④ 同上书，第87～88页。

⑤ 同上书，第93页。

劳动而得的产品，却不再是纯粹的自然物，而是或为社会物，或带社会性。劳动产品的美，根本上是一种社会美了。而自然美的根源问题从来都主要在于纯粹的自然事物的美的根源何在。所以，不能用“人化的自然”去说明自然美的根源问题。

持上论者说，自然事物即便人“没有动过、改造过”，它也“人化”了。因为“人类的基本实践使整个自然逐渐被人征服，从而与人类社会生活的关系发生了改变”；“到今天就整个社会生活来说，自然已不再是危害我们的仇敌，而日益成为我们的朋友”[①]。就是说，人类“逐渐”征服自然，而终于征服了“整个自然”，于是人“没有动过”的自然物也“人化”了，成为自然美了。那么，人类在什么时候可说是征服了“整个自然”呢？他宣布是“今天”。这岂不是说，在昨天，人“没有动过”的日月山川、草树鱼虫、飞禽走兽无美可言，而到“今天”，它们便一概变成美的了？这真如上帝创世一般离奇！实际上，其所说纯粹的自然事物的“人化”，只不过是意识化，是主观的幻想。自然事物及其美是在我们之外客观存在着的。

持上论者还提出他的“实践观点”来论证自然美在于“自然的社会性”。他说，“美的本质就是现实对实践的肯定；反过来丑就是现实对实践的否定”，而“自然的美、丑在根本上取决于人类改造自然的状况和程度”[②]。所谓“现实对实践的肯定”或“否定”是什么意思呢？他举例说，“当阳光无可抵拒地晒死五谷时，中外神话中就都有射太阳的故事，这时阳光就不是美的对象，就没有什么‘阳光明媚’可言”[③]；而“月光底下的娱乐、恋爱、散步、抒情……的生活内容，不正是使月亮成为美、成为艺术对象的主要原因吗？”[④]也就是说，人种了五谷，原是指望丰收的，可是太阳却把五谷晒死了，就“否定”

---

① 李泽厚：《美学论集》，上海文艺出版社1980年版，第173页。
② 同上书，第147页。
③ 同上。
④ 同上书，第191页。

了人的实践，因而太阳是丑的；情人恋爱，卿卿我我，缠缠绵绵，月亮也跑来助兴，撒下朦胧柔和的光，就“肯定”了人的实践，因而月亮是美的。不难看出，这里是把人的实践目的树立为判定自然美丑的标准。在人的实践目的面前，一切自然事物顺之者“美”、逆之者“丑”。这是怎样的实践观呢？

众所周知，仅仅提出一个实践概念，并不说明什么问题。也就是说，对于实践，可以作唯物主义的解释，也可以作唯心主义的解释。列宁指出：“认识只有在反映不以人为转移的客观真理时，才能成为对人类有机体有用的认识，成为对人的实践、生命的保存、种的保存有用的认识。在唯物主义者看来，人类实践的‘成功’证明着我们的表象和我们所感知的事物的客观本性的符合。在唯我论者看来，‘成功’是我在实践中所需要的一切，而实践是可以同认识论分开来考察的。”[①]那种“实践观点的美学”，以“现实对实践的肯定”或“否定”为现实的美丑的判断标准，不是与“唯我论者”的“‘成功’是我在实践中所需要的一切”的观点并无二致吗？这样的“实践观点的美学”难道不正是唯心主义的实践观的美学运用吗？在这里，也就充分暴露出所谓“自然的社会性”完全是虚构的，它根本不是自然或自然物本身具有的，而是把成功视为“我在实践中所需要的一切”的“唯我论者”的主观意识的代名词。

可见，“自然的社会性是自然美的根源”的论点是完全错误的，它绝不是马克思主义美学的论点。

综上所论，车尔尼雪夫斯基在自然美根源问题上的理论失误，为我们提供了由人本主义而陷入唯心主义的深刻理论教训。而万斯洛夫、斯特洛维奇、勒菲弗尔以及我国有的美学家的理论及其特色，则让我们看到了一个有某种代表性的历史现象：唯心主义的自然美根源论的老调，被用马克思主义的词句表达出来。这不能不令人想起列宁

① 列宁：《唯物主义和经验批判主义》，人民出版社1960年版，第131页。

在本世纪初所揭露的一种理论现象，即："波格丹诺夫的'上半截'是历史唯物主义，诚然，是庸俗的、被唯心主义严重地糟蹋了的历史唯物主义；他的'下半截'是唯心主义，是用马克思主义的术语、马克思主义的词句装饰打扮起来的唯心主义。"[①]而我们所面对的，可以说正是这种理论现象在自然美根源论上的突出反映。列宁还分析了这种理论现象之所以产生的深刻的历史根源和理论根源："马克思和恩格斯的学说是从费尔巴哈那里产生出来的，是在与庸才们的斗争中发展起来的，自然他们所特别注意的是使唯物主义哲学向上发展，也就是说，他们所特别注意的不是唯物主义认识论，而是唯物主义历史观。"但是，"我们的那些想当马克思主义者的马赫主义者是在与此完全不同的历史时期接近马克思主义的，这时候资产阶级哲学已经专门从事认识论的研究了，并且片面地歪曲地接受了辩证法的若干组成部分（例如，相对主义），把主要的注意力集中于保护或恢复下半截的唯心主义，而不是集中于保护或恢复上半截的唯心主义"。同时，"我们的马赫主义者不理解马克思主义，因为他们可以说是从另一个方面接近马克思主义的，他们接受了——有时候与其说是接受了还不如说是背诵了——马克思的经济理论和历史理论，但并没有弄清楚它们的基础，即哲学唯物主义"[②]。

这些精辟分析，在今天对我们仍有启发意义。

第四节　自然事物的美根源于自然事物本身

如前所述，有不少美学家或者在自然事物之上、或者在自然事物之外去寻找自然美的根源，认为自然事物的美或者来自理念，或者来自心灵。然而也还有相当多的美学家认为，自然美的根源既不在自然事物之上，又不在自然事物之外，而在自然事物本身。自然事物本身

① 列宁：《唯物主义和经验批判主义》，人民出版社1960年版，第331页。
② 同上书，第330～331页。

即自然美的根源。

应当指出，认为自然美的根源在于自然事物本身，这在中国美学史上堪称源远流长的一个传统见解。远的且不说，在魏晋南朝时期，崇尚自然美的理论就已迅速成熟、发展，成为横亘、笼罩了一个时代的认识。在魏晋时期，我们可以明显地看到，爱好林薮、向往自然已成时人的风尚。如晋人“王武子、孙子荆各言其土地人物之美。王云：‘其地坦而平，其水淡而清，其人廉且贞。’孙云：‘其山崔巍以嵯峨，其水泱渫而扬波，其人磊砢而英多。’”晋人王胡之“至吴兴印渚中看，叹曰：‘非唯使人情开涤，亦觉日月清朗。’”而“支公好鹤，住剡东岇山。有人遗其双鹤，少时翅长欲飞，支意惜之，乃铩其翮。鹤轩翥不复能飞，乃反顾翅垂头，视之如有懊丧意。林（按：支遁字道林）曰：‘既有陵霄之姿，何肯为人作耳目近玩！’养令翮成，置使飞去。”[①]他们对自然美的喜好溢于言表，分明认为自然事物本身存在有美，并且对自然事物的美已有相当深切的体会。不仅如此，魏晋时人还普遍地以日月山川的美、动物植物的美来品藻人格美和人体美，如魏人“公孙度目邴原：‘所谓云中白鹤，非燕雀之网所能罗也。’”晋人“庾子嵩目和峤：‘森森如千丈松，虽磊砢有节目，施之大厦，有栋梁之用。’”又如，“有问秀才：‘吴旧姓何如？’答曰：‘……严仲弼，九皋之鸣鹤，空谷之白驹；……张威伯，岁寒之茂松，幽夜之逸光；陆士衡、士龙，鸿鹄之裴回……”[②]这些都是比况人格美的。再如，“有人叹王恭形茂者，云：‘濯濯如春月柳。’”“裴令公有儁容仪，脱冠冕，粗服乱头皆好，时人以为‘玉人’。见者曰：‘见裴叔则，如玉山上行，光映照人。’”[③]这些又是形容人体美的。这些品藻、比况、形容，都说明当时人们对自然美的熟悉和崇尚。到南朝，不但游览山水之风愈炽，而且绽开了中国文学艺术史上的两朵奇

① 刘义庆：《世说新语·言语》。

② 刘义庆：《世说新语·赏誉》。

③ 刘义庆：《世说新语·容止》。

葩——山水诗和山水画。文艺理论家刘勰，在《文心雕龙》一开篇就指出："文之为德也大矣，与天地并生者何哉？夫玄黄色杂，方圆体分，日月叠璧，以垂丽天之象；山川焕绮，以铺理地之形：此盖道之文也。"[①]这实际上也就是说，自然事物的美与天地并生，为自然事物所本有。这无疑是对魏晋南朝时期关于自然美的认识的一个概括，对中国美学思想的发展有着深远的影响。

此后，自然美根源于自然事物本身，成为古代美学传统中一个相当普遍的论点，代代相承。甚至许多在世界观上并不一致的人，在这一点上却表现出大体相同的倾向。如唐人皇甫湜说："虎豹之文不得不炳于犬羊，鸾凤之音不得不锵于乌鹊，金玉之光不得不炫于瓦石，非有意先之也，乃自然也。必崔嵬然后为岳，必滔天然后为海。"[②]他的话比较具体地说明了自然事物的美根源于自然事物本身。宋人郭熙又说："嵩山多好谿，华山多好峰，衡山多好别岫，常山多好列岫，泰山特好主峰。天台、武夷、庐霍、雁荡、岷峨、巫峡、天坛、王屋、林虑、武当，皆天下名山巨镇，天地宝藏所出，仙圣窟宅所隐，奇崛神秀，莫可穷其要妙。"[③]他的话也就具体说明了山的美来自这山本身的特点。清人戴震又说过："有人焉履泰山之巅，可以言山；有人焉跨北海之涯，可以言水。"而"山之奥、水之奇"，乃"山水所有也"[④]。叶燮更明确地概括说："凡物之生而美者，美本乎天也，本乎天自有之美也。"[⑤]并且，"凡物之美者，盈天地间皆是也"[⑥]。

不用说，上面所举的例子在我国美学史上有关的丰富材料中仅仅是全豹之一斑、沧海之一滴。不过，从这些材料可以见出，认为自然

① 刘勰：《文心雕龙·原道》。

② 《皇甫持正集》卷四《答李生第一书》。

③ 郭熙：《林泉高致》。

④ 《戴东原集·与方希原书》。

⑤ 叶燮：《已畦文集》卷六《滋园记》。

⑥ 同上书，卷九《集唐诗序》。

美根源于自然事物本身，这在我国美学的传统思想中实在是根深蒂固的。它不单是某些杰出的唯物主义思想家自觉的理论认识，而且许多在思想中有唯物主义因素的人也持这个观点，更有许多文学家、艺术家和批评家依据他们的审美经验而赞同、宣传这个见解。这个见解因而成为中国美学传统中的一个重要的论点。

在西方美学史上，也有不少美学家认为自然美的根源在于自然事物本身。早在古希腊，德谟克利特就说过："身体的有力和美是青年的好处。"[①]实际上，在古希腊罗马时期，认为人体美来自人体，也是普遍的美学见解。经过中世纪的黑暗，文艺复兴的来临把自然美问题又提了出来。而达·芬奇首先作了杰出的回答。

达·芬奇认为，绘画艺术要"关心自然创造物的美"，"再现自然的作品和世界的美"[②]。他不但认为自然事物本身存在着美，而且具体论证了各种各样的自然事物的美都根源于自然事物本身。他说："密致透明物体内部的光泽色彩极美，例如红宝石"[③]。又说："远山颜色愈深，显得愈苍翠壮观。颜色最深的远山，显示最美的蓝色。山愈高，山林愈密，则山色愈深浓。这是因为这些树木很高，显示了不受天光照射的黑暗的底层。"[④]他还说："你难道看不见美人之所以吸引行人驻足，只在于容貌的美，不在于穿戴的华丽么？……你们不见美貌的青年穿戴过分反而折损了他们的美么？你不见山村妇女，穿着朴质无华的衣服反比盛装的妇女美得多么？"[⑤]应该说，在西方美学史上，达·芬奇是第一个从多方面具体论证唯物主义自然美根源论的思想家。

文艺复兴时期的诗人塔索，也曾针对人体美说："美是自然的一

① 《西方美学家论美和美感》，商务印书馆1980年版，第17页。

② 《芬奇论绘画》，人民美术出版社1979年版，第18页。

③ 同上书，第116页。

④ 同上书，第224页。

⑤ 同上书，第188页。

种作品，因为美在于四肢五官具有一定的比例，加上适当的身材和美好悦目的色泽，这些条件本身原来就是美的，也就会永远是美的，习俗不能使它们显得不美，正如习俗不能使尖头肿颈显得美，纵使是在多数男女都是尖头肿颈的国度里。”[①]他这段话的根本用意，就是指出自然美根源于自然事物本身。

在十八世纪，我们要提到两个重要的唯物主义美学家：一个是英国的雷诺兹，一个是法国的狄德罗。他们都坚定地主张自然美根源于自然事物本身。雷诺兹说：“我们无法设想有一种超越自然的美，正如无法设想有一个第六种感官，或是有什么优美是在人心界限以内产生的。最不哲学的莫过于这样一种假设：说我们可以设想有一种美或优异品质是在自然之外或自然之上的。自然是，而且必须是，我们的一切观念所自出的源头。”[②]狄德罗认为，“人们在道德方面观察关系，就有了道德的美”，“在大自然的作品中观察，就有了自然的美”。这就是说，“一个物体之所以美是由于人们觉察到它身上的各种关系，我指的不是由我们的想像力移置到物体上的智力的或虚构的关系，而是存在于事物本身的真实的关系，这些关系是我们的悟性借助我们的感官而觉察到的。”[③]

通过以上对中外美学史上有关史实的简略回顾，我们可以说，“自然事物的美根源于自然事物本身”这样一个论点，既直接植根于具体的客观事实，又与普通人的审美经验密切联系，而且还在中国文学艺术的沃土上催开过山水诗、山水画的奇葩，在西方也催开过人体艺术的鲜花。因此，这个论点是由一切没有陷入种种先入为主的唯心主义怪想的人在生动的人类实践中提出来的。而凡是把唯物主义的哲学路线贯彻到自然美根源论中去的美学家，也都必然地、不可避免地提出并坚持这个论点。

---

① 《西方美学家论美和美感》，商务印书馆1980年版，第73页。

② 同上书，第115页。

③ 《狄德罗美学论文选》，人民文学出版社1984年版，第26、31页。

但是有人却批评说，认为自然界本身有美的客观存在，认为自然美根源于自然事物本身，这是“旧唯物主义美学”、“形而上学唯物主义的美学观”、“简单的、机械化的形而上学观点”，总而言之，“这种理论在今天却毕竟是太陈旧了”[①]。事实果真如此吗？不是的。我们不妨结合对这些批评的回答来展开对唯物主义自然美根源论的理论说明。

首先，这位论者批评说，认为自然美根源于自然事物本身，这就“未注意到美的社会性质”，是“静观的机械唯物论的反映论”的结论。他说，他也承认“美的客观性”，并且“我们这里所说的美的客观性，是严格的相当于哲学上的存在即物质的实体范畴”，但是“这里的‘物’显然不是自然科学用语上的意义，不是机械唯物论的形式主义美学所说的自然物，而是指生活”[②]，指社会存在。这里的意思是说：只有机械唯物论才认为自然物属于“物质的实体范畴”，因此认为自然美根源于自然物本身就只能是“静观的机械唯物论的反映论”；而辩证唯物主义则认为“物质的实体范畴”只是社会存在，因而自然美源于“自然的社会性”。关于所谓“自然的社会性”，我们已经指出了它的荒谬；那么认为自然物属于“物质的实体范畴”是不是机械唯物论的观点？认为自然美根源于自然事物本身是不是“机械唯物论的反映论”的结论？这确实是一个理论原则的问题。

在这里，我们必须了解究竟什么是唯物主义、什么是唯物主义自然美根源论的出发点。大家知道，恩格斯指出，“全部哲学的最高问题”，“全部哲学，特别是近代哲学的重大的基本问题”，是“思维对存在、精神对自然界的关系问题”。哲学家由此划分为“两大阵营”：“凡是断定精神对自然界来说是本原的，从而归根到底以某种方式承认创世说的人，组成唯心主义阵营。凡是认为自然界是本原的，则是

① 李泽厚：《美学论集》，上海文艺出版社1980年版，第22～25、58页。

② 同上书，第67、72、101页。

属于唯物主义的各种学派。”[①]列宁在本世纪初又曾强调说：“是否把自然界、物质、物理的东西、外部世界看作第一性的东西，而把意识、精神、感觉、心理的东西等等看作第二性的东西，这是一个根本问题，它实际上仍然在把哲学家划分为两大阵营。”[②]恩格斯和列宁的这两段话充分说明，“思维对存在、精神对自然界的关系问题”，是全部哲学的一个根本问题。这个根本问题是不会陈旧的，它过去在、现在仍然在把哲学家划分为两大阵营。因此，这里不是讲唯物主义的这种或那种说法，而是讲整个唯物主义、唯物主义的各种学派，它们只是由于“认为自然界是本原的”，才成为唯物主义。也就是说，要做一个唯物主义者，就必然要承认自然界是本原的、是第一性的东西。所以，认为只有机械唯物论才把自然物当作“物”、把自然界当作“哲学上的存在”，这种观点显然是有悖真实的。

或者有人会认为——正如我们在某些美学文章见到的那样——马克思主义的唯物主义只是历史唯物主义，它所说的“存在”只是社会存在，因此，如果认为自然界也是“存在”，那就是旧唯物主义无疑了。其实，这种见解只是误解。诚然，马克思、恩格斯确实批判过旧唯物主义的不彻底，但这根本上只是因为“旧唯物主义在历史领域内自己背叛了自己”[③]，而绝不是因为旧唯物主义也“认为自然界是本原的”。列宁说得好：“马克思和恩格斯的天才正是在于：他们在很长的差不多有半个世纪的时期内，发展了唯物主义，向前推进了哲学上的一个基本派别。他们不是踏步不前，只重复那些已经解决了的认识论问题，而是把同样的唯物主义彻底地贯彻（而且表明了应当如何贯彻）在社会科学的领域中”。[④]列宁在这段话中提出了三点重要意见。第一，列宁在这里指出马克思和恩格斯不是重新创立而是“发

---

① 《马克思恩格斯选集》，第4卷，第219～220页

② 列宁：《唯物主义和经验批判主义》，人民出版社1960年版，第336～337页。

③ 《马克思恩格斯选集》，第4卷，第244页。

④ 列宁：《唯物主义和经验批判主义》，人民出版社1960年版，第337页。

展”、“推进”了唯物主义。也就是说，唯物主义在自然领域的胜利提供了唯物主义的基础。恩格斯对此曾经明确指出：“费尔巴哈说，纯粹自然科学的唯物主义虽然‘是人类知识的大厦的基础，但是，不是大厦本身’，这是完全正确的。因为，我们不仅生活在自然界中，而且生活在人类社会中，人类社会同自然界一样也有自己的发展史和自己的科学。因此，任务在于使关于社会的科学，即所谓历史科学和哲学科学的总和，同唯物主义的基础协调起来，并在这个基础上加以改造。”[①]第二，列宁在这里还指出，唯物主义在自然领域的胜利，解决了“认识论问题”，建立了“唯物主义认识论”。因此，列宁曾进一步说：“社会意识反映社会存在，这就是马克思的学说……意识总是反映存在的，这是整个唯物主义的一般原理。看不到这个原理与社会意识反映社会存在这一历史唯物主义的原理有着直接的和不可分割的联系，这是不可能的。”[②]第三，列宁指出，马克思和恩格斯对唯物主义的推进、发展，“是把同样的唯物主义彻底地贯彻在社会科学的领域中”。这就是说，在自然领域内，马克思主义哲学与一般唯物主义是根本一致的；历史唯物主义不过是把“同样的唯物主义”贯彻到社会领域中。而这两个部分都是马克思主义哲学的有机组成部分。因此列宁曾说：“一般唯物主义认为客观真实的存在（物质），不依赖于人类的意识、感觉、经验等等。历史唯物主义认为社会存在不依赖于人类的社会意识。在这两种场合下，意识都不过是存在的反映，至多也只是存在的近似正确的（恰当的、十分确切的）反映。在这个由一整块钢铁铸成的马克思主义哲学中，决不可去掉任何一个基本前提、任何一个重要部分，不然就会离开客观真理，就会落入资产阶级反动谬论的怀抱。”[③]

根据列宁的这三点意见，十分明显，把一般唯物主义与历史唯物

① 《马克思恩格斯选集》，第4卷，第226页。

② 列宁：《唯物主义和经验批判主义》，人民出版社1960年版，第324页。

③ 同上书，第326～327页。

主义对立起来，认为历史唯物主义否定了一般唯物主义，进而认为马克思主义哲学的所谓“存在”唯一地只是社会存在，这是既没有真正理解历史唯物主义，更没有真正理解马克思主义哲学，并且抛弃了马克思主义哲学的基础，背离了唯物主义的认识论，因而是错误的。实际上，自然美根源问题说到底是与“精神对自然界的关系”问题根本一致的。在这里，承认“自然界是本原的”是最重要的。如果在这里否定自然界的客观存在，硬要把太阳月亮说成“社会存在”，这不仅是极大的理论混乱，而且落入了唯心主义的怀抱。这种必然性，也是我们上一节所曾分析过的。

因此，唯物主义在考察自然美根源问题的时候，必然以唯物主义认识论为理论武器，而首先就是从唯物主义反映论出发的。这就是说，唯物主义的自然美根源论从下述理论原则出发：“物存在于我们之外。我们的知觉和表象是物的映象。实践检验这些映象，区别它们的真伪。”[①]由此，必然得出这样的结论：自然美存在于我们之外，自然事物本身就是自然美的根源。又恰如列宁所指出：“正是绝对地无条件地承认自然界存在于人的意识和感觉之外这一点，才把辩证唯物主义同相对主义的不可知论和唯心主义区别开来。”[②]因此，承认自然美根源于自然事物本身，也就是承认自然美存在于人的意识和感觉之外，承认自然美是客观的。这个观点是辩证唯物主义的。重复地说，唯物主义自然美根源论从唯物主义反映论出发，认为：自然美根源于自然事物本身，它存在于我们之外；我们关于自然美的知觉和表象是客观的自然事物的美的映象；实践检验这些映象，区别它们的真伪，这些理论观点绝不是什么机械唯物论的观点，而是辩证唯物主义的观点。

其次，这位论者批评说：“美，……只对于人、只对于人类社会才有意义。在人类以前，宇宙太空无所谓美丑”；“说自然本身就美，

---

① 列宁：《唯物主义和经验批判主义》，人民出版社1960年版，第99页。

② 同上书，第262～263页。

这究竟是什么意思？美总是对人而言的一种价值，没有人，太阳美不美，花美不美……是毫无意义、不能回答的问题。”“自然在人类之前就有美，这美究竟是什么意思？”总之，“认为自然美在于自然本身，它先于人类而存在。这就很容易走上神秘主义和客观唯心论的道路上去。”[①]但是，自然美果真不是根源于自然事物本身，而是依赖于、根源于人或人类社会的吗？这确实又是一个理论原则的问题。

这个批评，又曾被其他人从主体和客体的关系上提出来，认为：我们是在认识论范围来考察主体和客体的，那么无论自然也好、自然美也好，总之任何客体都不能离开主体而独立存在，都必须依赖于主体，在与主体的关系中才能存在；离开了主体，也就无所谓客体。说自然美是离开人而独立存在的，就是说自然美可以不作为人的对象而存在，那么这样的自然美只能是不可知的神秘之物。还有人公开说，美离不开人的感觉、人的评价，因此自然美不能离开人和人类社会而存在，自然美也就不能只根源于自然物本身。如此等等，不一而足。

我们认为，这些批评意见都是由于不理解唯物主义认识论而陷入混乱的。如前所述，唯物主义自然美根源论以唯物主义认识论作为理论武器，首先是从反映论出发的。我们还要指出，它不仅从唯物主义的反映论出发，而且进到了唯物主义的真理论即客观真理论。客观真理论是唯物主义认识论的重要组成部分。前述对唯物主义自然美根源论的第二点批评，根本上正是由于不理解客观真理论而提出的。

概括地说，根据唯物主义反映论，我们认识到，自然美是第一性的，我们关于它的感觉和思想是第二性的，是自然美的映象。在人的表象中“有不依赖于主体、不依赖于人、不依赖于人类的内容”[②]，这就是客观真理。唯物主义认为，“对客观真理的承认是最要紧的”[③]。

① 李泽厚：《美学论集》，上海文艺出版社1980年版，第59、168、142～143、128页。

② 列宁：《唯物主义和经验批判主义》，人民出版社1960年版，第113页。

③ 同上书，第117页。

这就告诉我们，自然事物的美可以为我们所感觉和认识，却“不依赖于主体、不依赖于人、不依赖于人类”。即便在我们感觉到和认识到它们的美的时候，它们的美也仍然是我们表象中“不依赖于主体、不依赖于人、不依赖于人类的内容”。

这首先就是说，主体可以认识客体，客体却并不依赖于主体；人可以认识自然美，自然美却并不依赖于人。有人说，客体是相对主体而言，没有主体哪来什么客体？这其实只是一种唯心主义的抽象思辨。狄德罗说得好：“我的悟性不往物体里加进任何东西，也不从它那里取走任何东西。不论我想到还是没想到卢浮宫的门面，其一切组成部分依然具有原来的这种或那种形状，其各部分之间依然是原有的这种或那种安排；不管有人还是没有人，它并不因此而减其美。”[①]这就是说，当主体和客体之间发生认识关系的时候，客体并不因为它作为主体的认识对象而有什么改变，主体也没有通过认识而使对象有所变化。所以主体可以认识客体，客体却并不依赖于主体。拒绝承认这个真理，主张没有主体就没有客体，或者说没有离开主体的客体存在，这是十足的唯心主义论调。明代王阳明所谓“天下无心外之物”，就是这种论调。他的一位朋友曾指着岩中花树问道：“天下无心外之物，如此花树在深山中自开自落，于我心亦何相关？”王阳明答道：“你未看此花时，此花与汝心同归于寂；你来看此花时，则此花颜色一时明白起来，便知此花不在你的心外。”[②]贝克莱所谓“存在就是被感知”也是这种论调。贝克莱说：“事实上，对象和感觉是同一个东西，因而不能把一个从另一个抽象出来。”[③]列宁对此一针见血地指出：“从主体和客体有‘不可分割的’联系的思想出发”，“把认识论建立在客体和人的感觉有不可分割的联系这一前提上，就必然陷入唯

① 《狄德罗美学论文选》，人民文学出版社1984年版，第25页。

② 《王文成公全书》卷三《语录·传习录下》。

③ 转引自列宁《唯物主义和经验批判主义》，人民出版社1960年版，第11页。

心主义。这是一个简单的必然的真理”[①]。

因此，唯物主义总是强调客体的存在是不依赖于主体的，唯物主义美学总是强调客观的美是不依赖主体而存在的。正如马克思所说，“对于不辨音律的耳朵说来，最美的音乐也毫无意义，音乐对它说来不是对象”[②]，但是“最美的音乐”仍然不失其美。所以，尽管忧心忡忡的穷人对“最美丽的景色”“无动于衷”，商人对“矿物的美”甚至感觉不到、“看不到”，但景色和矿物仍然不失其美。

那么，我们说“自然本身有美”，这究竟是什么意思呢？我们说自然美根源于自然事物本身，说自然界本身存在着美，这就是要肯定自然美的客观存在，肯定自然美的规律的客观存在。客观存在的自然美及其规律，是我们对于它们的感觉和认识的源泉，而它们却不依赖于主体、人或人类而存在。这些“意思”，其实是很明白的。

而且，“没有人，太阳美不美，花美不美”，这绝不是什么“毫无意义”的问题。诚然，我们研究自然美，重点是要探讨现实存在的自然事物的美，探讨现实生活中遇到的自然美问题。可是，我们也不可回避地要回答在人类之前自然美是否存在的问题。不仅如此，这个问题还有它深刻的理论意义，因为它关系到是否真正承认自然美及其规律的客观存在这个理论原则问题。

显然，如果承认自然美是客观的，如果承认自然美规律是客观的，那么就不但应当承认人已经认识的自然美及其规律的客观性，而且也应当承认人尚未认识的自然美及其规律的客观性；不但应当承认在人类产生之后有自然美及其规律的存在，而且也应当承认在人类产生之前有自然美及其规律的存在。这是彻底的唯物主义者应有的理论观点。有人认为承认“自然在人类之前就有美”是“神秘主义和客观唯心论”，我们不妨看看列宁曾批判过的马赫主义者的言论。“从马赫主义者的观点看来，人怎么能够知道他所不知道的东西是存在的

① 列宁：《唯物主义和经验批判主义》，人民出版社1960年版，第58、61页。

② 马克思：《1844年经济学—哲学手稿》，人民出版社1979年版，第79页。

呢？怎么能够知道尚未被认识的必然性是存在的呢？这难道不是‘神秘主义’，不是‘形而上学’？不是承认‘物神’和‘偶像’，不是‘康德主义的不可认识的自在之物’吗？”①不难看出，这种观点与上述批评如同出于一辙。

也许有人会认为，批评者只是不承认人类之前有自然美及其规律，并没有涉及人尚未认识的自然美及其规律是否存在的问题，因此与马赫主义者的上述观点还不是一回事。其实，看不出这二者的内在联系是不可能的。而且有的人正是由于否认人尚未认识的自然美及其规律的存在，才进而否认人类之前存在自然美及其规律的。众所周知，有的人一再强调：“‘真’为人所掌握……便是‘美’”；“光是由自然必然性所统治的客观存在……不能有美”。美，包括自然美，都只是“正确反映从而运用规律的实践”也即所谓“自由的实践”所“创造”出来的②。这些话当然就是说，绝对不存在什么人尚未认识的自然美及其规律，自然美及其规律是依赖于主体、依赖于人类的。这难道不是马赫主义观点的标准化的美学表达吗？这难道不是列宁所曾尖锐批判过的“对客观真理的否定”吗？有的人又曾说：“高山大海，日光月色，这纯粹是一种自然物质现象，如说它本身具有美，那为什么有时候或有些人能感觉它而另外一些人另外一些时代就不能感觉它、反映它呢？”③这就是说，只有人们能立即地、完全地、一致地感觉和反映的东西，才是存在的。这实际上也还是企图否认人尚未认识的自然美及其规律的存在。

因此，如果我们要贯彻彻底的唯物主义路线，如果我们“在理解现实世界（自然界和历史）时，决意按照它本身在每一个不以先入为主的唯心主义怪想来对待它的人面前所呈现的那样来理解”④，那么

① 列宁：《唯物主义和经验批判主义》，人民出版社1960年版，第183页。

② 李泽厚：《美学论集》，上海文艺出版社1980年版，第162、147～148页。

③ 同上书，第24页。

④ 《马克思恩格斯选集》，第4卷，第238页。

我们就必然要肯定自然美根源于自然本身，也就必然要肯定在我们感觉之外的、我们尚未认识的乃至在我们人类产生之前的自然界客观存在着自然美。这自然美不是固定不变的，而是按照自然美的规律运动发展的。例如随着人类的产生，自然美也发展到它的最高阶段——人体美。这自然美又不是不可知的。因为在人类产生以后，“自在之物”在转化为“为我之物”，尚未被认识的自然美及其规律也在转化为已被认识的自然美及其规律。总之，自然美根源于自然事物本身，是客观真理论的必然结论，是生动的人类实践反复证明的真理。

我们已经简略地介绍了中外美学史上主张自然美根源于自然事物本身的理论观点，并结合一些论者对这个观点的指责诘难，在讨论中提出了必要的理论说明。现在，我们可以对这个理论观点作如下的概括总结。

认为自然美根源于自然事物本身，这既符合客观实际，又符合普遍的审美事实，是活生生的人类实践反复证明的客观真理。因此，不但一般人都相信这个见解符合实际，许多文艺家、文艺批评家也赞同和宣传这个见解，而且坚持唯物主义世界观以及有唯物主义倾向的哲学家、美学家大都自觉地坚持这个理论主张。实际上，认为自然美根源于自然事物本身，这与唯物主义哲学对世界的本原问题的回答是根本一致的，它就是唯物主义路线在自然美根源问题上的具体贯彻。

当然，一般人对这个观点的赞同，包括古代的文艺家、文艺批评家对这个观点的赞同，往往是以素朴的经验论为基础的。马克思主义以前的唯物主义哲学家、美学家，虽然相当自觉地坚持这个观点，但是却没有能给予它以充分的科学论证。同时，也有个别的唯物主义思想家如车尔尼雪夫斯基，由于其唯物主义的不彻底，即由于他的人本主义思想，在自然美根源问题上便背叛了他的唯物主义的基本理论原则。而只有马克思主义哲学，才给予了唯物主义的自然美根源论以充分的科学论证，科学地说明了自然美根源于自然事物本身乃是客观的真理。马克思主义在这个问题上的根本回答，是和过去的唯物主义的回答一致的，只是更彻底、更自觉、理论论证更科学罢了。可见，认为自然美根源于自然事物本身，是整个唯物主义美学的见解，而不是唯物主义美学的某一学派的特殊见解。

具体说来，认为自然美根源于自然事物本身，这是唯物主义认识论的必然结论。这个结论的提出，不但是以反映论为理论出发点，而且还要进到客观真理论。只有了解唯物主义的整个认识论，才能理解自然美根源于自然事物本身这个论断的科学依据和理论内容。而“整个活生生的人类实践是深入到认识论本身之中的，它提供真理的客观标准”[①]。事实上，不但整个活生生的人类实践在反复证明着自然美根源于自然事物本身，反复驳斥着所谓自然美来自理念、心灵或“自然的社会性”的谬见，而且只要把认识和实践结合起来，就必然会导致唯物主义的自然美根源论。

在本章，我们通过理论的和事实的考察，说明自然事物的美既不是来自理念，又不是来自心灵，也不是来自虚构的所谓“自然的社会性”。自然美根源于自然事物本身，才是唯一正确的结论，也是本章对于“自然事物的美的根源何在”这个重要理论问题的回答。

① 列宁：《唯物主义和经验批判主义》，人民出版社1960年版，第184页。

第三章　自然事物的美的本质和规律

美的自然事物为什么是美的？回答这个问题，也就是要在自然美根源论的基础上，进一步探讨自然美的本质和规律。前面曾经谈到，自然美根源论是自然美本质论的前提和先声，对自然美根源问题的理论回答如何，在很大程度上影响和制约着对自然美本质、规律的探讨。那么，唯物主义美学和唯心主义美学从它们各自的自然美根源论出发，究竟是如何回答美的自然事物为什么是美的这个问题的呢？哪些回答是合理的、反映客观实际的呢？我们怎样才能在对于自然美本质、规律的探讨中，沿着正确的道路继续前进呢？

第一节　唯心主义美学所论自然的“美的条件”

如前所述，唯心主义美学否认自然事物本身的美，而要在自然事物之上或自然事物之外去寻找自然事物的美的根源，认为自然事物的美是由人的意识派生的。因此，唯心主义美学也就必然以对于人的意识、人的美感的探讨，来代替对于自然美的本质、规律的探讨。从这个根本的意义来说，要向唯心主义美学了解自然美的本质、规律，是不会有什么收获的。

以克罗齐为代表的许多唯心主义美学家，是彻底否认任何“美的物理的规律或客观条件”[①]的。克罗齐说：“自然的事实有时美，有时丑，随所取的观点和艺术家的心境为转移。”[②]他更批评说：“没有医

① 克罗齐：《美学原理》，外国文学出版社1983年版，第119页。

② 同上书，第116页。

好病而对医生绝望的人容易把命交给江湖骗子；相信可以替美找出自然科学规律者正是如此。艺术家们往往也采用经验的教条，例如关于人体各部比例的，关于黄金分割的……许多整部著作都讨论这些美的规律，黄金分割，蛇形线。我们以为这些都应该看作美学的天文学。”[①]这样，他连自然事物的任何客观条件与美的联系，都一干二净地否定了，认定自然事物之所以“有时美，有时丑”，纯粹在于人的主观意识。

不过，也有许多唯心主义美学家，虽然根本认为自然事物的美根源于人的意识，但是他们又承认自然事物本身终须具有一定的客观条件才能被认为是美的。而且在唯心主义的美学前提下，一些美学家还对于这种“美的条件”作过这样那样的探讨。我们显然也有必要对他们的有关论述加以批判性的研究。下面，首先就对他们的有关论述作一个简括的介绍。

古希腊的毕达哥拉斯学派，其美学思想根本是客观唯心主义的。他们认为，万物的本原不是物质而是数，万物的美也同样根源于数。不过在这个前提下，他们就具体地论到了自然事物的美的数量关系，认为人的“身体美确实在于各部分之间的比例对称”，“例如各指之间，指与手的筋骨之间，手与肘之间，总之，一切部分之间都要见出适当的比例”[②]，那么，怎样的比例是“适当的”呢？他们认为，“每一种类事物”都有数的关系的“法规”或者“中心”。[③]他们还进一步超越事物的“种类”，去探寻普遍的美的数量关系。例如他们认为：“一切立体图形中最美的是球形，一切平面图形中最美的是圆形。”[④]很明显，他们所探寻的事物的美的数量关系，也即是事物的“美的条件”。

---

① 克罗齐：《美学原理》，外国文学出版社1983年版，第120页。引文中的“黄金分割”、“蛇形线”，译者原为“黄金段”、“蛇形曲线”。

② 《西方美学家论美和美感》，商务印书馆1980年版，第14页。

③ 同上书，第13页。

④ 同上书，第15页。

古希腊的柏拉图，认为美根源于理念。在这个根本前提下，他又论到了“形式美”。他认为：“真正的快感来自所谓美的颜色，美的形式。”当然，他又曾声明：“我说的形式美，指的不是多数人所了解的关于动物或绘画的美，而是直线和圆以及用尺、规和矩来用直线和圆所形成的平面形和立体形”①。他的这些意见，显然与毕达哥拉斯学派有相近之处。

普罗提诺认为物体美来自神明的理念。不过他曾经说：“当理念来到一个单纯的或各部分同质的东西上面，就使那东西在全体上显得美。”②也就是说，他在客观唯心主义的美学前提下，认为“单纯的或各部分同质的”应该是事物的“美的条件”。他还具体提出，例如日光、黄金、夜里看到的光，他们就是“单纯的”，是“美的颜色”③。

中世纪末期的圣·托马斯·阿奎那从根本上认为：“事物之所以美，是由于神住在它们里面。”不过他又说：“没有什么事物分享不到善和美。每一个事物凭它所特有的形式就是善的和美的。”④他还具体提出：“美有三个要素：第一是一种完整或完美，凡是不完整的东西就是丑的；其次是适当的比例或和谐；第三是鲜明，所以鲜明的颜色是公认为美的。”例如，“人体美在于四肢五官端正匀称，再加上鲜明的色泽。”⑤

十八世纪英国的荷迦兹认为，美是由人的感觉、爱好和天性决定的。他又依据艺术的经验提出了美的“规则”，说：“适应、多样、统一、单纯、复杂和尺寸——所有这一切都参加美的创造，互相补充，有时互相制约。”⑥这也就是事物的美的条件。他还特别注意研究“波

① 柏拉图：《文艺对话集》，人民文学出版社1963年版，第298页。

② 《西方美学家论美和美感》，商务印书馆1980年版，第54页。

③ 同上书，第65页。

④ 同上书，第66页。

⑤ 同上书，第65页。

⑥ 荷迦兹：《美的分析》，人民美术出版社1984年版，第22页。

状线”和“蛇形线”，认为它们是事物的重要的“美的条件”。他说：“所有会动的东西，它们的形体上若没有波状线，会多么难看。”从“波状线”来观察，“我们不仅能够从形体上说明完全没有波状线的蟾蜍、猪和熊的形体的丑，而且可以解释各种含有美的事物所固有的美的不同程度”[①]。他又说，如果说波状线是“美的线条”，那么蛇形线就是“富有吸引力的线条”[②]。“人体较之于自然创造出来的任何形体具有更多的由蛇形线构成的部分，这就是它比所有其他形体更美的证据，也是它的美产生于这些线条的证据。”[③]譬如说，“人体和四肢处于静态时的最美的姿态，取决于柔和地弯曲着的对比，即是大多属于准确的蛇形线的线条。在有神气的姿态中，这类线条显得比一般更舒展而修长，而在懒洋洋的和静止的姿态中，这类线条则显得比优美的适中程度稍小”[④]。他的这些探讨显然是相当细致的，是值得我们重视的。不过他所谓“波状线”、“蛇形线”既从属于“形体的复杂性”，而他又认为“形体的复杂性”是在于“它迫使眼睛以一种爱动的天性去追逐它们；这个过程给予意识的满足使这种形式堪称为美”[⑤]。也就是说，他认为美的根源，包括自然事物的美的根源，到底还在人的意识。

英国的柏克认为：“我们所谓美，是指物体中能引起爱或类似情感的某一性质或某些性质。”[⑥]这个定义表现了他美学的二元论。然而，他对于物体的美的性质的探讨，却完全是用人的“爱”来规定的，即用美感来决定的。他得出结论说：“就大体说，美的性质，因为只是些通过感官来接受的性质，有下列几种：第一，比较小；其次，光滑；第三，各部分见出变化；但是第四，这些部分不露棱角，

---

① 荷迦兹：《美的分析》，人民美术出版社1984年版，第53、54页。

② 同上书，第56页。

③ 同上书，第59页。

④ 同上书，第118页。

⑤ 同上书，第35页。

⑥ 《西方美学家论美和美感》，商务印书馆1980年版，第118页。

彼此像熔成一片；第五，身材娇弱，不是突出地现出孔武有力的样子；第六，颜色鲜明，但不强烈刺眼；第七，如果有刺眼的颜色，也要配上其他颜色，使它在变化中得到冲淡。”[①]这些就是他所认为的事物的“美的条件”。

休谟认为美根源于人的心灵。不过他也承认“按照人类内心结构的原来条件，某些形式或品质应该能引起快感，其他一些引起反感；如果遇到某个场合没有能造成预期的效果，那就是因为器官本身有毛病或缺陷。”[②]康德也曾说：“自然界的美是建立于对象的形式。”[③]但是，休谟并没有对所谓“某些形式或品质”作具体的探讨；康德虽然谈到过单纯形式的美，但总的说他的探讨也是很有限的。

著名的客观唯心主义美学大家黑格尔，虽然是根本否认自然美的，但他在唯心主义的美学前提下探讨了自然事物的美的条件，而且还讨论得比较广泛和具体。他依照理念沉入自然界、又从自然界里挣脱出来的理论逻辑，系统地考察了理念在自然界中的运动。他认为，自然事物的美的条件首先在于“形式方面的抽象的统一以及感性材料的简单纯粹”[④]。自然事物的“形式方面的抽象的统一”，“是外在的定性和从外因来的统一。这种形式就是人们所说的整齐一律，平衡对称，符合规律与和谐”[⑤]。他认为，整齐一律和平衡对称“在自然现象界形体构造方面”占着“统治地位”，是矿物、植物和动物普遍具有的；而“符合规律”则更“站到较高的一级”[⑥]。黑格尔这里所谓“符合规律”也还是量的规定。他认为，如等长的平行线、相似三角形、圆等都只是抽象的整齐一律，而椭圆、抛物线、卵形、波状线便愈来愈“因符合规律而取消单纯的整齐一律”，如“高级生物的更复

① 《西方美学家论美和美感》，商务印书馆1980年版，第122页。
② 同上书，第111页。
③ 康德《判断力批判》，上卷，商务印书馆1964年版，第83页。
④ 黑格尔：《美学》，第1卷，商务印书馆1979年版，第183页。
⑤ 同上书，第173页。
⑥ 同上书，第178页。

杂的形式都是服从这种符合规律的原则。”[①]而和谐又比单纯的符合规律更高一级，它有事物的质的根据。黑格尔认为，自然事物的这种形式方面的抽象的统一，就是“自然美的抽象形式”[②]；而“感性材料的简单纯粹”，也有“感性材料的抽象统一的外在美”[③]。后者是指“某种感性材料所表现的本身完全不含差异面的协调一致”，例如“天空的纯蓝，空气的透明，平静如镜的湖以及平滑的海面”，都是“坚持某一定性，始终一致”[④]。当然，黑格尔又认为，在这里，“起表现作用的形式和感性的外在现实就分成互相外在的两回事”，而且都“显现为外因起统治作用的观念性和定性”[⑤]，因而理念沉没于自然界只能得到抽象的显现，自然美只是外在美，同时也就不是真正的美。

黑格尔还说过：“死的无机的自然是不符合理念的，只有活的有机的自然才是理念的一种现实。”[⑥]他对动物的美作了这样的考虑：我们“说一个动物美或丑”，是“根据我们对于生命的观念，根据对于生命的真正概念的预感，以及根据惯见的类型在正常现象中所现出的本质上的差异”。也就是说，根本是根据于意识，不过在对象方面还是有相应条件的。例如他说：“活动和敏捷才见出生命的较高的观念性”。这“活动和敏捷”就是动物的美的条件。“例如懒虫爬起来很艰难，整个生活习惯都显得没有剧烈运动和活动的能力，就由于它的这种懒散，它叫人嫌厌。”“我们对于两栖动物，某些鱼类，鳄鱼，癞蛤蟆，许多昆虫都不起美感，就是因为这个道理。”[⑦]关于“类型”，他则提出：“混种动物从某一物种过渡到另一物种，把这两个物种的形状混合在一起，例如鸭嘴兽就是鸟与四足兽的混合，尽管令人惊

---

① 黑格尔：《美学》，第1卷，商务印书馆1979年版，第180页。

② 同上书，第173页。

③ 同上书，第172页。

④ 同上书，第182页。

⑤ 同上书，第172～173页。

⑥ 同上书，第152页。

⑦ 同上书，第169页。

奇，却显得不美。”所以，“混种和过渡种，虽然本身不算是片面的，却也不能坚持差异的定性，这两种都不属于有生命的自然美范围。”[①]当然，黑格尔认为，动物由类型而得来的美，这并不是说这动物就是“美的对象”，而“只能说这主观思考的观察方式是美的”[②]。也就是说，这里的类型及其普遍定性，是“主观思考”的产物。

费希纳又把心理实验方法引入美学，制定了美感的13条原则。其中有两条，即所谓“多样中的统一”的原则和“没有矛盾，一致或真实”的原则，却是关于对象的条件的。随后流行一时的所谓实验美学，关于对象的美的条件，大体上是作简单的形式、颜色方面的规定，对于黄金分割、波状线、蛇形线等等颇感兴趣。

上述材料，基本上可以反映出西方古代、近代唯心主义美学对于自然事物的“美的条件”的探讨概况。在这个方面，可以说现代、当代的唯心主义美学家都没有能超出他们的前辈。譬如桑塔耶纳根本认为美是价值，也承认对象须有“对称”、“形式的多样之统一”等等。克莱夫·贝尔也承认“物质美的东西”如蝴蝶的翅膀是“美的形式”[③]。

综上所述，唯心主义美学对自然事物的美的客观条件的探讨都是在唯心主义美学前提——自然美根源于意识或理念、神，自然美的本质是主观的、属于人的意识或情感的——之下进行的。虽然有的唯心主义美学家把自然事物的某些条件规定作为自然美的原则、规则或要素，但是他们实际上总是论证并强调说，这些原则恰恰是人的感觉和意识所规定的，所以自然事物之所以美仍不在什么客观的法则，而在人的意识或心灵。

应该指出，尽管自然事物的美并不都是感性现象的美，但是唯心主义美学家们对自然美条件的探讨还是有其合理的内容的。现象美在自然界中是相当普遍地存在着的，它们就是唯心主义美学关于自然美

① 黑格尔：《美学》，第1卷，商务印书馆1979年版，第169～170页。

② 同上书，第166页。

③ 克莱夫·贝尔：《艺术》，中国文联出版公司1984年版，第33页。

条件的见解的主要的现实基础。例如普罗提诺认为日光、黄金是美的，“傍晚和清晨的明星也是美的”，并且用单纯或各部分同质来说明。圣·奥古斯丁也在《忏悔录》中说：“人们到外边，欣赏高山、大海、汹涌的河流和广阔的重洋，以及日月星辰的运行，这时他们会忘掉了自己。”[①]康德也说过：“许多海产贝类本身是美的”；“雪的结晶形”也是“非常美的形状”；还有“很多那种矿物结晶体，如坭石，血石，霰石等常常表现出非常美的形象，像艺术所梦想追索的；而安蒂巴洛岛上钟乳洞里的光彩只是透过石膏岩壁滴水所成就的呀！”[②]唯心主义美学家们看到了这些自然现象的美，并通过他们的理论体系反映了这些美的现象，这是值得我们注意并加以批判地继承的。

毫无疑问，唯心主义美学家并不能正确地理解自然现象美的本质和规律。他们大都认为自然现象的美只是纯粹的形式的，是没有任何本质内容，“不传达任何东西”的；他们更夸大地把一切自然美都归结为现象的美，认为形式的美的原则是一切自然事物的美的原则。因此，唯心主义美学对自然事物的美的客观条件的探讨，根本上又是形式主义的。其中虽然包含有合理的内容，但是从根本上和整体上来讲却是不符合实际的。

唯心主义美学之所以在这里流于形式主义，根本原因在于它认为自然美的本质是主观的。这样，关于自然美之所以美的问题，如果要考虑自然事物的客观方面的话，它就只能设想：或者是由于上帝或理念以形式征服了本无形式的粗糙的物质，或者是由于事物的形式符合于或决定于人的感觉方式、思想观念。在这两种情况下，自然事物的形式都与该事物的本质没有关系。而成为自然美的本质的，在前一种情况下是上帝或理念，在后一种情况下则是人的主观意识和意志。这反映在具体的理论形式上，在康德那里是主张自由美与事物的概念无

---

① 转引自雅各布·布克哈特：《意大利文艺复兴时期的文化》，商务印书馆1979年版，第296页。

② 康德：《判断力批判》，上卷，商务印书馆1964年版，第67、197页。

美，在黑格尔那里则是认为自然事物的概念来自于理念，理念为了实现自己而首先沉入自然界，理念的这种运动也是概念的自生发，而理念或概念终因在自然界不能完全实现便挣脱离去。

上述说明，不但可以帮助我们了解唯心主义美学在自然美探讨中发生形式主义的原因，而且我们如果持此观点进一步考察有的唯心主义美学家如康德、黑格尔的理论，则又可以发现其中被包裹、扭曲的合理内核。对它们加以唯物主义的改造，于我们探讨自然美的本质和规律可能是有意义的。

康德认为，纯粹美或自由美是“不凭借概念而普遍令人愉快的”；自然美就是自由美，因而“评定一个自然美作为自然美，不需预先从这对象获得一概念，知道它是什么物品”。但是他又不得不指出，“在评判里主要的是考虑到自然界里有生命的诸对象，例如人或马，一般地也涉及客观的合目的性，以便对它们的美来评定”。假如评定说：“这里是一美女”，这就要考虑到“大自然在她的形体里表象着妇女躯干构造的诸目的”，“须超出那单纯形式眺见一个概念”。[①]康德的这个思想，首先就意味着，他所谓“自由美”其实并不能包括一切自然美，他自己就承认不能包括“自然界里有生命的诸对象”的美。他承认后者与“概念”有关，并把它划归“附庸美”而加以贬抑。但是所谓“概念”，本质上是什么呢？康德把它当作纯粹主观的东西。而在唯物主义看来，概念有客观的基础，它就是事物普遍性在意识上的反映。那么，把康德的上述论点加以唯物主义的改造，不就得承认有生命的自然物成为美是与它们的种类普遍性有关的吗？而且，从康德所举的“美女”的例子看，这“美女”之所以美是在于“大自然在她的形体里表象着妇女躯干构造的诸目的”，这不就是说，美女之为美，在于她的突出的个别性体现着妇女的种类普遍性吗？在这里，个别性是客观的，种类普遍性也是客观的，于是美女的美也就完全是客观的，

① 康德：《判断力批判》，上卷，商务印书馆1964年版，第57、157、158页。

其本质和规律就在于她是妇女的典型了。对于自然现象的美也应当这样来认识，对一切自然美都应当这样来认识。于是，经过唯物主义的改造，康德理论中的合理内核就可以发展为符合客观实际的理论。

黑格尔认为："美就是理念的感性显现。"而"自然生命作为美"，也就是"真实（即理念）在它的最浅近的自然形式（即生命）里直接地存在于一种个别的适合于它的实在事物里"[①]。在黑格尔那里，"理念"根本就是观念，是绝对精神，所以黑格尔对美、对自然美的定义和理解，也就根本是唯心主义的观念论。但是在唯物主义看来，黑格尔所谓的"理念"，原来不过是客观事物的普遍性在意识上的反映。黑格尔颠倒了这种真实关系，使之变成为脱离客观事物的、神化了的绝对精神。剥去这一层神秘外壳，我们就可以发现其中的合理内核：自然美之所以美就在于自然事物以突出的个别性体现了物种普遍性，即在于自然事物的典型性。

这同样的理论现象，还不同程度地存在于古希腊毕达哥拉斯学派关于"注意每一种类的中心"的提示之中[②]，存在于十八世纪荷迦兹关于"形式符合目的"的要求之中[③]。

唯心主义美学对自然美客观条件的探讨根本是主观主义、形式主义的，是错误的。但是它也多少反映了自然现象的美的某些特点和普遍存在，有一定的合理内容。如果对它给予唯物主义的改造，对于我们揭示自然美的本质和规律之谜是很有意义的。

第二节　唯物主义美学对自然美规律的探讨

唯物主义美学认为，自然美是客观的，自然事物的美根源于自然事物本身。因此，唯物主义美学也就必然要在自然事物本身中去探讨

---

① 黑格尔：《美学》，第1卷，商务印书馆1979年版，第142、160页。

② 《西方美学家论美和美感》，商务印书馆1980年版，第13页。

③ 荷迦兹：《美的分析》，人民美术出版社1984年版，第23页。

自然美的本质和规律。

首先应当说明，我国传统的唯物主义美学对自然美的本质、规律的探讨，是有成绩的。不过鉴于它往往带有经验性质，具有直接植根于客观的具体事物和个人的审美经验的特点，因此我们拟在后面对自然美进行分类的具体讨论中更多地利用它的成果。而在这里，我们则集中讨论西方唯物主义美学家直到马克思的有关见解。

不待说，唯物主义美学对于自然美的本质、规律的探讨，也和一切科学认识的发展一样，是从不知开始的，要经历从不知到知，从知之不够确切不够完全到比较确切比较完全的发展过程。并且这种认识的发展，往往是在与唯心主义美学的斗争中实现的。如前所述，从古希腊的毕达哥拉斯、柏拉图，到中世纪的普罗提诺、圣·奥古斯丁、圣·托马斯·阿奎那，他们的唯心主义美学及形式主义见解在历史上发生过相当深远的影响。而给予这种传统见解以有力的冲击，并且在自然美的本质、规律的探讨中取得显著实绩的，则是文艺复兴时期的巨人达·芬奇。

达·芬奇认为，必须“以精深而富于哲理的态度”①去研究自然。这实际上可以看作他在自然美的研究中用科学与神学对抗的宣言。达·芬奇指出：“几何学家把一切由线条包围的面积都简化为正方形，把一切物体的体积归结为立方形，算术在运算平方根立方根时也一样。这两门科学只限于研究连续量和不连续量，它们不关心质，不关心自然创造物的美和世界的装饰。”②显而易见，他的这段话首先就是有针对性的。他所批判的对象是神学的美学及其对自然事物的美的歪曲和否定。有如前述，古希腊毕达哥拉斯学派认为万物的美皆根源于数，柏拉图也认为用尺、规和矩划成的平面形和立体形“按照它们的本质就永远是绝对美的”③。中世纪神学的美学接受了他们的这些

① 《芬奇论绘画》，人民美术出版社1979年版，第17页。

② 同上书，第18页。

③ 柏拉图：《文艺对话集》，人民文学出版社1963年版，第298页。

思想，把数和形的关系歪曲为上帝给自然界的赐予，把自然事物的美融进上帝神圣的光环。这种情况当然是利用和夸大了数学的特征。因为实际上，“纯数学的对象是现实世界的空间形式和数量关系，所以是非常现实的材料。这些材料以极度抽象的形式出现，这只能在表面上掩盖它起源于外部世界的事实。但是，为了能够从纯粹的状态中研究这些形式和关系，必须使它们完全脱离自己的内容，把内容作为无关紧要的东西放在一边。”[①]达·芬奇也并不否认几何学和算术反映了客观世界的一部分联系，他肯定它们是研究了“连续量和不连续量”。但他强调，把自然事物归结为量，只是一种“简化”，是“不关心质”、抛弃了“质”。仅用几何学和算术，不可能把握“自然创造物的美”。这显然就是说，自然美之所以美，有着比数学所研究的空间形式和数量关系更深刻的原因，它首先就是关系到自然事物的“质”的。不待说，他的这个论点与长期占据统治地位的唯心主义、形式主义的美学见解，当然是针锋相对的。

同时，达·芬奇对于唯心主义美学见解中包含的合理内容又作了批判地继承，因而并不排斥或否定自然事物的空间形式与数量关系对于自然事物的美的意义。例如他指出过，人体美是由“优美匀称的部分组成”，有某种“神圣的比例关系”[②]。不过他又说：“必须了解人体的内部构造”，“研究反映在人体动态上的精神活动”[③]。这即是说，人体美有现象的美，但是不应“简化”为现象的美，而应看到它更深刻的东西。换言之，自然事物的美之所以为美，其本质不在于脱离了“质”的“量”，而在于具有一定“量”的事物的“质”，在于“质”与“量”的统一。当然，就人体美而言，达·芬奇的具体认识仍然是不够完全、不够确切的，但是他不赞成把人体美的本质“简化”为“量”。他主张从“质”与“量”的统一来把握人体美的本质，这毕竟

---

① 《马克思恩格斯选集》，第3卷，第77页。

② 《芬奇论绘画》，人民美术出版社1979年版，第25、134页。

③ 同上书，第144、22页。

是美学史上的一大进步。

我们还应注意到，达·芬奇在强调美与自然事物的“质”有密切关系的思想指导下，还直接地大量研究了自然界现象的美。例如彩霞、霓虹的美，山色、海景的美，风云、雨雾的美，阳光照耀下以及日出、日落时风景的美，金银、宝石的美，等等。在这里，他以透视学、光影学、色彩学等多种学科知识，亲临其景作了大量实地观测和考察，提出了美学史上崭新的科学见解。他的这些见解主要包括两个方面，都是值得我们重视的。一方面，他分析研究了这些美的自然现象形成的物质原因。例如他说：“我们所见大气的蓝色并非它本来的颜色。这蓝色是由于受热的水汽蒸发而成极细小难见的微粒引起的，它们被阳光照射，就在顶上深幽无止境的黑暗背景上显得明亮，凡是登上法国与意大利分界岭的阿尔卑斯山脉的蒙波索峰（即罗莎峰）的人，都能像我一样看到这点。”[①]他对自己所论及的种种自然现象，差不多都进行了这种科学探讨。这些探讨有力地说明，美的自然现象形成的原因完全是客观的，是自然的必然。美的自然现象反映着自然的必然，是与“质”相关的。另一方面，他更分析探讨了自然现象美的规律。从他的大量论述可以看出，自然现象的色彩美是他特别注意的，甚至是他讨论自然现象美所主要论及的。自然现象的色彩美的规律如何呢？达·芬奇看到并指出：“远山颜色愈深，显得愈苍翠壮观。颜色最深的远山，显示最美的蓝色。”“小波里的太阳影子比大波里的太阳影子光亮。这是因为，太阳的影像在小波里要比在大波里被反射得更频繁，而为数较多的亮光合成的光当然比为数较少的亮光所合成的光更强。像松球的鳞苞状交叉的波纹，反射的太阳影子最辉煌。”[②]在这里，达·芬奇从客观存在的自然现象的色彩美出发，探讨了这种色彩美增强的规律以及这种增强的物质成因。通过大量的研

① 《芬奇论绘画》，人民美术出版社1979年版，第227页。

② 同上书，第224、119页。

究，他总结说："不同颜色的美，由不同的途径增加。黑色在阴影中最美，白色在亮光中最美。青、绿、棕在中等阴影里最美，黄和红在亮光中最美，金色在反射光中最美，碧绿在中间影中最美。"①我们结合达·芬奇对于远山的色彩美、波纹碎浪反射阳光的色彩美的分析，不是可以得出正确而深刻的美学结论吗？当然，由于时代的局限，达·芬奇没有进一步作出科学的概括。但是他对自然现象的色彩美的具体分析和对色彩美的规律的概括，却不愧为当时最先进的美学见解。

从这里我们也看到，达·芬奇对自然美的理论探讨尚有局限的一面，或者说他在这个探讨中遇到了某些困难。我们曾肯定过他提出的自然事物之所以美与事物的"质"有密切关系、应从"质"与"量"的统一去把握自然美的思想。但是究竟什么是自然事物的"质"呢？从达·芬奇的理论实际看，大体是指自然事物的实体及其性质。那么，人体的"质"到底是什么呢？自然现象的"质"又是什么呢？事实上，人体固然是实体事物，风云雨雾等自然现象却不同于人体这样的实体事物。而且就性质而言，人体的性质，自然现象的性质，都是多方面、多层次的，到底何种性质与美密切相关呢？这些问题本身就比较烦难，达·芬奇也没有能够给予确切的理论回答。反言之，他的所谓"质"，尚有笼统的一面，使得他对自然美本质、规律的探讨还不够深入和确切。不过，"判断历史的功绩，不是根据历史活动家没有提供现代所要求的东西，而是根据他们比他们的前辈提供了新的东西。"②达·芬奇在自然美本质、规律的探讨中作出了丰富而显著的理论贡献，他的不足之处并不能淹没他的历史功绩。

到十八世纪，英国的雷诺兹对自然美本质、规律的探讨又作出了新的贡献。雷诺兹在论到培根所说"画家创作必须靠一种好运气……

① 《芬奇论绘画》，人民美术出版社1979年版，第121页。

② 《列宁全集》，第2卷，第150页。

而不是靠法则”的时候指出：“如果他认为美无法则可循，那他就错了。事实上存在着一种法则，它来自整个自然界，与丑相对立。”[①]在这里，他提出客观存在着美的“法则”、而且这个“法则”就“来自整个自然界”的重要论点。那么，这是不是说，自然界即美的“法则”，整个自然界皆美，而艺术应该单纯地模仿自然呢？不是的。因为雷诺兹明确地说过：“单纯模仿自然的人决不能创造出任何伟大的艺术”[②]。他更进一步指出：“自然所展现在我们眼前的一切客体对象，经过仔细的考察都会被找出一些瑕疵和缺点。最美的形式也会有类似如贫弱、微小或欠完善等瑕疵。”[③]这就是说，在自然中有美的东西，也有丑的东西，而且就是自然中最美的东西也有瑕疵和缺点。

这样，如何分辨在自然中的美与丑？什么是自然美？美的法则又是什么？这些问题便被提了出来，并在理论中具有重要的意义。雷诺兹首先指出：“美并不存在于天上，而存在于地上。它们就存在于我们的周围，而且到处皆是。但是只有靠经验才能获得这样一种能力，即发现那些在自然中丑的东西的能力，或换言之，发现些特殊而罕见的东西的能力。”这是说，自然美客观存在，我们能够靠经验获得认识。雷诺兹进一步指出，自然对象即使其最美的形式也会有瑕疵，“但是这些瑕疵并非每双眼睛都能察觉得到，必须是一双长期习惯于观察和比较这些形式的眼睛才能看出，而且由于这双眼睛具有观察某类事物共性的长期习惯，它获得到洞察每一事物所缺乏的东西的能力”，“能够从事物的普遍的形式中辨别出它们偶然的缺陷、赘疣和丑来”[④]。也就是说，自然事物的美之所以美，在于它的形式体现了“某类事物共性”，符合于某类“事物的普遍的形式”。雷诺兹还申论说，自然美的本质在于自然事物体现了“自然的真正特性”，它就是

① 《美学论丛》，第6辑，湖南人民出版社1984年版，第263页。
② 同上书，第260页。
③ 同上书，第262页。
④ 同上书，第262页。

“与偶然的丑的性质截然不同的自然的真实形式”[①]。最后，他把这种由自然事物的种类共性所决定的“事物的普遍的形式”也即“自然的真实形式”，称之为自然事物的“中心形式”，指出：“任何不符合这个中心形式的就都是丑的。”[②]

雷诺兹还以人体为例具体阐述说：“我所说的普遍的形式是属于整个人类的，因此在每一类人中就都有一个共同的观念和中心的形式，它是该类人中的各种各样的单个形式的抽象。这样，虽然儿童与老人的形式极不相同，但在儿童中有一个共同的形式，在老人中也有一个共同的形式，这个形式距一切个别性的东西愈疏远，它就愈完美。”这说明，人类各种各样的单个形式中存在着人类普遍的形式，人体的美决定于这种普遍的形式。也就是说，对人体美的认识，必须从人体的单个形式提高到某一类人体的中心形式，并进一步提高到整个人类的普遍形式，方能把握人体美的本质。所以他强调说：“尽管每一类人体的最完美的形式……较之该类人中任何个别的形式都是更高级的；然而人体的最高级的完美是不能在他们之中的任何一类中找见的。”[③]在这里，雷诺兹所要强调说明的是：人体的美决定于整个人类的种类共性或普遍形式，而不是决定于有着偶然的缺陷的单个形式，也不是决定于某一特殊种类的中心形式。在他看来，人体的单个形式总会有瑕疵，有偶然的缺陷，这些瑕疵、缺陷不符合整个人类身体的普遍形式，因而是丑的；人体的单个形式又并不都是缺陷、瑕疵，还有符合整个人类身体的普遍形式的东西，这些就是美的。所以人体的美不由单个形式来决定，而由普遍的形式来决定。人体的某一特殊种类的中心形式，则处在单个形式到普遍形式的中途。就它从单个形式提升而来这方面讲，它是更高级的，但就它尚未达到普遍的形式而言，又还不是决定人体美之所以美的东西。这样，雷诺

---

① 《美学论丛》，第6辑，湖南人民出版社1984年版，第265页。

② 同上书，第263页。

③ 同上书，第264页。

兹便具体地说明，人体美之所以美，决定于整个人类身体的普遍的形式。

从这个观点出发，雷诺兹还批评了关于人体美的形式主义观点。他指出：“有一种对称或比例，严格说来属于丑。一个人体，或瘦或胖，或高或矮，尽管偏离了美，但它的各个部分却还可能有着某种一致性，这种一致性则可以大体上使它们免于令人不快。”[①]就是说，有的人体尽管骨瘦如柴，或者臃肿不堪，但仍然可能左右对称，各部分仍有一定比例。这不违反形式主义美学的原则，却是“偏离了美”，是“属于丑”的。由此可见，雷诺兹也和达·芬奇一样，反对把自然美简化为“量”，强调自然美与自然事物的“质”有密切的关系。不仅仅如此，雷诺兹在达·芬奇的基础上又往前迈了一大步。

如前所述，达·芬奇在探讨自然美本质时强调自然事物的“质”，但是他对于“质”的理解还不是很清楚的，可以说还基本上停留于对具体的个别的实体自然事物的物质性的研究。例如自然现象的“质”，他大体上从它的物质成因去探讨；人体的“质”，他则强调人体的内部结构，另外还指出了人的精神状态。这些见解仍然是不够确切的。雷诺兹的贡献在于，他从事物的单个形式提高到事物特殊种类的共同形式，又从事物特殊种类的共同形式进而提高到事物种类的普遍形式，认为“事物的普遍的形式”就是“自然的真实形式”，体现“自然的真正特性”，决定自然事物之所以美。这也就进一步把达·芬奇的所谓“质”，确定为“事物的普遍的形式”，亦即自然事物的种类普遍性。这样，雷诺兹便科学地确定了把握自然事物的本质特征的正确尺度。正如恩格斯所说：“一切真实的、详尽无遗的认识都只在于：我们在思想中把个别的东西从个别性提高到特殊性，然后再从特殊性提高到普遍性；我们从有限中找到无限，从暂时中找到永久，并且使之确定起来。”[②]正是在这个意义上，我们应当给予雷诺兹的理论贡献

① 《美学论丛》，第6辑，湖南人民出版社1984年版，第265页。

② 《马克思恩格斯选集》，第3卷，第554页。

以充分的肯定。

雷诺兹进一步认为，自然事物的普遍的形式决定自然事物的美，这就是自然美的法则。艺术家能动地认识它和正确地运用它，就把握了美的法则。如前所引，雷诺兹不同意培根所持的艺术成功是“靠运气”的见解，指出：“如果他认为美无法则可循，那他就错了。事实上存在着一种法则，它来自整个自然界，与丑相对立。”[①]艺术家如果把握了这个法则，就能够“以自然本身去修正自然，以其比较的完美去修正其不甚完美的形式”，“学会自然地描绘，而他所画的形体却不像任何一个客体对象”，成为具有“最伟大风格”的画家[②]。这样，雷诺兹从对于自然美的探讨达到了相当正确的艺术理论。这是他在自然美探讨上又一方面的贡献。

当然，雷诺兹对于自然美的研究及其成果也有其局限。例如，他虽然指出了决定人体美的是属于整个人类的普遍的形式，却没有对这种普遍形式作进一步的探讨和具体说明。而且，对于相当普遍存在的自然现象美，他也没有加以重视和讨论。这大约是由于他讨论的重点还是在艺术理论吧！再则从理论上说，他虽然提出了“事物的普遍的形式”决定事物的美的正确论点，但又存在忽视事物的个别性、把种类普遍性等同于美的倾向。因此，他对于自然美的本质、规律的认识，还不是完全的。

十八世纪法国杰出的唯物主义哲学家、美学家狄德罗，对自然美的本质、规律的探讨也作出了重要贡献。狄德罗认为，美是关系，同样地，自然美的本质也是关系。这是我们在前面章节作过简略说明的。问题在于，自然事物的关系是丰富的，那么自然美的本质究竟是自然事物的什么关系呢？

我们认为，就狄德罗的主要理论而言，对这个问题的回答虽然是唯物主义的，但仍然是比较空泛的。狄德罗说：“一个物体之所以美

① 《美学论丛》，第6辑，湖南人民出版社1984年版，第263页。

② 同上书，第262页。

是由于人们觉察到它身上的各种关系，我指的不是我们的想像力移置到物体上的智力的或虚构的关系，而是存在于事物本身的真实的关系，这些关系是我们的悟性借助我们的感官而觉察到的。”[①]就是说，美是关系，这关系必须是“存在于事物本身的真实的关系”。以此为前提，狄德罗进一步把构成美的关系分为两类，相应也就有“真实的美”和“相对的美”。所谓“真实的美”，指事物中一种品质与另一种品质的关系。例如，在这朵花或那条鱼本身中，“在它们的构成部分之间看到了秩序，安排，对称，关系（因为这一切字眼只是指明对关系本身进行观察的不同方式）。”这就是事物的“真实的美”。但是，“一朵马兰花可以在马兰花中是美的或丑的，可以在花类中是美的或丑的，可以在植物中是美的或丑的，可以在大自然的产物中是美的或丑的。”[②]这就是相对的美、相对的丑。狄德罗认为，不论是事物之中各个构成部分之间的关系，还是一事物与他事物之间的关系，都是客观事物本身中存在的真实的关系；美就是这些关系。狄德罗的主要理论观点基本上就是如此，他甚至根本没有提出美究竟是事物怎样的真实关系的问题。他反复说，美是关系，可以是这种关系，也可以是那种关系，可以是一切关系，只要关系是真实存在的，“它们对美就有不同程度的贡献”，“美总是随着关系而产生，而增长，而变化，而衰退，而消失”。[③]

不过，狄德罗也进行了进一步的思索。按照他的上述主要理论，他指出：“从单一的关系的感觉得来的美，往往小于从多种关系的感觉得来的美。一张美的面孔或一幅美的图画给人的感受比单纯一种颜色要多，星光闪闪的天空胜过蔚蓝的帷幕；风景胜过空旷的田野；建筑物胜过平平的空地；乐曲胜过单音。”但是，“关系的数目也不能无穷地增加，美并不是随之而增长的”；而且，“人们看到大量各种各样

① 《狄德罗美学论文选》，人民文学出版社1984年版，第31页。

② 同上书，第26～27页。

③ 同上书，第27、29页。

的关系：有的相互加强，有的相互削弱，有的相互调剂。”于是，这就要求不仅指出美是关系，而且必须探讨美是什么关系。狄德罗考虑到：“在美丽的东西里，我们只接受那些能被远见卓识清楚而容易地抓住的关系。然而，何谓远见卓识呢？”他感到这是不好回答的问题。于是他又从关系的性质来考虑，说：“有一些我们多少认为是基本的关系，如关于男人，女人和小孩的高矮的概念。我们说一个孩子美，尽管他矮小，但是一个美男子却必须是高个子；至于女人，我们对这种品质的要求就少一些，我们可以说一个矮小的女人美，而不能说一个矮小的男子美。这时我们似乎不仅仅观察物体本身，而且还联系到它们在大自然，在大的整体中所占的地位。”[①]尽管这里的“基本的关系”难以把握，但是“基本的关系”的提出，无疑是大大深化了“美是关系”的论点；而在自然美的本质问题上，狄德罗在这里实际上是提出了自然美的本质决定于自然事物在大自然中的地位的论点。

其实，狄德罗的这个论点原已包含在“相对的美”的概念中。他曾经说，“存在着好几种相对的美”，如一朵马兰花，可以在马兰花中、在花类中、在植物中、在大自然的产物中是美的或丑的。这里最后谈到的马兰花“在大自然的产物中是美的或丑的”[②]，就正是讲马兰花的“基本的关系”决定马兰花的美丑。从这里，我们也就看到所谓“基本的关系”原来也是从个别性经由特殊性、再到普遍性提高而来的。也就是说，首先不是孤立地考察一朵马兰花，而是考察这朵马兰花与同类的“马兰花”的关系，进而与“花类”的关系，进而与“植物”的关系，进而与“大自然的产物”的关系，简括地说，就是要考察这朵马兰花与它的种类普遍性的关系。在这里，种类普遍性从马兰花、花类、植物的普遍性一直提高到自然事物的普遍性，就是这种种类普遍性决定了这朵马兰花的美丑。而这朵马兰花的美的本质就在于它的个别性与种类普遍性的关系，这种关系即“基本的关系”。

---

① 《狄德罗美学论文选》，人民文学出版社1984年版，第34～36页。

② 同上书，第27页。

这样，最终必然要把自然事物的美的本质归结为事物的典型性。仍援引马兰花的例子来说明，就是：如果这朵马兰花的生动的个别性充分体现了马兰花的种类普遍性、花的种类普遍性、植物的种类普遍性，充分体现了它在大自然中本然的地位和“大自然的尺度”[①]，那么这朵马兰花在大自然的产物中就是美的。反之，它就是丑的。这些深刻的启示，不就是狄德罗关于“基本的关系”和“相对的美”的思想中所包含的吗？所以我们认为，狄德罗关于自然美的本质、规律的探讨，是有重要贡献、值得研究的。

当然，狄德罗并没有给予“相对的美”和“基本的关系”的思想以突出的理论地位，更没有进行深入的开掘和阐发。他把“相对的美”与“真实的美”平列，融入了关于“关系”的大量的空泛议论中；他过分强调“基本的关系”难于把握，并以之作为产生审美判断分歧的第三个根源，与其他十一个根源平列，也就淹没了它的思想光辉。但是尽管有这样的局限，狄德罗的探讨毕竟提出了十分宝贵的意见，给我们的理论启迪是非常深刻的。

最后，本节还要提到马克思的意见。马克思曾经谈到：“动物只是按照它所属的那个物种的尺度和需要来进行塑造，而人则懂得按照任何物种的尺度来进行生产，并且随时随地都能用内在固有的尺度来衡量对象；所以，人也按照美的规律来塑造物体。”[②]马克思这里论述的是人的美的创造，不是直接论述自然美。但是马克思在这里既提出“美的规律”，又要求人“按照”美的规律，这就肯定了客观存在着“美的规律”。马克思这段话中又指出了理解“美的规律”的要点，因而它当然也就包含了马克思对自然美的规律的理解。

首先，客观的“美的规律”包括了自然美的规律，自然美的规律完全是客观的。这一点是不难理解的。其次，自然美的规律显然与“物种的尺度”、“内在固有的尺度”密切相关。那么，这两个“尺度”

① 《狄德罗美学论文集》，人民文学出版社1984年版，第37页。

② 马克思：《1844年经济学——哲学手稿》，人民出版社1979年版，第50～51页。

是什么意思呢？所谓“尺度”，根本说来是事物的质的概念，是事物的质的规定性的反映。“物种的尺度”，乃是事物的种类共性、种类普遍性，亦即世界上诸种事物的质的区别。又因为“物种的尺度”是某一种类事物共性、普遍性的抽象概括，也就是说，它是存在于该类物种的具体事物之中的，所以还必须强调这个“尺度”是该事物所“固有”的而非主观认识所臆造的；并且，它还不只是关于事物的外在形式的，往往不是一望即知的，而更是事物内在的质的规定，较之事物的形式特征更为深刻和隐蔽，所以又须强调它是“内在”的。也就是说，所谓“内在固有的尺度”与“物种的尺度”是根本一致的，都是指事物的种类普遍性。不过“内在固有的尺度”，更进一步强调这种事物种类普遍性是事物所“固有”的“内在”的质的规定性罢了。这种强调当然是完全必要的。例如人体的种类普遍性，就决不单是人体的外表形式的。许多美学家单从人体四肢躯干的比例对称去探讨人体美的本质，就是不了解人体的种类普遍性较之形体的比例更为深刻、内在，并且确实为人体所固有。因而马克思不但说明“美的规律”与“物种的尺度”有关，还进一步强调这“物种的尺度”包括“内在固有的尺度”，这就避免了把“美的规律”等同于形式美的规律，与形式主义的美学倾向划清了界限。

按照马克思的这个思想，自然美的规律当然首先就是与自然事物的种类普遍性密切相关的。这个论点无疑是唯物主义美学对自然美本质、规律的探讨的一个理论总结。达·芬奇肯定自然美与自然事物的“质”密切相关，雷诺兹认为自然美决定于“事物的普遍的形式”，狄德罗提出了自然美决定于自然事物的“基本的关系”和自然事物的“相对的美”的概念。而马克思指出，“美的规律”、包括自然美的规律与“物种的尺度”、“内在固有的尺度”密切相关，这就使达·芬奇所谓的“质”得以确定，又比雷诺兹的论点更加深刻，比狄德罗的论点则更加明确了。总而言之，马克思关于“美的规律”的论点，言简意赅，内容深刻，把唯物主义美学对自然美本质、规律的探讨提到了一个新的高度，开创了自然美探讨的新阶段。

第三节　自然美的规律是典型的规律

美的自然事物为什么是美的？通过上面两节的简略的历史回顾，我们知道，唯心主义美学与唯物主义美学对这个问题的回答是截然不同的。唯心主义美学认为，美的自然事物之所以美，是由人的感觉和意识规定的，这种规定在对象方面只涉及某些纯粹的形式或现象，无关于自然事物的现实品格和本质特征。唯物主义美学则认为，美的自然事物之所以美，就是由自然事物的现实品格和本质特征决定的；自然美的本质和规律与自然事物的种类普遍性密切相关，后者对于前者有决定性的意义。从根本上说，这两种截然不同的回答，孰是孰非呢？

恩格斯指出："对我来说，事情不在于把辩证法的规律从外部注入自然界，而在于从自然界中找出这些规律并从自然界加以阐发。"①就是说，自然界的规律是由自然事物的客观本性决定的，不是由人的意识或神的意志从外部注入而产生的。这样，自然界事物的美的规律当然也是自然界本身具有的规律，它不是由每个人心从外部移入自然界，也不是由诸天境界的神灵从外部赐予自然界，而是由自然事物的客观本性决定的。因此，对于美的自然事物为什么美这个问题，唯心主义美学的回答是根本错误的，唯物主义美学的回答则是根本正确的。对于唯心主义美学在神秘外衣包裹下的合理内核，我们固然要加以批判地继承；而根本上，我们则应当继承唯物主义美学的历史成果，沿着唯物主义的美学道路继续给予科学的发展。

具体来说，肯定自然美的本质、规律与自然事物的种类普遍性密切相关，肯定后者对前者有决定性的意义，这就是唯物主义美学自然

① 《马克思恩格斯选集》，第3卷，第52页。

美探讨的历史成果，是我们继续深入探索自然美奥秘的理论起点。这当然就是说，对于这个成果，我们既要充分地肯定，又不能到此止步，裹足不前。

应当看到，单是指出自然美的本质、规律与自然事物种类普遍性的关系，还不能对自然美的本质、规律作出完整的理论概括。因为，自然事物的种类普遍性既然是自然事物的本质的规定，一般说来它就比事物的个别性、现象要更为深刻、内在和隐蔽，却又是要存在于个别性、现象之中，通过个别性、现象而显现出来的。但是，在现实的自然事物中，尽管本质是通过现象来显现的，种类普遍性是表现为个别性的，然而现象、个别性却也有丰富不丰富、突出不突出的分别，于是，本质、种类普遍性相应也有显现得充分不充分、明确不明确的分别。单是指出自然美本质、规律与自然事物的本质、种类普遍性密切相关，这还没有考虑到上述两个分别，还没有指出自然美本质、规律与自然事物的现象、个别性的关系。事实上，美的自然事物总是有丰富而突出的现象、个别性的；没有丰富而突出的现象、个别性的自然事物，就不是美的自然事物。也就是说，自然美的本质、规律，不但与自然事物的种类普遍性密切相关，而且与自然事物的个别性密切相关。

从另一方面看，如果单单指出自然美的本质、规律与自然事物的个别性密切相关，那也是片面的。虽然现象总是有本质的，个别性总是与普遍性相连而存在的，但是现象既有本质的现象和非本质的现象、必然的现象和偶然的现象之分，个别性也未必都是表现事物的种类普遍性的，有的个别性甚至还可能削弱、模糊、歪曲事物的种类普遍性。譬如一个人的额头长一对对称的肉瘤，作为现象、个别性是非常特别、突出的了，但它们当然不是表现了人体的种类普遍性，却是人体的种类普遍性的病态的歪曲的表现。如果单纯地把个别性、现象的丰富而突出等同于自然美的本质、规律，那就难免把这对肉瘤也认作自然美。然而事实上它却是丑的，它之所以丑根本就在于歪曲了人体的种类普遍性。由此可见，单是现象、个别性的丰富而突出，也不能科学地规定自然美的本质、规律。

因此，自然美的本质、规律，一方面与自然事物的种类普遍性相关，另一方面又与自然事物的丰富而突出的个别性相关，而且这两个方面又不是隔离的，而是高度统一的。换言之，美的自然事物之所以美，就在于一方面从自然事物的种类普遍性来看，它是由丰富而突出的个别性充分显现着的；另一方面从个别性来看，又是充分显现着自然事物的种类普遍性的。概括地说，美的自然事物之所以美，就在于自然事物以丰富而突出的个别性充分体现了该自然事物的种类普遍性。也就是说，美的自然事物之所以美，在于该自然事物是典型的自然事物。因此，自然美的本质即是自然事物的典型性，自然美的规律即是自然事物典型的规律。我们认为，这就是对于自然美的本质、规律的一般理论概括。

不待说，这个理论概括是以前的唯物主义美学的自然美本质论的进一步发展。在自然美本质、规律的探讨中，达·芬奇所肯定的“质”、雷诺兹所肯定的“事物的普遍的形式”、马克思所强调的“物种的尺度”和“内在固有的尺度”，都为这个新的理论概括所继承和发展。并且，这个理论概括与狄德罗关于“基本的关系”和“相对的美”的思想，又显然有着密切的联系。狄德罗说：“一朵马兰花可以在马兰花中是美的或丑的，可以在花类中是美的或丑的，可以在植物中是美的或丑的，可以在大自然的产物中是美的或丑的。”在这里，“我们似乎不仅仅观察物体本身，而且还联系到它们在大自然，在大的整体中所占的地位”，依据“大自然的尺度”来认识自然事物的美丑[①]。狄德罗在这里已流露出要把自然事物的个别性与种类普遍性联系起来把握自然美的本质、规律的天才思想，只不过他在理论上还不够自觉、不够重视，没有加以深入地开掘罢了。

① 《狄德罗美学论文选》，人民文学出版社1984年版，第27、36～37页。

另一方面，这样一个理论概括也可以说是对于唯心主义美学某些合理内容作了唯物主义的改造，加以批判的继承。如前所述，对于康德关于“依存美”的思想，特别是黑格尔关于“美是理念的感性显现”的思想，如果把其中颠倒了的美的本质重新颠倒过来，就可以发现被神秘外衣包裹住的合理内核，获得关于自然美的本质在于自然事物的典型性的理论启示。

由上可知，自然美的本质是自然事物的典型性，自然美的规律是自然事物的典型的规律——这个理论概括，是对于漫长的美学思想发展史上关于自然美规律的艰苦探索的总结和发展，是过去的美学家包括某些唯心主义美学家在内的关于自然美规律的天才见解的结晶和升华。

但是，这个理论概括自从蔡仪同志在本世纪四十年代提出以来，美学界在一个相当长的时期一直是怀疑的多，首肯的少。造成这种情况的一个重要原因，还在于车尔尼雪夫斯基关于自然美的思想在我国美学界存在着广泛的影响。我们已经指出过，车尔尼雪夫斯基的基本理论原则是唯物主义的，但他的自然美根源论实际上是唯心主义的，他的自然美本质论也必然是唯心主义的，因而他在这方面的思想影响不可能是积极的。不过，在这里不拟去分析、评价他的自然美本质论的内容，倒是有必要指出：车尔尼雪夫斯基也曾对黑格尔的唯心主义的美的本质论作过批判性的研究，试图对它进行唯物主义的改造，甚至还考虑过自然美与典型的关系。但是他最终却中途折回，否定了黑格尔理论中的合理内核，也否定了自然美的本质与典型的关系。正是这种情况，使我国许多美学家对于自然美是自然事物的典型这个论点无法理解和接受，因为他们所接受的只是车尔尼雪夫斯基对这个论点或这个思路的否定。为了进一步理解自然美在于自然事物的典型性这个论点，我们有必要在这里考察一下车尔尼雪夫斯基的有关思考，考察一下他那中途折回的探索带给了我们怎样的理论教训。

车尔尼雪夫斯基曾经说明，他的美学批判虽然“没有提及黑格尔的名字”，却总是针对“黑格尔的美学理论”的；他虽然是引用黑格尔的追随者费舍尔的《美学》中的文句来驳斥，但是他“所引用的那些文句，却总是说明黑格尔的思想的”[①]。黑格尔提出：“美是理念的感性显现。”而车尔尼雪夫斯基所批驳的“流行的美的概念”，其内容是“一件事物如果能够完全表现出该事物的观念来，它就是美的”，或者“所谓美就是观念在个别事物上的完全的显现”[②]。可见他对于“流行的美的概念”的批判，就是针对黑格尔的。那么，在车尔尼雪夫斯基看来，“流行的美的概念”错在何处呢？首先，他指出，实际上“一个观念决不完全显现在个别事物上”，因此，“流行的美的概念”“现在已被公认是经不起批评的”[③]。这个意见批评了黑格尔的绝对化的错误，在原则上是正确的。因为在黑格尔看来，整个世界是理念的派生物，抽象的理念为了实现自己而沉入现实世界，所以他在思辨中确实设想着一般在个别上绝对的实现、一般与个别的完全吻合。而这只是思辨的，不是现实的。车尔尼雪夫斯基还进一步批判说：“美是纯粹的形式这个思想，是和美是纯粹的幻象那个概念最密切地联结着的，而且是由它而来的；而这个概念，又是认为美是观念在个别事物上的完全显现的那个定义的必然结果，因此也和那定义一样不能成立。”[④]也就是说，“流行的美的概念”，必然把美归结为“纯粹的幻象”，也必然把美归结为“纯粹的形式”。这里，车尔尼雪夫斯基批判了黑格尔美学的唯心主义实质以及它必然导致形式主义的错误倾向。这个批判显然也是对的。

不仅如此，车尔尼雪夫斯基还考虑到：“一个体系也许谬误，而其中所包含的一部分思想，独立地来看，也许还能自圆其说。”[⑤]于

① 车尔尼雪夫斯基：《生活与美学·第三版序言》，人民文学出版社1957年版，第4～5页。

② 车尔尼雪夫斯基：《生活与美学》，人民文学出版社1957年版，第4、5页。

③ 同上书，第3页。

④ 同上书，第53页。

⑤ 同上书，第3～4页。

是，他又把所谓“观念”当作“种类的东西”，即从“观念”的客观基础方面来作考察。这也可以说，他是要把“流行的美的概念”从唯心主义体系中抽出来，试图加以唯物主义的改造。他这样做，发现了什么呢？

他先曾断言：“一个观念决不会完全显现在个别事物上。”可是紧接着居然自相矛盾地说：“在有些自然领域内”存在着这种“完全显现”，而且还“千真万确”！例如他说：“‘一件事物如果能够完全表现出该事物的观念来，它就是美的，’——翻译成普通话，就是说，‘凡是出类拔萃的东西，在同类中无与伦比的东西，就是美的。’一件东西必须出类拔萃，方才称得上美，这是千真万确的。比方，一座森林可能是美的，但它必须是‘好的’森林，树木高大，矗立而茂密，一句话，一座出色的森林；布满残枝断梗，树木枯萎、低矮而又疏落的森林是不能算美的。玫瑰是美的，但也只有‘好的’、鲜嫩艳丽、花瓣盛开时的玫瑰才是美的。总而言之，一切美的东西都是出类拔萃的东西。”这不就是说，美的森林、美的玫瑰，就是“完全显现”出种类性的个别事物吗？例如他又说：“‘任何东西，凡是完全体现了那一种类的观念的，就显得美’，这意思也就是说：‘美的事物一定要包含所有在同类事物中堪称为好的东西；在同类事物中所能找到的任何好的东西，没有不包含在美的事物中的。’在有些自然领域内，同一种类的东西中没有多种多样的典型，对于这些领域内的美的事物和现象，我们确是这样要求的。例如，橡树只能有一种美的性质：它必须干高叶茂；这些特性总是呈现在美的橡树上，在其他的橡树上再没有别的好东西。”[①]这不又是说，美的橡树就是“完全显现”了种类性的个别事物吗？

很明显，车尔尼雪夫斯基在上面所举的例子是有一定范围、一定特点的。他所举的都是美的自然事物，而且他不讲美的自然现象如日

① 车尔尼雪夫斯基：《生活与美学》，人民文学出版社1957年版，第4～5页。

光月色、翡翠玛瑙，也不是讲美的人体，而主要讲美的植物，如美的玫瑰、美的橡树。对象既有一定的范围，也就有一定的特点，这必然要反映到理论上来。可是，车尔尼雪夫斯基虽然感到了某种特点，却没有正确地反映它。例如玫瑰、橡树的美有一个显著的特点，这就是：只要是玫瑰，一般都是“鲜嫩艳丽”的；只要是橡树，一般都是“干高叶茂”的。不是玫瑰中哪一株玫瑰才美，别的玫瑰就不美，而是一般说来凡是玫瑰都美；橡树也一样，凡是橡树都美。车尔尼雪夫斯基却误以为，只是“在同类中无与伦比”的那一株玫瑰才美，集中了橡树一切“美的性质”的那一株橡树才美，因为它们才“完全显现”了它们的种类性，而其他的玫瑰或橡树则是丑的。其实，虽然这株玫瑰或橡树可能比那株玫瑰或橡树在有限的程度上要更美些，但在一般正常的情况下，即使有这种细微差别，只要是玫瑰或橡树，就仍然都是美的。造成这种情况的原因在于，玫瑰、橡树等植物虽然是个体的，但它们的个别性尚未充分发展，因而同类植物的特性和形态几乎是一样的。于是，如果借用狄德罗关于“相对的美”的语言，可以说，既然凡是橡树差不多都是一样的，那么这株美的橡树就不仅在橡树类中是美的，而要进一步在植物中是美的。换言之，决定橡树美丑的，不是这株橡树与橡树的种类普遍性的典型关系，而是这株橡树与植物种类普遍性的典型关系。这里也不是什么“完全体现”，而是“充分体现”，不是绝对的，而是相对的。

但是，车尔尼雪夫斯基没有认清橡树等植物的个别性不够发达的特点，却把它理解为一种“完全显现”种类性的现象；也没有认清橡树等植物的个体的特性和形态都几乎一样的特点，却要在其种类中寻找“无与伦比”的“完全显现”的个体。这样，他就不但不能正确认识玫瑰、橡树的美的本质，而且不能发现黑格尔美学神秘外衣包裹住的合理内核。他的发现“完全显现”确实存在，就充分说明了他作的唯物主义改造很不彻底，虽然隔着外衣摸着了黑格尔美学的合理内核，但是只抓过来了那层神秘外衣——黑格尔的绝对化。

车尔尼雪夫斯基沿着上述思路继续思考，又获得了新的发现：虽然“在有些自然领域内”美的事物就是“完全显现”了种类性的个别事物，但是要把这种“完全显现”作为美的定义，哪怕是作为自然美的定义，也是一方面“太空泛了”，另一方面又“太狭隘”了。那么，他是如何具体考虑的呢？

首先，他发现虽然美的玫瑰、美的橡树是“完全体现了那一种类的观念的”，但是例如田鼠、例如“大多数的两栖类、许多的鱼类、甚至许多的鸟类”却不同，“它的观念表现在它身上愈完全，从美学的观点看来就愈丑”。所以他指出：“并不是一切种类的东西都美”；“事物和现象的类别本身分成两种，一种是美的，另一种在我们看来一点也不美。”他总结说：“美是个别事物和它的观念之完全吻合，这个定义是太空泛了。”[①]车尔尼雪夫斯基这段话似乎包含了一些事实，这使得至今我国一些美学家仍然依据它来责难自然美的典型说，提出类似这样的问题：如果典型的自然事物是美的，那么一个“典型”的青蛙、一个“典型”的跳蚤是美的吗？其实，无论是车尔尼雪夫斯基，还是他的追随者，在这里提出的理论和事实都是似是而非的。

不难看出，车尔尼雪夫斯基及其追随者在这里提出的事实依据又是有一定范围、有一定特点的，即主要是举动物作例证。而动物的美的特点与植物的美的特点，实际上是一致的。就是说，它们虽有个体，但个体相对于属类的个别性却很不发展，在同类动植物中各个个体的特性和形态差不多都是一样的。对于这种情况，车尔尼雪夫斯基误认为是“个别事物和它的观念之完全吻合”，这是不符合事实的；而他的追随者进而把它说成是“典型”，更是错误的。他们在思想上都没有摆脱黑格尔的绝对化。他们都没有进一步看到，正因为同种类的动植物的个体差不多都是一样的，所以凡是老虎、凡是梅花鹿则都是美的，凡是田鼠、凡是鳄鱼则都是丑的。以老虎为例，这只老虎如

① 车尔尼雪夫斯基：《生活与美学》，人民文学出版社1957年版，第4页。

果是美的，不是因为它与其他老虎迥然不同，不是因为它在同类老虎中是“无与伦比”的，而是因为它作为一种特殊的动物在动物中是美的，是因为它以老虎特有的现象、特殊性充分体现了动物的本质、普遍性，因而是美的。车尔尼雪夫斯基局限于某一动物种类之中孤立地考察，在几乎一样的个体中寻找“无与伦比”者，就既不能理解美的动物，也不能理解丑的动物。所以他只看到动植物的“类别本身分成两种”，一种是美的，一种是丑的；却看不到决定这类别或美或丑的狄德罗所谓的“大自然的尺度”。他的某些追随者宁愿用放大镜、显微镜去寻找跳蚤的个体差异性、寻找跳蚤的“典型”，却不肯抬起头来从自然界相互联系的总体中去考察跳蚤的美丑，这种离情背理的做法只能堕入思辨的蛛网之中。

车尔尼雪夫斯基还认为，“美是个别事物和它的观念之完全吻合”作为定义又“太狭隘”了。如前所述，他在美的自然事物中找到过这种“完全吻合”，例如美的玫瑰、美的橡树。他以为在玫瑰、橡树等自然事物中，“同一种类的东西中没有多种多样的典型”，美的玫瑰或橡树就是“在同类中无与伦比的东西”。但是他又发现，有的事物在同类中有“多种多样的典型”，特别是“在人身上，这种美的典型的多样性更加显著，我们简直不能设想人类美的一切色调都凝聚在一个人身上。”[①]也就是说，人体的美就不是“个别事物和它的观念之完全吻合”。我们认为，他这段话是颇有意义的。第一，他感到了植物、动物的美与人体的美有不同的特点，不过他对这些特点及其区分理解得很不确切。他以为，美的橡树的特点在于它是橡树种类的“完全体现”，因而美的橡树应该是唯一的，没有“典型”的多样性；但是美的人体则不能“完全体现”人体种类的东西，因而美的人体就有“美的典型的多样性”。实际上，如我们已经指出的，橡树的美在于与植物种类性的典型关系，因而美的橡树并不能“完全体现”植物的种类

① 车尔尼雪夫斯基:《生活与美学》，人民文学出版社1957年版，第4～5页。

性，美的橡树只是典型的植物之一，而植物的典型当然是多种多样的。因此，车尔尼雪夫斯基所说的美的橡树与美的人体的两点区别都是不能成立的。不过他要对它们加以区别，也就是感到了它们的美具有不同的特点，这一点却应该肯定。它们的区别当然是有的，简括说来，橡树虽有个体却无显著的个别性，人体既有个体又有显著的个别性，因而橡树的美不是某一个体独有的，人体的美却就是个体所有的。凡橡树皆美，而并非所有的人体都是美的或一样美的。第二，车尔尼雪夫斯基在这段话里又显然把“流行的美的概念”与“典型”作了区别，因为他就是用“美的典型的多样性”来批评“流行的美的概念”“太狭隘”的。这一点无疑值得我们注意。当然，他对“典型”的理解还很混乱，他认为“个别事物和它的观念之完全吻合”也算一种“典型”。这完全是黑格尔式的绝对化。而他在误解了“典型”的规定之后，以这种误解为依据，认为它不能说明自然美的本质，终于把“典型”与“流行的美的概念”一起都抛弃了。

车尔尼雪夫斯基就是这样对黑格尔的美的本质论作了批判性研究：他批判了黑格尔的绝对化，却始终没有能够摆脱它的限制，不能发现黑格尔美学中在唯心主义的和形而上学绝对化的神秘外衣包裹下的合理内核，因而他在植物、动物的美的特点面前顿时堕入五里雾中，也就不得不在对黑格尔美学进行唯物主义改造的过程中半途而废，中道折回。这里的深刻教训，是值得我们记取和深思的。

当然，车尔尼雪夫斯基在这里为动物、植物的美的研究提供了思想资料，并且还感到和提出了动植物的美的特点与人体的美的特点有所不同，虽然他对自己提出的问题并没有能够正确地解答，虽然他提供的思想资料还必须加以分析鉴别，但是究竟对自然美研究的深入和进展会有一定的意义。同时，车尔尼雪夫斯基面对动植物的美的特点时的理论窘迫以至失误又一次告诉我们：我们不但应当努力探讨自然美的一般规律，而且应当努力探讨各类美的自然事物的特殊的具体规律，这样，我们才能逐步达到、论证和坚持科学的自然美本质论或规律论。为此，我们将在以后三章对自然事物的美进行分类探讨，具体讨论各类自然美的特殊规律。

那么，我们将怎样对自然美进行分类呢？全部美学发展史的经验教训反复说明：在丰富多彩的美的自然事物中，确实存在几种不同的美的特点，存在几种具体的美的特殊规律。要而言之，大体存在着现象美、种类美和个体美三种各具特点的自然美，它们都有自己特殊的美的规律。我们也就把自然美分为上述三类而分别探讨。从另一角度来说，具有现象美的大体上是无机界的自然事物，具有种类美的大体上是有生命的、高度发展的自然事物，具有个体美的则是人体。那么，我们何以不按无生物、有生物和人体来分类呢？这首先是因为，自然美的规律虽是自然界的一种客观规律，但它并不与自然界的其他规律相等同，而有它的特殊性。因此，自然美的进一步分类也应按照不同的美的特点和具体规律来进行，而不应简单地采用对自然事物的物理的、化学的或生物的分类法。其次，在实际上，虽然具有现象美的大体是无机物，但是有的动物、植物也可以具有现象美。即如鱼类，虽不符合种类美的规律而无种类美，但作为自然现象却又是美的。所以按照无生物、有生物、人体来给自然美分类，并不能有利于科学地揭示自然美的规律。而按照现象美、种类美和个体美来分类，既有利于揭示自然美的具体特点和规律，又不妨碍联系实际的自然事物揭示自然美的物质条件。

我们相信，通过对自然美的进一步分类探讨，我们一定会对自然美的具体特点和规律有更深入的了解，一定会使自然美的规律是自然事物的典型的规律这个命题得到检验、证实和丰富，也一定会找到解决车尔尼雪夫斯基遇到的难题的途径。

第四章　自然现象美论

我们已经说明，自然美的规律是自然事物的典型的规律。而且，自然美又可分为现象美、种类美和个体美，它们各有独自的美的特点，在典型规律上也有各自独特的表现。在本章，我们首先就来讨论现象美的特点和规律。

第一节　自然现象美的一般特征

你到过黄山，曾站在文殊台上陶醉于雨后初晴时那云海之美吧？那云海白浪滚滚，无边无际。有时浪花高卷，漫上峰顶，给远近的山峦披上一层透明的轻纱。有时烟消云散，只有几丝云气在空中飘荡。它们浴着阳光，呈现出各种色彩，时而白如雪，时而黄如金，时而幻成紫色。忽地一瞬间又扩展成为愈来愈浓的漫天大雾……而那远远近近的山峦，也便时而拔空挺立，崭露出洗尽云气、秀色葱翠的峰顶；时而又在云蒸雾荡中渐渐隐去……

你或许曾赴浙江省海宁盐官，实地观赏过那“八月十八潮，壮观天下无”的“钱江秋涛”。你面对蓝色的钱塘江、静穆的大海，等候着，等候着……突然，遥见天尽处现出一道白线——钱江大潮终于来了！万里江空，隐隐有声；白线飞疾滚进而来，愈滚愈快，愈快愈猛，愈猛愈粗。风劲、潮哗，白线变成白虹，变成一道三米来高的喷银溅珠的白色墙垣，激浪相逐，层层叠叠，向江岸飞速逼近。随着那“轰——”的一长声巨吼，水面霎时涨高数米，浪花飞撒向江岸，有如冰山爆炸，直似沧海横流……

你一定曾登上高山之巅，欣赏过日出时那壮丽奇幻的景色。也许是在泰山，也许是在峨眉……当黑沉沉的夜幕还笼罩着大地，东方天际已游动着一线微明，它渐渐泛出柔和的光芒，如同一条狭窄的暗红色飘带；带子的上面露出一片清冷的淡蓝色晨曦。那条红带在慢慢扩大，像一片红云了，像一片红海了；一转眼，红海上簇拥出堆堆墨蓝色的云霞，而清冷的晨曦已变为磁蓝色的光芒。突然间，从墨蓝色云霞里矗起一道细细的抛物线，这线红得透亮，闪着金光，如同沸腾的熔岩一下抛溅上去。随后又闪出几个更红更亮的小片，它们渐渐密接起来，融合起来，终于成为一个红彤彤的圆球——朝阳飞跃而出了！不容你久看，它就变得晶光刺眼，火一般鲜红，火一般强烈，天空所有的暗影都消逝在光明之中……

这里说的奇幻的黄山云海、壮阔的钱塘江潮、辉煌的泰山日出，无疑是很美的。它们的美，就是我们本章所论的自然的现象美。那么，这些自然现象美，它们的美的特点是什么呢？显而易见，譬如黄山云海之美，就在于黄山的云时而汇聚如雪原、时而飞动如飘风，与黄山奇峰出没消长而形成的形状、姿态的美；同时，还在于黄山的云在阳光的照射、青山的映衬下愈幻愈奇的色彩的美。又譬如钱塘江潮之美，除了江潮的形状、色彩的美，还有潮水疾进时、扑岸迸飞时那音响韵节的美。而日出壮观的美，也在于那天际、那云霞、那红日的形状、色彩、光芒的美。用一句话来概括，所谓自然的现象美，就是自然界的形状、色彩、光芒、声音等现象的美。

在大自然中，相当普遍地存在着这种自然现象美。首先可以说，整个无机自然界的美就都是这种自然现象美。蓝天碧海、红日紫霞、青山绿水、黄金白银、五色石、汉白玉，它们的美，是光芒色彩现象的美。高高的奇峰、弯弯的河流、平坦的原野、圆圆的露珠、石乳石笋、冰凌雪花，它们的美，是形状姿态现象的美。丁东的泉水、淙淙的溪流、咆哮的黄河、呼啸的海潮、轰隆隆的雷鸣，它们的美，是音响韵节现象的美。此外，本章第三节还将谈到，除无机自然界之外，有些生物的美也只是现象的美。

当然，所谓事物的现象，是相对事物的本质而言的。所谓现象美，就字面来讲，显然是说这美是事物的现象所具有的，不是事物的本质所规定的。实际上，自然现象美的又一个突出的特点就在于，这美的自然现象并不是该自然事物的本质的直接而明显的表现。这种不能直接而明显地表现自然事物的本质的现象普遍地存在于无机自然界。

譬如说无机自然界的岩石和泥土，作为自然事物，它们的本质是什么呢？我们可以用自然科学的方法去分析鉴定它们的物理、化学属性，探讨它们的质的规定性。然而就是同一种类的岩石或泥土，在自然界中也是石无定象、土无完形，或者为微尘、为平地，或者竟“积土成山，风雨兴焉”，而成就了地球上复杂多样的地形地貌。这样，同一种岩石或泥土，有多种多样的形状现象；而同一种形状现象的，又可以是这种岩石或泥土，也可以是那种岩石或泥土。宋人郭熙曾说：“真山水之川谷，远望之以取其势，近看之以取其质。”[①]这是说，远望才能把握川谷的大体形势，近看才能了解川谷的土石的质地。远望而得其“势”，却未必能识其“质”；近看而识其“质”，也未必就能得其“势”。所以，他要求既要远望之，又要近看之。这就说明，川谷的“势”与“质”是有一定的联系的。但是川谷的“质”并不能直接决定其“势”，川谷的“势”也不能明显地反映其“质”。“真山水之川谷”的形状姿态现象，虽与其岩石、泥土的质的规定性有联系，却不是后者的明显的反映；而“真山水之川谷”的形状现象的美，也不是由岩石、泥土的质的规定性直接决定的。

实际上，例如山，其形状、色彩现象是极其丰富多样，甚至于变化万千的。郭熙就论到过山的形态现象的丰富性。他说：“山，大物也。其形欲耸拔，欲偃蹇，欲轩豁，欲箕踞，欲盘礴，欲浑厚，欲雄

① 郭熙：《林泉高致》。

豪，欲精神，欲严重，欲顾盼，欲朝揖，欲上有盖，欲下有乘，欲前有据，欲后有倚，欲上瞰而若临观，欲下游而若指麾，此山之大体也。”不仅如此，而且“山形步步移”，“山形面面看”，所以“一山而兼数十百山之形状”。又不仅如此，而且“今山日到处明，日不到处晦，山因日影之常形也”；“今山烟霭到处隐，烟霭不到处见，山因烟霞之常态也。”[①]元人汤垕也说：“山水之为物，禀造化之秀，阴阳晦冥，晴雨寒暑，朝昏昼夜，随形改步，有无穷之趣。”[②]这些都说明，在自然界中，不但山的形状姿态各不相同，而且就是同一座山，它的形状姿态现象也还要受到日光、气候、云雾等等多种外部因素的重大影响。明代的黄汝亨就曾经这样谈到黄山的美：“我辈看名山，如看美人，颦笑不同情，修约不同体，坐卧徙倚不同境，其状千变。山色之落眼光亦尔，其至者不容言也。”[③]他所感慨赞美的，正是黄山丰富多彩、变化无穷的形状现象、色彩现象的美。

无机自然界的形状、色彩现象的丰富多变，是多种因素作用的结果。车尔尼雪夫斯基曾说：大部分美的风景在任何光线之下都是美的[④]。如果他这里所说的“风景”主要是指无机自然事物如山水、风月之类的话，那就是没有了解自然现象美的特点。事实上，光线显然要影响到一处风景的形状现象美和色彩现象美。它们因光线变化而变化，这不是由无机物的本质直接规定的。

难道不是如此吗？日光可以给云霞雾霭涂上美妙的色彩，随即又飞快地把它抹掉；光和影给我们显出山峰峻岭的雄姿秀色，随即又迅疾地重新加以勾勒。明人张大复说得好：“邵茂齐有言，‘天上月色能移世界’。果然！故夫山石泉涧……月照之则深，蒙之则净。金碧之彩，披之则醇；惨悴之容，承之则奇。浅深浓淡之色，按之望之，则

① 郭熙：《林泉高致》。

② 汤垕：《图鉴》。

③ 黄汝亨：《姚元素黄山记引》

④ 车尔尼雪夫斯基：《生活与美学》，人民文学出版社1957年版，第49页。

屡易而不可了……”[①]达·芬奇告诉过我们：“请看亮光，并思量它的美吧。眨眨眼睛再看看它，你就会见到本来并不在那里的东西，而原来在那里的，已不知去向。”[②]不是吗？雨后的七色彩虹，峨眉金顶的神奇佛光，沙漠里的绿洲幻影，万顷碧波上的蓬莱仙岛，眨眨眼睛再看看它，或许就已不知去向。晚明的王思任，曾记叙在晚霞映照下天地山水的多姿多彩、愈幻愈奇的自然现象的美景。他记道：“落日含半规，如胭脂红初从火出。溪西一带山，俱似鹦绿鸦背青，上有猩红云五千尺，开一大洞，逗出缥天，映水如绣铺赤玛瑙。日益智，沙滩色如柔蓝懈白，对岸沙则芦花月影忽忽不可辨识。山俱老瓜皮色。又有七八片碎翦鹅毛霞，俱黄金锦荔，堆出两朵云，居然晶透葡萄紫也。又有夜岚数层斗起，如鱼肚白，穿入出炉银红中，金光煜煜不定。盖是际天地山川，云霞日采，烘蒸郁衬，不知开此大染局作何制。”他由此赞叹说：“夫人间之色仅得其五，五色互相用，衍至数十而止，焉有不可思议如此其错综幻变者！”“嗟呼！不观天地之富，岂知人间之贫哉！”[③]

这些都说明，山水云霞等无机物的形状、色彩现象受到外部因素的重大影响。它们的美，直接由现象的条件和形态来决定，是事物现象的外在美，不是事物本质的内在美。

还有许多无机物不是形成山峰、峡谷等地形，而是以块状、粒状或晶簇等形态现实地存在着。如河滩的卵石，或大或小，或方或圆，形态丰富多样；其色彩也各种各样，或白或黑，或红或绿，或黄或灰，有的还有单色的纹路，有的又有五彩的花纹。又如石英石，可能是完整的晶体，也可能是块状的或粒状的，大小不等，形状各异；其色彩也不一样，有无色透明的水晶，有白色的乳石英，有浅红的蔷薇石英，有紫水晶，还有褐色的茶晶，在特殊的光线下它们的色彩也随

---

① 张大复：《梅花草堂笔谈》。

② 《芬奇论绘画》，人民美术出版社1979年版，第92～93页。

③ 王思任：《小洋》。

之变化。显然，它们的形状现象、色彩现象虽与其质的规定性有关，却也不是质的直接而明显的表现。它们的形状、色彩的现象美，不是由本质直接决定的，而是现象本身的，既依据于事物的质，又依据于外在因素。

上面说到，自然的现象美就是自然事物的形状、色彩、声音等现象的美，这些现象不是事物本质的明显而直接的反映。我们还要讲它的第三个特点，即：这些现象的种类性与自然事物的种类性不是完全一致的。

如上所说，无机自然物的形状、色彩、声音现象要受到外部相关因素的重大影响，甚至这外部因素起着直接的决定性的作用。所以，同一无机物却有各种各样很不相同的现象。这也就是说，无机自然物的种类性与它的现象的种类性不完全一致。譬如，云作为自然事物其种类性无非是在空中悬浮的许许多多水珠的汇聚、集合。但是作为自然事物，云的种类性却不能直接决定云的形态，因为“雾云烟霭，轻重有时，势或因风，象皆不定”①，即空间的气流会给云的形态以重大的影响。不过，云的形态也还是有规律、有一定种类性的。宋人韩纯全就曾说：“春云如白鹤，其体闲逸，和而舒畅也；夏云如奇峰，其势阴郁，浓淡叆叇而无定也；秋云如轻浪飘零，或若兜罗之状，廓静而清明；冬云澄墨惨翳，亦其玄溟之色，昏寒而深重。”②四季的气温不同、气流不同，云的形状也有大体的区别。因而云的形状现象的种类性就与云的种类性不完全一致了。但是，云的形状现象的某种种类性又可以与其他事物的形状现象的某种种类性相连接、相一致。例如云海是云的一种形状现象，它作为形状现象的种类性就与波涛滚滚的海浪的形状现象相连接，与海浪的形状现象种类性相一致。进一步说，通过波状线，云海、海浪、江涛、连山的形状现象便相连接，而有了共同的形状现象普遍性；同样的道理，初升的朝阳、十五的圆

① 荆浩：《笔记法》。

② 韩纯全：《山水纯全集》。

月、圆形的山峦、清晨的露珠，乃至火山口湖，它们的形状现象都以圆形为种类普遍性；而红日、红云、红金、红石、红泥的色彩现象，也以红色作为种类普遍性而相连接，虽然太阳、云朵、金子、岩石、泥土作为实际事物是分属不同的种类的。

由上可知，虽然无机自然物的形状、色彩和声音现象不直接反映自然物的本质，但是它们作为现象也还是有它们的本质的。这个本质，就是形状、色彩、声音等现象的现象种类普遍性。这种情况，与动植物、与人体是很不相同的。动植物或人体的形状、色彩、声音现象，一般说来是直接反映事物的本质的，是事物本质的明显表现。动植物或人体的形状、色彩、声音现象，一方面固然可以和其他种类的事物的现象通过现象种类普遍性相连接，例如白鹤的形状姿态现象与春云的形状姿态现象有共同的现象种类普遍性，从这个意义上说，动植物和人体都可以有一定的现象美。但是另一方面，动植物和人体的现象却更是直接反映事物本质的，例如白鹤高举远引、飞翔于云天，就直接、明显地反映着它高度的运动能力，反映着动物的本质特征。所以动植物或人体的现象的种类性，在根本上就是这些事物的种类性。因而动植物和人体的美就不仅仅是现象美，它们的美丑就不是仅仅根据现象来决定的。

自然现象美的这些显著特点，过去的许多唯心主义美学家是或多或少有所认识的，但他们对这些特点进行了夸大、歪曲。例如康德曾说：美“实际上只应涉及形式”[①]；“美不是客体的一个概念，而鉴赏判断不是知识判断。”[②]他的这些话表明，他多少看到了自然现象美不是对事物本质的直接的、明显的反映；但是他又把这个特点夸大为现象美与自然事物的质的规定性是毫不相干的。他更没有看到，自然现象美也是反映本质的，即体现现象种类普遍性的。当然，他还想把这个经过歪曲了的现象美的特点说成是一切美的特点，至少是所谓

① 康德：《判断力批判》，上卷，商务印书馆1964年版，第61页。

② 同上书，第134页。

“纯粹美”的特点。许多客观唯心主义美学家，虽然看到了自然现象美体现着现象种类普遍性，但是却把这个现象种类普遍性歪曲为理念或者神的创造。显而易见，唯心主义美学的这些见解，尽管包含了一定的合理因素，然而在根本上却要把自然现象美说成是主观意识的产物，要用意识或美感去规定自然现象美。这些见解不但是错误的，而且会阻碍我们进一步探讨自然现象美的规律。

鉴于唯心主义美学的上述歪曲，我们有必要强调指出：虽然自然现象美不直接反映自然事物的本质，但是自然现象美却完全是由自然界物质的原因形成的，是依存于实际的自然事物而有规律地出现的。而且，美的自然现象所体现的现象种类普遍性，也绝不是什么“颜色的理念”（普罗提诺语）或形状、音响的理念，而完全是现实的自然界中的客观存在。

例如天空中丰富而多变的色彩、形状、音响等现象的美，就是自然的必然。我国古代先秦时期的庄周，曾仰望长天，疑而发问：“天之苍苍，其正色邪？”[①]意大利文艺复兴时期的巨人达·芬奇，则在当时的科学水平上探讨了“大气的蓝色”的物质成因，认为：“大气是从照着阳光的水汽微粒获得它的蓝色。”[②]后来，人类对光的本质的探讨越来越深入和确切，也为自然现象美的探讨提供了越来越坚实的科学基础。1666年，牛顿通过三棱镜，第一次得到了阳光的色谱，证明白耀耀的阳光由七种色光自然混合而成。科学的进一步发展，更揭示出阳光是不同波长的电磁波，整个星际空间可谓是电磁波的海洋。人的眼睛可以对一定波长的电磁波获得色彩的感觉，人类还可以通过其他途径认识不同于可见光波长的其他电磁波。自然科学就是这样，“它用人的眼网膜之外的、在人之外和不以人为转移的光波的不同长度来说明各种颜色的感觉。这也就是唯物主义”。[③]

---

① 《庄子·逍遥游》。

② 《芬奇论绘画》，人民美术出版社1979年版，第228页。

③ 列宁：《唯物主义和经验批判主义》，人民出版社1960年版，第42页。

因此，“天之苍苍”完全是自然的必然。具体说，它是光的一种散射现象。当光通过地球外层的大气时，赤橙黄绿等波长较长的光波射到地面，而波长较短的光波被大气中的细质点散射而呈青蓝色。而且，“天空并非完全是青苍蓝色，仰视头顶上的天空，颜色最蓝，渐往下俯视，渐变青绿淡黄，到平视时，几成淡白，这也是空气透视的原理，因为太阳自头顶上垂直投射的光波较之太阳呈水平方向投射的光波为短，因此通过大气中之细质点，反射白光也较少。所以头顶上的天空呈现蓝色。登山所见天色更为蔚蓝，也是同样道理。”再如，“夕阳、晚霞的色彩同太阳在其他时刻所呈现的色彩之所以不同，亦是由于细质点分光的缘故。因为夕阳西下时，阳光从水平面穿过较厚的气层，初因紫青光被粗的质点所阻而余橙黄，其余绿光被反射而余橙光，再其次黄光又被反射而余橙红或纯红，这就形成了夕阳、晚霞的颜色。”①至于彩虹，“则是色光被‘折射’的现象，雨后空中的水滴起了和三棱镜同样的作用”②，所以在空中形成绚丽的七色彩带。

难怪，你要观赏神奇的“佛光”，就须登上峨眉金顶，而且要等候适当的气候条件，还要在一定的时刻才能一饱眼福。“佛光”，或称峨眉宝光，亦是光的一种衍射现象。“佛光”的出现也是有一定规律的。它一般于午后发生在金顶东边的岩下，多在云雾之上、特别是雨后出现。宋人范成大就是在“大雨倾注”之后见此奇景的。他记道：当时，“云平如玉地”，“雨点有余飞”。“俯视岩腹，有大圆光偃卧平云之上，外晕三重，每重有青、黄、红、绿之色。光之正中，虚明凝湛，观者各自见其形现于虚明之处。毫厘无隐，一如对镜，举手动足，影皆随形，而不见傍人。”③紧接着，范成大还见到了“佛光”的所谓“清现”，即比较少见的在山谷中无云时出现的“佛光”。“佛光”的出现的这种规律性，充分说明它绝非宗教信徒所相信的“佛现”，

① 颜文梁：《色彩琐谈》，上海人民美术出版社1978年版，第48～49、29页。

② 吴甲丰：《印象派的再认识》，三联书店1980年版，第45页。

③ 范成大：《游峨眉山记》。

而是由于自然界物质的原因而产生的。

至于自然界山水景物的现象美，不用说同样是自然界的产物，完全是客观而实在的。例如著名的钱塘江潮，首先就是月亮对地球的引力而产生的潮汐现象，所以钱塘潮虽然平日就有，却以每年农历八月十八日前后为最大。而且，钱塘潮的形成还与杭州湾的特殊地形有关。杭州湾是钱塘江的出海口，外宽内狭，形如喇叭。与海相接处宽达一百公里，越往内越窄，到澉浦收缩到二十公里左右，到海宁盐官镇，江道仅三公里宽，江底也越来越浅。所以海潮涌来时，在这样的地形里，便形成“涛来势转雄，猎猎驾长风。雷震云霓里，山飞霜雪中”的壮美景象。据记载，钱江观潮从汉、六朝便已开始，由于地理变迁，到明朝，海宁盐官镇才成为观潮第一胜地。现在的地理形势又有变化，潮水高涨的中心已转到萧山头篷。

宋人苏轼曾实地考察石钟山音响之美。“以小舟夜泊绝壁之下”，有“大声发于水上，噌吰如钟鼓不绝。舟人大恐。徐而察之，则山下皆石穴罅，不知其浅深，微波入焉，涵澹澎湃而为此也。舟回至两山间，将入港口，有大石当中流，可坐百人，空中而多窍，与风水相吞吐，有窾坎镗鞳之声，与向之噌吰者相应，如乐作焉。”[①]他不但记下了他所欣赏到的石钟山奇妙的音响美，而且如实地揭示了它的物质成因。

综上所述，自然现象美主要是自然界无机物的形状、色彩、声音等现象的美，它完全是由于自然界物质的原因形成的；同时，它虽然依存于实际的自然事物，虽然在一定程度上反映了事物本质的某些方面，但是这种反映不是直接的、明显的和完全的，它的现象种类普遍性与事物的种类普遍性并不完全一致。这些，就是自然现象美的一般特征。

① 苏轼：《石钟山记》。

第二节　自然现象美是典型的自然现象

我们谈过，自然界无机物的美是其色形声等自然现象的美。不过，并不是一切无机自然物都有自然现象美，也不是一切自然现象一概是美的。郭熙说得好：“千里之山，不能尽奇；万里之水，岂能尽秀？太行枕华夏，而面目者林虑；泰山占齐、鲁，而胜绝者龙岩。”[①]那么，怎样的自然现象才是美的？自然现象美的本质和规律是什么呢？

马克思在论到金银之美时指出：“金银不只是消极意义上的剩余的、即没有也可以过得去的东西，而且它们的美学属性使它们成为满足奢侈、装饰、华丽、炫耀等需要的天然材料，总之，成为剩余和财富的积极形式。它们可以说表现为从地下世界发掘出来的天然的光芒，银反射出一切光线的自然的混合，金则专门反射出最强的色彩红色。”[②]马克思的这段话以及他的其他一些有关论述，为我们探索金银之美的奥秘、探索自然现象美的奥秘，提供了十分宝贵的钥匙。

首先来说，马克思在这里讲得很明白，金银的“美学属性”在于它们的自然特性，而与所谓“社会性”无关。他指出，金银的美学属性并不是“满足奢侈、装饰、华丽、炫耀等需要”，却又是满足这些社会需要的基础和前提。也就是说，他把金银之美，与用金银制成的各种装饰品和器具的美，既联系起来看，又加以区别。金银与金银制品的联系，在于后者利用金银作为制作的“天然材料”，也就是利用了金银本身的“美学属性”，因而金银制品也就在相当程度上利用并葆有了金银材料的自然美。另一方面，金银及其美又不能等同于金银制品及其美。因为金银及其美完全是自然的必然，而金银制品却是利用了金银的“美学属性”，为了“满足奢侈、装饰、华丽、炫耀等”社会需要，经过人为的加工而产生的。所以金银制品不只葆有金银的

---

① 郭熙：《林泉高致》。

② 《马克思恩格斯全集》，第13卷，第145页。

自然美，而且根本上既是社会物又是艺术品，也就还可能有社会美和艺术美。这样，金银制品也就“成为剩余和财富的积极形式”；而“占有金银制的商品”，便成为货币的“一种美的贮藏形式”[①]。但是金银本身的“美学属性”，却显然与金银制品的社会性和艺术性无关，而完全是由金银本身的自然特性规定的。

与上相关，马克思还说过：“‘金银天然不是货币，但货币天然是金银’，这句话已为金银的自然属性适于担任货币的职能而得到证明。”[②]这里也是指出，不应该把“金银的自然属性”与金银作为货币所担负的社会职能相等同；虽然“金银的自然属性适于担任货币的职能”，但是“金银天然不是货币”。当然，在私有制条件下，有的人为私有财产的观念所囿，只看得见金银作为货币的价值形态，对于不是货币的“天然”的金银则视而不见。有的美学家甚至把货币在资本主义社会作为“看得见的神”、作为“人尽可夫的娼妓”[③]的本质，当作金银的本质，当作金银的美学属性。这当然是荒谬的，却也是可以理解的。马克思就曾指出：“贩卖矿物的商人只看到矿物的商业价值，而看不到矿物的美和特性；他没有矿物学的感觉。”这是因为，他的“一切肉体的和精神的感觉为这一切感觉的简单的异化即拥有感所代替。为了使属人的存在物能够从自身产生出自己的内在的财富，必须使他沦落到怎样一种绝对的贫困啊。”所以，“贩卖矿物的商人”和某些美学家的“绝对的贫困”、“愚蠢而片面”，只是一种历史的现象。正是在这个意义上，马克思强调：“私有财产的废除，意味着一切属人的感觉和特性的彻底解放”[④]。

因此，只有打破私有财产的观念的束缚、挣脱剥削制度的传统偏见，我们才能抛弃把货币的社会特性当作金银的美学属性的主观幻

① 马克思：《资本论》第1卷，人民出版社1975年版，第154页。

② 同上书，第107页。

③ 马克思：《1844年经济学—哲学手稿》，人民出版社1979年版，第106页。

④ 同上书，第77～80页。

想，而真正认识到金银等矿物的美和特性。

按照马克思的意见，包括金银在内的矿物的美，显然是与它们的特性即“自然属性”有关的。那么，这究竟是怎样的关系？也就是说，金银之美的本质、规律到底是什么呢？

先来说金子之美的本质。马克思认为，金的美学属性在于它“专门反射出最强的色彩红色”。这首先就是说，金子之美是金子的光芒色彩的现象的美。我们曾经谈到，自然事物的现象美就其现象种类普遍性来说，与作为实体的自然事物的种类普遍性并不一致。马克思在这里则具体指出了金的色彩现象的种类普遍性就是“天然的光芒”中“最强的色彩红色”，然而“天然的光芒”中“最强的色彩红色”果真是自然界中普遍存在的色彩现象的一个种类吗？是的。在这个色彩现象种类中，不但有金子的红色，还有朝阳和夕阳的红色、朝霞和晚霞的红色、岩石和泥土的红色、宝石和玛瑙的红色等等。就这些事物的实体而言虽然不属同一种类，但是它们的红色色彩现象却是同一个种类的。马克思认为金子的美学属性在于它“专门反射出最强的色彩红色”，这就不但指出金子之美是它的色彩现象美，而且指出它的色彩现象之所以美在于它通过这种“专门反射”而充分体现了红色现象的种类普遍性。这不也就是说，金子之美在于它以独特而突出的色彩现象充分地体现了“最强的色彩红色”的种类普遍性吗？事实上，当天然的光线投射到金子之上，金子就以其密致而细微的质点反射出鲜亮、耀眼的红色光辉。这种光辉的个别性之突出、特异，以致人们要特地用“金光”一词来标示它，用“金光闪闪”来形容它。同时，人们历来又称金子为“赤金”，这也就表明，金子独具特色的色彩现象，正充分体现了红色的种类普遍性。金子之所以美既然在于它以特异的个别色彩现象充分体现了“最强的色彩红色”，这就可以说，金子之所以美，在于金子的色彩现象是典型的红色色彩现象，或者说，是自然界红色色彩现象的典型。

红色作为自然界色彩现象的一个种类，作为自然界丰富多样的红色色彩现象的种类普遍性或本质特征，并不是很复杂、很深刻的。不过，由于自然界的红色色彩现象丰富多样、各具个性特色，其中只要是能够充分体现红色色彩种类性的，就都是典型的红色色彩现象，就都有红色色彩的现象美。这就是说，自然界的红色色彩现象的典型是丰富多样的，自然界的红色色彩现象美是丰富多样的。例如自然界的朝阳、夕阳的红色色彩现象，朝霞、晚霞的红色色彩现象，宝石、玛瑙的红色色彩现象，以至红火、红石、红泥的色彩现象等等，它们都是独特的红色色彩现象，都不同程度地体现了红色色彩现象的种类普遍性，就都不同程度地具有一定的红色色彩现象的典型性，也就具有不同程度的红色色彩现象美。其中体现红色色彩现象的种类普遍性越充分的，一般来说就是越美的。而能够相当充分地体现红色色彩现象的种类普遍性的，其体现着普遍性的个别性越是突出、特异，也就越美。那么，在这里的所谓“充分体现红色色彩现象的种类普遍性”，究竟是什么意思、有什么意义？它是否也有一定的规律存在呢？

原来，“天然的光芒”中各类色彩现象的普遍性，包括“最强的色彩红色”在内，相对自然事物的种类普遍性来说，虽然是比较简单、不那么深刻和复杂的，但还是有它们各自的特性。这些特性规定了不同的色彩现象的种类普遍性得到“充分体现”的途径和条件是不同的。这一点，可以说是自然现象美的规律的一个重要的、甚至是主要的方面，因而在实际上，它一直引起了许多美学家、艺术家的重视和探讨。例如达·芬奇在考察了大量的自然界色彩现象美的基础上，曾经概括地提出：“不同颜色的美，由不同的途径增加。黑色在阴影中最美，白色在亮光中最美。青、绿、棕在中等阴影里最美，黄和红在亮光中最美，金色在反射光中最美，碧绿在中间影中最美。”[①]达·芬奇这里所揭示的，主要是各类颜色与亮度的关系；而他所指出的使各类颜色最美的那种颜色与亮度的关系，恰恰就是各类颜色达到饱和

① 《芬奇论绘画》，人民美术出版社1979年版，第121页。

的条件。我们知道，“一种色彩，在最纯粹地显出其固有性质来的时候，便是‘饱和’……红色在强光之下饱和，蓝色在弱光之下饱和”。一般说来，“饱和的色彩总比未饱和的色彩鲜明”[①]。也就是说，自然界中各类颜色有它们各自的固有特性或种类普遍性，这种固有特性从一定颜色的色相、亮度和饱和度三个方面及其相互关系中表现出来。因此，具有独特个别性的自然界某一具体色彩现象，如果能够达到该种色彩的饱和，也就能够充分体现出该种色彩的固有特性或种类普遍性，那么，自然界的这一色彩现象就是美的。

例如说，红色在强光之下饱和，也就是达·芬奇所谓“黄和红在亮光中最美”。在自然界中有许多红色色彩现象都相当充分地体现了红色的这种种类普遍性，因而成为典型的红色色彩现象，成为自然现象美。譬如我国长江以南一些省份的土壤，因富含铁、铝而呈红色，故有“红土”之称。当阴霾横空时，光线微弱，红土为阴影所笼罩，呈暗紫色甚至灰黑色，并不美。但在阳光照耀下，红土顿长生气，漫山遍野一片火红，现出美丽的景色。瞿塘峡北面的“赤甲山”，山势高峻，山石赭红，不生树木。在阴天看去，尚觉平常。而当艳日临空，山峰有如红装艳抹，分外妖娆，人称“赤甲晴辉”，成为长江三峡的著名美景。又如红宝石，密致均匀，通体透明。天然光线中最强的色彩红色在它内部反复折射而增辉，闪出晶莹四射的熠熠红光，又比红土、红石更美些。至于朝日初升，或夕阳西下之时，日光从水平面穿过轻厚的大气层，由于大气分光而呈现光强而鲜明的红色，不但染红了半天云朵，而且“空气因为透明的缘故，彻底透红，以致具有百合花的颜色”[②]。这红艳艳的朝霞或晚霞的奇妙景象，体现红色的种类普遍性非常充分，因而是非常美的。

又例如，蓝色在弱光之下饱和，也就是达·芬奇说的“远山颜色愈深，显得愈苍翠壮观。颜色最深的远山，显示最美的蓝色。山愈

---

① 颜文梁：《色彩琐谈》，上海人民美术出版社1978年版，第53页。

② 《芬奇论绘画》，人民美术出版社1979年版，第219页。

高，山林愈密，则山色愈深浓，这是因为这些树木很高，显示了不受天光照射的黑暗的底层”①。也就是说，远山在较弱的明亮度下以其鲜明的饱和色彩体现了蓝色的固有特性，呈现出苍翠壮观的深蓝色，成为自然界蓝色色彩现象的典型。所以远山的色彩美引动历来的诗人去描绘它、歌咏它，从而产生了不少传诵千古的名句。如谢灵运的“连障叠巘崿，青翠杳深沉”、王维的“西岳出浮云，积翠在太清。连天疑黛色，百里遥青冥”、杜甫的“岱宗夫如何？齐鲁青未了”。这些都是描绘远山那“最美的蓝色”的优美诗句。

银的色彩美也是这个道理。马克思说，银的美学属性是“银反射出一切光线的自然的混合”。我们知道，作为“一切光线的自然的混合”的白色，本来是照射到地面的光线的基本形态，但在没有阻隔它的物体对它进行反射等作用时，看来是透明无色的。而银子的白色的产生，是它经过反射后重新达到“一切光线的自然的混合”的结果。美国R.阿恩海姆曾分析说：“白色具有一种特殊的双重性质。一方面，它是极度的充实，是由各种个别颜色合成的全部丰富性的综合。但另一方面，它又是没有色相的，因而是没有生气的。”“白色既是充实，又是虚无。”②但是，银子的白色不是R.阿恩海姆从现实中抽象出来的白色或白色颜料，因而它绝不是“没有色相的”或者“没有生气的”。银子所反射出来的一切光线的自然的混合，形成了柔和、微茫而淡淡的辉耀的银白色。这就相当充分地体现了白色的固有特征，因而成为白色色彩现象的典型。达·芬奇指出：“白色在亮光中最美。”也就是说，白色在较大的明亮度中达到饱和，较充分地显出它的固有特性。因此，我们不难理解，白色的月的光辉一方面与银的光芒色彩根本一致，是由月球反射日光而形成的“一切光线的自然的混合”；另一方面，白色的月的光辉又比银辉色要更加辉耀、更加明亮，也就更能充分地体现白色的光芒色彩的固有特性，因而明月之美比银子之美要更

① 《芬奇论绘画》，人民美术出版社1979年版，第224页。

② R·阿恩海姆：《色彩论》，云南人民出版社1980年版，第39页。

美些。换言之，月辉和银辉都是典型的白色光芒色彩现象，而月辉较之银辉则更典型些，所以它们都是美的，月辉是更加美的。

如果说，月光之美、银色之美在于它们以独特的光芒色彩现象充分地体现了白色作为“一切光线的自然的混合”所特有的“全部丰富性的综合”，那么当日光的这种“全部丰富性的综合”得以生动地展开之时，自然界中又形成了变化万千的多种色彩构成的现象美。例如彩虹，它因空气中飘浮的水滴分光而见色彩，将日光的全部丰富性按波长的序列生动地展开；赤橙黄绿青蓝紫各色都充实饱满、纯净清澈，不但以各自独特的品格分立并列，而且以柔和、鲜明的色阶形式达到和谐的统一。彩虹正是以这种独特的色彩现象充分地体现了日光的本质特征，因而是非常美的。又如在拂晓日出时，有时能见到天空和云彩呈现出绚丽奇幻的景色，暗红色、橘红色、绯红色、金色、玫瑰色、浅蓝色、磁蓝色、墨蓝色……满天云锦，壮丽辉煌。它们把日光的“全部丰富性的综合”展开为红、黄、蓝三种基本色及其复杂而细微的中间配色，把日光表现为华彩丰富的互补色的对立面的平衡，充分地体现了日光的本质特征，因而是美的。自然界中由多种色彩形成的现象美，往往由一对互补色构成，或者为一个互补色的旋律所连贯。因为日光作为“一切光线的自然的混合”是白色，而所谓互补色，恰是以它们的光芒色泽混合时呈现白色为条件的，所以互补色往往能以对立面的平衡来充分体现日光的特征。我们还知道，任何一对互补色的波长都有一个大致相同的比率，大约是1.25，因此，在自然界色彩现象中存在着互补的色彩现象这样一个类型当然完全是客观的，并且是有它的规律的。上面讲到的拂晓时红日冲破较厚的云层所呈现的奇幻景色，就是这样一种由互补色的旋律所连贯的色彩现象美。不用说，在自然界中这类现象的典型是丰富多样的。例如白居易的诗句：“日出江花红似火，春来江水绿如蓝”；“一道残阳铺水中，半江瑟瑟半江红”。它们所再现和赞美的，也是这种互补色彩的自然现象美。所以达·芬奇曾概括说：“同样美观的色彩之中，凡与它的直接对比色并列的颜色最悦目。淡色与红色，黑与白，天蓝与金黄，绿与红都是直接对比色。”[①]他这个意见是有道理的，只是他还不能说明在自然界中这类色彩现象之所以美的奥秘。

在自然界中，除了由互补色的配合及其丰富的变化而构成的多种色彩的现象美以外，还有一些多种色彩的现象美是由波长比较接近的色彩复合协调而成的。例如青山绿水往往就是美的。就它们的色彩而言，青、绿二色的波长就比较接近。当这两种色彩都相当饱和时，它们不但以本身的典型性而显得美，而且互相协调、互相增强，所以显得更美。这类色彩现象美在自然界也是丰富多样的。有时，几种波长相近的色彩只有一种达到饱和而成为主导色，其他色彩则以柔和的色阶形式给以衬托，丰富了主导色彩的现象美。还有一种情况应该提到，这就是一种饱和色彩与白色的配合。例如白云缭绕着巍巍青山，或蓝蓝的天空上飘动着白云，或千里雪原上托起一轮红日，则不但青山美、蓝天美、雪原美、白云美、红日美，而且整个色彩复合现象由于青山、蓝天与白云的明暗对比，由于雪原与红日的互相辉映，就更显得美。总之，自然界的色彩现象美非常丰富，这里就不一一地列举了。通过以上讨论，我们可以概括地说，无论是自然界单一的色彩现象美或复合的色彩现象美，它们本质上就是典型的自然界色彩现象，它们的美的规律就是自然界色彩现象的典型的规律。

自然界无机物的形状现象美的本质、规律，根本说来是与色彩现象美一致的。当然，具体来说，形状现象美在表现上有它自己的内容和特点，是需要加以专门讨论的。

我们在上一节讲过，无机自然物一般并不依它的种类性而有固定的形状，自然界无机物的形状的形成和变化根本是自然界物质普遍的运动属性的表现。R·阿恩海姆曾谈道：“在静态的自然物中，所知觉到的强烈运动，往往是……物理力作用之后留下的痕迹；正是物理力

① 《芬奇论绘画》，人民美术出版社1979年版，第120页。

的运动、扩张、收缩或成长等活动，才把自然物的形状创造出来。大海波浪所具有的那种富有运动感的曲线，是由于海水的上涨力受到海水本身的重力的反作用之后才弯曲过来的；我们在一个刚刚退潮的海岸沙滩上所看到的那些波浪形的曲线轮廓，是由海水的运动造成的；在那种向四面八方扩展的凸状云朵和那些起伏的山峦的轮廓线上，我们从中直接知觉到的也是造成这种轮廓线的物理力的运动……”总之，“我们能够从中看到运动的自然物，实际上乃是以往发生的自然事件的化石，过去运动的历史……是眼睛根据这些自然物体的形状中所活跃着的力和张力，直接知觉到的”[①]。显然，自然物质普遍的运动属性所决定的事物运动的历史，固然在静态的自然物的形状中凝固下来，而且这种运动属性和新的运动，还在动态的自然物的形状中生动地展现。而由于事物运动的规律性，所以自然事物的形状现象也会有一定的普遍性——当然，许多无机自然物可能是杂乱无章的、没有一定规则的，但是自然的必然是通过偶然性来为自己开辟道路的，因而在事物的千姿百态、奇形怪状中，客观存在着许多普遍的形状，它们成为事物的形状现象种类普遍性而有一定的本质特征。例如曲线、波状线、水平面、三角形、圆形、椭圆形等等，就是客观存在于具体的个别事物形状现象之中的形状现象种类普遍性。而一自然事物如果它的独特的形体现象充分体现了该形状现象的种类普遍性，那么这一自然物的形状现象就是美的。

例如圆形是自然界中相当普遍存在的一种形状现象种类，无机自然界中也有许多事物具有圆形形状现象的美。但是圆形就是圆形，它还有什么种类普遍性或本质特征吗？而圆形的自然事物，其形状也无非就是圆形，难道可能有什么独特的个性特征并能充分体现圆形种类普遍性吗？诚然，如果认为圆形仅仅是几何学家拿着圆规在纸上凭空偶然创造出来的，或者认为圆形是上帝那个几何学家赠予尘世的，那

① R·阿恩海姆：《艺术与视知觉》，中国社会科学出版社1984年版，第596～597页。

么圆形就只是一种抽象存在，这种抽象的东西克服自然物的混乱使之具有整一性，因而具体事物的圆形形状也就不可能有什么个性。不过，这种见解是我们已经批评过的唯心的、神秘的美学见解，它是违背客观实际的。事实上，圆形的产生是自然的必然，不是什么神秘的力量创造的，而几何学家的圆形也是从现实事物的实际形状中抽象得来的。在现实中，旋转运动可以产生圆形。宇宙间散漫无形的微粒之形成星云、星球，就是由于旋转而成的。水珠虽不旋转，也因内聚力而呈圆形，并有圆形的表面张力。溶洞中的水滴因重力从上落下，由于圆形均匀的张力，也就在洞的上方和下方留下由石灰岩沉淀凝成的圆锥体形的石乳和石笋。火山爆发，岩浆冲破地壳，而火山口也呈现均匀的圆形，这又是当时力的平衡的“化石”。如上等等，都可见出圆形由自然的必然产生，并且因此而具有内聚与迸射的力的平衡、统一，内部的充实、完整等等圆形种类普遍性或本质特征。而现实事物之所以呈现圆形形状，既有外部的原因，又有自身的依据，其产生条件、过程和现实品格都是随物而异，各有特色，并且在体现圆形现象种类普遍性上也显然不能说在方式上完全一样、在程度上完全一致。其中有的自然事物的圆形形状现象既具有生动、独特的个别性，又能充分体现圆形种类的普遍性，因而它的形状现象就成为典型的圆形形状现象，也就具有形状现象美。

具体说来，譬如月亮，它由缺到圆，又由圆到缺，周而复始，从如钩的月牙儿，终于在农历十五成为泻出银白色清辉的玉盘，给整个天地披上一层洁白透明的轻纱。在这里，从圆月形状现象的形成过程到形象本身都有鲜明的个性特征，而正是这些突出的个别性充分体现了圆形形状的种类普遍性，因而是美的。朝阳跃出地平线，成为一个浑圆、绯红的火球，晶亮通红，把云霞、大地映成鲜红，把天空所有的阴影都融化在这一派红光之中，充分体现了圆形形状的种类普遍性；而转眼间它又以刺眼的金光，不容你对它直视了。如果圆月和朝阳都作为光源的中心，以其个别形状充分体现圆形的种类普遍性，充分体现了圆形的充实和内聚与向各个方向上的均匀辐射之统一的固有特征，那么清晨挂在草尖上的露珠和荷叶上滚动的水滴则以它们圆满的自足性、突出的内聚力，充分地体现了圆形的种类普遍性或固有特征。总之，圆月、朝阳、露珠、水滴，都以各自独特的形状现象充分体现着圆形的种类普遍性，都是典型的圆形形状现象，因而都是美的。

同样，在大自然中，例如透过云层而射下的道道强烈的阳光、绝壁上飞流直下的瀑布、坦荡如砥的平原尽头那笔直的地平线、长江三峡中有如巨斧劈成的万丈陡壁等等，它们都有典型的直线形状现象，是美的。波涛起伏的长河、逶迤蜿蜒的远山、碧波荡漾的湖泊、白浪滚滚的云海、汹涌动荡的海洋等等，它们又都有自然界中典型的波状线现象，都是美的。自然界中还有如彩虹那样的曲线形状现象的典型，如沙丘、高山那样的三角形状现象的典型，等等。总之，自然界形状现象的典型是丰富多样的。又有的“玲珑剔透”的石头是美的，其实这类石头较多曲线、圆孔、圆锥形等，具有这类形状现象的一定典型性，因而具有一定的形状现象美。在这里又可以进而谈到无机界的自然结晶体的形状现象美。例如雪花、霜针以及各种宝石晶体，或者已经有一定的规则的形状，或者愈益表现出定形化的趋向，其形状现象的典型性当是很显然的，因而它们大多是很美的。

无机自然物的形状现象美本质上是自然界典型的形状现象，其美的规律是自然界形状现象的典型的规律，它与无机自然物的色彩现象美的本质、规律是根本一致的。而且从上文的例证中可以看出，有许多无机自然物兼有色彩现象的美和形状现象的美，二者互相增益，因而更美。

无机自然物的现象美还有音响现象的美。那么，具体说来，自然物的音响现象美的本质和规律又是如何的呢？

卢梭早曾谈过：“声音美是自然现象：这种现象的作用是纯物理的，它产生于由发音体及其无穷小的元素所引起震动的空气微粒的总和。”[①]法国作曲家拉赛斐德又从另一个角度说道：“音乐实际上只表现可以作用于听觉的东西。它完全清晰地表现活生生的自然界的一切图画、一切没有生命的自然界的一切图画……这样，它可以模仿奔流的水的潺潺声、鸟的歌唱、殷殷的雷鸣、汹涌的激浪撞击海岸岩石的声音。”[②]换言之，流水声、雷鸣声、海浪拍击声等等，它们本身虽不就是音乐，却也有声音的美。而贝多芬《田园交响曲》中暴风雨的一段乐曲，就是模仿着暴风雨的外观和过程的。所以，汉斯力克也曾指出：“大自然在人类的机能组织和外界的声音现象中设置了一些原始的基本法则，音乐造型本身的完美合理性是以这些原始法则为基础的。”[③]在我国，刘勰也早就指出：“林籁结响，调如竽瑟；泉石激韵，和若球锽”[④]。宋代文学家苏轼“以小舟夜泊绝壁之下”，欣赏到石钟山音响之美，他也说：“噌吰者，周景王之无射也；窾坎镗鞳者，魏庄子之歌钟也。”[⑤]这些议论和描绘，都肯定了自然界的音响美。

事实上，声音是由于物体有规律的振动而形成，通过音波而传播开来的。声音现象在自然界普遍存在，它的运动、变化也是有规律、有一定的种类普遍性的。所谓音乐的四个要素即乐音、节奏、和声、旋律，不但存在于自然界，而且是自然界音响现象的种类普遍性。亚当·斯密认为，音乐“赋予他所模仿的各种不同的自然美以新的、奇妙的、只有音乐所固有的美。它把它所模仿的自然美体现为旋律或和声”[⑥]。假若他的意思是说自然界的音响现象绝对不存在“旋律或和声”，那就未免于失实了。如果说，和声是指两个以上的音按一定规律同时发响而共鸣，旋律是指若干乐音按一定的节奏而连续进行，那么，应该说，自然界不但存在和声和旋律，而且它们还是自然界音响

① 汪流等编：《艺术特征论》，文化艺术出版社1984年版，第215页。
② 同上书，第233页。
③ 同上书，第276页。
④ 刘勰：《文心雕龙·原道》。
⑤ 苏轼：《石钟山记》。
⑥ 汪流等编：《艺术特征论》，文化艺术出版社1984年版，第220页。

现象的有相当普遍性的种类。而自然界具体事物的音响现象，如果能以它的突出的个别性充分体现音响现象的种类普遍性，它就是美的。具体来说，譬如溶洞中滴水泉那丁东的声响，音色优美，速度均匀，节奏平缓；而两三处滴水泉交替作响，音调错落有致，往复回旋，抑扬顿挫，不绝于耳，它们在洞中回响共鸣，形成奇妙的和声，真可谓流韵隽永。又譬如山谷间的溪流，或者平缓流淌，与石相漱，那淙淙的声响刚柔适中，音调悠扬，节奏流畅；或者断流成瀑，急泻直下，那哗然的轰响又与流水的淙淙声交相迭合，在山谷间回旋交响，浑然一体。苏轼所记的石钟山音响之美，就既有微波漾入绝壁下的石缝、石洞而发出的噌吰声，又有“空中而多窍”的中流巨石“与风水相吞吐”而发出的窾坎镗鞳声，二者相应而有奇妙的音响美。欧阳修曾在“星月皎洁，明河在天”的秋夜，听到发于树间的声响，他说：“异哉！初淅沥以萧飒，忽奔腾而砰湃。如波涛夜惊，风雨骤至；其触于物也，纵纵铮铮，金铁皆鸣。又如赴敌之兵，衔枚疾走，不闻号令，但闻人马之行声。”①这里又可见自然界的音响现象不是只有简单的往复回旋，有时候也像一支独立完整的乐曲，有前奏，有主题，有发展，有高潮，足以移人性情，震撼心魄。又如那暴风雨之夜，在室内亦可单凭自然界的音响现象而感到暴风雨如何一步步来临，而终于，风声、雨声、雷鸣声交织在一起，形成节奏急促、紧张有力、粗犷雄浑的和声和旋律。总之，例如上述这些自然界的音响现象，它们就各以自己富于个性特征的音响，充分地体现了音响现象的种类普遍性，因而成为美的音响。

而且在自然界中，具有音响现象美的自然事物，有许多又同时具有色彩现象美、形状现象美。例如著名的钱塘江潮、黄果树大瀑布、长江三峡中雄伟的夔门等等，兼有色彩、形状和音响现象的美，三者互相增益，相映生辉，是尤其美的。

---

① 欧阳修：《秋声赋》。

自然现象美，无论是色彩现象美、形状现象美或音响现象美，其本质都是典型的自然现象；其美的规律，就是自然现象的典型的规律。

第三节　现象美是最有普遍意义的美

前面指出，自然现象美主要是自然界无机物的美。这也就意味着，除了无机自然物，还有其他一些自然事物具有自然现象的美。不仅如此，自然现象美还向形式美推移，在这个意义上成为自然界最有普遍意义的美。

我们首先来讨论，除了无机自然物之外，还有哪些自然事物具有自然现象美。不过，要讨论这个问题，我们有必要先回头总结一下：无机自然物为什么只有现象美？只有现象美的自然事物，一般有着怎样的特征？这个问题在前面曾分散地谈到一些，在这里还需作一个比较集中的说明。

概括地说，无机自然物之所以只具有现象美，这是因为它们还处于自然界事物的低级的发展阶段，其重要表现之一是它们还缺乏相当的整体性，还不是作为完整的整体而存在的。大家知道，所谓整体性，基本上包括两个方面的特点：一、它的部分与全部是不可分的；二、它的各个部分是有机地统一的。我们说无机自然物缺乏整体性，就是指它们还没有具备这两个方面的特点。譬如泥土可聚为高山，可化为微尘。又如水可凝为露珠，可汇为沧海。取高山一抔土，取沧海一捧水，既无损于这高山、沧海，取来的这部分土、水也没有质的变化。但是，如果从树上截来一丫树枝，这树枝很快就枯萎变质；从树上摘来一片树叶，这树叶也很快会失去它的鲜嫩和生意。所以无机自然物之缺乏完整性，是很显然的。

也许有人会说，即如水，从化学观点看来本质上是H_2O，它的部分与全体既不可分，它的各个部分也是有机统一的：因而水是有整体性的。诚然，H_2O揭示了水的分子结构。但并不能说明水作为现实存在的具体形态。在不同的温度和压力下，H_2O或为固体，或为液体，或为气体。固态的H_2O，可能是纷飞的雪花，可能是南极的冰原；液态的H_2O，可为飞瀑，可为山泉，随物赋形，千姿百态；气态的H_2O，或聚而为云，或散而为雾，势或因风，象皆不定。所以，冰、雪、霜、雹、水、云、雾、霭等等，虽同为H_2O，却被当作不同的现实事物。即使经过这样的分类，也还不能确定它们的具体的色形音现象。实际上，取一壶钱江潮水送到化学实验室，既没有分得钱塘江潮的美，也无法鉴定钱塘江潮的美。指出H_2O分子的完整性，远不足以证明无机物水作为现实存在的事物的完整性。恰恰相反，它倒是说明无机物水的本质或种类性既比较简单，又不能直接规定它的外部形态。就它的事物种类性与外部现象的联系的疏远而言，它就是缺乏整体性的事物的必然表现，或者说，它证明了事物缺乏整体性。而事物的本质或种类性既然缺乏外部现象的显现，也就谈不上它的美。另一方面，它的丰富多变的现象却可能因为充分体现了现象的种类普遍性，而有现象的美；同时，这美的现象的形成虽由于外部条件的重大影响，却也有一定的内在依据，不能脱离无机自然物而独立存在，所以无机自然物便有、而且只有现象的美。

由上可知，缺乏整体性的自然事物，其现象不能充分体现该事物的种类普遍性，却可能充分体现该现象的种类普遍性而有现象美。这是具有现象美的自然事物的特征或一般条件。自然界的无机物正是这样的事物，因而它们只有现象美。此外，自然界有生命的事物中也有缺乏整体性的，它们也只有现象美。一般说来，低级的生物就是这样的事物。低级的生物由于刚刚从无机界脱胎出来，一方面具备了生物的最简单、最初级的部分条件，另一方面也还带着无机界的“胎记”，还不具备相当的完整性。在这里，低级生物的情况也还可以分为两种。由于低级生物产生和发展的年代离现在已经相当久远，有许多低级生物到现在只是留下了它们的遗骸或化石，这是一种情况。同时，有许多低级生物到现在仍然生存着，而且它们的接近无机界的某些原始性还由比它们要发展些的、但终归是低级的或相当低级的生物保存下来，或者在保存中也有若干形式上的变异，这又是一种情况。而这两种情况都只能有现象美。

具体来说，例如古代珊瑚虫是生活在海洋中的低级生物。它的骨骼富含石灰质，它还分泌出石灰质来。美丽的珊瑚就由古代珊瑚虫的分泌物和遗骸长期聚积而成，是古代珊瑚虫的石灰性化石。珊瑚既可看作无机物质的有机结晶，又可看作由珊瑚虫遗骸而还原的无机物质。珊瑚的美也像无机物一样只是一种现象美。我们可以看到，古代珊瑚虫的原始性，又被蜗牛所保存或复现。布尔查兹谈到过："蜗牛为自己建造出来的躯壳，是一种十分富有节奏的建筑物。这种躯壳是由蜗牛分泌出来的糊状的石灰质构成的。而它的形状又是由蜗牛躯体那富有节奏的运动造成的。当这些糊状的石灰质凝固之后，就变成了我们所见到的蜗牛躯壳。"①不用说，蜗牛的壳也像珊瑚虫的分泌物一样，是一种无生命的、含钙的组织体，是无机物质的有机结晶。如果说它对蜗牛有着一定的保护作用，是蜗牛随身携带的躲避风雨和天敌的洞穴，那么它同时又成为蜗牛行动时非常沉重的力学负荷，是一种与生命活动的本质特征相矛盾的原始性组织结构。加上蜗牛像一切软体动物一样，内部既不发达，也没有肢体，还要拖上无生命的壳这个可观的负担，所以它是相当缺乏完整的整体性的。另一方面，由于蜗牛壳的外形呈圆锥体，外表显出螺旋形曲线，符合现象美的规律而具有现象美。类似的情况还在田螺、骨螺、豆螺、法螺、红螺、笔螺、唐冠螺等一类低级生物身上存在，它们都不是因为作为动物的生命活动而美，而是因为那无生命的外壳的形状、色彩现象而美。贝类也是这样。贝类的分泌物也是无机物质的有机结晶，它不但形成美丽的贝壳，而且形成圆润晶莹的珍珠，它的美是因其色彩、形状现象符

① 转引自R·阿恩海姆《艺术与视知觉》，中国社会科学出版社1984年版，第596页。

合现象美的规律。这些生物都是很古老而原始的物种，有的是成为化石而留存下来的。这可以说明，它们的美与无机物的美并没有原则的区别。达尔文曾经说道："如果美的东西全然为了供人欣赏才被创造出来，那么就应该指出，在人类出现以前，地面上的美应当比不上他们登上舞台之后。始新世的美丽的螺旋形和圆锥形贝壳，以及第二纪的有精致刻纹的鹦鹉螺化石，是为了人在许多年代以后可以在室中鉴赏它们而被创造出来的吗？很少东西比矽藻的细小矽壳更美观；它们是为了可以放在高倍显微镜下观察和欣赏而被创造出来的吗？矽藻以及其他许多东西的美，显然是完全由于生长的对称所致。"① 这一段话的意思用我们的话来说就是：这些事物只有现象美。

像古代珊瑚虫、蜗牛、贝类等那样产生分泌物，这在自然界低级的生物中是相当普遍的代表性现象。现代控制论的创始人维纳认为，这种现象还普遍发生在"昆虫和甲壳类以及一切节足动物"身上。维纳曾论述这种分泌物的生物意义和原始性质："节足动物的躯体外部包围着一层甲壳质，这是由表皮细胞分泌出来的。甲壳质是一种和赛璐珞很接近的致密物质。在动物躯体的结合部位，甲亮质层很薄，而且比较柔软，但在其余部位，则是坚硬的外骨骼，这我们在大虾和蟑螂身上都可以看到。内骨骼，例如人的，能够随同一切组织的生长而生长。外骨骼就不能这样了，除非像蜗牛那样通过添加来生长。外骨骼是死组织，没有内在的生长能力。它的作用是给躯体以坚强的防护，也供肌肉的附着之用，但它等于一件紧身衣。"② 他指出，节足动物躯体的甲壳质外壳，也是动物的分泌物，是"没有内在的生长能力"的"死组织"，像一件紧身衣一样限制了节足动物的发展。因而节足动物一般也缺乏相当的完整性，它们之所以是美的，往往就是因为它们的"和赛璐珞很接近"的甲壳质外壳"死组织"符合现象美的规律，因而它们的美只是现象美。实际上，如虾、蟹、蟑螂等等的外

① 达尔文：《物种起源》，第2分册，商务印书馆1963年版，第229页。

② 维纳：《人有人的用处》，商务印书馆1978年版，第40页。

层甲壳质都有一定的色彩现象美，虾的甲壳质所衬出的体形还有一定的形状现象美。昆虫如蝴蝶，翅和体表密被各色鳞片和丛毛，形成美丽的花纹，而且体形对称，所以也有相当的色彩、形状的现象美。

总之，低级的生物缺乏相当的完整性，只能有自然现象美。当然，有机界事物具有现象美的情况还有多种。例如有的处在生物发展的比较高级阶段的生物，可能由于退化而只有现象美。孔雀就是这样的例子，具体情况拟在下章谈到。又例如生物甚至是较高级的生物，由于枯萎、死亡，或进而由于大自然的分解、还原，也可以只具现象美。例如树叶的美不能离开树木的美，它是树木的美的一种表现。但在秋末冬初，树木新陈代谢作用减缓，树叶老化、发红，甚至干枯、脱落，整个说来现出衰败枯萎的趋向。树木的美在消减，树叶原来的美也随之失去；但是树叶这时却可以离开树木的美而呈现自己的美——因为树叶的红色符合现象美的规律。于是，“秋山红叶”便被视为胜景。又如由于剧烈的地壳变动，树木被埋在地底深处，经过漫长的地质年代而成为煤，有的树脂还石化为琥珀。煤因其光泽色彩而有“乌金”之称，琥珀在其透明质体上也呈现出美丽的色泽和花纹。很明显，煤和琥珀的美只是现象美。再如动物的残骸，也可以因为骨骼中所含的磷氧化而发光，造成许多夜晚可见的现象美奇景。

由上可知，自然现象美在自然界是相当普遍的客观存在，自然现象美的规律是自然美的一个重要的规律。不仅如此，我们还要进一步指出，现象美又是最有一般性的美，最有普遍意义的美。因为现象美是偏于自然事物形式的美，是最单纯、最基本的美的形态，而一切自然事物的美都要通过鲜明、生动的现象表现出来，都要以鲜明、生动的现象作为自己的美的必不可少的条件，所以一切自然事物的美都有一定的现象美。不过，就属于种类美、个体美范畴的自然事物而言，它们的现象美是从属于种类的或个体的种类普遍性的，或者说，是作为形式美而存在的，即虽有一定的相对独立性，根本上却是服从事物的本质特征的。就现象美而言，也就发生了向形式美的推移。

譬如植物中高大的乔木，无论松、柏、杨、柳、桦、榆、杉、桉，它们的叶子色泽美丽、形状规则，它们的树冠为伞状、为圆形、为圆锥，它们当中有的还飞花如絮，有的又结出球状的果实，具有生动而突出的现象。这些现象在根本上是这些植物种类普遍性的充分体现，它们的美根本决定于这些植物的种类美，就是这些植物种类美的组成部分。不过单就这些现象来说，也符合现象美的规律，是美的自然现象。只是它们不是独立的现象美，而是具有相对独立性的形式美。这就是说，这些现象既然符合现象美的规律，它们作为现象就是丰富而突出的，因而对种类美是有贡献的；但是另一方面，它们的美根本上是种类美，比现象美更为深刻，而它们作为种类美的一部分就是种类美的形式方面，是离不开事物的种类普遍性、为事物种类普遍性所决定的。所以一旦树木枯萎衰朽，树木的一枝一叶就失去原有的形式美。虽然如秋山红叶，于树木枯萎时可以有现象的美，但这和它们作为树木种类美的形式方面的美，显然已经有了根本的不同。

又譬如动物中的虎。从虎的外形来看，不用说是对称的、均衡的，身体各处有柔和的曲线，奔跑时它的背脊呈波浪形运动；在深山中一声虎啸，空谷传音，威猛雄壮，虎的皮毛现出美丽的花纹。单就这些现象来说，也是符合现象美的规律的，可以说是美的自然现象。但是这些现象却是虎作为动物的种类普遍性的充分体现，因而这些现象根本是虎的种类美的形式方面。作为形式美，虽也有相对的独立性，却根本是附丽于虎作为动物的本质特征的。离开了活生生的虎的整体，虎皮仍可以有现象美，但与活虎的皮毛的美比较起来，又已经不同了。

再譬如人体。人体当然也有一定的现象的美，其实质仍是人体的形式美。黑格尔曾经谈到，人的肉色“把一切颜色都奇妙地结合在一起”，它“由不同的色调的点和线互相交织”，是“一切基本颜色的理想的互相渗透”①。我国最早的诗歌总集《诗经》中的《卫风·硕人》，

① 黑格尔：《美学》，第3卷上册，商务印书馆1979年版，第279～280页。

描写美人“手如柔荑（嫩草），肤如凝脂（凝固的脂肪），领如蝤蛴（蚕蛹），齿如瓠犀（瓜子）”。宋玉《登徒子好色赋》，说美貌的“东家之子”：“增之一分则太长，减之一分则太短，着粉则太白，施朱则太赤，眉如翠羽，肌如白雪，腰如束素，齿如含贝”。这些虽然是文学作品中的艺术描写，却也是根源于现实、反映客观实际的。从这些例子可以知道，美的人体的形式美是很突出的。不过人体的美的现象或形式，根本是由于充分体现了人体的种类普遍性，因而是美的。所以美的人体，其现象是美的；但是仅有某些现象或形式的美，整个人体却未必就是美的。进一步说，仅用现象美的规律，既不能说明人体的美，也不能完全说明美的人体现象。例如长得相当均衡、对称的疮疖，或圆鼓鼓的瘤子，如果仅用现象美的规律去分析，可以得出“它是美的”这样一个结论，这就难免迂腐可笑。所以人体美的规律不是现象美的规律。但是美的人体的现象也并不违背现象美规律，甚至是人体的具有相对独立性的形式美。

总之，具有种类美的动、植物，具有个体美的人体，都有一定的现象美或者说形式美；而且这种现象美或形式美是从属于这些动、植物和人体的种类美或个体美的。所以仅以现象美的规律，不能科学地说明种类美和个体美；但是现象美的规律对于说明种类美的或个体美的现象、形式，仍有相对独立的意义。

根据上述事实，我们不难知道，自然现象美是最有普遍意义的美。这也就是说，自然美是偏于事物的形式的美，色形声等现象或形式的美对于任何美的自然事物都是必不可少的，有重要意义的。正是在这个意义上，我们认为刘勰下面这段话是说得很好的：“文章的属性，是极普遍的，它同天地一起产生。怎么说呢？有了天地就有蔚蓝色和黄色的不同，圆形和方形的分别；日月像重叠的璧玉，来显示附在天上的形象；山河像锦绣，来展示铺在地上的形象：这大概是大自然的文章。向上看到日星的光耀，向下看到山河的文采，上下的位置确定，便产生天地……推广到万物，动物植物都有文章：龙凤用纹理彩色来显示祥瑞，虎豹用花色来构成丰姿；云霞构成华彩，胜过画家设色的巧妙；草木开花，不需要织锦工人手艺的神奇。这一切难道是外加的装饰吗？是自然形成罢了。再像风吹林木发声，谐和得像吹竽弹瑟；泉水激石成韵，和谐得像击磬打钟：所以有了形体和声韵就有文章。"[①]在这里，他举出了天地、日月、星辰、山川、龙凤、虎豹、云霞、花木、林籁、泉石，用大量事实说明了现象美是最有普遍意义的美，换言之，自然美是偏于自然事物的形式的美。

尽管如此，自然美并不都是现象美，也不能都归结为现象美。因此，在讨论了自然现象美的规律和普遍意义之后，我们还要在下面进一步讨论自然界的种类美、个体美及其规律。

① 刘勰：《文心雕龙·原道》。译文据周振甫《文心雕龙选译》，中华书局1980年版，第19～20页。

第五章　自然种类美论

自然现象美是自然界中最初级的美，又是自然界中最有普遍意义的美。在自然界中，还有较自然现象美更为深刻、更为高级的美，首先就是本章要讨论的自然种类美。具有种类美的自然事物，其现象或形式虽然也是美的，单独来看也不违背现象美的规律，但是它的美不是由于它符合现象美的规律，并且它的现象或形式在根本上也是由于依循了种类美的规律，因而是美的。那么什么样的自然事物具有种类美？自然种类美的本质和规律又是什么呢？

第一节　自然种类美的一般特征

前面说过，缺乏整体性的自然事物只具有现象美。自然界的无机物是缺乏整体性的，自然界的低级生物也缺乏相当的整体性，因此它们都只有现象美。但是在自然界中，高级的生物，即高级的植物和动物，却是有相当的完整性的。因此高级的植物和动物的美，就不是现象美，而是种类美。换言之，具有种类美的自然事物，其一般特征首先就是它们有相当的完整性。

具体来说，具有种类美的自然事物，其外在形象与内在本质已经有了比较明显而直接的联系，其外部现象就是事物本质的直接、明显的体现。这就与自然现象美的情况不一样了。自然现象美虽然也依存于实际的自然事物，却不是该自然事物内在本质或种类性的直接而明显的表现。譬如春云如白鹤，夏云如奇峰，秋云如轻浪，这些不同的形状的形成虽然与云的本质特征有关，却主要是外部的条件的影响所致。具有自然种类美的事物就不是这样。拿高级的植物来说，五代的荆浩就曾指出："夫木之生，为受其性。"他举例说："松之生也，枉而不曲遇。如密如疏，匪青匪翠；从微自直，萌心不低；势既独高，枝低复偃；倒挂未坠于地，下分层似叠于林间"。又如："柏之生也，动而多屈，繁而不华。捧节有章，文转随日。叶如结线，枝似衣麻"；"其有楸、桐、椿、栎、榆、柳、桑、槐，形质皆异"[①]。他认为，松、柏等树木的外部形态根本是由树木的性质决定的，也就是说，它们的外部形态是直接而明显地体现着它们的内在本质或种类性的。所以荆浩认为，画松，"有画如飞龙蟠虬、狂生枝叶者，非松之气韵也"。画柏，"有画如蛇、如素，心虚逆转，亦非也"。他指出，这种错误是由于不了解"物象之原"而造成的[②]。荆浩的这些见解的确是相当深刻的。按我们的理解来讲，画松树为狂生枝叶，画柏树如蛇、如素，就是不了解松柏之美是种类美而非现象美，因而仅从现象美的特征去提炼、强调，也就不能再现松、柏的"气韵"。事实上，松树常常傲立于悬崖之上、奇峰之巅，枝干遒劲，枝叶蓊郁；柳树往往生长在溪岸水畔，枝条柔韧，绿如轻烟，絮如飞花：这些外部形象都是由松、柳的内在本质特征决定的，都是松、柳顽强的生命力和盎然生机的直接而明显的体现。原来，松树有深广强大的根系，主根能钻进石缝、扎进岩石深处；根部还有一种真菌与之共生，形成十分发达的菌根，不仅能将岩石中的磷酸盐等无机物变成养料，还能直接吸取大气中的水分和氮。所以松树能巍然挺立于奇峰绝顶，遒劲的枝干将针叶错落有致地分布，充分吸收太阳的光照，甚至能顶住雪压冰封、风刀霜剑，表现出高级植物顽强的生命力。而柳树立于水畔，水分充足，柳条柔韧细长，随风摇曳飘荡，它那长着白色绒毛的种子因之随风飘散，形成漫天的飞絮。它的外部形态，又处处体现出高级植物盎然的生机。这种外部形态与事物内在本质或种类性的密切联系，显然

① 荆浩：《笔记法》。

② 同上。

是无机物和低等生物所不具备的。

高级的动物也是如此。丹纳曾经谈到，狮子是大型的肉食兽，而它在体格方面或性格方面的特点几乎“都是从肉食兽的特征上来的”。他说：“……狮子脚上也有钳子，就是伸缩自如的利爪，它走路脚尖着力，所以行动轻捷；粗壮的大腿能像弹簧一般把身体抛掷出去；眼睛在黑夜里看得很清楚，因为黑夜是猎食最好的时间。一位生物学家给我看一副狮子的骨骼，对我说：‘这简直是一架活动钳床’。一切性格上的特点也完全一致：先是嗜血的本能，除了鲜肉，不吃别的东西；其次是神经特别坚强，使它一刹那间能集中大量的气力来攻击或防卫。”[①]很明显，在狮子身上，部分与整体既不可分，各部分也是有机统一的，它具有相当的完整性。因此，它的外部现象是直接而明显地体现了它的种类性的。又如食用植物叶子的长颈鹿，也是具有突出的完整性的。长颈鹿主要生活在非洲撒哈拉沙漠南部的干旱的热带大草原和半沙漠地区。它体大如骆驼，身上遍布豹子般的网状斑纹。它有很长的脖颈，使它的身高一般在四至六米之间，创造了动物高度的最高纪录。位于头顶上的眼睛大而突出，高瞻远瞩，利于觅食和及早发现猛兽的踪迹。它的脖颈虽长，却运动自如，既能高高昂起饱餐树上的嫩叶，又能低低垂下畅饮流水。它之所以能够如此，既因为它有特殊的心血管系统，心肌肥厚，心脏强壮，有超过人好几倍的血压，足以把血液送到高昂的头顶；又因为它有特殊的颈静脉控制瓣、颈动脉网、脑部血管网，使它能保持正常恒稳的大脑血压，因而在低头饮水时不会有大量血液冲入大脑而引起脑出血。它的舌头也长达四十五厘米左右，能伸出卷取树叶。在吃饱食物后可以长时间不喝水。而且，长颈鹿行动敏捷，善于奔跑，时速可达五十六公里，既有利于逃避敌害，也有利于在干旱的沙漠、半沙漠和热带草原上机动觅食。

再譬如能在空中自由翱翔的飞鸟，其外部形态也是由其飞翔的本

① 丹纳：《艺术哲学》，人民文学出版社1963年版，第23页。

质特征决定的，是直接体现着鸟类的种类性的。单从外部现象来看，飞鸟都有流线型或纺锤形的柔美体型、紧贴全身而油光闪亮的羽毛、对称而均衡的双翼等等。细看飞鸟的翅膀，又可发现一般都前缘厚、后缘薄，形成一个曲面。这些特征显然都是由飞翔的特性而来的。而且各种飞鸟因其飞翔的习性不同，其翼翅的形状、大小也各异。例如刺尾雨燕，它双翼窄长，端尖如刺，双翼折合时翼尖显著地超过尾端。飞行时，它高速扑打双翼，像船橹或飞行器螺旋桨那样，与飞行方向呈垂直的“8”字形，产生向前、向上的强大推力，疾飞如箭。它的飞行时速可达二百五十至三百公里，跻身鸟类以及一切动物中运动速度最高的冠军行列。而猛禽如鹰、鹫等，则有阔大发达的双翼。它们展开双翼，可以利用上升的气流在空中盘旋滑翔，在稳定徐缓的飞行状态中以锐利的目光搜索空中或地面的猎物。它们扑打强劲的双翼产生巨大的推力，常常活跃于七千米的高空。古诗云：“鸢飞戾天”，也就是指鸢飞得很高。而苍鹰在空中盘旋发现猎物而俯冲追捕时，其短距离的飞行速度可达时速三百六十公里；在获取猎物后，又可凭借宽阔翅膀扑击的力量，将相当有分量的猎物擎执腾空而去。不过飞鸟能在空中自由运动，还不仅仅是由于它们双翼的作用。在它们身体上还有许多特殊的构造帮助它们获得空中的自由。例如飞鸟骨骼既轻又坚，几乎都没有牙齿，体内还有大量的气囊，这些都使体重得到相当程度的减轻。而且气囊能协助肺进行奇妙的双重呼吸，为剧烈而长久的运动提供充足的氧气；气囊还可以帮助体内散热，以及减缓内脏器官在剧烈的飞行运动中的摩擦作用。飞鸟眼睛的特殊构造也解决了空中飞行带来的一系列困难，它的瞬膜可以使眼球防尘、防干，它的巩膜骨可以使眼球不因气流的压力而变形，它的眼球呈扁圆形，适于远视，却又有神奇的“双重调节”功能，于转瞬间便能把“远视眼”调节为“近视眼”……飞鸟的这些特殊的内部构造与它的翼和尾一起形成一个有机的整体，取得了在空中运动的自由。

总之，高级的植物和动物都有相当的完整性，因而它们的美不是单纯的现象美，而是遵循种类美的规律了。换句话说，具有种类美的自然事物，第一个特征即它们的整体性。

但是，在自然界中具有整体性的事物，不只是具有种类美的高级动植物，而且还包括下章将要讨论的具有个体美的人体。那么我们也就有必要进一步考察：高级动植物的整体性究竟有什么独特的内容呢？这就不能满足于一般地指出高级动植物的部分与全体不可分、各部分达到有机的统一，也不能满足于一般地指出高级动植物的外部现象已是其种类性的直接而明显的体现。因为这两方面也是人体所具备的，而且人体的整体性较之高级动植物还要完整些。这就是说，高级动植物的整体性和人体比较起来，还是初级的整体性，还是由无机自然物、低级生物的缺乏整体性发展、进化而来的。因此，要把握高级动植物的整体性的独特内容，就仍需把高级动植物与无机物、低级生物进行对比分析，了解高级动植物的整体性是经由怎样的途径发展而来的。

如前所述，无机自然物缺乏整体性，低级生物缺乏相当的整体性。它们虽然都缺乏整体性，但程度和特点有所不同。无机自然物的特点是没有固定的形态，也没有个体性。譬如同样是水，既可以是草叶上的露珠，又可以是幽谷中的溪流，或者是潜行于地下的暗河，或者是山崖上飞流直下的瀑布，以至于大江长河、五湖四海，随物赋形，气象万千。若按化学分子式H_2O来看，那么雾霭云雨，雹雪冰霜，都无不是具体形态的水。因此无机自然物如水，就既无定形，又无个体，谈不上什么整体性。到了低级生物，便开始有了一定的形状，也开始有了个体的形态。低级生物如蘑菇，就大致有了个体，个体又大致有秆、有环。但是它整个由简单的菌丝所组成，菌丝也只有营养和繁殖两种简单的分工。而营养菌丝并不会制造养料，只是吸收土壤或腐质中现成的养分；繁殖菌丝也不产生种子，它充满了数以万计的孢子，孢子散布到哪里，哪里便萌发新的蘑菇。蘑菇无根无叶，无花无果，靠吸饱水分而增大身体。身体的形状、大小多种多样，其顶端的环形小帽或为伞状、或为钟形、或为球体。它没有叶绿素，或红或白，艳丽多彩，繁复多样。依照前文所讲的理由，它仍然没有相当的整体性，而和无机物一样质料简单而形态繁复。但是无机物的形态繁复是无定形的，而低级生物可以说是把无机物的无定形提升到了多样化的阶段，缓慢地向定形化迈进。只是到了高级动植物，自然事物才由无定形经由多样化而发展到定形化的阶段。也就是说，定形化是高级动植物整体性的独特内容，是初级的整体性的基本特征。这样，我们也就提出了具有种类美的自然事物的第二个特征，即定形化。

那么，高级动植物的所谓定形化是什么意思呢？这首先是说，同种类的高级动植物虽以个体而存在，但各个个体的形态几乎都是一样的、相同的，没有低级生物那种个体之间繁复的多样性、差异性。正如达尔文所说："同属的物种通常在习性和体质方面，并且永远在构造方面，是很相似的（虽然不是绝对如此）"[①]这在高级动植物中尤其突出。譬如非洲狮，虽也有雌雄狮子在形体上的不同、幼狮与成年狮子在形体上的不同，但只要是成年的雌狮或雄狮，其体型、姿态、毛色、习性就差不多是完全一样的。又譬如迎春花，只要是迎春花，就都能在乍暖还寒的早春时节开放出喇叭形的淡黄色小花，朵朵小花密缀于潇洒自如的蔓状长枝，金英翠萼，纤枝婆娑。这就是高级动植物所具有的种类定形。这种种类定形，从另一个角度来讲也就是：高级动植物虽有个体的存在形态，但其个体性还没有得到充分发展，还没有个体与个体之间的显著区别。换句话说，高级动植物虽以种类定形否定了无机物的无定形性和低级生物的个体多样性，却也止于种类的定形，而把低级生物的个体多样性简单地否定、抛弃了。所以黑格尔的说法大体上是对的，他说：植物"永远只是由自身分出新个体，不能把这些新个体集中到可以形成个别自我的那种否定点"；同时，"每

① 达尔文：《物种起源》，第1分册，商务印书馆1963年版，第93页。

一个别动物都属于某一种有定性的因而也是有局限性的固定的物种，而不能越过这个物种的界限。”[①] 他的意思就是说，高级动植物只有种类的定形，尚无个体的自由发展，没有充分的或显著的个体性。

不过，尽管人们事实上承认同一种类的高级植物或高级动物基本上是一样的，可是在理论上却没有透彻地理解动植物的种类定形，往往把高级动植物个体间的细微差别误解为相当的个体性，因而不能正确地理解种类美。例如车尔尼雪夫斯基在谈到动植物的美时，一方面提出：“事物和现象的类别本身分成两种，一种是美的，另一种在我们看来一点也不美。”这也就是把动植物的种类定形与美相联系，而认为个体间的细微差别对动植物的美丑没有显著的影响。但是另一方面，他又认为：“在有些自然领域内，同一种类的东西中没有多种多样的典型……例如，橡树只能有一种美的性质：它必须干高叶茂；这些特性总是呈现在美的橡树上，在其他的橡树上再没有别的好东西。”[②] 这里又包含着这样一种理解，似乎存在着美的橡树和其他不美的橡树。这显然把橡树个体间的细微差别的美学意义夸大了。事实上，在一般正常情况下，只要是橡树，就都是干高叶茂的，都是美的。并不是只有一株或少数几株橡树才干高叶茂，才美。

歌德也曾经说：“拿橡树为例来说，这种树可以很美。但是需要多少有利的环境配合在一起，自然才会产生一棵真正美的橡树呀！”他具体地说，“一棵橡树如果生在密林中”，“长成了，它高大强健，树干很苗条，树干与树冠的比例不相称，还不能使树显得美”；“如果这棵橡树生在低洼潮湿的地方，土壤又太肥沃”，它就没有“挺拔嶙峋、盘根错节的姿势”，“没有橡树的美”；“如果这棵橡树生在高山坡上，土壤瘦，石头多，它会生出太多的疖疤，不能自由发展，很早就枯凋”；而“沙土地或夹沙土使橡树可以向各方面伸出茁壮的根，看来于橡树最有利。它坐落的地方还应有足够的空间，使它从各方面受

① 黑格尔：《美学》，第1卷，商务印书馆1979年版，第187、193页。

② 车尔尼雪夫斯基：《生活与美学》，人民文学出版社1957年版，第4～5页。

到光线、太阳、雨和风的影响。如果它生长在避风雨的舒适地方，那也长不好。它须和风雨搏斗上百年才能长得健壮，在成年时它的姿势就会令人惊赞了”[①]。歌德这些话，也可以理解为由于环境条件的不同，不同的橡树个体可能美，也可能不美。但是事实上，橡树总是生长在适于它生长的自然环境里；而适于它生长的自然环境的某些共同性，正是它的种类定形的条件之一。相反，如果自然环境不适于它生长，事实上它就不可能生长出来。关于这一点，丹纳把它叫做“自然淘汰”。丹纳也讲过一段在某些方面与歌德相类似的话，却更好地说明了高级植物与自然环境的关系，也更能恰当地说明高级植物的种类定形。丹纳说：“以橘树为例：假定风中吹来各式各样的种子随便散播在地上，那么要有什么条件，橘树的种子才能抽芽，成长，开花，结果，生出小树，繁衍成林，铺满在地面上？”他接下来的回答颇似歌德：“那需要许多有利的条件，首先土壤不能太松太贫瘠；否则根长得不深不固，一阵风吹过，树就会倒下。其次土地不能太干燥；否则缺少流水的灌溉，树就会枯死。气候要热；否则本质娇弱的树会冻坏，至少会没有生气，不能长大。夏季要长，时令较晚的果实才来得及成熟。冬天要温和，淹留在枝头上的橘子才不会给正月里的浓霜打坏。土质还要不大适宜于别的植物；否则没有人工养护的橘树要被更加有力的草木侵扰。这些条件都齐备了，幼小的橘树才能存活，长大，生出小树，一代一代传下去。当然，雷雨的袭击，岩石的崩裂，山羊的咬啮，不免毁坏一部分。但虽有个别的树被灾害消灭，整个品种究竟繁殖了，在地面上伸展出去，经过相当的岁月，成为一片茂盛的橘林；例如意大利南部那些不受风霜的山峡，在索朗德和阿玛非四周的港湾旁边，一些气候暖和的小小的盆地，既有山泉灌溉，又有柔和的海风吹拂。直要这许多条件汇合，才能长成浓荫如盖，苍翠欲滴的密林，结成无数金黄的果实，芬芳可爱，使那一带的海岸在冬天也

① 《歌德谈话录》，人民文学出版社1978年版，第132～133页。

成为最富丽最灿烂的园林”。但是，丹纳又指出：“气候一变，植物的种类也随之而变。假定环境同刚才说的完全相反，是一个狂风吹打的山顶，难得有一层薄薄的腐殖土，气候寒冷，夏季短促，整个冬天积雪不化：那么非但橘树无法生长，大多数别的树木也要死亡。在偶然散落的一切种子里头，只有一种能存活，繁殖，只有一种能适应这个严酷的环境。在荒僻的高峰上，怪石嶙峋的山脊上，陡峭的险坡上，你们只看见强直的苍松展开着惨绿色的大氅。那儿就同伏日山脉，苏格兰和挪威一样，你们可穿过多少里的松林，头上是默默无声的圆盖，脚下踏着软绵绵的枯萎的松针，树根顽强地盘踞在岩石中间；漫长的隆冬，狂风不断；冰柱高悬，唯有这坚强耐苦的树木巍然独存。所以气候与自然形势仿佛在各种树木中作着‘选择’，只允许某一树木生存繁殖，而多多少少排斥其余的。自然界的气候起着清算与取消的作用，就是所谓‘自然淘汰’。各种生物的起源与结构，现在就是用这个重要的规律解释的。”①丹纳的理解实际上与歌德不同，并且显然根据于达尔文的生物进化理论，是有说服力的。

事实上，在达尔文的生物进化论那里，我们就可以直接找到高级动植物种类定形化的科学依据。在达尔文看来，生物界繁多的物种是生物长期进化、发展的产物，动植物的种类最主要是由于“自然选择的作用”，“把每一个有利于生物的细小的遗传变异保存下来和累积起来”②的结果。达尔文指出：“如果我们以成熟的生物的几种器官的分化和专业化的量（这里包括为了智慧目的的脑的进步）来作为体制高等的标准，自然选择显然会导向这种标准的：因为所有生物学者都承认器官的专业化对于生物是有利的，由于专业化可以使机能执行得更好些；因此，向着专业化进行的变异累积是在自然选择的范围之内的。”③因此，“现代类型在体制上一般被看作比古代类型更为高级；

---

① 丹纳：《艺术哲学》，人民文学出版社1963年版，第33～34页。

② 达尔文：《物种起源》，第1分册，商务印书馆1963年版，第144～115页。

③ 同上书，第114页。

并且它们必须高到后期的、比较改进了的类型在生活斗争中战胜了较老的和改进较少的类型那种程度；它们一般还有适于不同机能的更加专门化的器官”。而低级生物则只是“保存简单的而很少改进的适于简单生活条件的构造”[①]。达尔文进一步指出：“在自然的系统中低级的生物比高级的生物容易变异。”“我这里所谓低级的意思是指体制上几个部分为了一些特殊机能而很少专业化；而在同一器官势必担任多种多样工作的情况下，或者我们就能理解，为什么它容易变异，这就是说，为什么自然选择没有像在某一器官必须服务于某一特殊目的时那样小心地保存或者排斥每一形态上的细小偏差。这正如一把切割各种东西的刀子，差不多可以具有任何形状；反之，专为某一特殊目的的工具，必须具有某一特殊的形状。”[②]这就有力地说明了低级而简单的生物在个体之间形态上的繁复的差异，同时也有力地说明了高级而复杂的动植物已达到种类定形化，以至个体之间很少有形态上的细小偏差。所以，“昆虫常常为了保护自己而与各种物体类似，如绿叶或枯叶、枯枝、一片地衣、花、棘刺、鸟粪以及别种活昆虫……这种类似经常是奇异地真切，并不限于颜色，而且及于形状，甚至昆虫支持它的身体的姿态。在灌木上取食的毛虫，常常把身子跻起、一动也不动地像一条枯枝，这是这一种类似的最好事例”。但是，“较大的和较高等的动物不会为了保护自己而与一种特殊的物体类似，只是与周围的表面类似，而且主要是在颜色上的相似”[③]。

所以，高级的动植物已经发展为复杂的生命有机体，它们的器官一方面具有严密的分工、高度的专业化，另方面又有机地统一、密切地协同。由于自然选择长期、缓慢而稳固的作用，形成了特征显著而又稳定的高级动植物的物种，与它们各自生长的自然环境相适应。这种情况，即是马克思所指出的：“动物是和它的生命活动直接同一

① 达尔文：《物种起源》，第3分册，商务印书馆1963年版，第578页。

② 同上书，第1分册，第171～172页。

③ 同上书，第2分册，第256～257页。

的。”动物与它的那种规定性“直接融为一体”[1]。这样，也就发生了高级动植物的第二个基本特征，即它们的种类定形化，这也就意味着它们的个体性还没有充分发展，缺乏显著的个体性，同种类的各个个体在性状上差不多是一样的。

于是，从美学上来看，由于高级动植物的第一个基本特征，即由于它们相当的整体性，外部现象充分体现着它们的种类性，所以高级动植物的美不是单纯的现象美。现象美在这里已向形式美推移，它虽有相对独立性，但却是次要的、从属的了。又由于高级动植物的第二个基本特征，即由于它们的种类定形化，缺乏显著的个体性，所以高级动植物的美丑是以种类来划分的。就是说，某种牡丹花的美，不是这一朵美而另一朵丑，而是指这整个种类的牡丹花都是美的。同种类中的某一个别的牡丹花，尽管与其他个别的牡丹花有细微的差别，但这种细微差别既没有越出该类牡丹种类定形的界限，也没有达到影响该类牡丹美丑的程度。因而尽管有这种细微差别，同种类的各个个别牡丹仍是同样美的。例如牡丹中有“粉娥娇”，凡是“粉娥娇”就都是美的；牡丹中有“葛巾紫”，凡是“葛巾紫”就都是美的；牡丹中有“赵粉”，凡是“赵粉”就都是美的；还有“紫金荷”、“月娇娥”，凡是“紫金荷”、“月娇娥”就都是美的。古人说，“绝代只西子，众芳惟牡丹”[2]。也就是认为所有的牡丹都是美的。而我们又补充说，某一种类的牡丹，其个体差不多是同样地美的。再如说某种老虎美，也是就整个种类老虎而言，指这同种类的老虎普遍地是美的。当然，高级动植物，无论是某种牡丹还是某种老虎，在特殊条件下也有极个别发展得不正常、甚至是残缺的、畸形的，它们已不具各种类正常的形态，不过这种情况是极为个别的。高级的动植物，除了这种极为个别的例外，其美丑是以种类来划分的，同种类的个体差不多是同样地美或同样地丑的。这又是我们要指出的遵循种类美规律的高级动植物

---

① 马克思：《1844年经济学—哲学手稿》，人民出版社1979年版，第50页。

② 刘灏：《广群芳谱》。

的第三个特征。

既然高级动植物的外部现象已能充分体现它们的种类性，而且同种类的高级动植物的外部现象大致是一样的，即没有显著个体性的，那么高级动植物的美的规律是什么呢？事实上，有的种类的高级动植物是美的，有的种类的则不是美的，在这里，决定其种类美丑的规律是什么呢？这个问题，我们在下一节来讨论。

第二节　自然种类美是自然种类的典型

我们已经谈到，高级动植物具有比现象美更为深刻的美，即种类美。我们还要补充说，在动植物中也有许多种类，其整个种类都是不美的、甚或是丑的。也就是说，在动植物中存在着以种类性决定美丑的情况。那么在动植物中，为什么有的种类就美、有的种类却不美或者就丑呢？

在传统美学中，有古人曾说："画人物是传神，画花鸟是写生，画山水是留影。"[①]这里直接谈的是绘画艺术，却无疑也包含了对于人物、花鸟、山水本身的美的奥秘的见解，并且这些见解还是很有些道理的。拿山水和花鸟来说，所谓"画山水是留影"，这当然也是说山水之美在其"影"，即在其形影声色等现象。所谓"画花鸟是写生"，这当然也是说花鸟之美在其"生"，即在其充分体现了生命的本质特征。这就可以启发我们，要探寻花鸟等动植物的美的奥秘，不应单从其声色形影等现象着手，而应研究生命这个特殊的自然现象。也许有人会说，我在这里看见鲜花、飞鸟，在那里看见鳄鱼、毛虫，它们都是有生命的，这是简单的事实，却一点也不能说明它们的美丑。是的，如果用静止的、孤立的观点去考察生命现象，是不可能有什么美学的理论收获的。但是，如果我们抛弃形而上学的观点，就会看到

① 唐志契：《绘事微言》。

一幅有机自然界辩证发展的宏伟图景，就有可能找到动植物的种类美与生命现象的内在联系。黑格尔曾经谈到过：“一个单纯的印象本身，无论在概念上还是在实际情况上，可以包含很复杂的东西，而且与其他的东西有重要的联系。例如我们看到纯洁的颜色，绿色或黄色，青色或红色，所得到的印象也是它只有一种很简单的定性。尽管如此，纯洁的绿色也并不那么简单，而是还有一种确定的明暗交织的关系……声音也是如此，我们听起来，感觉到它很简单，它也是要靠一种复杂比例关系的基础”[①]。颜色和声音现象尚且如此，鲜花、飞鸟、鳄鱼、毛虫等生命现象就更不是那么简单的了。我们只有坚持唯物的、辩证的观点，才有可能对生命现象及其种类美的本质、规律作出科学的说明。

众所周知，“在地球上没有也不可能有人类和任何生物的状况下，地球就已经存在了；有机物质是后来的现象，是长期发展的结果。”[②]根据较新的科学资料，地球大约已经有四十五亿年的历史，而地球上生命的出现只是三十六亿年以前的事情。先是在原始海洋里有原始生物的出现，后来逐渐产生了细胞水平的生命，但还是没有细胞核的原核生物，像细菌之类。到了十几亿年前才诞生了有细胞核的真核生物，如绿藻、鞭毛虫等等。生物继续通过生存竞争、遗传变异和自然选择而进化，经过漫长年代由低级到高级的进化运动，终于形成了一个由一百多万种动物、近四十万种植物和十几万种微生物组成的生物世界。从平原到高山，从沙漠到极地，从海洋到天空，到处都有生命的踪迹。因此，生命在现实中是无机界长期发展的结果，是一个由低级形式向高级形式发展的运动过程。而且，生命由低级形式发展到高级形式，并不意味着生命的高级形式普遍地替代其低级形式，并不意味着生命的低级形式的完全灭绝。正如达尔文所指出的：“在脊椎动物中，哺乳动物和鱼类并存；在哺乳动物中，人类和鸭嘴兽并存……

① 黑格尔：《美学》，第3卷上册，商务印书馆1979年版，第372页。

② 列宁：《唯物主义和经验批判主义》，人民出版社1960年版，第62页。

哺乳动物全纲进步到最高级，或者这一纲的某些成员进步到最高级，并不会取鱼的地位而代之……我相信，许多体制下等的类型现在还生存在世界上，是有许多原因的……但主要的原因是在于这种事实，即在极简单的生活条件下，高等体制没有用处——或者竟会有害处，因为本质愈精致，就愈不容易受调节，就愈容易损坏。”[①]不仅是高级生物与低级生物发生并存，而且，“低等生物比高等生物的分布更加广远”[②]。进一步，我们还可以看到下述事实：“地质学告诉我们，从第三纪早期起，贝类的物种数目，以及从同时代中期起，哺乳类的数目并没有多大增加，或根本没有增加。”[③]恩格斯也曾说：“自亚里士多德以来，有机体的种总的说来没有变化。”[④]根据以上所述的各个要点，也许可以说，在现实中存在着的各种生物的种类，就是生命的历史发展的打开了的书卷。如此看来，黑格尔讲的基本上还是对的，他说：“生命及其机构固然有一幅轮廓的图形悬在心灵的面前，但是在现实自然里，这种一般的身体机构就分裂成为无数个别成员，其中每一个在形状上属于一种确定的类型，在发展上都属于一种特殊的阶段。”[⑤]既然生物的每一种类都是生命发展的某一特殊的阶段，那么生命也就是通过这些阶段而逐渐得到充分发展的。换句话说，并非任何种类的生物都属于生命充分发展的阶段。有的种类是充分发展的生命，有的种类则是生命尚未充分发展的形式。因此，虽然一般地说来动植物区别于无机自然物的根本特征在于生命，但是并非任何种类的植物或动物都是在充分发展意义上的生命，并非任何种类的植物或动物都能充分体现植物或动物的本质特征和一般性。那么，也就并非任何种类的植物或动物都是美的。譬如传统美学认为花鸟是美的，而且

---

① 达尔文：《物种起源》，第1分册，商务印书馆1963年版，第145～146页。
② 同上书，第3分册，第499页。
③ 同上书，第1分册，第148页。
④ 《马克思恩格斯选集》，第3卷，第128页。
⑤ 黑格尔：《美学》，第1卷，商务印书馆1979年版，第193页。

认为花鸟之美是在于它们能充分体现生命的本质特征的。而事实上，鲜花和飞鸟都是相当地发展了的生命形式。鲜花是种子植物特有的现象，而种子植物则是在植物界的发展中后来居上的最高等的植物类型。飞鸟也是高等的脊椎动物中的成员。而毛虫和鳄鱼则属于生命发展的低级形式或过渡形式，也就是还没有得到充分发展的生命形式，所以是不美的或丑的。

由上就必然导致一个结论：凡是充分发展的植物或动物种类，都能充分体现植物或动物的本质特征或一般性，就具有种类美；反之，凡是没有充分发展的植物或动物种类，就是不美的或丑的。就是说，作为典型规律的一种具体形式，种类美的规律有它的特殊性。由于动植物发展的种类定形化趋向，“物种只是特征很显著的、稳定的变种”[①]，同一物种的个体差不多都是一样的。所以，动植物的个体的现象也就是其种类的现象。同种的个体之间虽没有特异而显著的个别性，但在此一种类的定形与彼一种类的定形之间，却是有显著差异的。例如同种类的这个鸽子与那个鸽子相比较，都没有什么显著的个别性；同种类的这个老鹰与那个老鹰相比较，也没有什么显著的个别性。但是拿这种鸽子与那种老鹰相比较，它们各自却都有特异而显著的个别性。也就是说，动植物的种类定形可以向个别性推移，而且事实上动植物的个别性就只能是从种类定形来体现的。而充分发展了的植物或动物种类，它们由种类定形所体现的个别性是特异而突出的，并且能够充分地体现植物或动物的本质特征或普遍性，所以它们是美的。它们的符合美的规律，不是其中某一个体符合美的规律，而是由于种类定形因而整个种类符合美的规律，所以它们的整个种类都是美的，它们就是动植物中的典型的种类。这就是自然界种类美的本质和规律。

没有充分发展的生命形式，同样也是由于它们的整个种类不符合

① 达尔文：《物种起源》，第3分册，商务印书馆1963年版，第577页。

种类美的规律，所以整个种类的各个个体就都不具备动植物的种类美。具体说来，低级的生物首先就是没有充分发展的生命形式。如前所述，低级生物构造简单，只适于简单的生活条件，仅具备作为动物或植物的最初级、最基本、甚至原始形态的部分条件，在某些方面还带有从无机界脱胎出来留下的痕迹。所以，各种低级生物都不能充分地体现植物或动物的本质特征或普遍性，不具备动植物的种类美。它们往往和无机自然物一样具有现象的美。

拿植物来说，藻类植物、菌类植物以及菌类与藻类的共生体——地衣，就是非常低级的生物。它们都没有根、茎、叶的分化，结构非常简单而形态歧异多样。藻类植物中，形体小的如单细胞的小球藻，直径仅五至十微米，浮悬水中，不能游动；又如眼虫藻，在显微镜下观察，它身如绿梭，利用前端一根鞭毛在水中游动。所以爱沙·葛雷曾指出："许多低等藻类的孢子和其他生殖体可以说起初在特性上具有动物的生命，以后无可怀疑地具有植物的生命。"[①]那么又很显然，它们仅具有动物或植物的最简单、最原始的特性，却既不能充分体现动物的、也不能充分体现植物的本质特征或普遍性，因而没有动植物的种类美。但是，如小球藻、眼虫藻等富含叶绿素，在气候温暖、阳光充足的情况下常常迅速繁殖，使池水呈现美丽的绿色，好似一块色彩均匀的大翡翠，具有相当的色彩现象美。菌类植物如蘑菇等，前面已经谈到过，是没有作为植物的种类美，却可能有现象的美的。地衣是菌类与藻类的共生体，它像其他低级生物一样，简单的构造适于简单的生活条件，其分布也相当广远。它呈壳状、叶状、树枝状。能生长在岩石上、树上，也能生长在沙漠和极地。总之，藻类、菌类和地衣，都仅具植物的初级的、原始的形态。它们作为植物既没有得到充分发展，也就不能充分体现植物的本质特征，因而没有植物的种类美。但是，它们往往具有类似无机自然物的现象美。

① 转引自达尔文《物种起源》第3分册，商务印书馆1963年版，第588页。

苔藓植物虽然在植物学上被列为高等植物，但植物学也指出它们是由水生向陆生过渡的类型。过渡性的植物种类也是没有得到充分发展的植物，同样没有植物的种类美。苔藓植物如地钱、葫芦藓等等，既没有真正的根，又没有挺拔的茎，也没有发达的叶，大都为扁平的叶状体，匍匐贴地而生。它们同样不能充分体现植物离开无机物而具有的完整的整体性、枝叶向荣的盎然生机和全面发展的生长能力等本质特征和一般性，因而也就没有植物的种类美。

蕨类植物虽较之上述几类植物更高级些，但总的说来仍是尚未充分发展的植物种类。不过，它的情况也有其特殊性。蕨类植物已经有根、茎、叶的分化。它在泥盆纪末至石炭纪时，植株高大，繁荣一时。高达数十米的乔木状树蕨，形成了石炭纪的沼泽森林。后来由于气候和地质的巨大变化，二叠纪以后至三叠纪时，古代蕨类植物大多灭绝。现代生存的蕨类，大多为草本。通常见到的蕨类植物，茎往往有地上茎和地下茎之别，甚至于只有地下茎。常见的槐叶苹，茎细而横走，无根，叶如槐形，漂浮于水面，它显然不能充分体现植物的本质特征和一般性，没有植物的种类美。其他如贴于石面的石韦、匍匐于地的石松、杂于草丛的紫萁等等，大约也是这种情况。但在我国南方热带雨林中的溪岸、河畔，也有少数蕨类植物茁壮繁茂、体态高大，有的高达三米左右。它们在充分体现植物的本质特征和一般性上，也有相当的典型性，作为植物也有一定的美。

种子植物是植物发展得最充分、最高级的形态。具有种类美的植物主要是种子植物，而种子植物中有许多种类是具有植物的种类美的。这是因为，一方面，种子植物特别是其中的被子植物，具有根、茎、叶、花、果实、种子六种器官，其器官的专业化已臻完善；专业化的器官各司其职，有机统一，具有相当完整的整体性，使植物繁荣茂盛、欣欣向荣、蓬勃发展。因此一般来说，种子植物都已内在地具有植物的本质特征和一般性，已经处在植物充分发展的阶段。不过在实际上，种子植物又不是它的一切种类都美，其中具有美的各个种类也不是同样程度地美的。这又是因为，按照美的规律，美的事物不仅仅具有深刻而完全的本质和种类普遍性，而且还必须具有特异而突出、丰富而鲜明的个别性，这些个别性还要能够把事物的本质和种类普遍性充分地体现出来，这样的事物才是美的。所以，各种种子植物虽然一般都具有植物的比较深刻、比较完全的本质特征和种类普遍性，但是也只有具备特异而突出的个别性、把植物的本质和普遍性充分地体现出来的种子植物种类，才具有植物的种类美。在这个意义上，种子植物中由种类定形而来的个别性越是突出而特异的，也就越能充分体现植物的本质和一般性，也就越美。

种子植物下分裸子植物和被子植物。裸子植物多为乔木和灌木、少数为木质藤本，多为常绿性，少数为落叶性。根据上面讲的道理可知，裸子植物中的乔木较灌木和木质藤本要更美些，常绿乔木比落叶乔木要更美些，因为前者较之后者，其由种类定形而来的个别性要更加特异而突出些，体现植物的本质特征和普遍性要更加充分些。例如松树、柏树，常绿耐寒，枝干遒劲，树冠美丽，从根部到顶部全面发展，突出地体现了植物蓬勃的生命力，是相当美的。著名的黄山松，由于高寒和风雪以及复杂的地形，因而在种类定形的基础上呈现出种种奇特的风姿。如玉屏楼东的“迎客松”，背风弯斜，枝出如巨臂；云谷寺旁的“异萝松”，长在地势平坦处，树冠如伞，四面匀盖而出。著名的长白松更有“美人松”之称誉，树径将近一米，树干笔直而玉立，可达三十多米高，撑起绮丽开阔的树冠，撒开碧绿苍翠的针叶。这种种松树，都以特异而突出的个别性充分体现了植物完整的整体性、顽强的生命力、枝叶向荣的盎然生机。再如驰名于世的“活化石”银杏和水杉，它们虽是落叶乔木，但银杏生长较慢，寿命极长，可达千余年，所以长成的银杏树大都枝繁叶茂、粗壮伟岸，以特异而突出的个别性比较充分地体现了植物的本质特征和一般性，也相当的美。山东莒县定林寺的一棵银杏树，据说已有三千多岁，高二十五米，围粗达十六米左右，现在还果实累累，实为植物界的奇观。水杉则生长较快，可以高达三十五米左右，枝叶扶疏，挺拔俊秀，也能以特异而突出的现象相当充分地体现植物的本质和一般性，因而相当地美。

被子植物也是如此。而且，由于被子植物比裸子植物更高级些，根、茎、叶、花、果实和种子都全面发展，而最突出的特点是花和果实的出现，因此，在被子植物中无论乔木、灌木、草本，都可能是很美的。进一步说，由于花是被子植物最突出的特点，花也就最能突出体现被子植物作为最高级植物的品格，同时便最能充分体现植物的本质和一般性。所以花总是美的，显花植物也就总是美的。但是，在被子植物中，花也有发展得完全的和发展得不完全的。发展得完全的花由花托、花萼、花冠、雌蕊群、雄蕊群等组成，称为完全花。完全花是发展充分的花。而如桑、杨、柳等的花发展就不完全。由此可以说，凡是花发展得完全的被子植物，无论乔木、灌木或草本，都是非常美的。也就是说，无论桃、梅、李、杏，还是玫瑰、月季、茉莉、蔷薇，抑或菊花、芍药、莲荷、水仙，都是能充分体现植物的本质特征和一般性的，都是很美的。当然，如杨、柳的花虽然是无被花，但杨树挺拔、叶宽阔而繁茂，柳树婆娑、枝条倒垂、叶狭长而如眉，且杨、柳都有柔荑花序，子附白毛而随风起舞，称为杨花、柳絮。这些由种类定形而来的特异而突出的个别性，仍能相当充分地体现植物的本质、一般性，所以杨、柳也相当美。杨、柳尚且如此地美，不用说，显花的高大乔木也就更美了。

总之，种子植物是植物界发展得最充分的形态，它们是植物种类美的荟萃。无论常绿耐寒、树冠美丽的松柏，婀娜多姿、生意盎然的杨柳，主干高大、枝叶茂盛的橡树、白桦，亭亭玉立、花盛如霞的木棉、樱花，它们都充分体现着植物全面发展、蓬勃生长的本质特征和一般性，是植物界的典型种类，具有植物的种类美。同样地，无论抗秋霜而盛开的菊花，吐花蕊于严寒的梅花，玉立于碧波之上的荷花，生长于幽谷岩畔的兰花，也无论光彩艳丽的牡丹、月季，清姿雅质的茉莉、水仙，它们也都充分体现了植物欣欣向荣、生机勃勃的本质特征和一般性，是植物界的典型种类，具有植物的种类美。

再拿动物的情况来说，首先，低级的动物还处在动物尚未充分发展的初级的、原始的阶段，不能体现动物的本质特征和一般性，没有动物的种类美。从原始的单细胞生物开始，到软体动物、节肢动物、拟软体动物、棘皮动物，一直到脊索动物的圆口纲、鱼纲，都是相当低级的动物。波斯彼洛夫曾经说："来到陆地上的最原始、最低级的动物品种，就其某一点而言，审美上已经具有了较大的完备性，不过这种完备性就其原则来说更接近无机自然界的相应的形成体，甚至还是同动物生活本身的一些本质性特点相矛盾的。有一种原始的软体动物就是如此：内部很不发达，没有肢，活动很少，但它们却生活在外形十分完美的贝壳里。这种软体动物在千百万年过程中逐渐灭绝了，而它们的化石贝壳却使我们对其十分精致的外形的美惊叹不已，这种外形不过是无机物质的有机结晶而已。"[①]实际上，软体动物大都有一两个贝壳，它们的贝壳往往具有突出的现象美，而它们却没有动物的种类美。又如跳蚤、蜘蛛、苍蝇、蜻蜓、蝴蝶、蚂蚁等等，都是相当低级的节肢动物。它们像其他低级生物一样，结构简单，适于简单的生活条件，分布相当地广远。动物的本质特征和一般性在它们身上体现得十分残缺、微末、简陋，它们没有动物的种类美。不过，如蝴蝶的双翅生得对称，又往往色彩斑斓，因而有突出的现象美。鱼类已经是水生脊椎动物，但由于水中简单而较稳定的生活条件，鱼类仍是没有得到相当发展的低级动物。尽管许多鱼类有形体的现象美，某些鱼还有色彩的现象美，但是鱼类作为动物却没有种类美。

两栖类动物的出现揭开了脊椎动物在陆上生存、发展的序幕。但是，两栖类动物只是脊椎动物由水生到陆生的过渡性动物种类，还远不是得到充分发展的动物。例如青蛙就是一种两栖类动物，它只有一

① 格·尼·波斯彼洛夫：《论美和艺术》，上海译文出版社1981年版。第93页。

个心室，体内大部分是缺氧血和多氧血的混合血，体温不能恒定；它用构造极简单的肺呼吸，但肺不能担负全部呼吸作用，还要靠皮肤来辅助呼吸。这些都限制了它的运动能力。它以冬眠状态过冬，冬眠时完全用皮肤呼吸。它趾间有蹼，仍能在水中游泳。而无论在水中或陆上，运动方式都很单一。因此，它兼有水生脊椎动物和陆生脊椎动物的特征，既未完全脱离前者，又仅具后者的部分原始雏形，因此还不具备动物的种类美。

爬行动物基本上完成了脊椎动物从水生到陆生的过渡，但在陆生脊椎动物的发展上还是处于初级阶段。如现存的爬行动物龟、蛇、蜥蜴、鳄鱼等，都仍然是变温动物，到了寒冷的冬季，大都躲起来冬眠。它们由于是冷血动物，既表现出对环境、气候的极大依赖，运动能力又受到限制，对外界的反应大都相当迟缓。黑格尔曾经谈到："懒虫爬起来很艰难，整个生活习惯都显得没有剧烈运动和活动的能力，就由于它的这种懒散，它叫人嫌厌。因为活动和敏捷才见出生命的较高的观念性。我们对于两栖动物，某些鱼类，鳄鱼，癞蛤蟆，许多昆虫都不起美感，就是因为这个道理。"①这里说到的鳄鱼，就是爬行类动物。总之，低级的动物，和像两栖类那样过渡性的动物，以及像爬行类这样处在动物发展较高阶段上而没有充分发展的动物，它们都不能以其种类定形充分体现动物的本质特征和一般性，都没有动物的种类美。

鸟类和哺乳类动物是动物发展的高级的阶段，是动物发展相当充分的形态。一般说来，它们的种类定形比较能够充分体现动物的本质特征和一般性，因此，鸟类和哺乳类成为动物的种类美的荟萃，具有种类美的动物就都是鸟类或哺乳类动物。当然，并不是鸟类或哺乳类的一切种类都有动物的种类美。我们将在下面谈到，鸟类和哺乳类中某些退化的物种就是没有动物的种类美的；而一般正常的鸟类或哺乳

① 黑格尔:《美学》，第1卷，商务印书馆1979年版，第169页。

类的物种，也不仅仅是内在地具有动物的本质特征和一般性就美，它们还要能通过特异而突出的种类定形把这种本质特征和一般性充分体现出来，才是美的。

具体来说鸟类。鸟类从古爬行类动物进化而来，它们已经是恒温动物，心脏及血液循环系统已相当发达，神经系统的发展已有相当高的水平，对环境的反应十分敏锐，其体形和内外结构都与其飞翔生活有密切关系。一般说来，鸟类中善飞的种类就是具有种类美的。而且飞鸟不但在空中翱翔，也要在陆地或水上生活、栖息、繁殖，因而有许多善飞的鸟类又或者善走，或者善游，充分体现了动物自由运动的本质特性，尤其是美的。加上飞鸟的纺锤形体形，奋飞时矫健的身姿，有些种类还有美丽的羽毛、婉转的歌喉或嘹亮的鸣声，也使动物的本质和一般性得到鲜明、生动而充分的体现。譬如鸽子，它全身形如纺锤，体被光滑而向后伸展的青灰色羽毛；头部呈流线型，转动自如，反应敏捷，颈胸等处羽毛往往有紫绿色的金属般光泽；它胸部肌肉发达，可达体重之半，成为飞行的强大动力；它以强劲的双翅，善作久飞，而快且有力的心脏搏跳、比较迅速的血液循环、肺与气囊的双重呼吸都保证了运动供氧，尽管飞行时耗氧量比休息时大二十一倍，鸽子在长途飞行后仍然气定神足、从容不迫。鸿雁是按季节变化进行迁徙的候鸟，平时在水域环境栖息、生活；它在迁徙时集结成群，成“一”字形或“人”字形“编队”远飞。或在冷月的清夜，或在迷蒙的晨晓，迁飞的鸿雁偶发鸣声，经过大气的振荡、空间的共鸣，成为悠远清厉的音调，更显出它高翔云天、飞越关山、征程万里的种类特征。又譬如天鹅，浑身被有雪白的羽毛，细长的颈项呈柔美的曲线，脚短而趾间有蹼，善在水上浮游，用扁阔的嘴在水中取食；天鹅的翅膀宽阔有力，它的骨骼由含碘丰富的海绵状物质和玻璃纤维似的东西构成，有似钢筋混凝土结构，既坚固，又轻巧，因而它善于高飞。有一种天鹅还能飞越世界最高的珠穆朗玛峰。再如猛禽黑耳鸢，即俗称的老鹰，一身灰褐色羽毛，嘴形强大并弯曲成钩，双脚壮实并有锋利的爪；它以雄阔的双翼，既可搏击云天，又可盘旋滑翔，还可以惊人的速度俯冲扑食；它不但身姿矫健、飞行神速，而且它的眼睛甚至比人眼还敏锐：翱翔于高空的老鹰可以发现地面的小鸡，鹰眼还以它神奇的双重调节功能，使它从高空俯冲而下之时，物象有如电影镜头从远景推到中景、近景以至特写，因而它能迅速、准确地捕获猎物。所以，鸽子、鸿雁、天鹅、老鹰，它们都能以特异而突出的种类定形充分地体现动物的本质特征和一般性，都具有动物的种类美。鸟类中具有种类美的还有许多，譬如那迅如疾风的雨燕，长途往返于南极、北极的燕鸥，既能高速飞行、又能悬空定身的“飞行金刚石”蜂鸟，能垂直地疾飞而上云霄、且有清脆甜美的歌喉的云雀，敛羽徜徉林泽、振翅翩飞云汉、一鸣九皋而声闻于野的白鹤等等，它们的整个种类就都是美的。

当然，由于鸟类不但在空中飞翔，而且要在陆地或水上栖息、繁殖、觅食，因此一方面，有些种类的鸟不但善飞，而且善走或者善游，具有在空中及陆地或水上自由运动的能力，获得了相当全面的发展，益发是具有动物种类美的；但是另一方面，也有一些种类的鸟渐渐习于陆地或水上的生活，其飞翔能力及其有关组织构造渐渐退化，甚至成为一种特殊的混种。这后一种情况，也就是达尔文所说的“自然选择”的结果。达尔文说：“自然选择即最适者生存，不一定包含进步性的发展”。“自然选择十分可能逐渐使一种生物适合于一个地位，在那里有几种器官成为多余的或者无用的：在这种情形下，体制的等级就起了退化作用。”[①]在鸟类中自然选择的情况，也有原因和程度上的不同，孔雀可算是其中一种的代表。由于鸟类的繁殖总得在地上进行，而性的选择也有多种方式，其中之一就是向异性炫耀雄姿美色。孔雀的退化大约由此而来。雄性孔雀的尾部羽毛既长又色彩绚丽，在发情期雄孔雀对着雌孔雀竖起尾羽，像是展开一把巨大的碧纱

---

① 达尔文：《物种起源》，第1分册，商务印书馆1963年版，第144页。

宫扇，光彩夺目的扇面屏风具有突出的现象美。但是，太长的尾羽却使孔雀走起路来极不方便，有时尾巴被同伴踏住而发出尖叫，涉水时也得小心翼翼地翘起尾羽，飞起来尾羽更是累赘，因为飞得低而慢，很容易被敌害吞噬。也就是说，孔雀的尾羽虽有现象美，却使孔雀的运动能力严重削弱，差不多丧失了飞翔的本领。这种在动物本质特征上的退化，就使孔雀不具备动物的种类美，虽然这并不妨碍它具有现象美。而鸵鸟则是另一种例子。鸵鸟由于渐习于陆地沙漠的生活，完全失去了飞翔能力，尽管跑得非常之快，但由于它身上显着退化的残痕，例如它仍有羽翼，胸部却已无飞鸟所特有的龙骨突起，胸肌不发达，而且双翼的羽支呈分离的蓬松状，因此显出是缺乏完整性的混种。作为动物种类，鸵鸟是不美的，甚或就是丑的。

最后来说，哺乳动物较之鸟类更有全面而高度的发展，特别是大脑半球的皮层已相当发达，有了高度特化的神经系统，对外部环境和内部机构的调节达到相当完善的程度。有许多哺乳动物，都以其特异而突出，鲜明而生动的种类定形充分地体现了动物的本质特征和一般性，因而是典型的动物种类，也即美的动物种类。譬如草食动物中的有些种类就是如此。前面曾经谈到过长颈鹿，长颈鹿身上有美丽的斑纹，体高五米左右，两米多长的脖子居然俯仰自如，既利就食，亦利瞭望；它成群结队，温驯悠闲，神经灵敏，反应迅速，一发现敌害则以四条长瘦有力的腿奔驰而去，疾走如飞。再有如梅花鹿、斑马、羚羊等等，都温驯合群，身体或瘦健、或精壮，神经敏锐，运动轻捷而剧烈，姿态灵活而柔美。赛加羚羊更是长跑健将，它能以每小时一百公里的速度急驰避敌，常使猛兽望洋兴叹，无可奈何。这些种类的草食动物，就都具有动物的种类美。但是，有些草食动物种类如野牛、犀牛等，身躯笨重，行动不便，不能以敏捷快速的运动逃避强敌，其角虽锐利，但终因体型笨重、行动笨拙而不能与猛兽抗衡，缺乏完整的整体性，许多特征与草食生活不能完善统一，因而没有动物的种类美。又譬如肉食动物中有许多种类是美的，如狮、虎、豹等，躯干雄壮，锯牙钩爪，神经精敏，可以相机行事以出奇制胜，运动猛烈而急速，动作强力而猛劲。另外，虎皮豹斑，鲜丽绚烂；雄狮威仪，群兽震慑；狮、虎作吼，势撼深山。而且猎豹在追逐羚羊时，一秒钟能跑三十米，合时速一百一十公里，虽不能持久，亦可谓短跑冠军了。因此，这些肉食动物种类都以其种类定形充分体现了动物的本质特征和一般性，是美的动物种类。

哺乳动物中也不乏某些退化现象。正如恩格斯所说："有机物发展中的每一进化同时又是退化，因为它巩固一个方面的发展，排除其他许多方面的发展的可能性。"[①]哺乳动物中的退化现象也有各种不同的情况。譬如鸭嘴兽，达尔文说它"像化石那样，与现今已经离开自然系统很远的一些目相联系着"，"可以叫做活化石"[②]。黑格尔又曾说："鸭嘴兽就是鸟与四足兽的混合，尽管令人惊奇，却显得不美。"[③]它有的部分似鸟，却不能像鹰或鸽那样搏击长天；它有的部分似兽，又不能像虎或鹿那样奔驰如飞。它仅把飞禽与走兽的部分形状相混合，却没有它们充分发展了的本领和特性，因此没有动物的种类美。如果说鸭嘴兽是处于哺乳动物的低级发展阶段、它所表现出的是进化的曲折性，那么我们也可以看到某些动物作为哺乳动物而明显退化的现象。如田鼠善于掘地，生活在地下，眼睛却因此退化而变瞎；家鼠也局处地下，结果是"鼠目寸光"。这些重要的器官退化，大大削弱了它们作为动物的全面发展和运动能力，使它们不具备动物的种类美。它们的退化也可以说是由于它们掘土打洞能力片面发展的结果，最终引起的是达尔文所谓"体制上的退化"。不过，还有另一种可说是相反的情况，这就是灵长类动物猿猴。在猿猴那里，发生了沿着充分发展生命的本质特征的方向上的重大进化，即：它的大脑结构扩大了、复杂化了，神经系统更进一步发展，动作灵活准确，有发达

① 《马克思恩格斯选集》，第3卷，第571页。

② 达尔文：《物种起源》，第1分册，商务印书馆1963年版，第125页。

③ 黑格尔：《美学》，第1卷，商务印书馆1963年版，第169页。

的、反应迅速的手指，眼睛直视，视野扩大。猿猴中某些种类如腊玛古猿、南方古猿，甚至能从树上下地生活和使用天然工具，成为人类诞生之前最高级的生物。但是，由于猿猴经常生活在树上，使躯体各部分的发展不成比例，腿短而臂长，在站立时腿还半弯着，而双臂则垂到膝下甚而直至脚踵，造成了外形的畸形、形式美的降低。这也是一种退化，但却是不甚关系于生物本性而几乎仅是现象方面的退化。从生命的本质特征和一般性来说，猿猴的进化是根本的、重大的，因此它们在动物中仍是有种类美的。

综上所述，自然种类美是高级的植物、动物所特有的，动植物的种类美本质在于这些植物或动物是自然界的典型种类。凡是发展得充分的植物或动物，能以其特异而突出的种类定形充分地体现生命的本质和一般性，这整个种类的动植物就都是美的。相反，发展得不充分的植物或动物，如低级生物、过渡性的混种、在生物进化方向上退化的物种等等，虽也可能有这样那样的现象美，却不能充分体现植物或动物的本质特征和一般性，这些种类作为植物或动物就是不美的，或丑的。以上即是自然种类美的规律。

当然，由于“动物在自我保持中经常受制于外在自然，如寒冷、干燥和缺乏营养之类，在这种环境吝啬的控制之下，形状可以长不齐全，花卉可以失去它的美丽，消瘦下去，只成为四周贫乏的象征”。[①]也就是说，符合种类美规律的植物或动物，其整个种类的每一个体大致上是相似的美的，但是在特殊条件下也有极个别的个体发展得不正常甚至成为畸形，成为整个种类的例外，这极个别的例外是不美的。这一点，我们也应当注意到。

---

① 黑格尔：《美学》，第1卷，商务印书馆1963年版，第191页。

第六章　自然个体美论

我们已经讨论了自然界的现象美和种类美，考察、研究了自然界的日月山川、彩霞虹霓、珍珠翡翠、草虫花树、飞禽走兽等自然事物的美的特点、本质和规律。本章要探讨的，是最高阶段的自然美，即人体的美。在一定的意义上，可以说人体有一定的现象美，或者也可以把人体美作为种类美来看待。但是，无论是现象美还是种类美，都不能说明或不能完全说明人体美的特征、本质和规律；而只有从个体美才能对人体美给予科学的说明。下面就来具体地加以讨论。

第一节　自然个体美的一般特征

我们说的个体美，是指人体的美。人是自然界长期发展的产物。从无机自然物到植物和动物，又进而产生人类——自然界的这个历史发展过程，也决定了自然美的历史发展的阶段性。自然美也由简单到复杂、由低级到高级逐步发展提高，终于达到了它的最高阶段，即人体美的阶段。莎士比亚曾借他的剧中人之口赞颂说："人类是一件多么了不起的杰作！多么高贵的理性！多么伟大的力量！多么优美的仪表！多么文雅的举动！在行为上多么像一个天使！在智慧上多么像一个天神！宇宙的精华！万物的灵长！"[①]歌德也说道："不断升华的自然界的最后创造物就是美丽的人。"[②]车尔尼雪夫斯基同样认为，"人

① 《莎士比亚全集》，第9卷，人民文学出版社1978年版，第49页。

② 转引自车尔尼雪夫斯基：《生活与美学》，人民文学出版社1957年版，第36页。

体”，是“世界上最美的东西”[①]。而罗丹还曾说：“美就是性格和表现。而且，‘自然’中任何东西都比不上人体更有性格。”“单是一般躯体，十分匀称、稳定、健美而有神采的躯体，就能暗示他支配世界的全能的理性。”[②]他们共同指出了一点：人体美是最高阶段的自然美。那么，作为最高阶段的自然美，人体美有什么特征呢？前面谈过，无机自然物以及低级生物的美丑遵循现象美的规律，是由现象来划分的；高级的植物和动物的美丑遵循种类美的规律，是由种类来划分的。而现在谈到的人体美，则是依个体来区分美丑，而遵循个体美的规律的。可以说，这就是人体美的主要特征。但是人体的美丑为什么要以个体来区分？人体美为什么是个体美呢？要回答这个问题，我们就必须了解：与无机自然物、植物和动物比较起来，人体有哪些重大的、根本的发展，它们给人体的美带来了什么新的特性。这样，我们就可以理解人体美的特征的由来和内涵；同时，这也就是对自然的个体美的一般特征的说明。

首先，人体是一个高度精密而完善的整体性组织，在自然事物中，它的完整性是最强的。人体的高度完善的整体性表现在两个方面。第一个方面，表现为人体的各个肢体和器官严格分工，高度协同，和谐一致。拿人的手来说，恩格斯曾经这样谈道：“手并不是孤立的。它仅仅是整个极其复杂的机体的一个肢体。凡是有利于手的，也有利于手所服务的整个身体，而且这是从两方面进行的。”一方面，随着人的整体的发展，人的手达到了如此高度的完善，它“仿佛凭着魔力似的产生了拉斐尔的绘画、托尔瓦德森的雕刻以及帕格尼尼的音乐”；而另一方面，手的发展又对人的其余机体发生“直接的、可证明的反作用”[③]。黑格尔也曾强调人的手不能离开整个身体，他说：“割下来的手就失去了它的独立的存在，就不像原来长在身体上时那

---

① 转引自车尔尼雪夫斯基：《生活与美学》，人民文学出版社1957年版，第53页。

② 《罗丹艺术论》，人民美术出版社1978年版，第62、90页。

③ 《马克思恩格斯选集》，第3卷，第510页。

样，它的灵活性、运动、形状、颜色等等都改变了，而且它就腐烂起来了，丧失它的整个存在了。”[1]人体的这种高度完善的整体性，历来为艺术家们所尊重，被视为艺术创作中不可逾越的法规。相传五代时蜀主孟昶藏有一幅吴道子画的钟馗，钟馗左手捉一个鬼，用右手第二指挖那鬼的眼睛。孟昶拿来给当时的大画家黄筌观看，并说：“若用拇指，似更有力。”请黄筌加以修改。黄筌把画带回家去，废寝忘食地观赏、揣摩了几日，却另画了一幅进呈。孟昶问他为什么不改原画，黄筌回答说：“道子所画，一身气力色貌，都在第二指，不在拇指。若把他改过来，便不成一件东西了。我这别本，一身气力，却都在拇指。”梁启超曾经谈到这个故事，他非常赞赏黄筌说的那番话。梁启超说：“试想，画一个人，何以能全身气力，都赶到一个指头上？何以内行的人，一看便看得出来？那别部分的配置照应，当然有很严正的理法藏在里头。”[2]其实这“很严正的理法”就是人体的牵一发而动全身的高度完整性。钟馗其人虽属艺术的创造，但画得那样活灵活现，似真人一般，原因之一正是注意了现实中人体所具有的高度完整性。

历来的许多美学家也注意到了人体完整性的上述第一个方面的表现，并在人体美的研究中强调了这一点。譬如古希腊毕达哥拉斯派就强调，人体的美“在各部分之间的对称——例如各指之间，指与手的筋骨之间，手与肘之间，总之，一切部分之间都要见出适当的比例”[3]。法国的笛卡儿也说：“在一个十全十美的女人身上照耀着美的光辉”，“这种美不在某一特殊部分的闪烁，而在所有部分总起来看，彼此之间有一种恰到好处的协调和适中，没有一部分突出到压倒其他部分，以至失去其余部分的比例，损害全体结构的完美”[4]。而我国清代的

① 黑格尔：《美学》，第1卷，商务印书馆1979年版，第156页。

② 梁启超：《饮冰室文集》，卷三十八《美术与科学》。

③ 《西方美学家论美和美感》，商务印书馆1980年版，第14页。

④ 同上书，第80页。

周亮工也说道："以美女丰盈之面，加诸三尺之身，见者且怪其臃肿矣。"[①]梁启超同样说：一个美人应该"五官端正，身材匀称"；"真正的美，在骨骼的摆布，四平八稳，到处相称"[②]。这些意见都强调美的人体应该是各部分协调、匀称而统一的。这些意见都有其合理性，但它们又都仅仅着眼于人体的形式或现象，把人体美归结为形式的美或现象的美。这是由于不理解人体完整的整体性第二个方面的表现，这就是人体的外部现象与内在本质的密切关系。

美的人体确实有丰富而突出的形式美，或者说，人体外部现象的美是人体美不可缺少的重要方面。罗丹说："人体，由于它的力，或者由于它的美，可以唤起种种不同的意象。有时像一朵花：体态的婀娜仿佛花茎，乳房和面容的微笑，发丝的辉煌，宛如花萼的吐放；有时像柔软的常春藤，劲健的摇摆的小树……有时人体向后弯曲，好像弹簧，又像小爱神爱洛斯射出无形之箭的良弓。有时又像一座花瓶。我常叫模特儿背向我坐着，臂伸向前方，这样只见背影，上身细，臀部宽，像一个轮廓精美的瓶，蕴藏着未来的生命的壶。"[③]不用说，人体的外部现象确实是非常丰富而且相当美的。但是，人体的外部现象却不像无机自然物和低级生物那样与事物本质没有直接而明显的联系；恰恰相反，在人体上，外部现象是如此直接、如此明显地显露人体的内在本质，以至任何其他自然事物都无法与人体相比。罗丹在说过上面一段话之后，就接着指出："我们在人体中崇仰的不是如此美丽的外表的形，而是那好像使人体透明发亮的内在的光芒。"[④]黑格尔也曾正确地指出："人体到处都显出人是一种受到生气灌注的能感觉的整体。他的皮肤不像植物那样被一层无生命的外壳遮盖住，血脉流行在全部皮肤表面都可以看出，跳动的有生命的心好像无处不在，

① 《尺牍新钞》一集。

② 梁启超：《饮冰室文集》，卷一百零二《书法指导》。

③ 《罗丹艺术论》，人民美术出版社1978年版，第62页。

④ 同上书，第63页。

显现为人所特有的生气活跃，生命的扩张。就连皮肤也到处显得是敏感的，现出温柔细腻的肉与血脉的色泽，使画家束手无策。”[①]因此，尽管人体的外部现象也常常符合现象美的规律，但人体美却不是像低级生物和无机自然物那样的单纯的现象美；美的人体确实有丰富、鲜明的外部现象，但这些现象之所以美却根本是从属于人体的整个个体、由于充分体现了人体的内在本质和种类普遍性。因此我们说，一切把人体美归结为形式美或现象美的论点都是错误的。

由上可知，因为人体具有高度完善的整体性，所以人体的美不是现象美，人体美不能归结为人体形式美。但是，高级的动植物也有相当完整的整体性。因而仅就整体性而言，尽管人体的整体性发展的程度为任何高级动植物所不可企及，然而整体性究竟不是人体与高级动植物的根本区别。人体区别于高级动植物的主要特点，并且也是人体的美区别于高级动植物的美的主要依据，在于人体不仅有高级动植物无法企及的高度完善的整体性，而且更有高级动植物所没有的显明的个体性。换言之，显明的个体性，是人体的第二个基本特征，它给予人体的美以重大的影响。

如前所述，植物和动物虽然有个体，却无显明的个体性。因为从无机自然物的无定形发展而来，先是低级生物的多样化的简单构造，然后在高级动植物那里达到器官的专业化分工与各种复杂构造有机统一的种类定形。高级动植物的这种种类定形，是由于自然选择长期而缓慢的作用的结果。这也即马克思所说，动物与它的规定性是“直接融为一体的”。[②]因此，高级动植物虽然有个体，但它们的个体都是种类定形的个体；同种类的各个个体之间虽有细微的差别，却并不超越种类定形的界限而形成具有特异而突出的个别性的个体，以至同种类的各个个体差不多像从一个模子里铸出来一样，几乎是完全相同的，没有什么显明的差异。正因为如此，高级动植物的美丑就以种类来划

① 黑格尔:《美学》，第1卷，商务印书馆1979年版，第188页。

② 马克思:《1844年经济学—哲学手稿》，人民出版社1979年版，第50页。

分，遵循种类美的规律。譬如老虎，不是这一个老虎美、那一个老虎不一定美，而是整个种类的老虎美，凡是老虎都是美的。又譬如田鼠，不是这一只田鼠丑、那一只田鼠不一定丑，而是整个种类的田鼠丑，凡是田鼠都是丑的。

但是，人体及其美的情况却不是这样。高级动植物没有显明的个体性，人体却是有显明的个体性的。人体应该是和高级动植物一样，也要秉承先天的资质和本能，接受遗传的限制和影响，适应外部既定的环境条件，为什么人体独有显明的个体性呢？

马克思指出："有意识的生命活动直接把人跟动物的生命活动区别开来。"[①]这里指出，人与动物的"直接"的区别在于人的生命活动是"有意识的"。如果我们进一步考虑到，思维和意识，"它们都是人脑的产物，而人本身是自然界的产物，是在他们的环境中并且和这个环境一起发展起来的"[②]，那么不言而喻，人区别于动物而特有的"有意识的生命活动"，就不仅仅是指意识现象，而且是指人体特具的高度的能动性，指人体自觉地全面发展的无限潜力及其丰富的发挥。正是在这个意义上，恩格斯全面地论述了人如何从动物中提升出来，论述了人与动物的区别。恩格斯曾经拿猿类的手与人的手相比，他指出，虽然"骨节和筋肉的数目和一般排列，在两种手中是相同的，然而即使最低级的野蛮人的手，也能做几百种为任何猿手所模仿不了的动作。"他又拿猿的脑髓和人的脑髓相比，指出："后者和前者虽然十分相似，但是就大小和完善的程度来说，远远超过前者。"而且，"脑髓的发展也完全是和所有感觉器官的完善化同时进行的。鹰比人看得远得多，但是人的眼睛识别东西却远胜于鹰。狗比人具有更敏锐得多的嗅觉，但是它不能辨别在人看来是各种东西的特定标志的气味的百分之一。至于触觉（猿类刚刚有一点儿最粗糙的萌芽），只是由于劳动才随着人手本身的形成而形成。"再如，"人分布在所有可以居住的

---

① 马克思：《1844年经济学—哲学手稿》，人民出版社1979年版，第50页。

② 《马克思恩格斯选集》，第3卷，第74页。

地面上，人是唯一能独立自主地这样做的动物”[①]。恩格斯这里所谈的人的手、脑髓、所有感觉器官等等，无一不与动物相区别，无一不体现着人体所特具的高度能动性，无一不是人的“有意识的生命活动”的具体表现。

这样，由于人的“有意识的生命活动”，由于人体的高度能动性，所以人体也就具有了高级动植物所没有的显明的个体性。这就是说，尽管人体也要秉承先天的资质，接受遗传的影响，适应既定的外部环境，但是这和动植物在自然选择的作用下、通过遗传来巩固种类定形的情况，却有本质的区别。

具体来说，首先，高级动植物是受自然的必然所规定，是消极、被动地适应环境；而人在自然的必然的基础上却有相对的自由，可以自觉地调节、控制自己与环境的关系。譬如动物的遗传、繁衍，就是盲目的、混乱的，往往成为抹杀同种个体间细微差异进一步发展的力量，却巩固了同种的种类定形。达尔文就曾指出：“虽然同种的一切个体之间在某种微细程度上互有差异，但生物体制上各部分要发生适宜的变化常需很长的时间。这种结果又常被自由杂交所延滞。”[②]而且动物的遗传、繁衍，还要受到自然界生态系统的食物链的极大制约，这对动物的种类定形产生了深刻的影响。这种情况有如达尔文所说：“在一个地区所保有的生物的量（我不是指物种的类型数目）必定是有限制的，它对于物理条件的依存很大；所以，如果在一个地区内栖息着极多的物种，那么每一个物种或差不多每一个物种呈现的个体就会很少；……个体稀少的物种，由于常常提到的理由，在一定的期间内所产生的有利变异是很少的”。甚至于，“任何物种变为极稀少的时候，近亲交配将会帮助它的灭亡”[③]。由于人的“有意识的生命活动”，所以人的情况就与高级动植物不同。虽然遗传的规律也在人

① 《马克思恩格斯选集》，第3卷，第509、512、514页。

② 达尔文：《物种起源》，第1分册，商务印书馆1963年版，第126页。

③ 同上书，第148～149页。

类中起作用，譬如近亲通婚常常造成儿童的矮小、痴呆等等，但是人类可以自觉地避免近亲通婚，并且认识和正确地运用遗传规律，研究和实践优生学的自然法则，自觉地提高后代的身体素质。虽然人的繁衍在量上也表现出对达尔文所谓“物理条件”的相当依存，但是人不但可以在量上对人的生产加以控制，而且可以在质上加以提高。也就是说，动植物的同种个体的量是受自然必然所规定的，人的个体的量则是人可以自觉控制的；动植物的同种个体的量与质的提高成正比，而人体的质的提高则不受制于量。总之，动植物的种类定形来自于它们消极、被动地接受自然的必然的规定，而人的“有意识的生命活动”则有相对的自由而形成显明个体性的基础。

其次，人体虽然要秉承先天的资质、接受遗传的影响，但是人体的各种素质如身高、体形、肌肉、姿态等等，都有着相当程度的后天调节性或可塑性。控制论的创始人、生理学家维纳指出过：“多样性和可能性乃是人的感官所固有的特性，而且它们确实是理解人的壮丽飞跃的关键所在，因为多样性和可能性都是人的结构本身所特有的东西。”[①]在人体的各种素质中，身高受遗传的影响是很大的。有人研究发现，影响人体身高的遗传度可超过百分之七十，但后天的调节性影响仍可达百分之三十左右。事实上，据北京市1975年的调查，男性十一岁儿童与1937年同龄儿童比较，平均身高增长了大约五厘米。这种身体的普遍增高，显然主要是后天的因素所致。而人的体重、胸围、臂围、心脏功能等等的后天可塑性就更大一些，有人研究估计其后天调节度可达百分之五十至七十。当然，人体的这种后天调节性或可塑性，主要表现在人的童年和青年时期，但在成年人那里也还存在着。维纳说：“我们经常看到，人是动态的，这就是说，如果我们把人和他的近亲——类人猿比较一下，那就会发现，成年人在头发、头形、体形、身体比例、骨骼结构和肌肉等等方面都和刚刚生下来的类人猿

---

① 维纳：《人有人的用处》，商务印书馆1978年版，第38页。

更加相似，而不那么像成年的类人猿。在动物之中，人就是永远长不大的彼得·潘。”[①]据译者介绍，彼得·潘是苏格兰戏剧家巴里的一部儿童英雄剧的标题和主人公，代表不朽的青年精神。那么，维纳的这段话，也就是强调指出在人体上表现的不朽的青年精神，即不仅儿童、青年，也包括成年人人体，都具有后天调节性或可塑性，具有丰富发展的“多样性和可能性”。这些情况，当然为高级动植物所不具备，而成为人体显明个体性的依据。

再其次，人体的高度能动性，使人体获得全面发展的自由运动的能力，因而使人体显明个体性的发展有着广阔的前景。众所周知，无机自然物都有它们固定的空间性。如果没有外力的干预，它们就或者停滞在它们的所在地上面，或者按照固有的规律、以固定的方式、沿固定的路线、持固定的速度而进行运动。植物也受固定地点的约束，虽然它们通过生长增殖的生命活动，在一定程度上改变着固定的空间性。而动物在某种意义上，虽然可以说它们以自由的运动不断地从固定地点的约束中解放出来，但这只是在相当有限的意义上讲的，因为它们的运动还是本能地、甚至是被迫地进行的。譬如猎豹和羚羊的运动速度远远超过了人，但是猎豹只是在因饥饿而捕猎之时、羚羊只是在逃避强敌之时，才不得不发挥出这个速度。而且，它们的活动区域仍然是固定的。又譬如候鸟的长途迁徙在相当程度上摆脱着固定地点的约束，但是不仅候鸟的栖息地总是固定的，它们迁徙的路线也还是固定的。而且候鸟的迁徙如果不是因为季节的变化而被迫进行，那也是由于代代相袭而形成的本能造成的。而如前所引，恩格斯指出：“人分布在所有可以居住的地面上，人是唯一能独立自主地这样做的动物。”所以人才真正摆脱了空间的固定限制，才有真正意义上的自由运动。人的运动范围十分广泛，人的运动方式复杂多样，人的运动能力也就可以得到全面的自由发展，在运动中变得更加精神坚强、反

① 维纳：《人有人的用处》，商务印书馆1978年版，第43页。

应精敏、强健有力、行动灵活。人还可以在运动中按照美的规律塑造自己，克服先天的局限和缺陷，使自己更健更美。这就为人体的丰富多样、全面而自由的发展，提供了广阔的前景。

由上可知，人固然一方面要接受并适应既定的外部条件，人体会受到外部环境的制约；另一方面，人又要积极地改变、改造外部环境，充分利用外部的有利条件，克服不利条件的限制。人固然一方面要秉承先天的资质、受到遗传的影响；另一方面，人体又具有相当程度的后天可塑性或调节性，人要努力培育自己，甚至按照美的规律塑造自己。不待说，每个人所接受的外部环境条件、所秉承的先天资质、遗传影响，是不尽相同的。而且每个人争取的目标、努力的程度、取得的效益，也是很有差别的。因而每一个个别的人体，就不可能像同种类的植物或动物那样，似乎是从一个模子里铸出来的，而是表现出鲜明而显著的个体性。黑格尔曾从人类生存的有限性方面讨论过人体的个体性问题，也可以作为我们的参考。黑格尔说："人体机构，尽管是在较小的程度上，也还是分裂为种族上的差异以及随着种族差异而来的不同等级的美的形体构造。除掉这种当然比较一般性的差异以外，还有偶然形成的家族特性以及家族特性的混合，表现为某种生活习惯、仪表和姿态；这些特性本身已经是不自由的，还要加上有限生活领域里各种工作和事物所产生的职业特性，最后还要加上特种性格与特种性情的全部特点及其连带的歪曲和变态。穷困，忧虑，愤怒，冷淡，情欲的烈焰，对片面目的的执著，变化无常，心灵方面的分裂，对外在自然的依存，总之，人类生存的全部有限性都造成了个别面貌的偶然特点及其经常的表现。"[①] 同样的道理，人类从这些"全部有限性"中挣脱出来的种种努力和形形色色的结果，也就会加倍地"造成了个别面貌的偶然特点及其经常的表现"。因此毫不奇怪，人体有着鲜明而显著的个体性。也就是说，在高级动植物那里，同种

---

① 黑格尔：《美学》，第1卷，商务印书馆1979年版，第193～194页。

类的个体之间只有大致相同的种类定性。某些细微的差别不足以形成个体独特的个性；但是，在人体，各个个体则不但有种类的普遍性，而且有各个个体独特而丰富的个别性。于是，高级动植物的美是以种类来划分，而人体的美丑则以个体来区分。对于高级动植物，说某物美，是指整个种类及其个体皆美；对于人体，说某人人体美，则是指这一个体的人体美，其他个体的人体就未必是美的。所以，高级动植物的美是种类美，而人体美则是个体美。

以上我们说明了人体及其美的一般特征，指出人体有高度完善的整体性、鲜明显著的个体性，而人体的美不是现象美、不是种类美，而是个体美。那么，我们也就可以知道，自然的个体美是发展到最高阶段的自然美，具体即指人体美，而个体美的一般特征也就是具有个体美的自然事物有高度完善的整体性和鲜明显著的个体性。

最后，我们有必要简略谈到，作为个体美的人体美，虽是自然美，却也要受到人的社会性的影响，受到周围社会环境的影响。从根本上说，这是由于人是从自然到社会的桥梁，人的美不仅有人体美而且有社会美，因而人体美与社会美不是互相隔绝的，而是相互联系、相互影响的。不过这并不能否定人体美作为自然的个体美的独立品格。考虑到这个问题的复杂情况和重大意义，我们将在第三节专门加以讨论，在这里就不赘述了。

第二节　自然个体美是人体中典型的个体

人是自然界长期发展的产物，是自然界的“最美的花朵”。古希腊哲学家赫拉克利特说：“最美丽的猴子与人类比起来也是丑陋的”[①]。这就是说，人类是非常美的。但是如前所述，人体美以个体的形态存在，人体的美丑以个体来区分。这当然意味着，在人类之中，有的个

① 《西方美学家论美和美感》，商务印书馆1980年版，第16页。

体其人体是美的，也有的是不美的，甚或是丑的。

譬如黑格尔就曾谈到："有一种久经风霜的面相，上面刻下了种种情欲的毁灭性风暴的遗痕；另有一种面相显出内心的冷酷和呆板，还有一种面相奇特到简直不像人。"①不用说，这些面相在现实中是存在的，而且从人体美的意义来说，这些面相是丑的。又譬如宋玉在《登徒子好色赋》中谈到登徒子之妻是丑的，说她："蓬头挛耳，齞唇历齿，旁行踽偻，又疥且痔。"就是说，她的头发干燥如枯草，耳朵蜷曲而不伸展，龇牙咧嘴，残齿疏落，满身疥疮，还长着漏痔，身子佝偻弯曲，走路因负痛而旁行侧足、步态摇晃。尽管宋玉把这么多缺陷都集中到登徒子之妻的人体上，未免有文学的夸张，但是这些人体现象在现实中显然也是存在的，有的人体部分地存在这些现象，而有的人体却也差不多集中了这些现象。据其程度的不同，可以说，这样的人体有的是不美的，有的则"简直不像人"，是很丑的。

又譬如在汤加王国，人们有意地把自己养得脖短身粗、臃肿不堪，以至于行动蹒跚、步履艰难。在缅甸巴洞地区，女子从五岁起在脖子上便套上铜环，以后渐次加环，将脖子硬性拉长，到成年时竟能套上三十多个铜环，重量达十公斤。这样的人体显然都是丑的。

这就是说，在现实中存在美的人体，也确实存在丑的人体。那么，人体美的规律究竟是什么呢？

桑塔耶纳曾经引述色诺芬《会饮篇》中讲的一个故事，说："苏格拉底拿自己和同席上一个行将接受美貌奖的青年相比较，就说他自己更美更配桂冠之奖。因为功用造成美，那么，像他那样眼睛在脸上浮凸出来，就最有利于看东西；像他那样大鼻孔舒畅通气，就最适于嗅东西；像他那样口深嘴大，就最适合于饮食和接吻。"桑塔耶纳指出：苏格拉底"这些外貌事实上是丑的"②。的确，像苏格拉底说的那样，把人体的美归结为功用，是不恰当的；把人体的器官视为分离

① 黑格尔：《美学》，第1卷，商务印书馆1979年版，第194页。

② 乔治·桑塔耶纳：《美感》，中国社会科学出版社1982年版，第106～107页。

的简单机械，也是不恰当的；离开了自然界的整个历史发展，离开了人体作为自然界发展的最高产物的基本特征，而去探讨人体的美，同样也是不恰当的。

事实上，人体的美丑是我们在现实中经常遇到的实际现象，因此人体美的规律并不是深不可测、高不可攀、神秘难知的。历来的哲学家、美学家和艺术家都曾思考这个课题，有的也提出了深刻的、富于启发意义的见解，很值得我们重视。如我国元代的汤垕说："看画如看美人，其风神骨相，有肌体之外者。"[①]这是说美的人体不仅在于肌体，更在于通过肌体而充分体现出来的内在的"风神骨相"。清代的叶燮指出："彼美之绝世独立，果有法乎？不过即耳目口鼻之常，而神明之。"[②]这又是说，美人之所以美不但是因为具有肌肤容貌的正常的普遍的形态，而且是因为这种普遍的形态在美人那里特别地生动显豁以至达到"神明"的程度。如果说，汤垕是强调人体美的外在的肌体与内在的风神骨相的高度统一，那么叶燮则是强调美人的人体个别性与人体种类普遍性的关系。事实上，由于人体具有高度完善的整体性和鲜明显著的个体性，所以一般说来，每一个别的人体，他的外部肌体现象总是反映着他自己的人体的内在本质，但却未必都能充分体现人体的种类普遍性、人类身体的本质特征。如果一个人大腹便便、肥胖臃肿，或者旁行踽偻、又疥且痔，自然也还是反映着他自己的人体的本质特征，但是却并不能充分体现作为自然界发展的最高产物的人体所特有的种类普遍性，例如就不能充分体现人体所特有的积极向上的能动性、高度发展的自由运动的能力、机敏的神经、全能的理性等等。这样的人体，在汤垕看来就是虽有"肌体"而无"风神骨相"，在叶燮看来则是既无"耳目口鼻之常"而更不能"神明之"，所以是不美的，或干脆说是丑的。不过从上面也可以看出，虽然汤垕讲的意思是大致不错的，却显然不如叶燮说得更准确、更深刻。

---

① 汤垕：《画论》。

② 叶燮：《原诗·内篇（下）》。

在西方，歌德早曾说过："谁看着人体美，任何不幸都不能触及他；他感到同自己和世界完全协调。"[①]马克思也曾讲道："正像自然在春天就脱去外衣，仿佛它意识到自己的胜利，把自己所有的魅力都显示出来，而在冬天就用冰雪来遮盖自己的屈辱和寒伧，——朝气蓬勃、叱咤世界的大胆诗人卢克莱修跟用道德的冰雪来掩盖卑微渺小的'自我'的普鲁塔克是完全不同的。我们如果看到一个痉挛得缩成一团、背弯得抬不起头来的人，就会不由自主地四下张望，怀疑自己的存在，生怕自己也消失了。但是如果看到一个非常勇敢的、穿得光辉夺目的武术家，我们就会忘掉自己，觉得我们胜过自己百倍，天下任何事情都能担当起，呼吸也更为自由了。"[②]马克思在这里也谈到了人体美，而且也是谈"看着人体美"时的感受，这种感受与歌德的见解多少是一致的。看着那个"痉挛得缩成一团、背弯得抬不起头来的人"时是什么感觉呢？也就是感到如自然界"在冬天就用冰雪来遮盖自己的屈辱和寒伧"一样，并且直接地就感到"怀疑自己的存在，生怕自己也消失了"。这样的人体显然和"旁行踽偻，又疥且痔"的人体一样是丑的，并且很显然，这样的人体之所以丑就是因为其个体的人体现象不能充分体现人体的种类普遍性，相反，却把后者的本质特征弄得模糊不清、甚至歪曲颠倒，如黑格尔所说的"简直不像人"。看着这样的人体，观者当然会"怀疑自己的存在，生怕自己也消失了"。而那位武术家的人体则是美的。他身手矫健、虎跃龙腾、精神焕发，"正像自然在春天就脱去外衣，仿佛它意识到自己的胜利，把自己所有的魅力都显示出来"一样，充分地体现了人体朝气蓬勃、叱咤世界的种类普遍性和本质特征。这又如罗丹说的："单是一般躯体，十分匀称、稳定、健美而有神采的躯体，就能暗示他支配世界的全能的理性。"[③]所以，看着这样的人体，观者便"会忘掉自己，觉得我们

---

① 《西方美学家论美和美感》，商务印书馆1980年版，第227页。

② 《马克思恩格斯论艺术》，第2卷，中国社会科学出版社1983年版，第42～43页。

③ 《罗丹艺术论》，人民美术出版社1978年版，第90页。

胜过自己百倍，天下任何事情都能担当起，呼吸也更为自由了”；或者如歌德所说，“感到同自己和世界完全协调”。

我们有理由说，从上述思想资料而联系具体实际，我们已窥见了人体美的奥秘。概括地说，一个人体如果能以独特、丰富而突出的个别性充分地体现人体的种类普遍性，那么这个人体就是美的人体。换言之，美的人体就是人体中典型的个体。而如果一个人体没有独特、丰富而突出的个别性，不能使人体种类普遍性得到充分地体现，那么这个人体就是不美的；如果一个人体虽有相当独特、丰富而突出的个别性，但是这些个别性不但不能充分体现人体种类普遍性，反倒使它模糊、使它歪曲、使它颠倒，那么这个人体就是丑的。以上所述，就是人体美的规律。而因为人体美是个体美，所以上面所述又即是个体美的规律。那么，我们所提出的个体美的本质和规律，是否符合人体美的实际、是否真有道理呢？下面再举几个例子来加以讨论。

谈到美的人体，很自然地会想到古希腊的美的人体。丹纳告诉我们：在古希腊，“青年人大半时间都在练身场上角斗，跳跃、拳击、赛跑、掷铁饼，把赤露的肌肉练得又强壮又柔软；目的是要练成一个最结实，最轻灵，最健美的身体”。他们经过长期的准备，便去参加如奥林匹克运动会、毕提运动会、奈美运动会等全民性的盛大庆典，“在掌声雷动的全民面前，他们裸体角斗，拳击，掷铁饼，竞走，赛车”。“赛跑优胜者的姓名，留下来作为该届奥林匹亚特的名称，还有最大的诗人加以歌咏。古代最著名的抒情诗人平达，几乎只颂赞赛车。得胜的运动员回到本乡，受到凯旋式的欢迎；他的体力与矫捷成为一邦的荣誉”。“公家对得奖一次的运动员都立一座雕像作纪念；对得奖三次的人还要塑他本人的肖像”[①]。于是，古希腊的雕塑艺术给我们留下了许多表现人体美的塑像，如米伦的《掷铁饼者》等等。黑格尔曾经指出：“在希腊鼎盛时期无论是诗人和思想家还是实际行

① 丹纳：《艺术哲学》，人民文学出版社1963年版，第43～46页。

动中的人物，都具有既显出普遍性的造型艺术风格又显出个性的这种内外协调一致的性格……奥林匹克竞赛中的胜利者们在身体方面也具有同样的造型艺术作品形象"，他们"仿佛都是从一个熔炉中熔炼出来的不同的艺术作品，像一些不朽的神巍然挺立，时光和死亡对他们都毫无影响"[①]。这也就是说，在把这些运动员的形象塑造成艺术作品以前，他们本身就是美的，他们本身就已经是"艺术作品"。而他们的身体之所以美，是因为他们的身体"具有既显出普遍性的造型艺术风格又显出个性的这种内外协调一致的性格"。黑格尔这样说，是与他在根本上否定自然美、只承认艺术美的思想有关的。但是，他在这里也不得不承认这些运动员的身体本身就已经是"艺术作品"，也就是不得不承认他们的人体是美的。用我们的语言来诠释，这实际上就是说，古希腊这些优秀运动员正是因为他们各以其非常特异而突出的个体现象充分地体现了人体种类普遍性和本质特征，所以他们的人体是典型的个体，符合个体美的规律，是非常美的。

又譬如宋玉讲的"东家之子"。如前所引，宋玉说："天下之佳人，莫若楚国；楚国之丽者，莫若臣里；臣里之美者，莫若臣东家之子。东家之子，增之一分则太长，减之一分则太短，着粉则太白，施朱则太赤，眉如翠羽，肌如白雪，腰如束素，齿如含贝，嫣然一笑，惑阳城，迷下蔡。"[②]这"东家之子"为什么美呢？一方面是她具有非常特异而突出的肌肤、体形、姿态等个体现象，另一方面，她的这些个体现象又充分体现了"臣里"、楚国乃至天下的女子的本质特征，因而是天下女子的典型的个体，是美的。虽然这"东家之子"是宋玉塑造的文学形象，但她的美也是根源于现实的美的人体，在人体美的本质和规律上来自于现实、反映着现实的，"东家之子"美的本质是与现实的人体的美的本质根本一致的。所以，这个例子也就可以说明个体美在本质上是人体中典型的个体。

---

① 黑格尔：《美学》，第3卷，上册，商务印书馆1979年版，第132页。

② 宋玉：《登徒子好色赋》。

同时，我们当然会注意到，包括宋玉在内的文学家、艺术家，他们在表现人体美的时候，都要在现实的美的人体的基础上加以艺术的集中概括，追求在某种意义上“最美”的人体形象。所以，宋玉虽然说到存在着“臣里之美者”、“楚国之丽者”、“天下之佳人”，但他要具体描绘的却是其中“最美”的“东家之子”。古希腊的大画家宙克西斯，要把克罗顿城邦的美女都召集起来，把她们各自的最美的部分集中概括，而画出了《海伦》。“拉斐尔画林泉女神《迦拉丹》的时候，在书信中说，美丽的妇女太少了，他不能不按照‘自己心目中的形象’来画……给他作模型的乡下姑娘，双手因为劳动而变了样子，脚被鞋子磨破了，因为羞涩或者因为做这个职业的屈辱，眼中还有惊惶的神气。便是他的福那丽纳双肩也太削，手臂的上半部太瘦，神气太严厉，过于拘谨”①。车尔尼雪夫斯基曾说：“那么如何解释拉斐尔抱怨在意大利，那典型的美的故国缺少美人这个事实呢？很简单：他寻求的是最美的女人，而最美的女人，自然，全世界只有一个——那到哪里去找她呢？凡头等的东西总是为数甚少，原因很简单：一有了许多，我们一定又要将它们分为几等，只把其中的两三个称为头等；其余的便都是次等。”②其实，文学家、艺术家要努力创造比现实事物更高、更强烈、更集中、更典型的形象，这是很自然的。由于这个缘故，像拉斐尔这样的艺术家总是追求最美的人体，而抱怨这样的人体太少了，这也是很自然的事情。

但是，我们提出美的人体是人体中典型的个体，却并不仅仅是指所谓“最美”的人体，而是指现实中丰富多样的人体美及其本质和规律。不用说，我们所提出的论点当然应该能包括、能说明现实中“最美”的人体，并且在原则上也能够说明艺术所创造的“最美”的人体，因为艺术创造所遵循的人体美的规律只是从现实中来的。不过，必须强调指出，不应当把我们提出的人体中典型的个体理解得很狭

① 丹纳：《艺术哲学》，人民文学出版社1963年版，第26页。

② 车尔尼雪夫斯基：《生活与美学》，人民文学出版社1957年版，第46页。

隘，误以为典型的个体只是人类中长得最标准的那一个人体，误以为典型的个体即使不是“全世界只有一个”，也是极为罕见的。美的人体是人体中典型的个体这个论点，在根本上是指出人体美的本质和规律。而事实上，在人体中符合人体的个体美规律的，不仅很多，而且其具体形态也是多种多样的。

这就是说，美的人体是人体中典型的个体，而典型的个体则是丰富多样的。大家知道，自然的现象美虽然是丰富多彩的，但是其现象的种类性却是极其简单极其单纯的；自然的种类美虽然也相当丰富多彩，但是其同种类的动植物除了差不多一样的种类定形之外，几乎没有什么个体的独特的属性条件。而在人体，一方面，其种类性显然比其他任何自然事物的种类性都要更丰富、更深刻、更高级；另一方面，又有了显著而鲜明的个体性，即个体的属性条件独特而丰富，个体之间也有相当明显的差别。因此，人体的种类普遍性和本质特征，就存在于复杂众多的个别性之中，可以通过许多不同的个体现象体现出来。各个个体尽管有着彼此迥异的众多而复杂的现象，但是只要能够充分地体现人体的种类普遍性和本质特征，就都符合个体美的规律，就都是典型的个体，就都是美的人体。所以美的人体是人体中典型的个体，这典型的个体不可能是单一的，而必然是丰富的，多种多样的。《淮南子》中就指出过：“佳人不同体，美人不同面，而皆说（悦）于目。”[①]王充也说道：“美色不同面，皆佳于目。”[②]他们所讲的正是人体美的多样性，即我们所谓典型个体的丰富多样性。

既然典型的个体是多种多样的，那么我们就要进一步论到人体的典型个体的基本类型和主要表现。这对于我们深入论述个体美的本质和规律，显然也是很有意义的。人体的典型个体有什么基本的类型呢？人们自然会想到许多区分不同的典型个体的明显标识。譬如种族不同，其典型个体的特点也不同，黑种人、黄种人、白种人的典型个

① 《淮南子·说林训》。

② 王充：《论衡·自纪篇》。

体会有不同的特点。又譬如性别不同，其典型个体的特点也不同，女性与男性的典型个体会有不同的特点。再譬如年龄不同，童年、青年、壮年、老年人的典型个体会有不同的特点。诚然，这些区别确实是存在的，而且也是有意义的。不过，这些区别更多地偏重于人体现象。以它们来划分人体的典型个体的基本类型，即使不能说有失于恰当，其层次究竟也是相当低的。我们认为，人体的典型个体或许可以分为这样两个基本类型，即偏于感性美的典型个体与偏于理性美的典型个体。这样的分类，既关系于人体的现象、个别性，又关系于人体的本质、普遍性，可以说是与个体美的规律相关的。

为什么存在着偏于感性美的和偏于理性美的两种典型个体呢？首先，从人体的种类普遍性来说，既有感性的方面，又有理性的方面，是感性与理性的统一，并且根本是以理性为特征的。黑格尔曾说："人体现象的无比优越性在于敏感，它虽然不是到处都实在现出感觉，至少是有现出感觉的可能。但是这里也还是有缺陷，这种感觉还没有内在地集中到能呈现于身体的每一部分；身体里有一部分器官和它们的形体还只适合于动物的机能，只有另一部分器官才更能表现出灵魂生活，感情和情欲。从这方面看，灵魂和它的内在生活也还没有通过全部形体的实在而显现出来。"[①]这里讲的"灵魂生活"，根本说来是人类所特有的；这里讲的"动物的机能"，就人作为最高级的动物而言，又是与其他任何动物有实质上的不同，并且与"灵魂生活"密切联系、互相渗透、协调一致的。它们的区别和联系，我们认为可以理解为人的感性与理性的对立统一，都是人体种类普遍性和本质特征的具体内容。而人体种类普遍性的这两个方面，如黑格尔所说，其体现的方式、途径、现象等并不都是完全一致的。有的人体现象更能充分体现人体种类普遍性的感性方面，虽然这感性完全是渗透着理性的；有的人体现象更能充分体现人体种类普遍性的理性方面，虽然这理性

① 黑格尔：《美学》，第1卷，商务印书馆1979年版，第188页。

也是与感性结合着的。例如培根曾经说："在美方面，相貌的美高于色泽的美，而秀雅合式的动作的美又高于相貌的美。"[①]黑格尔又曾经说："事实上无法否认形体上的精神表现局限于面孔以及全身的姿势和运动，局限于由手足和两腿的站相所流露出来的举止动静……至于身体的其余部分却始终只能显出纯然感性的美，在它们上面可以见出的差别只是体力大小，筋肉发达的程度或是柔嫩的程度以及性别和年龄等方面的差别。"[②]我们认为，这基本上还是符合人体的实际的。

这也就是说，由于人体的个体属性条件和种属条件都极其丰富，又由于它们大致上都可以划分为感性和理性两个方面，所以人体作为一个完整的整体，可以区分出肌肤体格、身材体型、身姿体态和容貌神情四个层次。这四个层次的人体现象都能体现人体种类普遍性的某些本质方面，由感性而趋向理性，渐次而愈加深刻和内在。因此，就这四个层次而言，都可以有一定的美，并由偏于感性的美而渐趋偏于理性的美。当然，它们当中的每一个层次既然都是作为整体的人体的一部分，也就不能离开整体、不能绝对地独立。前面所引周亮工的话——"以美女丰盈之面，加诸三尺之身；见者且怪其臃肿矣"，讲的正是这个道理。不过另一方面，这些层次也有它们相对的独立性，因为它们既然能体现人体种属普遍性的某些本质方面，它们的美也就有相对独立的标准和意义。这当然不是说，人体美可以以单独的、部分的美作为标准。美的人体，是其整个人体、包括上述四个方面的整体形象都符合个体美的规律。但是在这个前提之下，我们也不否认，某些美的人体其感性方面可能更突出些，某些美的人体其理性方面则更强烈些。正是在这个意义上，出现了偏于感性的和偏于理性的两种典型个体；自然也会有感性与理性高度统一的、完美的典型个体，这也就可以称得上"最美"的人体了。

为了进一步具体说明典型个体的多样性和基本类型，我们有必要

① 《西方美学家论美和美感》，商务印书馆1980年版，第77页。

② 黑格尔：《美学》，第3卷上册，商务印书馆1979年版，第158～159页。

对人体的四个层次及其对于人体美的意义作一讨论，然后再作综合的分析。

首先来说肌肤体格。肌肤的美，历来为人们所重视。我国许多文学作品都注意描写肌肤的美，如《诗经·卫风·硕人》描写庄姜："手如柔荑，肤如凝脂。"宋玉写"东家之子"："着粉则太白，施朱则太赤"；又说她："肌如白雪"。《孔雀东南飞》描写刘兰芝："指如削葱根"。《洛神赋》写宓妃："延颈秀项，皓质呈露，芳泽无加，铅华弗御。"杜甫《丽人行》写杨氏姊妹："肌理细腻骨肉匀"。白居易《长恨歌》写杨玉环："雪肤花貌"；"温泉水滑洗凝脂"。他们所描写的美人的肌肤从特点来说，都不外是：肌肤柔韧细腻，光滑而富弹性，肤色洁白而露血色、有透明感，等等。但这样的肌肤何以就美呢？这当然不是由现象美的规律来决定的，而是由于它体现了人体的种类普遍性的某些本质方面，才获得美的品格。黑格尔认为，人的肌肤的美是由于"透明肉色的气韵生动"，有一种"没有闪光的灵魂的芳香"。黑格尔说："人类的皮肉的色调"，"它把一切其他颜色都奇妙地结合在一起，却不使哪一种颜色独立地突出。青年人的健康的腮帮上的红色当然是纯洁的红，不掺杂一丝蓝色，紫色或黄色；但是这种红色毕竟只是一种飘忽的红晕，或者毋宁说，一霎时的闪光，它是从内心里流露出来的，随后就不知不觉地消失在肉的其他色调里。但是肉色是一切基本颜色的理想的互相渗透。透过皮肤的透明的黄色，动脉的红色和静脉的蓝色就显现出来。在光和暗之外，在其他复杂的发光和反光之外，还要加上灰色，棕色乃至于青色的色调，这一切乍看起来像顶不自然，但是仍然可以有它们的正确性和真正的效果。这些色调的互相渗透完全没有闪光，也就是说，它们不受本身以外事物的反光的影响，而是从本身内部得到灵魂和生气的。"[①]他的这些分析，我们也可以用来帮助理解肌肤的美是由个体美的整体的特性而来的这个道理。

---

① 黑格尔：《美学》，第3卷上册，商务印书馆1979年版，第279～280页。

同时，肌肤作为一种人体现象，虽然也能体现人体种类普遍性的某些本质方面，如人体高度的敏感、完善的整体性乃至内在的生命等，但究竟不能把人体深刻、内在的本质方面体现得很充分，而主要地体现的还是人体的感性肉体方面的特性。所以，肌肤体格方面的美在人体美中还是比较低级、比较简单的美。不过，“单从感性美方面看，裸体当然有它的优点”[①]，而人体的肌肤体格就是裸体的一个重要方面。进一步说，虽然感性美不如理性美深刻而内在，但人体美毕竟是感性与理性的美的统一，因此，人体感性方面的美还是有它独特的意义的。罗丹说：“在任何民族中，没有比人体的美更能激起富有感官的柔情了”。又说“希腊的雕刻，生命使它们跳动的肌肉显得灵活而温暖”[②]。这显然主要是对人体美的感性方面而言。总之，肌肤体格是一种重要的人体现象，它的美既来自于符合个体美规律的人体的整体，又主要体现着人体的感性的肉体的美。

肌肤体格的美在具体表现上与种族和年龄颇有关系。譬如“肌如白雪”、“雪肤花貌”，对于黑种人就不适宜。格罗塞在《艺术的起源》里就曾说：“黑的总觉得他们自己不够黑，正像白色的妇女常觉得不够白一样。也正像那些肌肤白净的人要用粉或白垩来增加白的美趣一样，黑的则用炭粉和油质来增加他们的黑的魅力。”[③]从这里，也正可以说明肌肤的美根本是由人体种类普遍性决定的，而直接就是由个体所属的人种种类性来决定的。对于我们黄种人，“肌如白雪”、“雪肤花貌”就是能体现充满生气的感性肉体的特性的肌肤，就具有美的品格了。

肌肤更与年龄有关系。达·芬奇指出：“你不应当在少年身上找寻肌肉和筋腱，而应当寻找柔嫩丰满，纹路单纯和四肢的圆润。”“年轻人的四肢只显露少数肌肉和几根血管，肌肤圆润，色泽美观。”[④]清

① 黑格尔：《美学》，第3卷上册，商务印书馆1979年版，第156页。

② 《罗丹艺术论》，人民美术出版社1978年版，第32页。

③ 格罗塞：《艺术的起源》，商务印书馆1937年版，第69～70页。

④ 《芬奇论绘画》，人民美术出版社1979年版，第143页。

人沈宗骞也说："人之颜色，由少及老，随时而易。婴孩之时，肌嫩理细，色泽晶莹……如花朵初放之色。盛年之际，血足气旺，骨骼隆起……有光华发越之象。若中年以后，气就衰而欲敛，色虽润而带苍，棱角折痕，俱属全显……若在老年，则皮皱血衰，折痕深嵌，气日衰而渐近苍茫，色纵腴而少为憔悴，甚或垢若冻梨，或皴如枯木。"[①]实际情况确也如此。所以德谟克利特说："身体的有力和美是青年的好处，至于智慧的美则是老年所特有的财产。"[②]这是说青年人的肌肤体格是突出地美的。黑格尔还说过："儿童们……在肉体形状上还完全是天真自然的，而他们的精神的美也正在这种天真自然，毫无顾虑。此外，青年人……主要地凭英勇，在要求膂力强健和坚忍的工作中运用和锻炼身体；民族运动竞赛中的格斗士们最引起兴趣的地方不是他们的行动的内容，精神和性格中的个性，而只是身体方面的活动，气力，敏捷，美，筋肉和身体各部分的灵活运动……所以古希腊人把这一类形象都雕成裸体的。"[③]由此也就可以说，虽然如儿童、青年或某些竞技运动的健将们，他们可能有深刻的理性美，但他们身上感性方面的美总是突出的。那么，他们作为典型个体，大致可说是偏于感性美的。

接着来说身材体型。身材体型是人体的又一重要现象，对于人体的美也有显著的意义，以至过去一些美学家、哲学家往往把人体美归结为人的身材体型的对称均衡、比例适度、挺拔伟岸或曲线优美等等。这种归结，既过分夸大了身材体型对人体美的意义，又把人体美等同于现象美或形式美，所以是不确切的。实际上，人的身材体型的美是由人体种类普遍性决定的，是由于充分体现了人体种类普遍性的某些本质方面，即遵循个体美的规律。黑格尔曾说：人的躯体"在形状和构造上既表现出它是精神的感性的自然存在，又表现出一种更高

① 沈宗骞：《芥舟学画编》卷三。

② 《西方美学家论美和美感》，商务印书馆1980年版，第17页。

③ 黑格尔：《美学》，第3卷上册，商务印书馆1979年版，第159～160页。

的内在生活”[1]。罗丹也说过:“单是一般躯体，十分匀称、稳定、健美而有神采的躯体，就能暗示他支配世界的全能的理性。”[2]可见身材体型的美不是现象美或形式美，而是更为深刻的个体美的一个重要方面。但是，它和肌肤体格一样还不能非常充分地体现人体美的理性方面，却能突出、强烈地体现人体的感性美。从这个意义上说，它在人体美的整体中有着独特的意义。

罗丹又曾谈到，人体的身材体型的美一方面在于“人类典型的主要线形”，另一方面还在于“有生命的细节”，并且这“有生命的细节”应该“包括、溶化在整体中”[3]。这是很有道理的。譬如宋玉描写“东家之子”的身材体型是“增之一分则太长，减之一分则太短”，又说她“腰如束素”；曹植《洛神赋》描写宓妃:“秾纤得衷，修短合度，肩若削成，腰如约素。”他们都着意勾勒美人的“人类典型的主要线形”，也将“有生命的细节”溶化其中，从而充分体现出人体特有的完整性、生命力、能动性以及自由发展的潜能。而那些或驼背，或鸡胸，或“O”形腿、“ω”形腿，或四肢短粗、臃肿不堪，或又细又长、身如豆芽的身材体型，都扭曲了“人类典型的主要线形”。歌德曾说:成熟的少女“如果骨盘不够宽大，胸脯不够丰满，她就不会显得美。但是骨盘太宽大，胸脯太丰满，也还是不美”[4]。这样的身材体型，或者缺乏“有生命的细节”，或者歪曲“人类典型的主要线形”，因而损害了人体的美。

那么，人的身材体型的美是不是存在一个固定不变的尺寸及比例，而不能是丰富多样的呢?诚然，达·芬奇曾经提出过人体的“神圣比例”，总结出标准人体的一系列比例数值[5]。这不仅成为许多艺术

① 黑格尔:《美学》，第3卷上册，商务印书馆1979年版，第127页。
② 《罗丹艺术论》，人民美术出版社1978年版，第90页。
③ 同上书，第32页。
④ 《歌德谈话录》，人民文学出版社1978年版，第134页。
⑤ 参见《芬奇论绘画》，人民美术出版社1979年版，第134～142页。

家的理想的人体模式，而且往往成为健美比赛的评分标准。不待说，所谓“神圣比例”还是从现实中来的。合乎这个比例的人体其身材体型也是美的。不过，如果把它刻板化为一个固定不变的公式，就是错误地把美的身材体型理解成为“干枯的、冷漠的、极其平板的和真实无丝毫关系的轮廓”[①]了。事实上，正是达·芬奇强调指出：“有些人单纯研究裸像的比例与尺寸，而对于体形的种类则不加分析。殊不知一个比例合适的人可以或矮胖，或高瘦，或适中。”[②]所以，美的身材体型不可能是刻板划一的，而是丰富多样的。只要是能够如罗丹所说既体现“人类典型的主要线形”，又富有“有生命的细节”溶化于整体中，或者如黑格尔所说既具有“身体处在柔和的流转自如的发达状态中的那种生动，自由而优美的轮廓”，又富有“有机体的优美的源泉滚滚的浪纹”或“生动的圆形和波浪似的曲线”[③]，这样的身材体型就是突出地体现着人体的感性美的。

进一步说，美的身材体型还因性别、民族和年龄而呈现丰富多样的形态。拿性别来说，美的男性体型或者是身材魁梧，骨骼大型而肌肉发达，线条粗犷；或者是身躯颀长，肌肉线条和谐。而美的女性体型则有丰满的轮廓、柔和匀称的曲线。谈到民族，罗丹说得好：“实在说，所有的类型，所有的种族，都有她们自己的美，问题就在于去发现它。”他以女性体型为例，指出她们有“古代与地中海型”，“譬如现在的意大利妇女，和菲狄亚斯的模特儿一样，同属于地中海型的。这一类型的主要特征，是肩部和骨盆大小相等。”还有“北方型”，“许多法兰西女子，日耳曼和斯拉夫族的女子，都属于这一类型。在这一类型中，骨盆很发达，两肩比较狭”，“胸部一般是前倾的”。他还谈到柬埔寨舞女、日本女艺人，认为其“人体解剖完全和欧洲女子不同”，但“也是很美

① 《罗丹艺术论》，人民美术出版社1978年版，第31页。

② 《芬奇论绘画》，人民美术出版社1979年版，第46页。

③ 黑格尔：《美学》，第3卷上册，商务印书馆1979年版，第161页。

的"[1]。至于年龄，很明显，儿童的身材体型都尚待发展，而到十一二岁至二十四五岁的青春发育期的十多年间，体型发生突变而成熟，到老年又发生"老缩"现象而变形。并且，人的身材体型的可塑性也主要表现在青春发育期，到成年就基本定型。尽管美的身材体型在成年期确定下来，不过成年期所保持的也主要是"人类典型的主要线形"，而"有生命的细节"则渐趋消失和变形。正如达·芬奇所说："天生丽质的美，将随年月的消逝而迅即磨灭。"[2]而罗丹更指出：美貌"变化得很快。我并不是说女人好像黄昏的风景，随着太阳的沉没而不断改变；但是这个比喻几乎是对的。真正的青春，贞洁的妙龄的青春，周身充满了新的血液、体态轻盈而不可侵犯的青春，这个时期只有几个月。怀孕期内身体的变化不必说，那欲念引起的疲乏和欲情的狂热，使一个女人的肌肉组织和线条很快地松弛了。"[3]因此，虽然青年人和成年人都可能有美的身材体型，但比较地说来，青年人的身材体型有更多的"有生命的细节包括、溶化在整体中"，更富于人体的感性美，他们的典型个体也就可以说是偏于感性美的。

然后来说身姿体态。与肌肤体格、身材体型比较起来，身姿体态已更能突出体现人体种类普遍性的某些内在的、理性的方面。黑格尔在论雕塑艺术时谈道："单从感性美方面看，裸体当然有它的优点，但是单纯的感性美并不是雕刻的最终目的，所以古希腊人尽管让大多数男子的雕像裸体，却让更大多数的女子的雕像穿上服装"[4]；如果服装"把姿势正确地突出地表现出来，就应看作一个优点，因为它把纯然感性的没有意义的东西遮盖起，只显示出由姿势和运动表现出来的情境中有关的东西"[5]。事实上，人的身姿体态一方面仍然表现着人

① 《罗丹艺术论》，人民美术出版社1978年版，第60～62页。
② 《芬奇论绘画》，人民美术出版社1979年版，第25页。
③ 《罗丹艺术论》，人民美术出版社1978年版，第59～60页。
④ 黑格尔：《美学》，第3卷上册，商务印书馆1979年版，第156页。
⑤ 同上书，第160页。

体的感性方面，如达·芬奇所说："应当把老头描画成动作缓慢没精打彩，站立时两腿就膝弯处屈曲，两脚平行，而分开摆着，弯腰曲背，脑袋向前耷拉，两臂只伸直些许。应当把妇人画成姿势优雅，两足并拢，两手交抱，低头略向一边侧着。"[①]但是另一方面，身姿体态更体现着人体的理性方面，体现着人的气质、内在力量和内在生活。譬如《洛神赋》描写宓妃："瓌姿艳逸，仪静体闲"；"其形也翩若惊鸿，婉若游龙。荣曜秋菊，华茂青松。仿佛兮若轻云之蔽月，飘飖兮若流风之回雪。远而望之，皎若太阳升朝霞，迫而察之，灼若芙蕖出绿波。"这些都集中描绘了宓妃的身姿体态，显出她朝气蓬勃的生机、活力，有一种深刻、动人的内在力量和光芒。《孔雀东南飞》写刘兰芝："纤纤作细步，精妙世无双。"仅数字描绘她在室内的步态，便显出她的轻盈矫捷、端庄秀美、丰富的内心生活。实际上，身姿体态的美，正是充分体现了人体种类普遍性的某些本质方面，如健全的理性、深刻的内心生活、自由发展的丰富潜力以及运动的准确灵活等等。所以，苏东坡曾写道："妍媸肥瘦各有态，玉环、飞燕谁敢轻。"李渔也说："态之为物，不特能使美者愈美，艳者愈艳，且能使老者少，而媸者妍，无情之事，变为有情。"[②]身姿体态的美是更为内在的，因而在表现上也更为丰富多样。具有突出的感性美的人体，如果有美的身姿体态就会更加深刻动人；即便感性美方面只是平平，然而如果仪态万方、风度翩翩、端庄高雅或轻盈欢快，也会有一种吸引人的内在光芒和理性的美。

最后，容貌神情当然更为丰富多样，也更能充分体现人体的内在的本质特征。明人恽寿平说："美人横波微盼，光彩四射，观者神惊意丧，不知其所以然也。"[③]《诗经·卫风·硕人》写庄姜的容貌神情："齿如瓠犀，螓首蛾眉，巧笑倩兮，美目盼兮。"宋玉写"东家之子"：

---

① 《芬奇论绘画》，人民美术出版社1979年版，第173页。

② 李渔：《闲情偶寄·声容部》。

③ 恽寿平：《南田画跋》。

“眉如翠羽”，“齿如含贝，嫣然一笑，惑阳城，迷下蔡。”《长恨歌》写杨玉环：“回眸一笑百媚生，六宫粉黛无颜色。”这些都着意描写了人的容貌神情及其美的魅力，似乎确有使“观者神惊意丧，不知其所以然”的力量。其实，人的容貌神情之所以美，是在于能够充分体现人体深刻内在的本质特征，特别是体现人体生命的活力、丰富的情感和内在的理性。黑格尔说：“除掉真正的面相表情之外，还有很多一霎时的面部变化和身体姿态的表情……特别是眼睛和嘴在这方面有极敏捷的运动和本领，能表现出心情变化的每一细微分别。”[①]他又以拉斐尔的一些圣母像为例指出：“它们向我们所揭示的一些面孔、腮颊、眼、鼻和口的形式，单就其为形式而言，就已与幸福的快乐的虔诚的而且谦卑的母爱完全契合。我们确实可以说，凡是妇女都可以有这样的情感，但是却不是每一个妇女的面貌都可以完全表现出这样深刻的灵魂。[②]同样地，庄姜、东家之子和杨玉环等艺术形象的容貌神情充分体现了人体青春焕发的活力、对事物的活跃的情感态度和理性反应，我们在现实中也确实看到许多人的容貌神情充分体现着人体的这些本质特征；而也有许多人虽然可能具有人体的这些本质特征，其容貌神情却不能给以充分的体现。正是从这里，产生了容貌神情的美丑之分。所以，人的容貌神情不只是要脸蛋长得漂亮，而且更要能体现人体深刻、内在的本质特征，才是美的。不用说，“蓬头挛耳，齞唇历齿”的容貌当然不美，但即使脸蛋长得好看，如果神情散漫、反应迟钝、目光呆滞，就也还算不上美的。而“有一种面皮紧薄，肉色青黄，目无定神，口纹覆下，神气短薄，意思惨淡者”[③]，就尤其是丑的。因此，人的容貌神情在一定意义上是有现象美的，并且它作为形式美也有相对的独立性。但是人的容貌神情根本是个体美的重要部分，决定其美丑的也根本是个体美的规律而非现象美规律。

---

① 黑格尔：《美学》，第3卷上册，商务印书馆1979年版，第130页。

② 同上书，第201页。

③ 沈宗骞：《芥舟学画编》卷三。

美的容貌神情也是丰富多样的。苏东坡曾说:“凡人意思,各有所在,或在眉目,或在鼻口。(顾)虎头云:‘颊上加三毛,觉精采殊胜。’则此人意思盖在须颊间也。”[①]“颊上加三毛”,当然面部已不甚丰满,于感性美似有所损,但又显出此人面容清癯、双目有神,有着突出的理性美。沈宗骞也曾说:“天下至不相同者,莫如人之面。不特老少苍嫩,各人人殊,即一人之面,一时之间,且有喜怒动静之异”;而“雄才伟器,虽生无异质,而一段英杰不凡之概,时流溢于眉睫之间。”[②]可见美的容貌神情,是不可能拘于一格的。

总之,人体现象复杂众多,我们划分出肌肤体格、身材体型、身姿体态、容貌神情四个主要的层次,而它们又显出从偏于感性向偏于理性的推移。当然,如我们一再所强调的,人体美是从整个身体的形态、风度来把握,是人体的整体以丰富、独特而鲜明的个别现象充分体现了人体的种类普遍性和本质特征,而不是仅仅由某一部分来决定的。同时我们又指出,在现实中,人体的典型个体是丰富多样的。有些典型个体不但其整体符合个体美规律,而且其感性美是特别突出的,因此是偏于感性美的典型个体;有些典型个体其理性美特别突出,因此是偏于理性美的典型个体。这两种典型个体,原则上都是感性与理性的统一,只是在表现上有侧重、有特点罢了。当然,现实中也有许多人体无论感性还是理性的方面都相当突出且达到完美的统一,就称得上“最美”的人体。许多文学家、艺术家也推崇并努力通过文学艺术来创造这种“最美”的人体形象,所以出现了诸如庄姜、“东家之子”、宓妃、刘兰芝、杨玉环等无论肌肤体格、身材体型、身姿体态和容貌神情都相当地完美、其整个人体也都非常之美的文学形象。可以说,这些形象也就是现实中“最美”的人体的再现,或者是对现实中偏于感性美的和偏于理性美的典型个体的集中化的再现。总

① 《苏东坡集》继集卷十二《传神记》。

② 沈宗骞:《芥舟学画编》卷三。

而言之，个体美就是人体中典型的个体，而典型个体丰富多样，其中也包括了最完美的典型个体，即最美的人体。

第三节 人是自然美向社会美发展的桥梁

人体美是个体美，是最高级的自然美。但是人在本质上却是社会的，人的本性在于社会性。因此，人体美又必然与人的社会性发生密切的关系，甚至受到人的社会性的深刻而复杂的影响。那么，人体美与人的社会性的联系和关系究竟如何呢？

首先，一个显著的事实是，由于人总是要在一定的社会环境中生活，有特定的社会经历和生活方式，所以人体美往往要受到人的社会性的深刻影响。宋人韩拙说："隐居傲逸之士，当与村居耕叟、渔父辈，体貌不同。"[①]也就是说，封建士大夫的隐士与劳动人民，因为社会地位和生活方式不同，即便同样居住在村郊荒野，体貌也是不相同的。至于有怎样的不同，韩拙没有具体说。车尔尼雪夫斯基说得比较具体些："辛勤劳动、却不致令人精疲力竭那样一种富足生活的结果，使青年农民或农家少女都有非常鲜嫩红润的面色"；"丰衣足食而又辛勤劳动，因此农家少女体格强壮，长得很结实"，"不能有纤细的手足"，却有着"旺盛的健康和均衡的体格"。但是"上流社会的美人就完全不同了：她的历代祖先都是不靠双手劳动而生活过来的；由于无所事事的生活，血液很少流到四肢去；手足的筋肉一代弱似一代，骨骼也愈来愈小；而其必然的结果是纤细的手足"，以及"苍白、慵倦、病态"[②]。他讲的是俄国农奴制度下不同的社会生活方式对人的体貌的影响。马克思也批判过资本主义生产对工人身体的摧残，他说："劳动创造了美，却使劳动者成为畸形……劳动生产了智慧，却注定了劳动者的愚钝、痴呆。"这也就是说，"他的产品越是完美，他自己

① 韩拙：《山水纯全集》。

② 车尔尼雪夫斯基：《生活与美学》，人民文学出版社1957年版，第7～8页。

越是畸形……劳动越是有力，劳动者越是无力；劳动越是机智，劳动者越是愚钝，并且越是成为自然界的奴隶。”[①]马克思还指出：“某种智力上和身体上的畸形化，甚至同整个社会的分工也是分不开的。但是，因为工场手工业时期大大加深了劳动部门的这种社会分裂，另一方面，因为它以自己特有的分工才从生命的根源上侵袭着个人，所以工场手工业时期也首先给工业病理病提供了材料和刺激力。”[②]这又是说，社会分工给劳动者造成“某种智力上和身体上的畸形化”。

如果说，以上所谈的是人的社会性对人的“体貌”，主要是对人的肌肤体格、身材体型等偏于感性的人体现象的影响，那么人的社会性对人的身姿体态、容貌神情的影响，也是明显的。孔子说：“君子坦荡荡，小人长戚戚。”[③]这是讲容貌神情会受到社会性的影响。孟子说：“存乎人者，莫良于眸子。眸子不能掩其恶。胸中正，则眸子瞭焉；胸中不正，则眸子眊焉。”[④]这是讲人的眼神也会透露出人的道德的善恶。达·芬奇也说过：“容貌却真能显示一个人的性情，表露他的罪恶；面颊和口唇间之皱纹，鼻翼和鼻梁间的界纹，眼窝和眼眶的界纹能够清楚地表明其人是否常常喜笑颜开；这些纹路不显的人，必好深思；面部起伏的人则凶狠易怒、缺乏理性；双眉间纹路分明的人脾气暴躁；前额横纹清楚的人明里暗里必多愁苦”[⑤]。而这些性格特征，都是其人在社会生活中所铸成，进而在他的容貌上打下深刻的印记。

由上可知，人体美确实常常受到人的社会性的深刻影响。不过，谁要是因此便认为一个人如有丑的人体便必定在道德上、人格上也是恶的、丑的，如有美的人体则必定在道德上、人格上也是善的、美的，那就是把一粟真理淹埋在谬误的沙丘之中了。而事实上，确也有

① 马克思：《1844年经济学—哲学手稿》，人民出版社1979年版，第46页。

② 马克思：《资本论》，第1卷，人民出版社1975年版，第402页。

③ 《论语·述而篇》。

④ 《孟子·离娄章句·上》。

⑤ 《芬奇论绘画》，人民美术出版社1979年版，第175页。

人因此断言人体美有社会性，人体美的本质就在于它的社会性，人体美的规律就是社会的规律云云。这样的理论论断，是缘于直线性和片面性、死板和僵化的思维方式。

大家知道，战国时期的荀子早就指出："形相虽恶而心术善，无害为君子也；形相虽善而心术恶，无害为小人也。"就是说，在现实生活中，有的人身体容貌虽然很丑，但其人格、道德却可能是美的、善的，其丑的人体并不妨碍他作为一个具有人格美、道德善的"君子"；有的人身体容貌虽然很美，但其心术很坏，其美的人体并不能妨碍他作为一个人格上丑、道德上恶的"小人"。这当然就是说，决不能简单地依据人体的美丑来判断其道德的善恶、心术的好坏、事业的成就；人体美本身并不具有什么道德意义或社会性质。荀子还列举了大量的例子来说明这一点，譬如："帝尧长，帝舜短；文王长，周公短；仲尼长，子弓短。"这些人都算是有名的"圣贤"，可是他们有的长得身材高大，有的却长得身材矮小。荀子又举例说，西周徐偃王，那深陷的眼睛简直可以看得见他自己那过分突出的额头；孔子的面相，也显得相当凶狠；周公的身形，像一段折断的枯本；皋陶的面色，像削去了皮的瓜；西周大臣闳夭，脸上尽是鬓须，几乎看不见皮肤；商朝的傅说，是一个驼背；伊尹的脸上，不长须眉。夏禹走路不稳，像是跳着走的；商汤则半体偏枯；尧和舜，眼睛有三个瞳仁。他们的人体，都是不美的，甚或丑的，但他们在道德上是善的，在人格上是美的。荀子还举例说："古者，桀、纣长巨姣美，天下之杰也；筋力越劲，百人之敌也。然而身死国亡，为天下大僇，后世言恶，则必稽焉。"[①]桀、纣的人体可说是美的，但他们的道德、人格却是丑的。

在女性中，情况如何呢？古代的嫫母，传说是个很有贤德的女人，其容貌却很丑陋。唐代著名的美女杨玉环，历来的人对她道德、

---

① 《荀子·非相》。其中今译一段的原文为："徐偃王之状，目可瞻焉；仲尼之状，面如蒙倛；周公之状，身如断菑；皋陶之状，色如削瓜；闳夭之状，面无见肤；傅说之状，身如植鳍；伊尹之状，面无须麋。禹跳，汤偏，尧、舜参牟子。"

人格的美丑评价不一，却都肯定她的人体是美的。杜甫的《丽人行》描写杨玉环姊妹，其中说“杨花雪落覆白蘋，青鸟飞去衔红巾”，就分明影射杨玉环的三姊虢国夫人的淫乱；但对她的人体的描写呢，则是“态浓意远淑且真，肌理细腻骨肉匀”，不用说，是相当美的。

这样，我们就提出了两个方面的显著的事实。一方面，人体美往往受到人的社会性的深刻的影响；另一方面，人体的美丑与人格的美丑或道德的善恶并不都是协调一致的，而是往往有不甚一致、甚至完全相反的情况。对此，我们应当进行辩证的思考，把握它们的对立统一。实际上，根据上述两个方面的事实，我们已经可以提出以下的分析和结论。

第一，人体美与人格美都是人的美，却是人的两种不同的美。早在春秋时期，孔子就曾说：“吾未见好德如好色也。”[①]实际上，这已经清楚地谈到了人的美有德与色两个方面，都引起人们的美感。古希腊的柏拉图也曾说：“应该学会把心灵的美看得比形体的美更可珍贵，如果遇见一个美的心灵，纵然他在形体上不甚美观，也应该对他起爱慕”[②]。清人李渔也指出：“丈夫之美者，不专主于有才，而妇人之丑者，亦不尽在无色也。”[③]也就是说，男性的美不仅仅在于他的品行才具，女性的丑也不仅仅在她的容貌肌肤。无论男性或女性，品行才具和容貌肌肤都是其美的两个方面。

第二，人体美与人格美的不同，根本在于它们的本质、规律的不同。所谓本质不同，是说人体美本质上是自然的个体美，人格美在本质上却是社会的关系美。所谓规律不同，是说人体美的规律是自然的个体美的规律，人格美的规律则是社会的关系美的规律。因此，拿人体美来说，它既不等同于人格美，也不依存于社会关系。明人恽寿平说：“西子未入吴，夜来不进魏，邢夫人衣故衣，飞燕近射鸟者，当

① 《论语·子罕篇》。

② 柏拉图：《文艺对话集》，人民文学出版社1963年版，第271页。

③ 李渔：《闲情偶寄》。

不以穷约，减其丰姿；粗服乱头，愈见妍雅；罗纨不御，何伤国色？若非必踏莲华，营金屋，刻玉人，此绮艳之余波，淫靡之积习，非所拟议于藐姑之仙子、宋玉之‘东家’也。”[①]他在这里举出了好几个著名的美人，认为她们的人体的美，既不是因为入宫为妃才获得的，也不是因为显贵发达之后靠盛装丽服才具有的。事实也确实如此。譬如历来为人称颂的美人西施，她的人体的美就不是入宫为妃才获得的。王维的《西施咏》说：“艳色天下重，西施宁久微？朝为越溪女，暮作吴宫妃。”这说明，艳丽的姿色有它独立的品格，为天下的人所欣赏、所看重。而西施就是因为她有艳丽的姿色，才从越溪的浣纱女而成为吴宫妃的。作为浣纱女的西施，其肌肤容貌是美的；作为吴宫妃的西施，其肌肤容貌还是美的。她由浣纱女到吴宫妃，其社会地位、社会关系发生了重大的改变，但是她的肌肤容貌的美却没有随之而根本改变。有人曾反问道：“如果西施是真心去当妃子，如果西施在吴国长期当宫妃的话，又有什么根据能证明她的体形、体姿、体态一定不会改变呢？”[②]我们不愿意相信这位论者是故意把“根本改变”偷换为“改变”的概念，而宁愿相信这位论者说的“改变”就是指我们说的“根本改变”。那么，这位论者是要说，凡是“真心”而“长期”当妃子者，其人体美必然发生根本改变。也就是说，随着由浣纱、采薪的劳动者而变为寄生的吴宫妃，其人体美必然从根本上由美而变为丑。因此，依这位论者的意见，历来“真心”而“长期”的宫妃，就没有一个人是具有人体美的；即使她们原本有美的人体，这时也从根本上发生了改变，是定丑无疑的了。显而易见，这种意见是荒谬的。这位论者又设问说：“以西施的先天条件，如果一生下来就让她脱离人类社会关系，比如用某些童话故事的手段，把她放到狼窝中去成长，她恐怕连直立动物也成不了。如何能成为美名千古的西施？”[③]但

---

① 恽寿平：《南田画跋》。

② 《自然美能不依赖于人类吗？》，《青年评论家》1985年3月10日。

③ 同上。

是，我们不是讲童话故事，而是讲生活在现实的社会关系中的西施，她的人体的美不是由社会关系来规定的。社会关系最根本的是什么？在阶级社会中就是阶级关系。然而人体美却不由阶级关系来规定，人体的美丑不等同于革命阶级与没落阶级的判然分野。这难道需要冥思苦想才能明白吗？

美人的人体美，也不是穿上盛装丽服才具有的。就是说，人体美并不依赖于人为的装饰，这是人体美独立品格的又一个表现。当然，我们说人体美不依存于社会关系，这并不是否认人必须生活在社会关系之中，也不是否认人体美可能受到人的社会性的深刻影响，而是说人体美的本质和规律都不是社会关系。同样地，我们说人体美不依赖于人为的装饰，也不是说人根本就是不要装饰的，并不否认人为的装饰对人体美会有所损或有所益，但是，人体美的本质和规律当然不在于人为的装饰。《淮南子·修务训》说得有道理："曼颊皓齿，形夸骨佳，不待脂粉芳泽而性可说（悦）者，西施、阳文也。啳睽哆吻，籧蒢戚施，虽粉白黛黑，弗能为美者，嫫母、仳倠也……美不及西施，恶不若嫫母：此……芳泽之所施。"苏东坡有名句："欲把西湖比西子，淡妆浓抹总相宜。"达·芬奇更明白地说道："你难道看不见美人之所以吸引行人驻足，只在于容貌的美，不在于穿戴的华丽么？我这席话是向你们中喜欢用金银珠宝装饰画中人物的人而说的，你们不见美貌的青年穿戴过分反而折损了他们的美么？你不见山村妇女，穿着朴质无华的衣服反比盛装的妇女美得多么？"[①] 莱辛曾提到宙克西斯的一件轶事：有一次，宙克西斯看见他的徒弟把海伦画成满身装饰，便向他说："你画不出她的美，才画出了她的富。"[②] 这些意见，都有力地说明了人体美的独立品格。

第三，人体美和人格美会发生互相影响，而且相对来说，人格美对人体美的影响是主要的。不过，由于人体美和人格美是两种在本质

① 《芬奇论绘画》，人民美术出版社1979年版，第188页。

② 莱辛：《拉奥孔》，人民文学出版社1979年版，第117页。

和规律上都不相同的美，所以它们的相互影响都只能通过或按照对方的规律而发生作用。拿人格美对人体美的影响来说，人格美就只能通过或按照人体美的规律而发生作用。正是这个缘故，所以社会范畴的道德的善恶、人格的美丑并不必然地决定人体的美丑。车尔尼雪夫斯基曾经说："长得丑的人在某种程度上都是畸形的人。""畸形是疾病或意外之灾的结果，人在发育初期格外容易为灾病所毁损。""假如一个人生来就是驼背，这是在他初初发育时不幸的境遇的结果；但是佝偻也是一种驼背，只是程度较轻，而原因则是一样。""面部的'丑'多半不是由于表情，而是由于轮廓的本身：面部的骨骼构造不好，脆骨和筋肉在发育中多少带有畸形的烙印，这就是说，这个人的初期发育是在不顺的境遇中进行的，在这样的情形下，面部轮廓总是丑的。"[①]他的这些话就说明，身体的发育如果不正常，就会带来程度不同的畸形，人体就会是丑的。反之，身体的发育如果是正常的、完善的，其人体就会是美的了。这是有道理的。而社会性对人体美的影响，就往往要通过对身体发育的影响才能达到。

譬如说，普列汉诺夫曾指出："非洲许多部落的妇女在手上和脚上戴着铁环。富人的妻子身上戴着的这种装饰品有时候几乎有一普特重。当然，这是非常不方便的，可是不方便并不妨碍她们高兴地戴上这些被施维弗尔特称作为奴隶的锁链的东西……很明显，这里问题不在于环子的美，而在于同它一起联想起来的富的观念。"[②]按照她们的社会条件，铁环戴得越重，也就是越富有，在她们主观上看来也就越美。但是实际上，她们戴上有如锁链的沉重铁环，也就束缚了手脚的正常运动，限制了身体的正常发展，因而违背了人体美的规律，她们的人体也就会畸形发展，变得丑陋。又譬如，"在三比西河上游地区的巴托克部落那里，没有拔掉上门牙的人被认为是丑的……巴托克人拔掉自己的上门牙，是竭力想模仿反刍动物"。而"马可洛洛部落

---

① 车尔尼雪夫斯基：《生活与美学》，人民文学出版社1957年版，第9～10页。

② 普列汉诺夫：《论艺术》，三联书店1964年版，第11～12页。

的妇女在自己的上嘴唇上钻一个孔，孔里穿上一个叫作呸来来的金属或竹的大环子。有人问这个部落的一个首领，为什么妇女戴着这样的环子，他‘看来对这样愚蠢的问题感到很惊讶’，回答道：‘为了美呀！这是女人唯一的装饰。男人有胡子，女人没有。没有呸来来的女人还算个什么东西呢？’”①拔掉上门牙，或者在上嘴唇上穿孔戴环，如普列汉诺夫所说，都是一定的社会条件决定的，是一定的社会性的表现。这些做法都损害了人体健康正常的发展，违背了人体美的规律，只能导致人体的丑。

又譬如中国的封建道德，以“三从四德”要求妇女，视妇女为玩物，欣赏什么“三寸金莲”，因而妇女从小就缠脚，以小脚为美。这当然是限制妇女正常发育、违背人体美规律的，它造成妇女的畸形，损害了她们的人体美。歌德也曾指出：“……一位身体从小就被紧束胸腹的内衣所歪曲和摧残的少妇，都是使鉴赏力很好的人一看到就要作呕的，只有在庸俗人的那一套美的教条里才有地位。”②引起束胸的原因可能是社会的，但是束胸违背了人体美的规律，所以才损害了人体的美。

在古希腊，体育成为自由民的一种基本教育，原是为了当时战争的社会需要。“每个城邦都想制服和压倒别的城邦，夺取船只，征服别人或剥削别人。”“那时没有工业，不知道有战争的机器；打仗全凭肉搏。要得胜不是像现在这样把士兵训练成正确的机器，而是锻炼每个士兵的身体，使他越耐苦越好，越强壮越矫捷越好，总之要造成体格最好最持久的斗士。为了做到这一点，（公元前）八世纪时成为全希腊的榜样与推动力的斯巴达，有一个极复杂也极有效的制度。”例如，“体格有缺陷的婴儿一律处死。法律规定结婚的年龄，选择对生育最有利的时期与情况。”“青年男子一律编队，上操，过集体生活，像我们的子弟兵。一个队伍分成两个对抗的小组，互相监督，拳

① 普列汉诺夫：《论艺术》，三联书店1964年版，第12～13页。

② 《歌德谈话录》，人民文学出版社1978年版，第134页。

打足踢，睡在露天，在寒冷的攸罗塔斯河里洗澡，到野外去抢掠，只喝清水，吃得很少很坏，睡在芦苇编的床上，忍受恶劣的气候。”再有如练身场上坚持不懈的体育训练，“斯巴达连青年女子运动的时候也差不多是裸体的。”[①]这些为了战争需要而规定的制度和实行的锻炼，有许多符合人体美规律之处，因此造就了古希腊人相当完美的人体。

社会性对人体美的影响既然要通过和按照人体美的规律而发生，那么只要我们认识了人体美的规律，就可以自觉地按照人体美的规律来塑造自己的人体，这也包括正确地改造和运用社会性来促进人体美符合规律地提高。譬如社会的分工给人带来了某种智力上和身体上的畸形化，损害了人体美，而我们进行的共产主义事业也就要消灭社会的分工，使人得到全面的发展，其中也包括了让人体按照人体美的规律而得到全面发展。在当前社会主义的条件下，虽然仍然有社会的分工，但我们也可以通过全面的体育锻炼、包括参加健美运动等等，使我们的人体尽可能全面发展，提高人体美的水平。

第四，我们还要强调指出，人的美不仅仅是人体美，而且主要不是人体美。人的美主要是人格美，或者说社会美。众所周知，人是自然界长期发展的最高产物。马克思曾说：“人是自然界的一部分。”[②]恩格斯也曾指出：“我们连同我们的肉、血和头脑都是属于自然界，存在于自然界的”，我们应当“认识到自身和自然界的一致”[③]。因此，人的美有人体美的方面，人体美还是最高阶段的自然美。但是“人的本质……在其现实性上，它是一切社会关系的总和”[④]。人的本质是社会的，人的本性在于社会性。因此，人的美主要还是社会美，也即人格的美，或心灵的美，或道德的善。所谓真正的美人，首先应该是

① 丹纳：《艺术哲学》，人民文学出版社1963年版，第42～44页。

② 马克思：《1844年经济学—哲学手稿》，人民出版社1979年版，第49页。

③ 《马克思恩格斯选集》，第3卷，第518页。

④ 同上书，第1卷，第18页。

具有社会美即人格美的人。

所以，我们不仅要追求人体美，而且更要追求人格美。仅有美的人体是不够的，还应该自觉地使人体美向人格美发展。当然，追求人格美不是按照人体美的规律可以达到的，而必须按照社会美的规律才有可能实现。即是说，我们必须全身心地投入到人民的革命斗争事业中去，认清社会发展的根本规律，树立远大的革命理想，培养、陶冶共产主义的道德情操，把自己的一切献给人民，那么我们的行为就会是美的，我们的性格就会是美的，我们的事业就会是美的，总之，我们就会在为实现“四化”、为实现共产主义理想的宏伟大业中，成长为最美的一代风流。

最后，还应当指出，柏拉图早谈到过：“最美的境界”，是“心灵的优美与身体的优美谐和一致，融成一个整体”[①]。不用说，我们今天应当在新的时代高度、新的历史条件下，追求这种“最美的境界”。一方面，我们要按照个体美的规律去追求人体美。因为人体美可以为人格美的发展提供良好的基础，使我们有健全的体魄、旺盛的精力、高度的智慧，为人民建功立业、多做贡献。另一方面，我们要按照社会美的规律去追求人格美。因为人格美是人的主要的美，是人体美的最好发展，它使我们有高尚的道德情操和精神生活，使我们美的人体更闪耀出庄严而瑰丽的内在光芒。总之，我们要努力追求人格美与人体美高度和谐统一的那“最美的境界”。既然我们生活在这样一个伟大的国度和这样一个伟大的时代，我们的一切就都应当成为美的：我们的精神、道德、品质，我们的躯体、面容、姿态……

① 柏拉图：《文艺对话集》，人民文学出版社1963年版，第64页。

第七章　自然美的综合形态论

我们已经分章讨论了自然的现象美、种类美和个体美，分别探讨了各种各样的自然界事物即从无机自然物到植物和动物、到人体的美的本质和规律。现在，我们还要进一步论到自然美的综合形态。由于自然界千品万汇的具体事物总是相互联系的，所以自然美也就往往以综合的形态而实际存在。那么自然美的综合形态有些什么特点，自然美的综合形态有些什么美学意义呢？如此等等的问题，就是我们应该加以探讨和说明的。现在就自然美的综合形态分节论述如次。

第一节　自然美的综合形态的一般特征

在自然界中，客观存在着自然美的综合形态。也就是说，不同的美的自然事物往往由于一定的联系和关系而综合存在。在自然美的综合形态中，不同的美的自然事物或相互映衬、或相互对比而显得更美，其综合形态的整体也非常之美。这是自然美综合形态的首要特征。

传为唐代王维所撰的《山水论》曾说："山藉树而为衣，树藉山而为骨。树不可繁，要见山之秀丽；山不可乱，须显树之精神。"这就是说，在现实中，美的山与美的树往往处在一定的联系和关系中，山因树而愈见"秀丽"，树因山而愈显"精神"。所以王维主张，在绘画中不可不重视自然美的这种综合的存在形态。宋人郭熙又曾说："山以水为血脉，以草木为毛发，以烟云为神彩。故山得水而活，得草木而华，得烟云而秀媚。”[1]这又说明，在现实中，美的山往往与美的水、美的草木、美的烟云等等构成活生生的综合形态的自然美，而山、水、草木和烟云的美往往在这综合形态中有如珠联璧合，相映生辉。不仅美的山、水、草木、烟云可以构成自然美的综合形态，而且自然界各种各样的美的事物往往相互关联而综合存在，呈现出丰富多彩、气象万千的自然美景。譬如南朝陶弘景就曾对“山川之美”概括说：“山川之美，古来共谈。高峰入云，清流见底。两岸石壁，五色交辉。青林翠竹，四时俱备。晓雾将歇，猿鸟乱鸣。夕日欲颓，沉鳞竞跃。实是欲界之仙都。自康乐以来，未复有能与其奇者。”[2]司空图的一段话实际上也是对自然美景的一种概括。他说：“采采流水，蓬蓬远春。窈窕深谷，时见美人。碧桃满树，风日水滨。柳阴路曲，流莺比邻。”[3]总之，正如我们在现实中所见到的那样，高峰、深谷、石壁、清流、晓雾、夕日、青林翠竹、碧桃绿柳、沉鳞流莺、山猿以至美人等等，各种各样的美的自然事物，无论自然的现象美、种类美还是个体美，都往往互相关联而构成自然美的综合存在形态。

再举实际的例子来说，著名的黄山就以奇峰、怪石、奇松、云海而成为“天下奇”。清人钱谦益游黄山曾记述：“陟老人峰，悬崖多异松，负石绝出。过此以往，无树非松，无松不奇：有干大如胫而根蟠屈以亩计者；有根只寻丈而枝扶疏蔽道旁者；有循崖度壑因依于悬度者；有穿罅冗缝崩迸如侧生者；有幢幢如羽葆者；有矫矫如蛟龙者；有卧而起，起而复卧者；有横而断，断而复横者。文殊院之左，天梯之背，山形下绝，皆有松踞之，倚倾还会，与人俯仰，此尤奇也。”[4]不待说，在这种黄山的奇峰怪石与奇松构成的综合形态的自然美中，黄山因为遒劲多姿的松树而愈益显出奇峰怪石的古倔奇秀的现象美，

① 郭熙：《林泉高致》。
② 陶弘景：《答谢中书书》。
③ 司空图：《诗品》。
④ 钱谦益：《游黄山记》。

而奇峰怪石也更反衬出松树的生机蓬勃、刚劲挺拔的种类美。再说近几年新发现的风景明珠——湘西张家界，号称“峰三千，水八百”，峰峰拔地而起，削壁绝岩，独立无倚。湘西张家界群峰由石英砂岩组成，而每个峰顶都有青松傲然挺立，构成奇峰与苍松的综合形态的自然美。也恰如王维所说，这些傲立绝顶的青松愈显出三千奇峰的“秀丽”，而这些奇峰笔直挺拔的英姿又愈显出峰顶青松的“精神”，即它的生机和劲骨。

再譬如泰山的胜景“云海玉盘”、三峡的奇观“水击夔门”、山阴道上的“雪中红梅”、峨眉山中的“林海古猿”等等，都是名闻天下的综合形态的自然美。云海自有其现象的美，圆月亦自有其现象的美；而当圆月如玉盘，并泻出银辉照耀着滚滚滔滔、无边无际的云海之时，不但云海因月光的辉耀而更见壮观，而且圆月亦因壮阔的云海而更见秀美，正是相得益彰、相映生辉。长江三峡中，瞿塘峡以宏伟雄壮著称于世；瞿塘峡口，南有如银的白盐山拔地而起，北有似火的赤甲山从天而落，双峰夹江对峙，如两座擎天柱石，悬崖峭壁，危岩欲坠，形成雄伟险峻的三峡门户——夔门。巴蜀之水自千里而来，波涛汹涌，汇于门下；夺路争流，声如雷霆震怒；势撼夔门，真个倒海翻江。险峻的夔门，因磅礴的水击浪涌而愈见伟岸；沸腾的大江，因夔门的雄姿而愈显气派。而如雪中红梅，白雪的现象美因红梅而更加显得多姿多彩，红梅的种类美也因白雪而更加显出傲雪怒放、斗寒争艳的品格。至若林海古猿，林海因古猿而更见出灵秀，古猿也因林海而更见出灵性。在这些自然美的综合形态中，各种美的自然事物都有如鱼儿得水，愈显出美的品格，其美的表现更加强烈。而处在这些综合形态中的自然事物，当然是非常之美的。

进一步说，正如自然美的形成是由自然的必然所决定，自然美的综合形态的形成也同样是由自然的必然所决定。自然界万事万物的普遍联系和相互作用，是自然美的综合形态形成的客观基础。又由于自然界事物的普遍联系和相互作用集中表现为生态系统，所以自然界的生态系统往往成为自然美综合形态的基础，直接决定着自然美综合形态的面貌。这是自然美综合形态的又一个重要特征。

恩格斯说过："当我们深思熟虑地考察自然界或人类历史或我们的精神活动的时候，首先呈现在我们眼前的，是一幅由种种联系和相互作用无穷无尽地交织起来的画面，其中没有任何东西是不动的和不变的，而是一切都在运动、变化、产生和消失。"[①]列宁也指出："每个事物（现象等等）的关系不仅是多种多样的，并且是一般的、普遍的。每个事物（现象、过程等等）是和其他的每个事物联系着的。"[②]这些论述都说明自然界是各种各样自然事物相互联系、相互作用的整体。而自然美的综合形态正是由此而产生的。

譬如无机自然界就是一个由大气圈、水圈和岩石圈相互联系、相互作用的整体。太阳的热力使地面的水蒸发、升华，气态的水随大气环流升而为云、散而为雾，或行于长空，或聚于山岫。叶燮说："吾尝居泰山之下者半载，熟悉云之情状：或起于肤寸，游沦六合；或诸峰竞出，升顶即灭；或连阴数月；或食时即散；或黑如漆，或白如雪；或大如鹏翼；或乱如散鬊；或块然垂天，后无继者；或联绵纤微，相续不绝……云或有时归；或有时竟一去不归；或有时全归，或有时半归：无一同也。此天地自然之文，至工也。"[③]云的出没和形态是大自然中诸种事物相互联系、相互作用的结果。而符合现象美规律的云，也就往往与其他美的自然现象或事物构成美的综合形态，如蓝天白云、云海玉盘、云绕青山；或如黄山之云雾，变化无穷，与黄山群峰构成气象万千的综合形态的自然美。宋人郭熙甚至说："山无烟云，如春无花草。山无云则不秀。"[④]而山与云常常有密切的关联，原因之一就在于高大的山体要影响大气环流，大概再加上高大山体的

① 《马克思恩格斯选集》，第3卷，第417页。

② 列宁：《哲学笔记》，人民出版社1956年版，第209页。

③ 叶燮：《原诗·内篇（下）》。

④ 郭熙：《林泉高致》。

植被和水系的缘故。

云气凝而为雨滴、为冰雪，降到地面。降雨和冰雪融化的水，聚而为溪、为瀑、为湖、为江。宋人楼钥说："来书谓长江东流，不见其怪，瞿唐、滟滪之所迫束，而后有动心骇目之观。诚是也。然岂水之性也哉？水之性本平，彼遇风而纹，遇壑而奔。浙江之涛，蜀川之险，皆非有意于奇变，所谓湛然而平者，固自若也。"[①]所以，地面的水也由于与其他自然事物相互联系和作用而呈现出千姿百态，如绝壁飞瀑、平湖秋月、水击夔门等等。水不但"遇壑而奔"，而且能蚀高填低，特别是奔涌的激流更能对岩石泥土发生下切作用，劈山削岩，卷走碎石，泥沙俱下。这又促成了沧海桑田之变，造就了许许多多奇峡深谷。如湘西张家界正处在澧水三条支流的分水岭地带，河水长期的下切作用便形成了深切和稠密的峡谷、嶂谷地貌。所以美的山常伴美的水，形成青山绿水、深谷素湍等等综合形态的自然美。至若"长江大河，浩无畔岸，崇岩峭壁，万仞崛起"[②]，更为天下壮观了。

生物界的各种事物也是相互联系、相互作用而存在，形成一定的生物群落。一个生物群落，要发生能量的传递和营养物质的循环。绿色植物通过光合作用生产含能丰富的有机物；草食动物作为一级消费者，以植物为食，摄取能量；肉食动物则作为二级、三级消费者。于是生物通过食物链联系起来了。还有腐生生物将各种生物遗体分解为无机化合物，归还给土壤和大气，供植物重新利用，而它们本身也参加到生物群落的食物链中去。所以在生物界中，美的自然事物或现象也往往相互关联而形成自然美的综合形态。达尔文曾说："花是自然界的最美丽的产物；它们与绿叶相映而惹起注目，同时也就使它们显得美观，因此它们就可以容易地被昆虫看到。我做出这种结论，是由于看到一个不变的规律，即，风媒花从来没有华丽的花冠的。有几种植物惯于开两种花，一种是开放而有彩色的，以便吸引昆虫；一种是

① 楼钥：《答綦君更生论文书》。
② 毛滂：《上苏内翰书》。

闭合而没有彩色的，没有花蜜，从不被昆虫所访问。因此，我们可以断言，如果在地球的表面上不曾有昆虫的发展，我们的植物便不会点缀着美丽的花，而只开不美丽的花，如我们在枞树、栎树、胡桃树、梣树、茅草、菠菜、酸模、荨麻里所看到的那样，它们都由风的助力而受精。同样的论点也完全可以在果实方面应用；成熟的草莓或樱桃既悦目而又适口——桃叶卫矛的华丽颜色的果实和枸骨叶冬青树的猩红色的浆果都是美丽的东西——这是任何人所承认的。但是这种美只供吸引鸟兽之用，使得果实被吞食后，随粪泻出的种子得以散布开去。”[①] 由于这种自然的必然，所以昆虫与鲜花、鸟兽与鲜果便常常形成综合形态的自然美。譬如蝴蝶在鲜花丛中飞舞，鲜花更显出蝴蝶绚丽的色彩现象美，蝴蝶也更显出显花植物生机勃勃的种类美。“林海古猿”也是这个道理。猿猴在林中攀枝附干，食用树果，森林的繁衍也有猿猴的一份功劳。这种自然的必然使林海、古猿这两种美的自然事物发生关联，形成了相得益彰的综合形态的自然美。

生物群落与无机环境又相互联系、相互作用，构成一个自然综合体，即生态系统。以此为基础，又形成了许许多多自然美的综合形态。譬如一定的土壤、空气、水源、气候等条件适宜于植物的生长，而植物又能够保持水土，如森林，可称为“绿色水库”，还可以调节气候。因为植物能在光合作用中吸收二氧化碳，放出氧气，叶片又能吸附部分尘土、吸收部分声波，所以能净化空气、减少噪音。有些树木还能散发出一种叫做“萜烯”的物质，它对阳光具有散射作用，使大自然显得更加青翠。由于上述种种自然作用，所以有着丰茂的植被甚至森林的山区，往往山清水秀，风和日丽；或者空山鸟语，水流花放；或者鹿鸣深谷，花香四溢；或者风清气朗，鹤鸣九皋……这些都是由自然的必然所决定，是一定的生态系统所产生的。

第三，自然美的综合形态既然以一定的生态系统为基础，而生态

① 达尔文：《物种起源》，第2分册，商务印书馆1963年版，第229～230页。

系统是一个动态平衡的自然整体，并且依时间、空间的不同而不同，那么自然美的综合形态也是历史发展的，并随不同的气候、地理等条件而有不同的面貌。

恩格斯指出："如果地球是某种逐渐生成的东西，那么它现在的地质的、地理的、气候的状况，它的植物和动物，也一定是某种逐渐生成的东西，它一定不仅有在空间中互相邻近的历史，而且还有在时间上前后相继的历史。"①在大约四十五亿年前地球初初形成之时，到处是沉寂的荒野、光秃秃的岩石，唯有火山喷发、浓烟滚滚、电闪雷鸣。随着气温降低，暴雨倾盆，形成原始海洋。到三十多亿年前，才在原始海洋中出现生命。在与周围环境长期的相互作用中，生命不断繁衍进化。五亿多年前出现多种无脊椎动物，四亿年前鱼类繁盛。由于全球性地壳构造运动，山脉崛起，海域缩小，逐渐出现两栖类动物、陆生动物和植物。嗣后的发展，特别是在地质时期的新生代，才形成了地球上今天的面貌。因此，大自然当然是历史地发展的，并不是开天辟地以来始终如一的。

并且，即便在现在，大自然的面貌也不是到处一样的，其生态系统的特点也因地而异。丹纳曾说："假定你们从南方向北方出发，可以发觉进到某一地带就有某种特殊的种植，特殊的植物。先是芦荟和橘树，往后是橄榄树或葡萄藤，往后是橡树和燕麦，再过去是松树，最后是藓苔。每个区域有它特殊的作物和草木，两者跟着地域一同开始，一同告终；植物与地域相连……所谓地域不过是某种温度，湿度，某些主要形势……自然界有它的气候，气候的变化决定这种那种植物的出现。"②于是，地域、气候不同，生态系统的特点也不同。这种由南到北的纵向的变化，在高山则被垂直地竖立起来。清人钱谦益登黄山，从下向上沿途记述其景观的变化说："黄山自观音崖而上，老木揞径，寿藤昌石，青竹绿莎，蒙落摇缀，日影乍穿，飞泉忽洒，

① 《马克思恩格斯选集》，第3卷，第450页。

② 丹纳：《艺术哲学》，人民文学出版社1963年版，第8～9页。

阴沉窈窕，非复人世。”“汤寺以上，山皆直松，名材桧、榧、楩、楠，藤络莎被，幽荫荟蔚。陟老人峰，悬崖多异松，负石绝出，过此以往，无树非松，无松不奇。”[①]长白山也是如此。从山麓而往上，依次出现阔叶林、针叶林、高山矮灌丛；到海拔两千米出现无林带，进入独特的高山苔原，其中有百分之三十的植物属于极地植物；再往上，就是绝顶的终年积雪了。总之，在高山自山麓而上，犹如从南到北，生物群落和无机环境都渐次变化，其景观和地貌也渐次变化，而综合形态的自然美的面貌和特点也就各有不同了。

其实，以上所说的自然景观以及自然美综合形态从南到北、从山麓到峰顶的变化，在相当程度上是由于气候条件的变化所致。而依气候条件来看，就地球上大多数地区而言，同一地区有春夏秋冬四时景色的不同，因此，不同的季节，自然美的综合形态也会有不同的面貌和特点。然而，除了气候，地质、地理条件同样会导致自然景观、自然美综合形态的不同面貌。譬如沙漠与山地、冲积平原与石灰质熔岩地区，显然会有不同的自然景观和自然美综合形态。丹纳曾经说：“尼德兰的主要特征是‘冲积土’，就是河流把淤泥带到出口的地方，积聚为陆地。单单从‘冲积土’这个名词上就产生无数的特点构成地区的全部外形”。譬如，“那里的自然界是潮湿而肥沃的平原。那是必然的，因为河流又多又宽，有大量的腐殖土。平原上四季常青；因为那些懒洋洋的平静的江河……使空气永远滋润。你们单凭推想就能知道当地的景色：灰白的天空经常有暴雨掠过，便是晴天也像笼着轻纱一般，因为湿漉漉的泥地上飘起一阵阵稀薄的水汽，织成一个透明的天幕，一匹雪花般的绝细的纱罗，罩在一望无际，满眼青绿的大地上……”[②]我国也有学者指出：“具有雄伟险峻形象的，往往都是在地壳运动中上升比较强烈、断层比较发育的地区。如泰山、峨眉山、庐山、华山等都是被成组断层所分割而隆起的断块山。山坡陡峭，悬

① 钱谦益：《游黄山记》。

② 丹纳：《艺术哲学》，人民文学出版社1963年版，第24页。

崖壁立，尤其是节理比较发育的花岗岩山体更为突出。以奇秀取胜的武夷山、龙虎山、圭峰都是发育于红色沙砾岩上的典型的‘丹霞地形’……明朝旅行家徐霞客，不仅把奇峰异洞作为游览目标，同时还把它作为岩溶地貌的研究对象。宋朝科学家沈括游雁荡山时，亦对其奇峰巨谷的成因作了科学的解释，认为是流水侵蚀所造成的。”[①]不用说，这些不同的地质、地理条件，一定会给自然美综合形态的面貌带来重大的影响。

综上所述，在现实中确实存在着自然美的综合形态。自然美的综合形态能使美的自然事物的特征更加显豁、鲜明，具有美学的意义；它以自然界事物的普遍联系和相互作用、尤其往往直接以自然界的生态系统为客观基础，反映着自然的必然；它还是具体的、历史的、发展的，因而有着极大的丰富性。这些，就是自然美的综合形态的一般特征。

第二节　自然美的综合形态的类型

在上一节，我们讨论了自然美的综合形态的一般特征，基本的用意在于对自然美的综合形态先有一个一般性的了解，因此，不可能是很深入的。譬如说，上面讲自然美的综合形态是自然的必然决定的，这有什么美学意义呢？换句话说，自然美的综合形态与自然美的规律究竟是一个什么关系呢？这显然是一个重要的问题，上一节却没有讨论到。又譬如，上面讲自然美的综合形态有着极大的丰富性，若再加以考虑，则又会发现它的这种丰富性并不是漫无头绪、杂乱无章、不可捉摸的。那么，能否探寻到一定的特点或倾向，划分出某种类型，并作进一步的探讨呢？这似乎也是可能的。

在上一节的基础上，我们拟首先对自然美的综合形态的实际现象

① 谢凝高：《自然景观的美》，1981年2月16日《光明日报》。

进行适当的分类探讨，进而再在下一节考察自然美综合形态与自然美的规律的关系。

美的自然事物处在一定的联系和关系中，就构成自然美的综合形态。上节谈到，自然美的综合形态的面貌和特点，依地之南北、山之巅麓、寒暑四季以及地质地理的不同条件而有所不同。这里的不同，首先是美的自然事物本身的不同，即条件不同则出现的美的自然事物就不同；其次，还有一种带有美学意义的更显著的不同，就是美的自然事物之间相互关联的情况不同。在怎样的地质、地理、气候条件下，出现怎样的自然事物乃至美的自然事物，这多半是自然科学的研究能回答的，同时也与美的事物的关联情况有一定联系。但是美的自然事物的关联情况如何，这个问题则有更显著的美学意义，尤其值得我们从美学角度加以考察研究。所以，我们的考察将侧重于后者。

从实际的大量现象来看，在大自然中，美的事物的相互关联大致有两种情况。第一种情况是，在综合形态中，美的自然事物之间相互适合协调、衬托辉映。这可以称作调和型的综合形态。第二种情况是，在综合形态中，美的自然事物之间相互对立抗搏、对比强烈。这可以称作矛盾型的综合形态。自然美的这两种综合形态，相当普遍地存在于大自然中。

以我国的地域来说，南方与北方的自然景观迥然有异。一般来说，南方的自然美综合形态大体是调和型的综合形态，北方则大体是矛盾型的综合形态。金末元初人麻革曾经说："余生中条、王官、五老之下"，曾"西观太华"，东游"女几、乌权、白马诸峰。""自雁门逾代岭之北，风壤陡异，多山而阻，色往往如死灰，凡草木亦无粹容。尝切慨叹南北之分，何限此一岭，地脉遽断，绝不相属如是耶？"[①]清代的朱彝尊是浙江人，他来到山西则又有一番感触。他说："自云

① 麻革：《游龙山记》。

中（即今山西大同）历太原七百里而遥。黄沙从风，眼眯不辨川谷，桑乾、滹沱，乱水如沸汤，无浮桥、舟楫可渡；马行深淖，左右不相顾。雁门、勾注，坡陀厄隘。”①这些都与他的“故乡山水”大不相同。确实如此。在我国的新疆、青海、甘肃、宁夏、陕西、河北北部、内蒙古、辽宁、吉林、黑龙江西部境内，分布着十九亿亩沙漠戈壁，形成一条万里风沙线。李白《北风行》中有云：“烛龙栖寒门，光耀犹旦开。日月照之何不及此？唯有北风怒号天上来。燕山雪花大如席，片片吹落轩辕台。”岑参《走马川行奉送封大夫出师西征》中有诗句云：“君不见走马川行雪海边，平沙莽莽黄入天！轮台九月风夜吼，一川碎石大如斗，随风满地石乱走。”这些都描写了这条万里风沙线上的塞北风光。由于这里地处北方，气候寒冷，又多是沙漠戈壁，长期干旱，天然植物生长缓慢，而且难以形成生物群落，所以有“北风怒号天上来”、“平沙莽莽黄入天”的自然景象。再者，地处黄河中游的西北黄土高原，囊括陕、甘、宁、晋、内蒙等辽阔的地域，水土流失严重，植被稀少，土壤贫瘠，千沟万壑，荒山秃岭，常常是“黄沙从风，眼眯不辨川谷”。这样，以戈壁沙漠为主的万里风沙线和水土严重流失的辽阔的黄土高原，就形成了独特的塞外风光和北国气象。塞外北国的自然美的综合形态，一般地大都是矛盾型的综合形态。为什么这样说呢？

譬如塞外的千里戈壁，它本身是可能有现象美的。或是平沙无垠，或是沙丘起伏，也是自然界中美的形状现象；而莽莽黄沙，也有其色彩现象的美。但是，在形成自然美的综合形态时，具有现象美的戈壁与怎样的美的自然事物相关联呢？首先，对于生物来说，沙漠不能不是一个严酷的环境。这里少雨缺水、冷热多变、风沙为害，因而具有种类美的发展得充分的植物难以成活；有一种沙漠短命菊能在沙漠的雨季里迅速发芽、出叶、开花、结果，实际上这种小草在一年中

① 朱彝尊：《游晋祠记》。

只有几周的生命活动。在大漠中这种短命菊开出小小的花朵，这大漠与小花显然由一种对立抗搏的关系联结起来，是自然美的矛盾型的综合形态。又如仙人掌，在沙漠的恶劣条件下，它的叶片早退化变态为刺状，茎已经肉质化，能够贮水，形成多肉多刺的体态。它以这一身抗旱的本领在沙漠中开花、结果，与具有现象美的戈壁形成一种由对立抗搏而关联的矛盾型的自然美综合形态。在沙漠中，难以形成发达的生物群落，只在有水源的地方出现戈壁滩上的绿洲。而绿洲与沙漠也相互抗争。风沙线有如两军相搏的前沿，进退消长，相持不下，因此，美的绿洲与具有现象美的沙漠显然也是一种矛盾型的综合形态。绿洲生物群落中具有种类美的动物，如鹿，如羊，如野马，也会去沙漠中驰骋，它们与沙漠当然不是相互适合、协调的关系。在平沙无垠的大漠上空，也会有鹰隼翱翔，或者迁飞的大雁列阵经过，这里所形成的自然美的综合形态，不待说同样是矛盾型的。广阔的大漠，还可以与具有现象美的其他无机自然物相关联，构成自然美的综合形态。例如与日光月色的美，就可以综合存在。唐人王维有诗句："大漠孤烟直，长河落日圆。"这是在千里戈壁上可以看到的实际景象。沙漠上既少水分，也就没有什么雾霭，天空中也少有云阵，因此落日的光辉所蕴含的丰富的色彩少有云雾来给予生动的展开。一切都是那么清楚、那么简单，圆圆的落日与平沙无垠的大漠形成强烈的对比，显出天长地阔的巨大空间。这种对比强烈的关联，也就形成了矛盾型的综合形态。同样的道理，圆月与平沙无垠的大漠也由于一种对比的关系而联结，形成自然美的矛盾型综合形态，与江南的春江花月夜迥然有别、大异其趣。

水土流失严重的黄土高原，其自然美的综合形态往往也是矛盾型的。黄土高原上当然也有美的自然事物。例如流经黄土高原的滚滚黄河，尽管夹沙带泥，河水浑浊，但它九曲盘旋，激浪奔涌，一泻千里，是具有现象美的。再如郭熙曾称道过的"关陇之壮阔"："西北之山多浑厚"，"多堆阜盘礴，而连延不断于千里之外。介丘有顶，而迤迤拔萃于四达之野”[①]。那么，何以黄土高原的自然美综合形态就往往是矛盾型的呢？其实，黄土高原原是中华民族的摇篮，一度曾林草丰茂、山清水秀。据历史资料记载，在西周时期这里的森林覆盖率尚达百分之五十以上。可是由于人为的原因，天然的草原和森林从秦汉以来一再惨遭破坏，到解放前夕，这里的森林覆盖率仅余百分之三，黄河每年下泄泥沙竟达二十亿吨。所以自秦汉以来，黄土高原的生态平衡就严重失调，成为童山濯濯的辽阔荒原了。在这里，美的自然事物由于怎样的关联而综合存在呢？茅盾先生曾在无边无垠、坦荡如砥的黄土高原上乘车奔驰，那“几十万年前由伟大的自然力所堆积成功的黄土高原的外壳”，苍茫而沉寂，雄壮而单调；但是，在平坦的大地上却傲然挺立着三五株、甚至只是一株白杨树，这综合形态的自然美形象使茅盾先生不禁“惊奇地叫了一声”。他说：“那就是白杨树，西北极普通的一种树”，“虽在北方的风雪的压迫下却保持着倔强挺立的一种树”。“它是树中的伟丈夫”，“朴质，严肃，坚强不屈”；“它有极强的生命力，磨折不了，压迫不倒”[②]。显然，荒寂的黄土高原与挺拔的白杨树由对立抗搏的关联形成了矛盾型的自然美综合形态。高原愈荒寂就愈显出白杨的生命力；高原坦荡如砥，而白杨树则不折不挠、参天耸立，二者形成强烈的对比。同时又由此可知，黄土高原上植被稀少，生物群落是难以发达的，而具有种类美的植物不能不与高原的贫瘠、干燥、霜雪、寒风相抗搏才能生存，具有种类美的动物也不能不与食物的贫乏、严酷的气候相斗争而生活，所以形成的自然美综合形态往往是矛盾型的。另外，无机自然界本身形成的综合形态，在这里也往往是一种对比强烈的关联。譬如大河龙门就是一个突出的代表。明人薛瑄游龙门山曾记述道：“东西皆层峦危峰，横出天汉。大河自西北山峡中来，至是，山断河出，两壁俨立相望。”登高俯视，则“大河奔湍，三面临激，石峰疑若摇振。北顾巨峡，丹崖翠壁，生

① 郭熙：《林泉高致》。

② 茅盾：《白杨礼赞》，《见闻杂记》，文光书店1946年版。

云走雾，开阖明晦，倏忽万变。西则连山宛宛而去。东视大山，巍然与天浮。南望洪涛漫流，石洲沙渚，高原缺岸……渺茫出没”[①]。在这里，黄河狮吼，势撼群山；峰峦静穆，巍然屹立。在这种对立抗搏的关联中，一切都是那样强烈、那样突兀，巨峡、洪涛，连山宛宛、高原缺岸，在对比中形成了自然美的矛盾型综合形态。

当然，我国北方除了辽阔的黄土高原和万里风沙线，还有东部广大的山地、丘陵和平原，其自然美综合形态的面貌、特点又有所不同，大抵在春夏时节也不乏自然美的调和型综合形态，秋冬两季则多为矛盾型综合形态。只是这里讲的东部地区到底地处北方，气候寒冷，自然美的矛盾型综合形态毕竟较多些、较突出些，而其自然美的调和型综合形态比之江南在丰富性、生动性上还是略有逊色。譬如晋水的源头、位于太原市郊悬瓮山麓的晋祠一带的自然风光，也是山环水绕、林木掩映，向有“小江南”之称。清人朱彝尊游历来此，说道：“草香泉洌，灌木森沉，倏鱼群游，鸣鸟不已，故乡山水之胜，若或睹之。”[②]他从这里依稀仿佛地看到了他的江南故乡的美景。但比起江南美景，究竟略有逊色。北方许多风景秀丽、林木丰茂、鸟语花香之地，都号称“塞外江南”，然而张彦远仍然指出“习熟塞北，不识江南山川”。又引李嗣真的话“地处平原，阙江南之胜”[③]。元人李澄叟在论山水画时也说过“北人山水，布置拙浊，法度莽朴；以其原野旷荡，景乏委曲而然也”[④]。所以，北方，尤其是其东部的某些地区，虽也不乏自然美的调和型综合形态，但究竟不如江南那样丰富和生动。

江南的自然美综合形态，为什么往往是调和型，而且非常丰富和生动呢？因为江南多处在亚热带和温带，气候温和，雨量充足，空气

---

① 薛瑄：《游龙门记》。

② 朱彝尊：《游晋祠记》。

③ 张彦远：《历代名画记》。

④ 李澄叟：《画说》。

潮润；江南水系发达，河湖泉溪，星罗棋布，时或云蒸雾荡，时或气和风清；江南“地薄”而“水浅”，“山多奇峰峭壁”[①]、幽峡秀谷。这些都为各种各样的生物的生长、繁衍提供了有利的条件，因而江南的植被丰茂，生物群落较完备而发达，有良好的生态系统。所以，江南的景观一般都是青山叠翠、草木蓊郁、莺歌燕语、鱼跃鸢飞。譬如广东新会县城郊，有一处四面环水、面积不到十六亩的“小森林”。它实际上只是一株相传有五百年历史的水榕树。这树姿态伸展，发达的气根、须根又像一株株枝叶繁茂的大树，俨然一片小森林。它成为鸟类的乐园，不但小鸟，而且鹭鸶、大雁，都来到这里栖息，鸣啭于树枝之间，翩飞于碧水、绿叶之上。鸟粪给榕树不断施肥，使它健壮成长、根繁叶茂；榕树的枯枝败叶落入四周的水中，又给鱼类提供了饵料，使这里还成为鱼类繁盛之地。从这个例子可以见出江南生态系统的一斑。正是由于这些原因，所以江南的美的自然事物或现象往往发生互相适合、互相协调的关联，形成自然美的调和型综合形态。

宋人王质曾来到浙江吴兴的贝锦山下，徜徉于溪泊之间。他先并溪步行，只见：“溪上下色皆重碧，幽邃靖深，意若不欲流”；“长林远树，出没烟霏”；“洲汀岛屿，向背离合，青树碧蔓，交罗蒙络”；“岗重岭复，乔木苍苍”。在这里，众多的美的自然事物和现象构成了层次丰富、幽深恬静的综合形态，不但景有层次，而且色有浓淡，一切都处在相互协调、适合的关联中。王质又复引舟溪中，“自柳竹翳密间，循渠而出。又三四折，乃得大溪，一色荷花，风自两岸来，红披绿偃，摇荡葳蕤，香气勃郁”，水面“细生鳞甲”，流萤“奄忽去来”。至夜深之时，“天无一点云，星斗张明，错落水中，如珠走镜，不可收拾”[②]。在这里，自然美的综合形态真是摇曳多姿，变化无穷，大有“山重水复疑无路，柳暗花明又一村”之趣。在这层层境界中，各种美的自然事物和现象都谐和协调，形成调和型的综合形态。

---

① 郭熙：《林泉高致》。

② 王质：《游东林山水记》。

又譬如桂林山水，韩愈早以“江作青罗带，山如碧玉簪”的诗句作了动人的再现。现代作家方纪到桂林，“登叠彩山，攀明月峰，凌空一望”，也不禁道一声：“果然”！“漓江澄碧，自西北方向款款而来，直逼明月峰下，然后向东一转，穿桂林市，绕伏波山、象鼻山，向东南而去。正像一条青丝罗带，随风飘动。而周围的山峰，在阳光和雾霭的照映中，绿的碧绿，蓝的翠蓝，灰的银灰，各个浓淡有致，层次分明；正像是美人头上的装饰，清秀淡雅。”这山与水形成的综合形态，协调柔美，显然是调和型的。自然美的这种调和型综合形态，在阳朔又较之桂林还要更丰富些、更鲜明些。阳朔的山“比起桂林来，要密得多，青得多，幽得多，也静得多了。一座座的山峰，从地面上直拔了起来，陡升上去，却又互相连接，互相掩映，互相衬托着。由于阳光的照射，云彩的流动，雾霭的聚散和升降，不断变换着深浅浓淡的颜色。而且，阳朔的山，不像桂林的那样裸露着岩石，而是长满了茂密的丛林，把它遮盖得像穿上了绿色天鹅绒的裙子。这还不算，最妙的是在春天，清明前后，在那翠绿的丛林中，漫山遍野开满了血红的杜鹃。就像在绿色天鹅绒的裙子上，绣满了鲜艳的花朵。”而漓江水清得出奇，“清到不管多么深，都可以看到底；看到河底的卵石，石上的花纹，沙的闪光，沙上小虫爬过的爪痕。河底的水草，十分茂密。长长的、像蒲草一样的叶子，闪着碧绿的光，顺着水的方向向前流动。”[①]请看，这些美的自然事物和现象，形成了何等协调、和谐、优美的综合形态！

再如云南大理的蝴蝶泉，徐霞客有记云：“山麓有树大合抱，倚崖而耸立，下有泉，东向漱根窍而出，清洌可鉴。稍东，其下又有一小树，仍有一小泉，亦漱根而出，二泉汇为方丈之沼，即所溯之上流也。泉上大树，当四月初，即发花如蛱蝶，须翅栩然，与生蝶无异；又有真蝶千万，连须钩足，自树巅倒悬而下，及于泉面，缤纷络绎，

① 方纪：《桂林山水》，《人民文学》1962年7月号。

五色焕然。”[①]在这里，树倚崖而立，泉漱根而出，树花似蝶，蝶又如树花，还在潭沼中映出倒影，融成一幅绚丽、和谐的综合形态的自然美景。

江南自然美的这种调和型的综合形态，得到历来许多诗人的热情赞美。谢灵运的“池塘生春草，园柳变鸣禽”，谢朓的“余霞散成绮，澄江静如练”，王勃的“落霞与孤鹜齐飞，秋水共长天一色”，李白的“白沙留月色，绿竹助秋声”，杜甫的“舍南舍北皆春水，但见群鸥日日来”，都是写江南自然美景的有名诗句。从这些诗句中也可以知道，其所再现的美的自然事物或现象之间的关联，是互相适合、协调谐和的。刘禹锡《望洞庭》诗云：“湖光秋月两相和，潭面无风镜未磨。遥望洞庭山水翠，白银盘里一青螺。”在这里，美的自然现象之间的关系，就是“两相和”的关系；其自然美的综合形态，就是调和型的。

同样地，江南也不乏矛盾型的自然美综合形态，例如黄山、衡山、峨眉山、武夷山这些高大的山体，往往在其山麓多为调和型的自然美综合形态，在其山巅则多为矛盾型的综合形态。

江南的大山既然地处南方，其山麓就大致与江南其他地区一样，有着温暖的气候、充足的雨量。而且山麓一带，地形又复杂多变，常有幽谷深峡、奇岩秀穴，又得大山的溪流、泉水、飞瀑等水源汇注于此。所以这里适合于许多种类的生物栖息、生长，往往是林木丰茂，花草繁盛，鱼虫活跃，鸟兽来归，加之地形幽曲、溪湍泉漱，因而大山山麓一带的自然美的调和型综合形态，较之江南一般地区并不逊色，甚至还更加丰富、更加生动。但循山麓而上，景物变化便有如从南而北上，到山巅一带则风物迥异。这是因为山体高大、耸入云天，即使在盛夏登上山顶，也会有“高处不胜寒”之感。而且高大的山体影响了大气环流，山巅常有八面来风，势猛力劲。加之山巅上沃土难存，水分难蓄，又常有风霜寒雪、雷劈电击，因此在南国大山的巅顶

---

① 《徐霞客游记》。

一带，也只有能抗寒、耐旱的植物才能生长。如黄山山顶一带就只有松树独步高寒、傲立绝顶。而在与高山劲风的抗搏中，山顶一带的松树大都长得低矮，向背风的方向弯斜，形成种种奇姿异态。所以在山巅一带自然美综合形态多是矛盾型的，颇类于北国。宋人范成大于夏季游峨眉，过山半以上，便见："山高多风，木不能长，枝悉下垂。古苔如乱发，鬖鬖挂木上，垂至地，长数丈。又有塔松，状似杉而叶圆细，亦不能高，重重偃蹇如浮图，至山顶尤多。又断无鸟雀，盖山高，飞不能上。"至山顶，望"西域雪山，崔嵬刻削，凡数十百蜂。初日照之，雪色洞明，如烂银晃耀曙光中。此雪自古至今未尝消也。"[①]总之，江南的大山有着丰富的自然美综合形态，自麓至巅，往往由调和型而渐趋矛盾型。而低矮的山峦则往往没有这种明显的变化。

虽然如此，江南的大山，其自然美综合形态奇秀多变、幻化无穷，比北方到底不同。五岳中，北方的大山占了四岳。东岳泰山、中岳嵩山、西岳华山、北岳恒山，地处北方，其自然美综合形态以矛盾型为主。单从总的形势来看，泰山雄踞于一望无际的华北大平原，嵩山屹立于豫东平原西隅，华山突兀于渭河平原南侧，恒山崛起于桑干盆地南端，或雄浑，或磅礴，或险峻，拔地而起，龙盘虎踞，巍然耸立。坦荡如砥的平原与它们巍然耸立的雄姿，就已经形成自然美的因强烈对比而关联的综合形态。徐霞客曾描绘："未入关，百里外即见太华屼出云表。"[②]周叙也说："中原壤地平旷，有山亦培搂不奇崛。唯嵩山蜿蜒磅礴，骑奔云矗，绵长数十里，屹然在天地之中。诸山环列，势若星拱。"[③]这些大山位于北方，其山巅一带的高寒、劲风、干旱，更当甚于江南之山巅，所以其自然美的综合形态在山巅一带尤其是矛盾型的。不过，这些大山虽然位于北方，其山麓一带也常有调和

① 范成大：《游峨眉山记》。

② 《徐霞客游记》。

③ 周叙：《游嵩阳记》。

型的自然美综合形态。因为这些大山的山体庞大，嵩山如周叙所说“蜿蜒磅礴”、“诸山环列”、“绵长数十里”，恒山则绵延一百五十多公里，泰山的总面积达四百二十六平方公里。庞大的山体分列为群峰，或蜿蜒，或环抱，为其山麓一带阻挡了寒风；而且山麓一带又常有溪泉飞瀑，如泰山的王母泉、龙泉、中溪，华山的玉泉，都在山麓一带。因而在这些北方大山的山麓一带便往往有琴泉清溪、幽壑深林、鱼游鸟飞，美的自然事物或现象由相互适合、协调的关联而形成调和型综合形态。难怪徐霞客有“五岳归来不看山”之叹。同时他又说过：“黄山归来不看岳。”这大概是由于江南的黄山不但有远胜北方诸岳的调和型综合形态，而且其矛盾型的综合形态也更奇幻多变的缘故吧。

我们还要谈到，春夏秋冬寒暑四季对自然界的景观、进而对自然美的综合形态也有明显的影响。关于季节变化对自然景观的影响，古人已经加以重视并有相当多的论述。南朝的梁元帝萧绎，曾谈到树木“秋毛、冬骨，夏荫、春英”①。宋人韩纯全释论说：“春英者，谓叶绌而花繁也；夏荫者，谓叶密而茂盛也；秋毛者，谓叶疏而飘零也；冬骨者，谓枝枯而叶槁也。”②李成不但谈树，而且谈水。他说：“春山明媚，夏木繁阴，秋林摇落萧疏，冬树槎牙妥帖。”“春水绿而潋滟，夏津涨而渺漫，秋潦尽而澄清，寒泉涸而凝泚。”③郭熙则更谈到了四季中云烟山水的不同特征。他说：“真山水之云气，四时不同：春融怡，夏蓊郁，秋疏薄，冬黯淡。”“真山水之烟岚，四时不同：春山艳冶而如笑，夏山苍翠而如滴，秋山明净而如妆，冬山惨淡而如睡。”又说：“春山烟云连绵，人欣欣；夏山嘉木繁阴，人坦坦；秋山明净摇落，人肃肃；冬山昏霾翳塞，人寂寂。”这已经不是单纯谈山，而是谈四季中山、云、树的综合形象，并联系到人作为观赏者的主观

---

① 萧绎：《山水松石格》。

② 韩纯全：《山水纯全集》。

③ 李成：《山水诀》。

感受。他还说："水色：春绿，夏碧，秋青，冬黑。天色：春晃，夏苍，秋净，冬黯。"[①] 韩纯全实际上还论到了四季之禽鸟："若水野之间，春兼于禽鸟者，可画以燕雀、黄鹂；夏画鸂鶒、鸥、鹭；秋画征鸿、群鹜；冬宜画以落雁、鸣鸦。"[②] 这些情况，当然会影响到我们所要讨论的自然美综合形态。

一般说来，春夏二季较多调和型的自然美综合形态，秋冬二季较多矛盾型的自然美综合形态。因为春夏二季气候暖和，雨量充沛，空气潮润，适于生物的生长，所以美的自然事物之间的关联往往是互相适合、彼此协调的；秋冬二季气候转冷，干燥少雨，甚至滴水成冰，地冻三尺，生物便也或凋落、或冬眠，只有少数生物能够顶风斗寒进行积极的生命活动，所以自然美的综合形态往往是由对立抗搏的关系而形成的。当然，具体说来，也还是有一些特殊情况。譬如说江南，就有许多四季如春的地区，一年四季总是气候温和，林木丰茂，美的自然事物或现象大都发生相互适合、协调的关联，即使秋、冬也不例外。而江南的大山之巅，春天的脚步却姗姗来迟。峨眉山两千米以上的地带，要到五六月才有杜鹃花满山盛开。北方更是这样，春夏季节到得既迟，时间也短些，越往北越甚，甚至于"春风不度玉门关"。在北国的万里风沙线上，春夏所带去的调和型的自然美综合形态，就微乎其微、很不显著了。

另外，地质、地理条件对自然美的综合形态也有相当程度的影响。有的影响大些，如前面讲到的沙漠戈壁，就很难出现自然美的调和型综合形态。而隆起的高大山体，往往能够从麓至顶而有从调和型到矛盾型的分布。还有一些地质、地理条件虽然对自然美综合形态有相当的影响，却也还要与地之南北、寒暑四季等条件共同起作用，或者调和型突出些，或者矛盾型突出些。与此相类似的还有水。泉瀑溪流、江河湖泊，对于自然美的综合形态虽有相当影响，却还要与其他

① 郭熙：《林泉高致》。
② 韩纯全：《山水纯全集》。

条件综合才有一定的倾向。譬如滇池，有人说得好："在微风习习的时候，两岸垂柳轻舞，万顷晴波，平静如镜，它是柔美的；在狂风暴雨的时候，波涛汹涌，白浪滔天，有排山倒海之势，它是刚劲的。"①作为自然美综合形态，前者是调和型的，后者是矛盾型的。

总之，自然美的综合形态有调和型与矛盾型两种，依地之南北、山之巅麓、寒暑四季而分布，地质、地理条件等对其分布也发生作用。而这些条件也是互相影响的。当然，我们提出的这些条件未必全面、准确，但是作为一种探讨，希望它是有益的。

第三节　自然美的综合形态的美学意义

我们已经讨论了自然美综合形态的一般特征，并探讨了自然美综合形态的两种类型。那么，自然美综合形态究竟有什么美学意义、为什么有这些美学意义呢？

首先应当强调指出，所谓自然美的综合形态，是指美的自然事物或现象在一定的关联中的综合存在。这也就是说，自然事物或现象的综合存在并不决定自然事物或现象的美丑；决定自然事物或现象的美丑的，乃是自然美的规律，即自然的现象美、种类美和个体美的规律；而美的自然事物或现象的综合存在，则可以使自然事物或现象的美更加显豁、更加生动。这里所讲的，实际上就是自然美的综合形态与自然美的规律的关系，并且，我们只有从这个关系上才能确切地把握自然美的综合形态的美学意义。

我们不赞成黑格尔的下述见解。黑格尔曾经说："在另一意义上我们还可以说自然美，例如在对一片自然风景的观照里，摆在我们面前的……一方面只有一系列的复杂的对象和外表联系在一起的许多不同的有机的或是无机的形体，例如山峰的轮廓，蜿蜒的河流，树林，

① 洛汀：《五百里滇池》，《云南散文选》，云南人民出版社1979年版。

草棚，民房，城市，宫殿，道路，船只，天和海，谷和壑之类；另一方面在这种万象纷呈之中却现出一种愉快的动人的外在和谐，引人入胜。”① 排除掉他说的草棚、民房等社会事物，单从自然事物来看，黑格尔认为自然事物本身无美，自然事物是由于“外表”的联系并现出“外在和谐”而美的。也就是说，自然事物之间的“外在和谐”产生了自然风景的形式美。这样，自然美及其综合形态都被归结为外表形式的和谐。我们认为，这样的见解是极其狭隘的、错误的。

很明显，自然美的综合形态当然不能归结为外表形式的和谐。我们说过，自然美综合形态有调和型的，也有矛盾型的。自然美的矛盾型综合形态就未必有外表形式的和谐。黄山的奇松，有的横出于千仞绝壁，有的傲立于欲坠的危岩，其外表形式并不是和谐的，但是奇松、绝壁、危岩却是美的，它们的综合存在形态也是美的。就拿调和型的自然美综合形态来说，其中美的事物或现象的关系，也并不仅仅是外表形式的和谐，而更有内容的、实质的深刻的适合或协调。譬如春燕剪柳、鹤鸣九皋、鹿驰深林，难道仅仅有形式的和谐、而没有更深刻的内在的协调吗？如果仅仅归结为外表形式的和谐，那么就不可避免地会把春燕、鹤与鹿的美和柳树与深林的美都归结为形式的美。这不同样又是狭隘的、错误的吗？

进一步说，自然事物的美丑也不是由事物间外表形式的和谐来决定的。譬如松树，它是一种耐寒、耐旱而且枝干刚劲的植物，常常在高山恶劣的无机条件下勃然生长，往往因为高山的风雪而长得既低矮、又姿态奇特，与其他自然事物相联系时，在外表形式上有和谐的，也更有不和谐的。但是不论其外表形式的和谐与否，凡是松树都美。也就是说，松树的美不是由它与其他事物的“外在和谐”所决定的。又譬如蛇，它的皮色花纹常与周围环境、事物相近，有的碧绿，有的青黑，有的火红，单就外表形式讲，颇与周围事物和谐。但是作

① 黑格尔：《美学》，第1卷，商务印书馆1979年版，第170页。

为动物，蛇却是丑的。尽管蛇的皮可能有相当的形式美或现象美，不过作为动物来讲，其外在现象的美既相对独立，又是次要的。因而讲到蛇，它还是丑的。由此可见，事物的美不是单由事物间外表形式的和谐来决定的。

所以，并不是任何自然事物或现象的综合存在都能形成自然美的综合形态，而只有美的自然事物或现象的综合存在才能形成自然美的综合形态。不美的或丑的自然事物、现象的综合存在，它们仍然是不美的或丑的，不能形成自然美的综合形态。举例来说，坎边地角的泥窟窿是不美的，癞蛤蟆是丑的；癞蛤蟆蹲在泥窟窿里冬眠，二者就是一种综合的存在，它仍旧是不美的，而是丑的。有一种小鸟叫做鸻，它与鳄鱼有着颇为奇特的和谐关系。当鳄鱼躺在沙滩、岸边休息时，鸻飞到鳄鱼张着的大嘴里，在其齿缝间剔除食物残屑；而凶恶的鳄鱼对这位“口腔清洁工”则是任其活动、不予加害。虽然这也是一种综合存在，但鸻仍然不美，鳄鱼仍然是丑的，它们并没有形成什么自然美的综合形态。又比如说，一种美的自然事物或现象如果与另一种不美的或丑的自然事物或现象相关联而综合存在，它们也不能形成自然美的综合形态，虽然可能由于美丑的对立、对比会使美者更显其美，丑者更显其丑。举例来讲，鹰是美的动物，蛇是丑的动物；鹰从空中俯冲而下，将蛇捕获，并叼着垂死挣扎的蛇腾空而去。这是鹰与蛇的一种关联，一种综合存在。在这种斗争中，鹰更显出它的美，蛇更显出它的丑，但是它们的这种综合存在，并不是自然美的综合存在。又譬如莲荷，它出于污泥而不染，亭亭玉立，迎风吐艳。在这种综合存在中，莲荷不失其美，且更显其美；污泥不变其丑，且更显其丑。但是它们的综合形态却不是美的。

只有美的自然事物或现象相关联而综合存在，才形成自然美的综合形态。如平湖秋月、云海玉盘、青山绿水、春燕剪柳、松立云峰等等，就都是美的自然事物或现象相关联而形成的自然美综合形态。因此，自然美的综合形态不是决定自然事物或现象的美丑的东西，而只是美的自然事物或现象相互关联的综合存在。这也就是说，自然美的综合形态不能代替和取消自然美的规律，而是自然美规律在现实中的一种具体的、较为复杂而深刻的体现。自然美的综合形态的美学意义，在根本上就是由这一点所规定、从这一点而生发的。在作了上述说明之后，我们对自然美综合形态的美学意义提出以下几点并加以简要的讨论。

（一）自然美的综合形态，无论调和型的还是矛盾型的，都能加强美的事物或现象的典型性，因而使美的自然事物或现象显得更美。如前所述，自然美的本质在于自然事物的典型性，典型的自然事物或现象就是美的。而所谓典型的自然事物或现象，是指该事物或现象以其特异而突出、丰富而生动的个别性充分地体现该事物或现象的种类普遍性；具体来讲，就有典型的自然现象、典型的植物或动物种类、典型的人体个体。在自然美的综合形态中，典型的自然事物或现象，不但其个别性更加丰富和突出，而且其种类普遍性更加充分和显豁，因而典型性得到加强，显得更美。宋人许顗说："世间花卉，无逾莲花者。盖诸花皆藉暄风暖日，独莲花得意于水月。"[①]莲花与水月形成自然美的综合形态，莲花的个别性更加丰富了、更加突出了，它作为植物的种类普遍性也就更加充分而显豁，就更美了。事实上也确是如此。莲花可以出于污泥而盛开；但如果它亭亭玉立于清波之上，水月映照，就更显出莲荷的花容叶态。而且，在月光与水光相融流动之间，更有荷花的清香飘散。这些都使莲荷的个别性更丰富而生动，更充分地体现了植物的种类普遍性。莲花不仅"得意于水月"，与和风丽日也可以形成自然美的综合形态。苏轼有诗云："毕竟西湖六月中，风光不与四时同。接天莲叶无穷碧，映日荷花别样红。"又譬如春燕剪柳。燕子初来，正值江南春回，柳色一新。柳浪阵阵，临风潇洒。蹁跹轻扬的燕子，掠过疏朗柔嫩、依依袅袅的翩翩柳丝，燕子更显其

① 许顗：《彦周诗话》。

轻盈活泼，柳树更显其婆娑多姿、生机盎然。二者的个别性、普遍性都更突出，典型性更增强，就更美了。矛盾型的自然美综合形态也是这样。譬如雪中红梅。在纷纷扬扬的飞雪之中，梅树主干老健遒劲，疏枝错出横斜，未吐绿叶，便绽开满树火红的梅花。飞雪因梅之静、花之红而显得更加飘逸、洁白，红梅因雪之纷乱、酷寒而更显其风姿傲骨与盎然生气，它们的典型性都增强了，显得更美了。总之，自然美的综合形态，无论调和型还是矛盾型，美的自然事物或现象都相得益彰，显得更美。自然美综合形态之所以有这样的美学意义，是因为它符合自然美的规律，增强了自然事物或现象的典型性。

（二）自然美的综合形态作为一个整体，其内部的联系和外部的形态极其丰富，这又为人们对自然美的欣赏提供了广阔的天地，成为美感的丰富性、复杂性的重要客观依据。

在现实中，自然美的综合形态可能是两个美的自然事物或现象的综合存在，也可能是更多的美的自然事物或现象的综合存在，而且，依自然的必然，自然美的综合形态常常千变万化，层出不穷。所以古人云："从山阴道上行，山川自相映发，使人应接不暇。"[①]宋人范成大登峨眉金顶，赏峨眉宝光，也是奇景迭出，气象万千，美不胜收。先是"云平如玉地，雨点有余飞"，"有大圆光偃卧平云之上，外晕三重，每重有青、黄、红、绿之色。光之正中，虚明凝湛，观者各自见其形现于虚明之处，毫厘无隐，一如对镜"。接着，"此光既没，前山风起云驰。风云之间，复出大圆光，横亘数山，尽诸异色，合集成采，峰峦草木，皆鲜妍绚茜，不可正视"。再接着，雷洞山上"复出一光"化为"金桥"[②]。这些情况，使得欣赏自然美获得的美感有着极大的丰富性。

而且，自然美综合形态作为一个整体，形成调和型与矛盾型两种倾向。人们在欣赏这两种倾向的自然美综合形态时，其美感所伴随的

① 刘义庆：《世说新语·言语》。

② 范成大：《游峨眉山记》。

精神反应可能会有所不同。调和型的自然美综合形态，美感所伴随的大多是顺受的精神反应，即一种朦胧的悠游舒适之感，甚至进而有亲昵、爱怜等感情。如人们在欣赏春花秀草、月夜疏梅、春燕剪柳、鹿鸣林泉等等调和型的自然美综合形态时，所发生的美感便常常伴随着这种顺受的精神反应。这种精神反应与美感愉快协调一致，于是产生秀丽的美感。人们欣赏江南的自然风光时往往就是这样，原因之一或许就在江南多有调和型的自然美综合形态。当然，江南也未必都是调和型的自然美综合形态，这是前面讲过的。北国则多矛盾型的自然美综合形态。它们引起的往往是一种雄伟的美感。譬如大河龙门，黄河巨涛从三面冲击龙门山脚，声若雷霆，势撼龙门；而龙门山巍然屹立，横出天汉。欣赏者的美感往往伴随逆受的精神反应，即伴随有朦胧的紧张、压迫之感，甚而有恐怖等感情引起心理对于对象刺激的“霎时的拒抗”。当然，秀丽的美感与雄伟的美感，是一个复杂的课题，它们并不是、或者说主要不是客观对象的属性条件决定的，这里且不详论[①]。但是，自然美综合形态的调和型与矛盾型，有可能与秀丽或雄伟的美感存在一定程度的联系，是美感的丰富性、复杂性的客观依据之一。

（三）自然美综合形态的面貌和特点，与具体地区的生态系统的状态和完善程度密切联系。我们曾谈到，黄土高原的生态系统由于人为的破坏，其自然美综合形态的面貌和特点发生了很大的变化。这当然不是说，从生态系统的观点看，调和型的自然美综合形态一定比矛盾型的自然美综合形态高级、完善。因为在客观事实上，南北不同、气候不同、山之巅麓不同，也就或多为调和型的，或多为矛盾型的自然美综合形态；而从美感经验来看，这两种自然美综合形态所引起的美感往往各有特点，都可以成为人们精神生活的宝贵财富。但是，黄土高原生态系统遭到人为的破坏，使山清水秀变成了漠漠荒原、濯濯

① 参见蔡仪主编《美学原理》，湖南人民出版社1985年版第四章：美感的情绪活动与几种美感形态。

童山，却是对自然美的严重破坏，并且在自然美综合形态的面貌、特点的变化中鲜明地表现出来。从这个历史教训可以知道，自然美综合形态的历史发展和变迁可以反映一个地区生态系统的发展、自然美的发展。因此，对自然美综合形态的研究，可能为我们保护自然美、开发自然美以及美化我们的自然环境提供有益的帮助，使我们认识自然美的规律，使祖国的大地上山长青、水常绿、人更美。

余　论

我们已经对自然美的根源、本质和规律等问题进行了讨论，现在拟给予简要的总结。另外，关于自然美欣赏的美感问题，我们还没有论到。因为关于自然美的美感是属于美感论的问题，不是美论的问题，所以我们没有作专章的讨论。但是，论自然美也会要涉及到有关的美感问题，有必要加以适当的说明。现在，谨提出几个主要的意见分别说明于次。

一、关于自然美的美论的小结

自然美的根源、本质和规律等问题，在美学史上历来众说纷纭，莫衷一是，不过基本上可分为唯心主义与唯物主义的两种美学见解。唯心主义美学采取这种或那种方式否认自然美的客观存在。尽管它有时候不得不勉强地将从前门赶走的自然美又从后门放了进来，并且对自然美的规律也有某些片断的、扭曲了的反映，其中包含有一定的合理性，但是总的说来，唯心主义美学关于自然美的理论却是根本错误的。本书批判性地讨论了几种唯心主义的主要见解，指出了它们的谬误及其认识论的根源。事实确如列宁指出过的那样："它不是没有根基的，它无疑的是一朵不结果实的花，然而却是生长在活生生的、真实的、强大的、全能的、客观的、绝对的人类认识这棵活生生的树上的一朵不结果实的花。"[①]因此，我们一方面强调唯心主义美学不可

① 列宁：《哲学笔记》，人民出版社1956年版，第365页。

能科学地揭示自然美的根源、本质和规律，另一方面。对于它的某些包含合理因素的见解也并不简单地加以排斥，而是进行实事求是的分析，给予批判性的继承。

唯物主义美学肯定自然美的客观存在，并从自然事物本身中去探讨自然美的本质和规律。这是揭开自然美奥秘的唯一的科学的道路。当然，任何科学的道路都不是平坦的，任何科学的认识也都是从无开始、逐渐发展起来的。本书回顾和讨论了唯物主义美学关于自然美的理论的历史发展，肯定了唯物主义美学的先辈们不懈的理论探索和宝贵的理论贡献，同时也指出了他们的理论局限。在这个讨论中，有两点值得我们加以注意，并在这里再略作申论。

第一，唯物主义美学的自然美理论的成熟有待于人类的自然观的成熟，而人类自然观的发展是直接得之于自然科学发展及其成就的浇灌之功的。恩格斯指出：自然科学和历史研究“在古典时代的希腊人那里只占有从属的地位”，“真正的自然科学只是从十五世纪下半叶才开始”；因此，古希腊哲学的世界观“注意得更多的是运动、转变和联系，而不是什么在运动、转变和联系”，“虽然正确地把握了现象的总画面的一般性质，却不足以说明构成这幅总画面的各个细节；而我们要是不知道这些细节，就看不清总画面。”[①]所以毫不奇怪，在古希腊唯物主义哲学家那里，对自然美的认识远不是确切的和深刻的。从十五世纪下半叶开始的四百年间，随着自然科学的发展，人类“在认识自然界方面获得巨大进展”；但是，对自然界的各种过程和事物分门别类地孤立考察的方法，却“被培根和洛克从自然科学中移到哲学中”，造成了“形而上学的思维方式”[②]。因此，尽管达·芬奇、狄德罗都是多少能冲破形而上学的局限的哲人，自然科学发展的历史局限、自然观的时代局限仍使他们不能把自然美理论推进到成熟阶段。恩格斯于十九世纪末又指出，自从进化论等三大发现提出以来，“无

① 《马克思恩格斯选集》，第3卷，第417～418页。

② 同上书，第418页。

论如何，自然科学现在已发展到如此程度，以至它再不能逃避辩证法的综合了。”[①]“自然界是检验辩证法的试金石，而且我们必须说，现代自然科学为这种检验提供了极其丰富的、与日俱增的材料，并从而证明了，自然界的一切归根到底是辩证地而不是形而上学地发生的；自然界不是循着一个永远一样的不断重复的圆圈运动，而是经历着实在的历史。这里首先就应当指出达尔文，他极其有力地打击了形而上学的自然观，因为他证明了今天的整个有机界，植物和动物，因而也包括人类在内，都是延续了几百万年的发展过程的产物。”[②]这样，唯物主义美学的自然美理论的成熟，就有了科学的基础。

但是，自然科学、自然观并不能直接地产生自然美的科学理论。达尔文虽然揭示了生物界的辩证发展，并提出了若干美学的见解，却并没有对自然美的科学理论作出重大建树，其美学见解远不是周密的、广泛的，而且存在着某些混乱。不过，达尔文的美学随想还是提供了颇有参考价值的思想资料。只有马克思、恩格斯和列宁等思想巨匠，才把现代自然科学、现代的自然观提升到唯物主义的认识论和辩证法的高度，为唯物主义美学的自然美理论的成熟提供了直接的理论前提。当然，他们由于把毕生精力投入到马克思主义基本理论的建设和无产阶级革命的斗争实践，因而没有系统的美学论著。但马克思在他的政治经济学论著中曾一再顺便论及美学、论及自然美，这又为唯物主义美学的自然美理论走向成熟树立了划时代的丰碑。沿着马克思开辟的科学道路，我国美学界许多同志不懈地探讨自然美问题，取得了许多实绩。另外，前苏联的一些美学家也对唯物主义美学的自然美理论作出了贡献。

第二，虽然唯物主义美学的自然美理论已在向成熟的阶段中发展，但是人本主义对这种发展的干扰却是应当引起重视和警戒的。人本主义本来是唯物主义的不彻底的表述，但是用它来探讨自然美的根

---

① 《马克思恩格斯选集》，第3卷，第54页。

② 同上书，第420页。

源、本质和规律却不可避免地要滑到主观唯心主义道路上去。车尔尼雪夫斯基在自然美问题上陷入唯心主义，就是由于人本主义思想的影响而导致的理论倒退。不能不说这是一个发人深思的理论教训。现在，人本主义思想的影响在美学界仍有相当的市场，并且还被点缀上马克思主义的个别术语。必须指出，这种理论思潮不可能科学地揭示自然美的奥秘，即便风行于一时，也是不可能长久的。

总之，我们是在科学发展的当代水平上、在唯物主义认识论的指导下，沿着唯物主义美学的理论道路来探讨自然美问题。通过前面的讨论，我们有充足的理由和事实依据说，自然美是客观的，是自然事物本身具有的。我们现在面对着的自然界，是自然界长期运动发展的结果；自然界中美的自然现象和事物，也是自然美长期发展的产物。在自然界的历史发展中，由无机界自然物而出现植物和动物，又产生了最高级的动物——人。同时，自然事物的表现形态也从无机物和低级生物的无整体性、无定形性，进而发展到高级动植物的整体性、种类定形化即无突出的个体性，再进而发展到具有显著个体性的人体。从另一方面看，这又是一个从无机物和低级生物的以现象多变为特点的种类性与个别性相分离，发展到高级动植物的以种类定形为特点的种类性与个别性相分离，最后发展到深刻的种类性与丰富的个别性全面发展的人体的过程。于是，自然美也就从无机自然物和低级生物的现象美，发展到高级动植物的种类美，再到人体的个体美；也即从典型的自然现象，到典型的自然种类，到典型的自然个体。由此，自然的现象美的规律、种类美的规律和个体美的规律，便共同形成了自然美的规律的具体内容。而从现象美到种类美、再到个体美的发展，事物的属性条件和种属关系愈来愈趋于复杂，事物的典型性愈来愈强烈和深刻，自然美也便从低级发展到高级。因此，客观的自然美是一个有机的、运动发展的系统，现象美、种类美和个体美既是自然美系统历史发展的纵向序列，又是自然美现实系统的内部层次。它们在自然美的综合形态中也会相联系而存在，但它们的所以美、所以在综合形态中愈显其美，都是以自然美的规律为依据的。这些都说明，只有唯物主义美学才能科学地说明自然美的“‘自己运动’、内部的开展和蓬勃的生活”①，才能揭示自然美的系统性、发展性和丰富性。这正是唯物主义美学关于自然美本质、规律的理论见解的力量。当然，我们的这些理论见解也未必都是完全妥当的，但是可以相信，只要坚持实事求是的态度、坚信“自然界是检验辩证法的试金石”②，就能够不断地修正错误、不断地接近客观真理。

二、关于自然美的美感论的几点说明

1. 虽然自然美属于自然范畴、是自然界的，但是人对自然美的欣赏、在欣赏中发生的美感却属于社会范畴、是人类社会的。为什么这样说呢？

从事实来看，首先，由于人在本质上是社会的，所以人对自然美的欣赏是出于社会生活的原因。譬如，谢灵运——中国文学史上第一个大量创作山水诗的作家——曾写道：“高揖七州外，拂衣五湖里”，“遗情舍尘物，贞观丘壑美！”然而他欣赏自然美，原因还在于他的社会生活。白居易有《读谢灵运诗》云：“吾闻达士道，穷通顺冥数。通乃朝廷来，穷即江湖去。谢公才廓落，与世不相遇。壮士郁不用，须有所泄处。泄为山水诗，逸韵谐奇趣。大必笼天海，细不遗草树。岂惟玩景物，亦欲摅心素。往往即事中，未能忘兴谕。因知康乐作，不独在章句。”这就说明了谢灵运的创作山水诗和欣赏自然美，其原因在于社会生活。宋人郭熙也曾说：“君子之所以爱山水者，其旨安在？丘园养素，所常处也；泉石啸傲，所常乐也；渔樵隐逸，所常适也；猿鹤飞鸣，所常观也；尘嚣韁锁，此人情所常厌也；烟霞仙圣，此人情所常愿而不得见也。直以太平盛日，君亲之心两隆；苟洁一身

① 列宁：《哲学笔记》，人民出版社1956年版，第362页。

② 《马克思恩格斯选集》，第3卷，第420页。

出处，节义斯系。岂仁人高蹈远引，为离世绝俗之行，而必与箕颍埒素、黄绮同芳哉?”[①]这是说，欣赏自然美，或由于高蹈远引、离世绝俗，或由于君亲之心、一身节义。这当然都是由于社会生活的原因。

欣赏自然美，不仅是由于社会生活的原因，而且往往在美感中发生社会的联想，渗透欣赏者主观的社会理想、社会观点和社会情操。譬如孔子说：“知者乐水，仁者乐山。知者动，仁者静。知者乐，仁者寿。”[②]还说：“岁寒，然后知松柏之后凋也。”[③]在这些对山、水、松柏之美的审美欣赏中，显然渗透着人的社会情操。李白在诗歌中说：“为草当作兰，为木当作松。兰幽香风远，松寒不改容。”[④]这也分明显示出他在欣赏兰、松之美时，渗透着他的社会情操。

由于上面所提到的原因，所以一个时代对自然美的欣赏，往往能反映出该时代社会生活的情况。譬如古希腊的欣赏人体美，反映出当时军事化的教育制度、频繁的战争等社会情况。中国的魏晋南北朝时期对自然山水景物的审美欣赏的勃兴，也反映出当时社会的大变动、战乱的频仍、政治斗争的残酷等情况。即使是具体的个人对自然美的欣赏亦是如此。谢灵运对自然美的欣赏就能反映出当时门阀士族间严酷的斗争和谢氏家族的衰落。而柳宗元对自然美的欣赏，也能反映出中唐激烈的政治冲突、黑暗的社会现实等。当然，这些反映往往是曲折的，有时是很不明显的，但是存在这种反映，却是事实。

所以我们说，尽管自然美是属于自然范畴的，然而人对自然美的美感却有社会性、是社会的现象。这并不是说，自然美本身有什么社会性。有的美学家认为，既然欣赏自然美的美感有社会性，而这美感的社会性只能是来自于自然美本身，因此应当根据美感的社会性而推断自然美本身具有社会性。这种见解是错误的。这种见解有一个理论

---

① 郭熙：《林泉高致》。

② 《论语·雍也篇》。

③ 《论语·子罕篇》。

④ 李白：《于五松山赠南陵常赞府》。

逻辑，即认为自然美的性质决定美感的全部性质，而美感的任何性质都只能来自于自然美的性质。这种理论逻辑有一个显著的特点，这就是直线性和片面性，死板和僵化。实际上，美感的社会性（在欣赏自然美时）就是来自于作为欣赏主体的人的社会性，就是说，人的社会性决定了美感的社会性。美感现象，原本就是主观与客观的对立统一的产物；因此，美感的根本性质也应当从主客观两方面去探寻。可是，有的美学家认为美感的根本性质只能是客观对象所规定的，这不是十足的形而上学机械论吗？列宁指出过："形而上学的唯物主义的根本缺陷就是不能把辩证法应用于反映论，应用于认识的过程和发展。"[①] 显而易见，这正是有的美学家的理论逻辑的根本缺陷。而"错误的思维一旦贯彻到底，就必然要走到和它的出发点恰恰相反的地方去。"[②]

2. 人对自然美的美感是社会的，但是人对于自然美的美感在本质上又是对自然美的认识，它有着客观的内容。这就是说，对自然美的美感虽然是社会的，虽然会有社会的联想，渗透主观的社会理想和情操，但是另一方面，对自然美的美感又是对自然美的认识。而且欣赏自然美时发生的社会联想，还是以对自然美的认识为基础的，所渗透的社会理想和情操，也正是渗透在对自然美的美感认识之中的。"皮之不存，毛将焉附？"可以说，没有对自然美的认识，也无从发生社会的联想，无从渗透社会的理想和情操。换言之，人对自然美的美感既然是主观与客观相互作用、对立统一的产物，就既会有主观思想情感、理想节操的流露和寄托，又会有对客观的自然美的认识和感动，二者既相联系又相区别。

譬如，孔子欣赏松柏之美所说的"岁寒，然后知松柏之后凋也"这句话，渗透着他的社会情操；而这句话传诵千古，历来公认是道出了松柏之美的真谛。后来李白所说的"为木当作松"、"松寒不改容"，

① 列宁：《哲学笔记》，人民出版社1956年版，第364页。

② 《马克思恩格斯选集》，第3卷，第482页。

社会主义时代的陈毅所咏“大雪压青松，青松挺且直”，这些美感中包含的对松柏之美的认识是大致相同的，这就是美感中的客观内容。如果松柏本身不具有耐寒、劲节的自然品格，人们对它的认识中就不会有这方面的内容，那么在对它进行审美欣赏时就不会联想到人格的美。

当然，自然事物的现实品格原是多方面的，因而自然事物与人的关系也是多方面的。人不仅从美的观点看待自然事物，而且也从实用的观点，或者还能从主观的幻想、想像等来看待自然事物。所以人对于自然事物的精神反应、认识活动是相当复杂的。即使是对于美的自然事物，人们也可以在不发生美的认识和感动的情况下，却发生关于社会的联想，产生对事物的爱憎之情或者快感与不快感。这种情况不但在对待美的自然事物时可能发生，而且在对待不美的或丑的自然事物时也可能发生。但是很重要的一点在于，这种精神现象根本不是美感现象。譬如车尔尼雪夫斯基曾经谈到：“野蛮人或半野蛮人，除了他直接知道的人类的生活以外，不能想像别样的生活，在他看起来，树完全像人一样会说话，有感觉，有快乐也有痛苦，动物也像人一样有意识地活动着——它们也有自己的语言；它们所以不用人类的语言，只是因为它们狡黠，希望沉默比说话能给它们带来更多的好处。同样，他想像河流与岩石都是活的：岩石是一个石化了的勇士，它有感觉和思想；河流是一个女水神，水仙，水妖。西西里的地震，是由于被该岛所压倒的巨人想摆脱他身上的重压的结果。在整个自然中，野蛮人见到的都是人类似的生活，而一切自然现象，在他看来也都是人类似的生物有意识的行动的结果。”[①]所以毫不奇怪，原始人类可能把太阳当作仇敌，原始公社的人们可以把太阳当作神祇，甚至在殷商时代还为太阳祭祀，对太阳是崇拜之、敬畏之。这些情况多是从主观幻想来理解、对待自然事物，因而这里发生的社会联想也好、爱憎

① 车尔尼雪夫斯基：《生活与美学》，人民文学出版社1957年版，第26～27页。

态度也好，都还不能说成是美感。严格地说，这里就没有什么对自然美的认识和感动；如果一定要说有的话，那么这里对自然美的认识就是歪曲的、失实的，其美的感动也是不正当的。实际上，在这里正是由于原始宗教的桎梏，而使人们不能认识和欣赏自然美。

不过，随着人类社会实践的发展，人类便能逐渐地打破这种原始宗教的桎梏，先是从实用的观点、以后更逐渐用美的观点来认识和对待自然美，人类对自然美的认识也便逐渐地发展起来。所以，如普列汉诺夫讲的那样："原始的部落——例如，布什门人和澳洲土人——从不曾用花来装饰自己，虽然他们住在遍地是花的地方。"[①] 由于社会生活条件的限制，他们还不能认识和欣赏花的自然美。而我国战国时代的屈原，在《离骚》中却写道："扈江蓠与辟芷兮，纫秋兰以为佩"；"制芰荷以为衣兮，集芙蓉以为裳"。不仅以幽花香草来装饰自己，而且还"朝饮木兰之坠露兮，夕餐秋菊之落英"，"朝搴阰之木兰兮，夕揽洲之宿莽"。可见由于社会实践的发展，在屈原时代已经能够欣赏香花幽草的自然美，而且获得了深刻而强烈的美的认识和感动了。又譬如对太阳，在远古有羿射十日的神话传说[②]，这反映了原始初民与干旱进行艰苦斗争的情况。他们既把干旱的原因归到太阳太多，于是从主观的幻想、并混合实用的观点来看待太阳因而不能欣赏太阳的美。到战国时代的孟子，则能够指出："日月有明，容光必照"[③]。这说明他看到了太阳、月亮的光辉是按它自然的本性洒满寰宇的。这就既扫除了主观的幻想，又摆脱了狭隘的实用观点，而揭示了太阳、月亮的客观真实。后来更有许许多多诗人讴歌日光月辉的美，因为他们在欣赏日光月辉之美时获得了强烈的美的认识和感动。袁宏道说："湖光染翠之工，山岚设色之妙，皆在朝日始出，夕舂未下，始极其浓媚。月景尤为清绝；花态柳情，山容水意，别是一

① 普列汉诺夫：《论艺术》，三联书店1964年版，第32页。

② 参见《淮南子·本经训》：羿"上射十日"，"万民皆喜"。

③ 《孟子·尽心章句上》。

种趣味。”[①]这实际上就是说，太阳的美尤其在朝与夕，而且朝日或夕阳、或月亮还与其他美的自然事物形成自然美的综合形态，显得更美。这里对太阳、月亮的美的认识应该说是更深刻、更细微、更确切了。人类对自然美的认识，就这样在社会实践的发展的推动下，从不知到知、从知之不够确切不够深刻到知之比较确切比较深刻而不断发展。

3.对自然美的美感还有一个突出的特点，这就是：一方面，人们欣赏自然美往往一见如意、一见倾心，似乎不经过思考便获得了极大的美感愉悦；另一方面，它在根本上又是欣赏者的理智的满足、心灵的陶冶，是人的理性的精神现象。陆机曾指出：“遵四时以叹逝，瞻万物而思纷；悲落叶于劲秋，喜柔条于芳春。”[②]刘勰也说：“若夫珪璋挺其惠心，英华秀其清气，物色相召，人谁获安！是以献岁发春，悦豫之情畅；滔滔孟夏，郁陶之心凝；天高气清，阴沈之志远；霰雪无垠，矜肃之虑深”；“一叶且或迎意，虫声有足引心。况清风与明月同夜，白日与春林共朝哉！”[③]他们这些话都是说明，欣赏自然美时，一方面一见倾心、赏心悦目，另方面陶冶性情、神畅志远。而且，在欣赏中有时感性的愉悦突出些，有时还有比较明显的理性的思考，甚至要经过情悲虑深方能获得精神的愉悦。譬如从上面所引可以看出，欣赏春夏之景时偏于前者，欣赏秋冬之景则偏于后者。清人方苞游雁荡山时也曾说：“凡山川之明媚者，能使游者欣然而乐。而兹山岩深壁削，仰而观，俯而视者，严恭静正之心不觉其自动。盖至此，则万感绝，百虑冥，而吾之本心乃与天地之精神一相接焉。”[④]这又说明，欣赏山川之明媚者偏于前者，欣赏山川之险峻者偏于后者。那么，对自然美的美感的这种特点及其不同程度或倾向的体现，是如何形成

---

① 袁宏道：《晚游六桥待月记》。

② 陆机：《文赋》。

③ 刘勰：《文心雕龙·物色》。

④ 方苞：《游雁荡山记》。

的呢？

原来，美感反映客观的美、包括客观的自然美，“是要通过美的观念的中介的”[①]。所谓美的观念，是人们通过形象思维对美的自然现象或事物所获得的典型意象。它与理论思维所获得的科学概念相比，虽然都是对事物的本质的认识，但是美的观念却是形象的、生动的，并且往往是不够确定和明晰的。美的观念既来源于客观的美，因而它与客观事物的美，与客观对象的美的规律，当然是符合的、一致的。也因为它不够确定和明晰，所以在欣赏客观的美的时候，就与客观的美相符合，并由于客观的美而得到充实、明确和满足，于是既引起感官的快适，又引起心灵的喜悦[②]。

同时，既然美的观念是形象的、关于事物的本质特征的，而事物的具体形象性的条件虽然是丰富的，却也有丰富程度的不同、简单与复杂的差别，事物的本质特征虽然是深刻的，却也有深刻程度的不同、单纯与复杂的差别，那么在欣赏客观的美时，由美的观念的符合和满足而引起的美感就会有所不同。譬如与社会美、艺术美相比较，自然美相对来说，其形象性的条件和本质特征是较为单纯的，因而对自然美的美感也就往往一见如意，美的观念迅速得到满足，似乎不经思索，没有明显而复杂的理智活动。俗话说：“知人知面难知心”。又说：“路遥知马力，日久见人心。”可见即使对于一个人，其人体及其美容易认识、容易引起美感，其人格及其美就不那么容易认识，其美感也会更加复杂和深刻，有明显的理智活动。所以，对于自然美的欣赏，往往能迅速获得美感，虽是心灵的愉悦、理智的满足，却往往没有明显、复杂的理智活动。

但是，我们说自然美及其美感较为单纯，并不排斥程度上的差异。先说现象美。由于现象美较为单纯，其美感也偏于赏心悦目，如苏轼讲的那样：“惟江上之清风，与山间之明月，耳得之而为声，目

---

① 蔡仪主编：《美学原理》，湖南人民出版社1985年版，第138页。

② 参见蔡仪主编：《美学原理》，湖南人民出版社1985年版，第三章第二、三节。

遇之而成色，取之无禁，用之不竭，是造物者之无尽藏也，而吾与子之所共适。”[①]但在现象美中，也有不那么单纯的，如山之幽奇险峻者就不像山之明媚秀丽者那么单纯，所以其美感也要复杂一些。而种类美比现象美更复杂，其美感也就更复杂，理智作用更明显。至于人体美，正像罗丹所说的那样：“单是一般躯体，十分匀称、稳定、健美而有神采的躯体，就能暗示他支配世界的全能的理性。”[②]所以，其美感又比欣赏种类美的美感还要复杂些、深刻些，理智作用更明显些。总之，自然美由低级到高级发展，其事物的属性条件和种类关系就愈趋于复杂，事物的典型性也愈趋于强烈和深刻，因此，在美感方面的理智作用也愈渐显著，美的感动也愈加强烈。而总的说来，对自然美的美感一方面似乎是不经思考而一见倾心，另一方面却是心灵的愉悦、精神的满足，根本上是理性的。

关于对自然美的美感，我们就简略地谈以上这些内容。这当然是很不全面，说明得也很不充分的。但这些却是考察自然美问题所不得不涉及，因而不得不加以简要说明的。至于美感中的其他问题，以及自然事物在艺术和艺术美中的美学意义等问题，本书就不拟讨论了。

总而言之，自然美是客观的，是自然事物本身具有的。自然美的本质在于自然事物的典型性。自然美的规律是自然现象或事物的典型的规律，具体说来，包括自然的现象美的规律、种类美的规律、个体美的规律。客观的自然美引起人们的美感，但是美感的性质却非仅仅决定于客观的自然美。这就是本书的主要结论。

① 苏轼：《前赤壁赋》。

② 《罗丹艺术论》，人民美术出版社1978年版，第90页。

自然美美育论

第一章　自然美奇特的美育作用

一、富有魅力的自然美美育

人类，是自然之骄子。

自然，是我们伟大的母亲。

而且，正如一切慈厚的母亲都是她的儿女的优秀教师一样，自然母亲也无私地对我们担负起教师的神圣职责。

自然母亲的教诲有时是严厉的。她固然对我们慷慨地施予，但是，当我们懒惰的时候，她用饥饿的鞭子驱我们踏上奋斗之路；她固然给我们周到的照顾，但是，当我们只想依赖她的时候，她撤回给予的帮助，让我们不得不依靠自己的智慧；她固然乐于支持我们发展自信心，但是，当我们变得狂妄自大的时候，她突然施以惩罚，使我们重新变得谦逊……

自然母亲的教诲有时又是温馨的、充满诗意的。这就是她以千姿百态的自然之美，给我们以美的教育。这种自然美的教育，不仅使我们快目悦耳，而且使我们怡神畅志，获得极大的精神享受和丰富的思想启迪。

这有如席勒所说："审美趣味的王国是一个自由的王国——美的感性世界像道德世界一样，是最幸福的象征，在我之外的每一个美的自然物都是一个幸福的保证人，它向我呼吁：像我一样自由吧！"[①]这

① 席勒《美育书简》，中国文联出版公司1984年版，第175页。

正是自然美的美育，是自然母亲的温柔的保证和美的呼唤。

自然母亲的这种美的教育，是如此神奇地发生着作用。这种作用，用恩格斯的话来说，是伴随着“幸福的战栗”而降临的。他曾这样叙述过大海的自然美神奇的美育作用：“望一望远方的碧绿的海面，波涛汹涌翻腾，永不停息。阳光从无数闪烁的镜子中反射到你的眼里，碧绿的海水同蔚蓝的镜子般的天空和金色的太阳熔化成美妙的色彩——于是你的一切忧思，一切关于人世间的敌人及其阴谋诡计的回忆，就会烟消云散，你就会溶化在自由的无限的精神的骄傲意识中。”①

梁启超又这样说过：“人类任操何种卑下职业，任处何种烦劳境界，要之总有机会和自然之美相接触，所谓水流花放，云卷月明，美景良辰，赏心乐事。只要你在一刹那间领悟出来，可以把一天的疲劳忽然恢复，把多少时的烦恼丢在九霄云外。”②

自然美美育当然还有许多方面的作用，但仅就上面说到的情况而言，已能使人间种种正襟危坐的说教、耳提面命的劝诫、苦口婆心的开导，都为之相形见绌。所以，雄踞北国的巍巍泰山、秀甲天下的桂林山水、幽深静谧的长白山森林、雷霆万钧的黄果树大瀑布……常令我们梦驰神往，使我们不远千里、不辞辛劳地奔向这些奇境胜地，徜徉其间，乐而忘归。即使如恩格斯那样伟大的革命家也说道：“大自然是宏伟壮观的，为了从历史的运动中脱身休息一下，我总是满怀爱慕地奔向大自然。”③

因此，我们有理由说，不但客观存在着多姿多彩的自然美，而且客观存在着富有魅力的自然美美育。自然美美育对我们人类的精神生活发生着重要而奇特的影响，是值得我们重视并深入探讨的美学课题。

---

① 《马克思恩格斯论艺术》第4册，人民文学出版社1966年版，第393页。

② 《中国美学史资料选编》下，中华书局1981年版，第421页。

③ 《马克思恩格斯全集》第39卷，第63页。

事实上，人类很早就注意到、并逐步深入地研究着自然美美育。因而，关于自然美美育的思想，可以说源远而流长。

在我国，春秋末期的孔子作为一个伟大的教育家，已充分注意到自然美美育问题。在这方面，他不但有“岁寒然后知松柏之后凋也”[①]的名言，而且提出了“知者乐水，仁者乐山”[②]的精湛论点，强调自然美美育与人生道德修养的联系。后来战国时期的孟子、荀子，都对孔子的有关思想作了阐发，对后世产生了深远的影响。这一时期的庄子，又提出“原天地之美而达万物之理”[③]的思想，主张法天贵真、崇尚自然，从另一个角度探讨了自然美美育，同样对后世有着深远的影响。

在魏晋南北朝时期，对于自然美美育有了更加丰富的发现。据《世说新语》记载，“王司州至吴兴印渚中看。叹曰：‘非唯使人情开涤，亦觉日月清朗。’”王胡之这“人情开涤”之说，触及到自然美美育的情感净化功能；而“亦觉日月清朗”，又触及到自然美美育对主体审美感受力的作用。《世说新语》又记载，“王子敬云：‘从山阴道上行，山川自相映发，使人应接不暇，若秋冬之际，尤难为怀。’”这与西晋陆机所谓“遵四时以叹逝，瞻万物而思纷；悲落叶于劲秋，喜柔条于芳春”[④]，真是如出一辙，涉及到自然美美育对主体思想感情的强烈作用。南朝宗炳，在晋人王胡之“人情开涤”说的基础上更提出“畅神”[⑤]之说，强调自然美美育深刻的理性魅力。南朝的刘勰，在晋人陆机、王子敬有关思想的基础上，进一步提出“情以物迁”的论点，还提出“江山之助”[⑥]说，强调自然美美育对艺术创作的影响。仅就上述情况来说，可以见出在魏晋南北朝时期关于自然美美育的思

① 《论语·子罕》。
② 《论语·雍也》。
③ 《庄子·知北游》。
④ 陆机《文赋》。
⑤ 宗炳《画山水序》。
⑥ 刘勰《文心雕龙·物色》。

想确实有了很大的发展。

在唐代和宋代，我国山水诗和山水画相继登上艺术巅峰，咏物诗与花鸟画也有空前的繁荣。这些艺术品在一定的意义上可以视为当时自然美美育的成果，为自然美美育思想的发展提供了丰富的资料。在宋元明数代，松、竹、梅等美的自然事物被视为“岁寒三友”，周濂溪的《爱莲说》把赏花视为封建士大夫的道德修养，自然美还逐渐被某些艺术家符号化，以无根的兰草、孤危的怪石象征人格气节，透露时代情绪。这整个发展的趋向，都越来越把自然美美育作为人的精神生活不可缺少的一部分。

到了清初，自然美美育与民族情感的联系获得了强烈的理论表现。黄宗羲倡言所谓“风雷之文”。他说：“阳气在下，重阴锢之，则击而为雷；阴气在下，重阳包之，则搏而为风。”认为好的诗文应该是这种风雷之文，并且说：“其在于山，则铁壁鬼谷也；其在于水，则瀑布乱礁也；其在于声，则猿吟而鹳鹤欬且笑也。”[①]廖燕更提出“天下之最能愤者莫如山水”，“山水者，岂非吾人所当收罗于胸中而为怪奇之文章者哉？”[②]他们都是要借助于自然美美育，来激发和倾泻幽忧郁愤的民族感情。这在自然美美育的思想发展中，是一个引人注目的论点。后来的姚鼐，进而提出阳刚之美与阴柔之美，涉及到自然美美育对人的气质、才情的熏陶等更为精微的问题。

近代的梁启超，对于自然美美育作了多方面的研究，涉及到自然美美育与科学和艺术的关系、自然美美育的情感教育功能、自然美美育对人的性格和民族精神的作用等等问题，提出了不少精到的见解。而在近、现代大声倡导美育的蔡元培，对自然美美育诸多论述与强调，也很有些富有启发性的论见。

或者有人会认为，我国历来重视自然美，因而对自然美美育的重视是顺理成章的；但在西方就未必尽然了。其实，西方对于自然美美

---

① 《南雷文约》卷四《缩斋文集序》。

② 《二十七松堂集》卷四《刘五原诗集序》。

育的探讨，同样有着悠久的发展历史。诚然，西方的确有人明确地否认自然美美育的存在。例如《恶之花》的作者、被誉为十九世纪“当代的第一美学家”的波德莱尔，就明确地反对把自然视为“一切可能的善与美的基础、根源和典型”，他还说道：“只要我们肯简单地注意周围的事实……就可以看到自然对我们什么也没有教导，或几乎没有教导。自然强迫人们睡眠、饮食，有效或无效地对气候的侵袭图谋自卫。自然指使人们对同类相杀、相食、相囚禁、相虐害。只要我们脱离必然需要的领域，进入娱乐享受的境界，我们便可立刻发现自然不过是罪恶的教师……”[①]我们且不对他的这些见解加以详细的评论，却要指出他的见解是与西方重视自然美美育的传统不相容的。

事实上，早在古希腊时期，人体美的美育不但受到重视，而且得到大规模的实施。那时的哲人已经在理论上注意并探讨自然美美育。德谟克利特就指出：“身体的有力和美是青年的好处。”又说：“只有天赋很好的人能够认识并热心追求美的事物”；“追求美而不亵渎美，这种爱是正当的”。[②]而柏拉图就更加明确地肯定和提倡自然美美育，他说：“应该寻找一些有本领的艺术家，把自然的优美方面描绘出来，使我们的青年们像住在风和日暖的地带一样，四周一切都对健康有益，天天耳濡目染于优美的作品，像从一种清幽境界呼吸一阵清风，来呼吸它们的好影响，使他们不知不觉地从小就培养起对于美的爱好，并且培养起融美于心灵的习惯。”这样，他们便“可以很敏捷地看出一切艺术作品和自然界事物的丑陋，很正确地加以厌恶；但是一看到美的东西，他就会赞赏它们，很快乐地把它们吸收到心灵里，作为滋养，因此自己性格也变成高尚优美”[③]。而罗马时期的朗吉弩斯也这样论到了自然美美育：“大自然把人带到宇宙这个生命大会场里，让他不仅来观赏这全部宇宙壮观，而且还热烈地参加其中的竞赛，它

① 《西方文论选》下卷，上海译文出版社1979年版，第226页。

② 《西方美学家论美和美感》，商务印书馆1980年版，第48～49页。

③ 同上书，第17页。

就不是把人当作一种卑微的动物；从生命一开始，大自然就向我们人类心灵里灌注进去一种不可克服的永恒的爱，即对于凡是真正伟大的，比我们自己更神圣的东西的爱。”①

由上可知，在古希腊罗马时期，西方关于自然美美育的思想已有相当的发展。当然，在漫长而黑暗的中世纪，自然美美育被利用并歪曲为对上帝的皈依。直到文艺复兴的曙光在欧洲升起，经过达·芬奇等思想巨人的努力，自然美美育的探讨才逐渐得以恢复和发展。在这里，可以简单地提到十七世纪以后某些较为重要的论点。

英国的艾迪生认为："要是我们把大自然的作品和艺术的作品都看成是足以满足想像的东西，那我们就会发现，后者同前者相比是大有缺陷的；因为，虽然后者有时也会显得同样美丽或奇妙，却短少那种浩瀚和无限来为观赏者的心灵提供巨大享受……因此，我们总是发现诗人喜爱乡间生活，在那里，大自然呈现出最最完美的面貌，铺陈着最能舒畅想像的一切景色。”②后来英国著名的诗人华兹华斯，同样认为诗人的热情以自然美和田园生活为土壤。他说："人与自然根本互相适应，人的心灵能映照出自然界中最美最有趣味的东西。”"我通常都选择微贱的田园生活作题材……因为在这种生活里，人们的热情是与自然的美而永久的形式合而为一的。”③

在法国，卢梭则提出“返于自然”之说，还提出让儿童到大自然中去受教育，获得自然的快乐和个性的解放。

在德国，古典哲学的重要代表几乎都涉及到自然美美育问题。例如康德就指出："对于自然的美具有一个直接的兴趣时时是一个良善灵魂的标志，并且，假使这兴趣是习惯性的，它至少表示一种有利于道德情绪的心意情调，如果这兴趣乐于和自然的静观相结合着。”④

---

① 柏拉图《文艺对话集》，人民文学出版社1963年版，第62～63页。

② 《西方文论选》上卷，上海译文出版社1979年版，第567页。

③ 《西方文论选》下卷，上海译文出版社1979年版，第14～15页。

④ 康德《判断力批判》上卷，商务印书馆1964年版，第143页。

至于席勒，我们在上文已经引述过他的话。而黑格尔，也认为对于自然美的观照可以使主体产生一种“概念的朦胧预感”，可以获得丰富的理性收获[①]。费尔巴哈则说：“月亮、太阳和星辰都向人呼喊：认识你自己。人看见月亮、太阳和星辰，而且如同他看见它们那样看见它们，这正是人自己的本质的一个证据。动物只为生命所必需的光线所激动，人却更为最遥远的星辰的无关紧要的光线所激动。只有人，才有纯粹的、理智的、大公无私的快乐和热情——只有人，才过理论上的视觉节日。”[②]也就是说，在自然美美育中，人所获得的是理智的满足。

在俄国，车尔尼雪夫斯基提出“美是生活”的论点，他还说：“人一般地都是用所有者的眼光去看自然，他觉得大地上的美的东西总是与人生的幸福和欢乐相连的。太阳和日光之所以美得可爱，也就因为它们是自然界一切生命的源泉，同时也因为日光直接有益于人的生命机能，增进他体内器官的活动，因而也有益于我们的精神状态。”[③]显而易见，在这里与其说他是在论美的本质，不如说他在论自然美美育，在理论上和在事实上都要更合乎实际些。

通过以上简要的历史回顾，可知与我国一样，西方关于自然美美育的思想既相当丰富，又源远流长。那么可以说，前文所说的法国十九世纪的波德莱尔否认自然美美育客观存在的见解，是与整个人类的思想传统相抵触的。而就客观存在的富有魅力的自然美美育说来，整个人类的有关思想传统是包含着真理的，或多或少是正确的；而波德莱尔的见解则是违背客观真理的，是根本错误的。

当然，传统的未必就是正确的，传统也可能是谬误的，也可能在过去是正确的、在现在则是谬误的。那么，被一些人誉为“当代的第一美学家”的波德莱尔，他提出上述反传统的见解是否有时代的发展

① 黑格尔《美学》第1卷，商务印书馆1979年版，第167页。

② 《西方美学家论美和美感》，商务印书馆1980年版，第210页。

③ 同上书，第244页。

作为根据呢？换言之，自然美美育在“当代”是否真的不存在了？例如R.W.赫伯因就说道：“华兹华斯笔下的自然是人类的审美和道德的教科书。然而我们所知的二十世纪的人的典型形象就是被自然包围着的‘陌生人’，自然对他不仅毫不重要、毫无意义，而且是‘荒诞的’。”[①]这样说来，当代就不再有自然美美育存在。事实果真如此吗？我们有必要加以简略的考察。

应当看到，在西方进入现、当代以来，随着资本主义的发展，它的弊病也愈益显露，使原有的价值观念迅速崩溃，造成了极大的社会危机和精神危机。在十八世纪末，席勒就尖锐地指出：“现在，国家与教会、法律与习俗都分裂开来，享受与劳动脱节、手段与目的脱节、努力和报酬脱节。永远束缚在整体中一个孤零零的断片上，人也就把自己变成一个断片了。”[②]马克思在《1844年经济学—哲学手稿》中也指出：“人的异化劳动，从人那里把自然界异化出去；把他本身，把他自己的活动机能，把他的生命活动异化出去，从而也就把类从人那里异化出去：它把对人说来的类的生活变成维持个人生活的手段。”也就是说，异化劳动使“人被夺去了他的无机的身体即自然界”，并且“把自我活动、自由活动贬低为单纯的手段”[③]。这就是赫伯恩所谓“二十世纪的人”变成为“被自然包围着的‘陌生人’”的缘由。但是，无论是席勒，还是青年马克思，都认为这种异化现象不是永恒的，而是历史发展过程的一个阶段。即使在赫伯恩看来，他也认为今天“对自然的严重的审美危机”，“使美学放弃了对一组重要而丰富多彩的有关材料的考察”，这是“一件非常糟糕的事情”，而且说这是华兹华斯高峰后面的一个“低谷”[④]。那么，在低谷后面也可能耸起新的高峰。这就意味着，西方当代即使存在“对自然的严重的审美危

① M.李普曼编《当代美学》，光明日报出版社1986年版，第365页。

② 席勒《美育书简》，中国文联出版公司1984年版，第51页。

③ 马克思《1844年经济学—哲学手稿》，人民出版社1979年版，第49、51页。

④ M.李普曼编《当代美学》，光明日报出版社1986年版，第365～366页。

机”，也不可能摇撼自然美美育的历史传统，更不可能否认自然美美育本身，相反的，这种危机必将被历史作为陈旧的一页翻了过去。

而且，就拿所谓“被自然包围着的‘陌生人’”来说，他果真与自然美美育绝缘了吗？事实远非如此。拿这种人来说，他有说不尽的苦闷、痛苦、绝望，对于世界充满了荒诞感、孤独感、虚无感等等，但这并不意味着他与自然美美育脱尽了干系。即以尼采为例，他对西方现代主义说来是与波德莱尔同样受到膜拜的祖师，而以荒诞感、孤独感、虚无感来论，在尼采身上也是登峰造极的。不过，只要我们对他的孤独感、陌生感等等稍加考察，就不难发现与其说他对于自然界感到孤独、陌生，不如说他根本上是对社会感到孤独、陌生。尼采在《查拉图斯特拉如是说》里就曾说：“真的，我的朋友，我漫步在人中间，如同漫步在人的碎片和断肢中间！……我的目光从今天望到过去，发现比比皆是：碎片、断肢和可怕的偶然——可是没有人！”他是那么害怕孤独、渴望友谊，他说：“你神圣的，友谊！我的最高希望的第一缕晨曦……”在这里，他用对于晨曦的美感来幻想温馨的友谊，这怎能与自然美美育绝缘？另一方面，他又向往孤独、歌颂孤独，他说：“我需要孤独，就是说我需要恢复，需要回到我自己，回到自由的、轻扬的、爽朗的空气之呼吸……”在这里他说了些什么？不就是说要回到大自然去吗？因为只有到大自然中，才有“自由的、轻扬的、爽朗的空气之呼吸”；也只有自然美的美育，才能暂时抚慰他那颗孤独而痛苦的心，使他得到精神所需要的“恢复”。

所以，愈是具有孤独感、荒诞感，尼采就愈是要追求一种审美的人生，希望人生充满审美的陶醉，化成一个美丽的梦。可以注意他在《曙光》中说的这样一段话：“我们在自然中巡游，机敏又快活，为了发现并仿佛当场捕获万物固有的美；我们时而在阳光下，时而在风雨交加时，时而在朦胧微曦中，欲窥见那一段达于完美和极致的，点缀着峭岩、海湾、油橄榄树、伞松的海岸。同样，我们也应如此巡游于人中间，做他们的发现者和侦察者，显示他们的善与恶，以此展现他们固有的美，这美的展现，在一人须在阳光下，在另一人须在暴风雨中，在第三人又须在暗夜和雨天里。难道禁止把恶人当作有其粗犷线条和配光效果的原始风景来欣赏吗?”[①]我们看到，尼采用审美的眼光看待万事万物，甚至把恶人也当作原始风景来寻觅和欣赏其美。我们当然还看到，尼采对于自然美有着精深的感受和微妙的趣味，他在自然美美育中获得丰富的享受和启示。他对于恶人的欣赏正是由此得来的。

既然具有荒诞感、孤独感、虚无感如尼采这样的人，尚且如此珍视自然美美育；那么，以他为宗师的所谓当代人，恐怕同样离不开自然美美育。尽管所谓当代人有时感觉到或者自称为是被自然包围着的“陌生人”，其实这种陌生感，如前所论，根本上是对于社会的陌生感。而由社会的隔膜、荒诞使得“当代人”孤寂、悲愤、苦不堪言、面临精神崩溃危机之时，他就难免要像尼采那样呼喊：“我需要恢复，需要回到我自己，回到自由的、轻扬的、爽朗的空气之呼吸……”于是对他说来，自然美美育到底还是离不开。

所以，虽然有人一反人类的历史传统，把自然美美育否定得一干二净，但是，这种否定只是徒劳，在事实上离不开自然美美育。不过，历史发展到今天，对于自然美的审美趣味有所转移，倒是应当看到的事实。或许可以这样来试作概括，如果说过去更多地注重人与自然的一致，那么现在则更多地注意人与自然的抗争；如果说过去较多欣赏和谐的自然美，那么现在则较多欣赏不和谐的自然美；如果说过去欣赏自然美珍视赏心悦目，那么现在则珍视在欣赏时那瞬间的情绪抵拒，那伴随美感体验发生的惊惧与恐怖，那与美感相生并增的意志高昂与活力迸发。例如尼采就说：“从生存获得最大成果和最大享受的秘密是：生活在险境中！在威苏维火山旁建筑你们的城市！把你们的船只驶向未经探测的海洋！在同旗鼓相当的对手以及同你们自己的

① 《悲剧的诞生—尼采美学文选》，三联书店1986年版，第225页。

战争中生活!”在这里，以危险迫使我们自强的主题，正表露出审美趣味转移的一种走向。

不过，这种转移也不能加以绝对化。因为和谐的自然美以及所引起的赏心悦目，在现在并没有失去其魅力。如尼采就既醉心于迅雷疾风和苍茫夜色，又醉心于朦胧的晨曦和秀丽的港湾。他在《曙光》中甚至提出，把中国人请到欧洲，带去东方的思想方式和生活方式，“把亚洲的平和、宁静以及特别有益的亚洲的坚韧性，注射到不安的喧扰的欧洲的血液里去”。

另一方面，上述审美趣味的转移在人类历史上并不是第一次。实际上，凡是社会矛盾深刻而激烈的时代，都有这种类似的现象。如我国明末清初，阶级矛盾、民族矛盾空前激化，黄宗羲便倡言“风雷之文”，欣赏铁壁鬼谷、瀑布乱礁、猿吟鹤笑，从中获得自然美的美育。而尼采也把发现荒原高山之美的功绩归之于卢梭；卢梭何许人也?乃是法国十八世纪反封建的理论斗士。所以，当西方社会进入现、当代后，随着社会矛盾深化的困扰，在审美趣味上发生类似变化是不难理解的。

这样，我们便简略地考察了古今中外自然美美育思想发展的主要线索，由此了解到自然美美育是一种客观存在，不仅对古代人，而且对当代人，不仅对中国人，而且对外国人，都具有它特殊的魅力，对其精神生活发生着奇妙的影响。因此，自然美美育不但是美学科学研究的一个重要课题，而且就我们每一个人来说，也有必要对它的奥秘略加探究和略事了解。本书便以此为论题，对它的发生与深化、它的规律与作用、它的实施与条件，渐次展开较为深入的讨论。

二、自然美美育的表现和特征

如果说，在上一节我们引来了古往今来各种哲人，他们从不同的角度谈到了自然美的美育，分别涉及到自然美美育一定的表现和一定的特征，我们的脑海心田，也被他们的坐骑纵横交错地踩过了多少遍；可是，究竟什么是自然美美育？它到底有什么表现和特征？他们的意见虽然丰富多样，却又是零碎的、分歧的，教我们无所适从。因此，我们有必要对自然美美育的表现和特征作一个简要的讨论和综合，以便对自然美美育获得一个较为清晰而完整的概念。

自然美美育是自然的　同时主要又是社会的

我们说自然美美育首先有自然的一面，是因为自然美美育的根源首先是自然的。换句话说，自然美美育的根源首先在于自然美。如果没有自然的美，即如果没有日月星辰的美、云霞虹霓的美、山石江海的美、珍珠玛瑙的美、花虫草树的美、走兽飞禽的美以及我们的人体美，那么，也就没有什么自然美美育可言。所以要获得自然美的美育，就要和大自然接触，或者投向大自然的怀抱中去。南朝谢灵运在诗中写道："高揖七州外，拂衣五湖里"，"遗情舍尘物，贞观丘壑美！"他是离开了城市，来到自然山水之中，而获得自然美美育的。荡舟于长江的苏轼在《前赤壁赋》中说："惟江上之清风与山间之明月，耳得之而为声，目遇之而成色，取之无禁，用之不竭，是造物者之无尽藏也，而吾与子之所共适。"这就是说，自然美是大自然无尽的宝藏，是人们美感赏受的无尽的源泉。

自然美美育有自然的一面，还因为自然美美育常常使我们感到与大自然和谐一致，觉得自己融化在大自然的伟大与无限之中。谢灵运在诗中描写过这种感受，他说："昏旦变气候，山水含清晖。清晖能娱人，游子澹忘归。"这种感受并不陌生，我们自己不也曾在自然美的欣赏中，被一种清新的愉悦、舒心的淡泊所陶醉，忘记了俗务、忘记了自己，只觉得自己与大自然浑成一片吗？这就如李白《独坐敬亭山》所写的："众鸟高飞尽，孤云独去闲。相看两不厌，只有敬亭山。"在西方，甚至中世纪初期基督教神学的代表人物圣·奥古斯丁，也在《忏悔录》中说："人们到外边，欣赏高山、大海、汹涌的河流和广阔的重洋，以及日月星辰的运行，这时他们会忘掉了自己。”

不过，自然美美育虽有自然的一面，却又有社会的一面。就自然美美育发生的根源来说，不但要有客观的自然美，而且要有作为审美主体的人，自然美美育是在人与自然美的审美关系上发生的。清人叶燮说：“凡物之美者，盈天地间皆是也，然必待人之神明才慧而见。而神明才慧本天地间之所共有，非一人别有所独受而能自异也。”[①]这是说，自然美的发现要依赖于人的审美。我们还要进一步说，对自然美的美感更要依赖于人的审美；从而，通过对自然美的美感而发生教育——即自然美美育，当然也依赖于人的审美。而人在根本上是社会的人，于是自然美美育便又有社会的一面，不能不带有社会性。这是从自然美美育发生的根源来概言之的。

从自然美美育的性质来说，则不但有自然性，而主要的却是社会性。因为自然美美育终究是一种精神现象，所以，人的社会本性不能不发生重大的影响。即使是在自然美美育中，主体感觉与大自然和谐一致，那明里暗里也伴随着主体与社会的关系的对比，自觉或不自觉地引起主体对自己与社会的关系的调整。即使是在自然美美育中，主体深刻地认识着自然的必然并为之感动，这认识也难免引起社会的联想，这感动也难免会渗透主体的社会情绪和社会理想。而且像柏拉图说的那样，主体对自然美的赞赏，会“很快乐地把它们吸收到心灵里，作为滋养，因此自己性格也变成高尚优美”。这样，自然美美育便具有对社会的人陶冶道德情操的功能。所以从性质上说来，自然美美育虽有自然性，但主要的还是社会性。当然，作为自然范畴的自然美如何达到了社会的自然美美育，此中的奥妙还有待于后文作进一步的讨论。

自然美美育既是感性的　在根本上又是理性的

如前所说，自然美美育是主体在欣赏自然美时通过美感而获得的

---

① 叶燮《已畦文集》卷九《集唐诗序》。

教育。而任何教育，在根本上都是理性的。但是，自然美美育有其特异之处，即它作为教育却表现出强烈的感性特征，有时甚至使人能忽略了它在根本上带来的理性的教益。

譬如晋人王羲之在《兰亭集序》中曾说："是日也，天朗气清，惠风和畅。仰视宇宙之大，俯察品类之盛，所以游目骋怀，足以极视听之娱，信可乐也。"他所获得的美感赏受，突出的是"足以极视听之娱"，即悦目悦耳之乐。晋人陶渊明在《杂诗·其一》中写道："采菊东篱下，悠然见南山。山气日夕佳，飞鸟相与还。此中有真意，欲辨已忘言。"陶渊明在这里感到了心灵的愉悦，甚至感受到寓于自然美景中的"真意"，但是，想要把这种"真意"说出来，却忘记了自己想说的到底是什么。可见其心灵的愉悦虽然是鲜明的，但理性收获的内容却缺乏清晰的意识反省。

至于青年男女之间，对于人体美的对象往往更是来不及思考便一见钟情，似乎未经意识的作用便一见倾心，并伴随着发生特别强烈而复杂的生理和心理效应。譬如唐人皇甫枚《三水小牍》所写，赵象一见到飞烟，立刻便"神气俱丧，废食忘寐"。在王实甫《西厢记》里，张生一见到莺莺，也是立刻便"眼花缭乱口难言，魂灵儿飞半天"。西方阿克琉斯·泰洽斯的《琉席贝与克利多封》，在描写青年男女的一见钟情时，还由男主角自叙了当时的感受，说是："我一见她，我马上就完了"，"各种感觉掺和在我胸中。我又是钦慕，又是痴呆，又怕，又羞，又是不识羞。她的相貌使我钦慕，她的美使我痴呆，我心跳可知是害怕，我不识羞的光着眼睛看她，可是给人瞧见时我又害羞"。难怪西方青年男女的一见钟情，说成是中了爱神厄洛斯的金箭。中箭，当然是快捷疾速的，能在一刹那间便立刻引起中箭者的生理和心理效应的。

自然美美育引起的这种强烈而复杂的生理和心理效应，突出的是感官的快适、感情的快乐。而且，由于事前往往未经深思，当事又往往来不及深思，事后还往往缺乏清晰的意识反省，所以表现出似乎未经意识作用便突然爆发美感，其美感教育的内容不甚明确的特点。这似乎是自然美美育的一个短处。因此，我们看到有人对自然美美育颇感困惑和怀疑，他们问道：你看见一片青山，或者看见一泓绿水，能受到什么教育？你听见一声猿吟，或者听见一阵雁鸣，能受到什么教育？在他们看来，在这里，人的感情波动或者是有的，但是说不上获得了什么教育。这个问题需要详加讨论，但首先应该指出的，是他们并不真正了解自然美美育的特点。因为自然美美育引起的生理和心理效应，却又是以心灵的愉悦、精神的满足为基础的，因而在根本上是理性的。所以，尽管人们不把欣赏自然美当作苦心受教，而把欣赏自然美当作赏心乐事，但在他们很快乐地去倾心赏美之时，却能在不知不觉中受到潜移默化的哺育，得到美对心灵的滋养。这也就是获得了自然美的美育。对此，后文有必要详加阐述。这样说来，如果说一般的教育形式需要受教育者正襟危坐、苦心受教，那么，自然美美育却能叫人在倾心赏美中乐于受教了。虽然自然美美育并不能代替其他教育形式，但这一点应该说是它的一个长处吧。

当然，也有许多人在自然美美育中常常激起丰富的联想和想像，如古人所说，“形在江海之上，心存魏阙之下”，思想的骏马插上翅膀翩飞于广阔的社会、人生，这又有明显而自觉的意识活动和理性反省。这种情况显然充分地表明了自然美美育的理性性质。不过，就表现形式而言，这种情况比之上面所说的较为单纯的自然美美育要复杂得多，可以说是一种经过深化的自然美美育形式。对此，我们也将在后文作专题讨论。

自然美美育既是非功利的　又是功利的

我们还要从功利性的角度来考察自然美美育的表现和特征。一般的教育，无论从个人还是从社会说来，总有功利的考虑，有功利性。但是，自然美美育因为是通过对自然美的美感而获得教育，却首先有非功利的一面。

前面说过，自然美美育是在人对自然的审美关系上发生的。这种关系，不同于人与自然的功利关系。譬如鲜花，它可以结出果实来，人可以食用这果实，以维持自己的生命。这是人与鲜花之间的一种功利的关系。而鲜花又有美丽的光泽色彩和形状姿态，还是植物蓬勃旺盛的生命力的突出体现，人可以欣赏它而获得心灵的愉悦、精神的满足。这却是人对鲜花的一种审美的关系。自然美美育首先是在这种审美关系上发生的。所以，我们在春天看见漫山遍野的绚丽山花，心中油然而生美感，就未必还会同时想到它们将来会变成果实，我们只要一弯腰，俯拾即是，可以大享口福。而如果我们真的只从或首先从功利的关系去看山花，恐怕就会想到它们的果实可能酸涩难咽，也可能含有毒汁，对于山花的美感就难以发生了。因而蔡元培曾说："植物之花，所以成实也，而吾人赏花，绝非作果实可食之想。善歌之鸟，恒非食品，烂烂之蛇，多含毒液。而以审美之观念对之，其价值自若。美色，人之所好也，对希腊之裸像，决不敢作龙阳之想。"[①]这最后一句说的是艺术，但道理却是一样的，即：对于现实的美的人体，观者如果只想着满足性欲的功利观念，那美感是很难发生的。由上可知，自然美美育的发生确有它非功利的一面；而对美的自然物在功利感上过于强烈，就有可能破坏美感，也就谈不上自然美美育了。

不过，自然美美育还有其功利性的一面。从自然美美育的发生来说，由于美的自然物同时又是现实的自然事物，所以人与自然的审美关系和功利关系不可能截然割断，于是人对自然美的美感就难免伴随着发生人对自然事物的功利感。在一定的条件下，这种功利感并不排斥和压倒美感，倒可能增强或突出美感，从而影响到自然美美育的功能和力量。进一步从自然美美育的结果来说，它当然是对人的精神生活有益、有利的。那么，当人自觉地进行自然美美育，或当社会积极地实施自然美美育时，可以说，自然美美育在整体上就有了功利性。

---

① 《中国美学史资料选编》下，中华书局1981年版，第461页。

自然美美育就是这样，既有非功利性，又有功利性。这二者的矛盾统一使自然美美育衍化出许多奇特表现和奇妙效力。即以古希腊关于人体美的美育来说，就是一个很好的例证。古希腊将人体美的美育与体育结合，青年人大半时间都在练身场上，裸体从事各种各样体育锻炼，连青年女子在运动时也几乎是裸体的。他们把赤露的肌肉练得又强壮又柔韧，参加各种盛大的运动会；面对掌声雷动的观众，他们裸体从事角斗、赛跑、拳击、竞走、赛车、掷铁饼等角逐。各项运动的优胜者，在运动会以及回到本乡，都获得种种莫大的荣誉。据材料记载，有个叫作提阿哥拉斯的人，他的两个儿子在运动会上同日得奖，抬着他在观众面前欢庆胜利。观众们认为这样大的福气非世间凡人所能消受，对他嚷道："提阿哥拉斯，你可以死了！无论怎么样，你总不能变做神道啊。"提阿哥拉斯激动得喘不过气来，果然死在两个儿子的怀抱里。在希腊人眼中，一个人的儿子能有全希腊最结实的拳头和最轻快的双腿，便是享尽了人间福分。这说明当时的希腊人对完美的肉体的崇拜达到了何等的地步。他们克服了其他民族以裸体为羞的羞耻心，不怕在神的前面和庄严的典礼中展露完美的人体。而他们对人体美的美感，也不被性欲、占有欲所扰乱和压抑。他们的人体美美育可以说相当纯粹，在相当程度上表现出了非功利性。但是另一方面，那些参加锻炼、追求人体美的青年男女，事实上又都有着强烈的荣誉感。而且，这种人体美美育作为当时教育的一种形式，原是为了把青年培养成身体最结实、最轻灵、最健美的勇敢战士，是为当时征服别的城邦的战争需要服务的。所以，古希腊相当纯粹而非功利的人体美美育，实际上又有着强烈的功利性。

自然美美育既是个人的　同时又是普遍的

自然美美育是个人的，是说它直接作用于个人，并依个人的不同而有一定程度的差异性。自然美美育是每个个人通过自己亲身的审美体验去接受的，别人既无法替代他，别人也难以勉强他。对于一个从未见过大海的人，无论你把大海说得怎样天花乱坠，他可以获得关于大海的知识、激起对于大海的好奇感，却无法获得大海自然美的美育。而要获得这种美育，他就得亲自来到大海之滨，或者乘船航行于大海之上，通过自己切身的审美体验去得到它。即使同样观赏大海，不同的人所获得的自然美美育也不尽相同。有的人可能陶醉于大海的壮丽雄浑，获得对道德情操的陶冶；有的人可能想起自己生活中的不幸和痛苦，望着大海，双眼噙着泪花，心里得到愉悦的抚慰；有的人可能全神贯注于大海光色明暗的变幻、形象姿态的变化、远处海面的静穆与近处浪花的欢腾，得到一种形式美的熏陶；也有的人可能惊惧于大海的巨大与无限，心理上难以承受这强大的压力，难以进入审美心境，很少获得美的感受。所以，对于同一处名山胜水，有的人喜其晴，有的人喜其阴，有的人更喜其狂风暴雨。这是由于他们获得自然美美育具有不同的个人独特性的缘故。而宋人周敦颐在《爱莲说》中这样讲道："菊，花之隐逸者也；牡丹，花之富贵者也；莲，花之君子也。"他又说："晋陶渊明独爱菊，自李唐来，世人盛爱牡丹，予独爱莲之出淤泥而不染，濯清涟而不妖，中通外直，不蔓不枝，香近益清，亭亭静植，可远观与不可亵玩焉。"同样是赏花，周敦颐强调了他个人赏花以及获得美感教育的独特性。

所以，自然美美育与个人相联系，或者说是个人的。自然美美育的这个特点表明了它作为一种特殊教育形式的独特性，即它是一种需要充分发挥个人能动性的自我教育形式。一般的教育形式，虽然也需要发挥受教育者的能动性，但不像自然美美育这样突出。因为一般的教育形式，是教师教、学生学，教师是知识和思想的传授者，又是课堂的组织者。所以，有比喻说，教师好比蜡烛，照亮了别人而毁灭了自己。因而教师的能动性特别重要，学生的能动性在相当程度上是由教师的能动性调动起来的。可是在自然美美育中，自然美固然具有魅力、感召力，却不像严格意义的教师那样耐心细致、苦口婆心、耳提面命、循循善诱。自然美依据自然的必然而存在，你是否欣赏它，是否从它那里得到美育，都无关于它的存在。而要从自然美那里获得美育，得你自己接近它、观赏它，依靠你自己的能动性去品味它。所获得的美育成果，别人虽然可以启发你，却不能替代你、勉强你，根本是由你自己去感受、去体验、去攫取的。所以，自然美美育特别需要充分发挥个人能动性，是一种颇为独特的自我教育形式。

虽然如此，自然美美育又是普遍的。就是说，尽管自然美美育与个人相联系，却不是只与某一特殊个人相联系，而是与每个个人相联系。所以，在自然美美育的个体性中即寓有它的普遍性。即便是同一自然美的美育依接受者的不同而不尽一致，然而在不尽一致的美育内容中，也有大致一致之处。因为自然美美育终归以自然美对象为基础，对于同一自然美对象不同的个人可能在观赏、认识上重点或侧面虽有所不同，但究竟是同一对象的各种侧面，不能不具有联系或相通之处。所以，大海的自然美美育对不同的人虽不尽一致，但这些不同的内容却都与大海的伟大、雄浑相联系。从另一方面来说，自然美美育又取决于主体条件。主体条件虽然因人而异，但同一社会、同一时代的不同主体终归也有相通之处。由此自然美美育也会发生普遍性的表现。从自然美美育的这种普遍性，又产生了社会实施自然美美育的可能与必要。只要我们辩证地把握自然美美育的个人独特性与普遍性的区别和联系，无论个人或社会，都可能更好地理解和实施自然美美育。

自然美美育既是时代的　又是永恒的

自然美美育原是在人对自然的审美关系上发生的。因此，虽然自然美属于自然界范畴，但是，自然美是否成为人们的审美对象并发生美育作用，或者说，人们欣赏怎样的自然美和进行怎样的自然美美育，却是社会的、历史的现象，与时代的特征及发展相联系。即是说，自然美美育具有时代性。

譬如对于太阳的美，在原始时代的人们就难以欣赏并获得美感教育。因为那时的生产力十分低下，不但要依赖于自然力，而且不了解自然的规律，于是把自然力意识化、神化。在这种原始的自然崇拜的观念下，谷物丰收使人们欢乐，并想到这是太阳的恩惠，对它顶礼膜拜。然而遭受旱灾，为饥渴所苦，也难免把太阳视若仇敌，或者要想像出后羿那样的射日英雄，或者要反省到自己做了什么得罪于神祇的事，是需要向太阳谢罪，献上祭品讨好的。因而，领悟太阳的自然美并获得其美感教育，在那时很难说得上。而当人们逐渐认识了自然规律，学会利用和驾驭自然力，在这个过程中，才逐渐超越功利关系而从审美关系上观赏太阳的美，逐渐获得其自然美的美育。

对于自然山水美的情况，同样表现出时代性。如我国对自然山水美的欣赏及其美育，较为普遍地发生是在魏晋南北朝时期开始的。其重要原因之一，是当时庄园经济的兴起和发展。但是在欧洲中世纪，由于基督教神学的统治，自然山水被意识当作魔鬼出没的罪恶渊薮，因而不能欣赏它们的美和获得其美感教育。又如泰勒在《比利牛斯山游记》中有这样一段话："对于十七世纪的人们，再没有什么比真正的山更不美的了。它在他们心里唤起了许多不愉快的观念。刚刚经历了内战和半野蛮状态的时代的人们，只要一看见这种风景，就想起挨饿，想起在雨中或雪地上骑着马作长途的跋涉，想起在满是寄生虫的肮脏的客店里给他们吃的那些掺着一半糠皮的非常不好的黑面包。"①既然时代在人们的思想中烙下了这样的印记，他们就不能欣赏自然山水的美，也不能由之获得美育。

人体美的情况，又何尝不是如此。古希腊罗马时期，人体美美育相当发展。但是在中世纪，曾经被人们引以自豪的完美的人体，却被当作魔鬼甜蜜的诱惑而蒙受耻辱。在我国，人体美美育相对说不甚发展；到了封建社会，特别是其后期，在宋明理学的精神专制下，妇女的人体美更是受到诬蔑和摧残，到处破坏着人体美的美育。

---

① 转引自普列汉诺夫《论艺术》，三联书店1964年版，第27页。

不过，自然美美育不仅有时代性，还有永恒性。它不随一定的时代消逝而消亡，却可以超越时代而葆有永恒的魅力。这首先是因为，自然美是其美育发生的重要的客观根源，自然美本身具有超越人类社会历史的永恒性，而从主观条件方面说来，由于自然美美育与个人相联系，是个人的一种自我教育形式，所以，个人有可能超越时代的某些限制，自觉或不自觉地冲破时代偏见而对自然美或某种自然美发生美感并获得美育。进一步说，自然美美育发生与否，以及在怎样的水平上发生，也存在一个正常与不正常、健康与不健康、深刻与不深刻的区别。例如古希腊的人体美美育，是比较正常、健康而深刻的；中世纪的取消或反对人体美美育，是不正常的、病态的；而我国封建社会欣赏三寸金莲、弱不禁风的女性姿态，同样是不正常的和病态的。从这个意义上说，自然美美育不仅存在永恒性，而且这种永恒性还提供了这样一种历史尺度，即它可以标志出各个时代在人类文明发展方面所具有的水准。正是以此为根据，我们可以说，古希腊的人体美美育是这个时代对人类文明作出的光辉贡献，并且为人类在更高水平上进行人体美美育奠定了不可磨灭的坚实基础。也是以此为根据，我们将努力在自己的时代使自然美美育推进到一个空前的历史高度。

以上，我们从五个方面简要讨论了自然美美育的特征和表现。由此可以说，所谓自然美美育，即是人通过对自然美的美感所获得的教育，或者说，在人对于自然美的美感中即寓有教育。从它所表现出来的自然性与社会性、感性与理性、非功利性与功利性、个人独特性与普遍性、时代性与永恒性的辩证统一中，可以发现自然美美育既是社会的个人的一种独特的自我教育形式，又是社会的整体的一种不断发展的普遍的教育形式，既是魅力无穷，又能行之有效，值得我们进一步深入地研究它。

三、自然美美育的奥秘在于美感

我们考察了自然美美育的存在以及它的表现和特征，对自然美美育有了一个大致的概念。进一步，我们应当深入讨论自然美美育究竟有着哪些功能、规律，以便我们自觉地实施自然美美育。但是，自然美美育如前所述，是那样的丰富多彩、复杂多样，我们怎样才能正确地揭示它的功能和规律呢？在这里，显然存在一个方法论的问题，有必要首先加以讨论和说明。

答案似乎并不难获得。因为前面指出过，所谓自然美美育其实就是人通过对自然美的美感而进行的教育，或所得到的教育；那么，要把握这种教育的内容、方式、效果和规律等，就必须从人对于自然美的美感入手。换言之，自然美美育的奥秘，即在于人对自然美的美感。

这样，如何理解对于自然美的美感，这对我们探讨自然美美育的功能和规律，便有了方法论的意义。如果理解得正确或比较正确，我们就可能揭开自然美美育的奥秘；如果对这种美感理解得不正确，我们就可能在进一步的探讨中陷入混乱和谬误。

然而，关于人对自然美的美感，在美学的历史和现状中都恰恰是一个争议甚烈、分歧甚大的理论难题。我们无意于将读者引入这个在美学界长期论争的理论纠纷，可是，也无法让读者对这个问题完全避开，所以，我们只拟对一两种最有影响的谬见略加评述，而重点放在正面说明我们以为正确的理论主张，使读者对本书后文的探讨在方法论上有一个简明切要的了解。

关于人对自然美的美感，美学史上有一种颇有影响的谬见，即立普斯的感情移入说，又称移情说。按照这种理论，人对于自然美的美感，乃是观赏者将主观情感向自然界对象事物移入或外射。譬如自然山水本来不会笑，可是在一个喜气洋洋的观赏者看来，山也笑了，水也笑了。观赏者感到山水在笑，其实是感到了自己的笑意；而山水的笑意，正是由观赏者的笑意的移入、外射所得来的。据说，自然山水因此便获得了美，观赏者由此成为审美者，而观赏者的所感即是对于自然美的美感。并且这种对于自然美的美感，其实不过是观赏者对于主观情感的自我感觉罢了。

我们能不能相信这种理论呢？很难相信。因为首先，所谓感情移入就不是真实的。虽然在美感现象中确实有这样的现象，即：对于同样一个美的自然景色，有人感到喜，也有人可能觉得悲，这确实与观赏者的主观情绪有关。举一个例子来说，杜甫有两句诗，说是："感时花溅泪，恨别鸟惊心。"在一般情况下，花鸟令人赏心悦目；可是在这里，诗人却感到悲痛忧伤。这也是相信移情说的美学家常常举到的例子。可是，诗人的主观情感在这里果真移入到花鸟对象里去了吗？当然没有。花儿挂着露珠，兀自亭亭玉立；鸟儿清脆地鸣叫，过着它自己的生活。只是这花鸟的形象在诗人的感受和意象当中，由于诗人的感时恨别而染上了忧伤悲痛的情调。就是说，诗人的主观情感在这里并没有真的移入自然对象，只是影响到主观的感受和意象。所以，立普斯说的感情移入对象，那是不真实的；他进一步说自然界对象因为这种感情移入而获得了美，同样是不真实的。

实际上，这是一种特殊的心理现象，即心境会给主观的感受和意象染上主观情绪的色彩。并且，不但美的自然物作为对象时，主体能够发生这种心理现象；而且丑的自然物作为对象时，主体也能够发生这种心理现象。例如一个喜气洋洋的人，不但会感到花鸟喜气洋洋，而且会感到鳄鱼、老鼠、跳蚤同样喜气洋洋。如果我们相信立普斯的感情移入说，那自然界的美丑岂不是完全没有客观标准可循了吗？

所以，按照感情移入说，将根本谈不到什么自然美美育。因为按照这种理论，审美主体并不能真正地感觉和领悟自然对象，而只能感觉到自我的主观情感。对于主体的主观情感，自然对象充其量只能起一种反射或者映照的作用。于是，这里的主体乃是以自我的主观情感为疆界的封闭系统，它的功能只是一味地将自我的主观情感在幻想中扩展到整个世界，并决定其美丑。这种情况，当然不可能有什么自然美美育发生了。因为它已超离了美的自然属性，是主观心态的变异对自然美的扭曲反映。

总之，立普斯的感情移入说，取消自然美丑的客观标准，割裂自然美与美感的联系，使对于自然美的美感丧失了它的源泉。所以，这个理论不能正确理解对于自然美的美感，也在根本上取消了自然美美育的存在。我们探讨自然美美育的功能和规律，显然不能以这种谬见作为方法论的基础。

现在还有一种说法，是借用青年马克思《1844年经济学—哲学手稿》的个别词语，用所谓“自然的人化”来理解自然美以及人对它的美感。按照这种说法，自然事物之所以美的原因在于人的本质力量对象化于自然事物之中，这种对象化或者通过实践，或者不通过实践；而人对自然美的美感，就是在自然事物中看到了自己的本质力量，或者自己的本质力量得到自然事物的肯定。这种说法现在也颇有影响。

可是在这种说法中，显然可以发现立普斯的幽灵。立普斯主张感情移入说，所移入于对象的是主观情感；在这种说法中，将主观情感换成了人的本质力量，将移入换成了对象化。感情移入说是将对象情感化，而这种说法变换为将对象人化。可见这种说法，不过是以立普斯的理论为基础，在词语上作了一些变换。所以，它和感情移入说一样，既不能正确理解自然美，又不能正确理解人对自然美的美感。

譬如说，太阳之中有什么人的本质力量对象化进去了呢？人在欣赏太阳的美时，看见了自己怎样的本质力量呢？这都是很难回答的问题；之所以很难回答，是因为太阳本身并不存在什么人的本质力量。有的美学家说，太阳给我们带来光明、给万物带来生命，因而肯定了人的本质力量。这种转弯抹角的解释，无非是说太阳对我们有用，离开审美关系而求助于功利关系。可是，若说太阳给我们带来光明，那么，它带给我们光明最多的时刻应该是最美的吧，因而中午当顶的太阳在美的程度上应该远甚于朝阳和落日。然而事实上，朝阳和落日才是最美的，这显然又给求助于功利关系的美学家出了一道解不开的难题。

如果我们回到青年马克思《1844年经济学—哲学手稿》上来，又不难发现有的美学家不但与青年马克思的原意相去甚远，而且可能还是正相反对的。因为青年马克思说到“人化了的自然”，其原意根本在于批判私有制，即批判私有制使人的感觉异化、使自然界对人异化。青年马克思认为，私有制使人对于自然界只有一种“拥有感”：任何自然对象，人似乎只有在自己吃它、用它、穿戴它、消费它的时候，它才是真实的、才是属于我们的。这样，私有制便使人变得“愚蠢而片面”，不能认识对象的性质。例如，“忧心忡忡的穷人甚至对最美丽的景色都无动于衷；贩卖矿物的商人只看到矿物的商业价值，而看不到矿物的美和特性；他没有矿物学的感觉”。这就是私有制使人的感觉沦落到一种“绝对的贫困”。只有消灭私有制，才能超越狭隘的拥有感而如实地认识对象的本来性质。这时，对象才是真正“属人的对象”，才是“人化了的自然”，而“一切属人的感觉和特性”才能获得彻底解放，人的感觉能力、包括人对于美的感觉能力才能发展起来[①]。那么，按照马克思的原意应该说，只有从狭隘的拥有感升华出来、按照事物的本来面目去感觉和认识，自然界才是属人的、“人化了的”。这里的“人化”，只是相对于“异化”来说的，并不是指人看一看便将自己“化”进了自然界的意思。这与有的美学家在立普斯理论基础上改建的“自然的人化”说，显然是背道而驰的。至于他们要从太阳给我们的好处去把握太阳的美和人的美感，又恰恰沦落到了青年马克思所抨击的那种感觉的“绝对的贫困”。所以，这种所谓“自然的人化”说，同样不能作为我们的方法论的基础。

我们的方法论基础，应该是辩证唯物主义和历史唯物主义。在这

① 马克思《1844年经济学—哲学手稿》，人民出版社1979年版，第77～80页。

个基础上，实事求是地研究自然美欣赏的审美实际，批判地继承和借鉴前人的理论遗产、今人的思想成果。那么，我们就有可能正确地理解人对自然美的美感，进而揭示自然美美育的功能、规律等等奥秘。下面，且简要地对我们的方法论作出若干提示。

首先，应该确认人对自然美的美感在根本上是对于自然美的反映。就是说，人对自然美的美感，根本来源于自然美。假如你没有见过峨眉金顶的佛光，你就不可能发生关于它的美感。要获得这种美感，就须亲自去看一看。假如你没有见过雄奇的长江三峡，你就不可能发生关于它的美感。要获得这种美感，也须亲自去实地观赏。客观的自然美，不但是我们关于它的美感的源泉，而且制约着美感的内容。譬如我们关于松柏的自然美的美感，往往陶冶了我们的道德节操，令我们联想到志士仁人的大义凛然、坚贞不屈等高风亮节；而我们关于柳树的自然美的美感，虽然也能陶冶我们的道德情操，但令我们联想到的却可能是柔媚动人、婆娑起舞的娟娟女子。在这里，两种美感在内容及其深化方面的不同，根本是由对象的美与特征的不同引起的。因为松柏的美与特征，确实与柳树有所不同。松柏不但有它美的外在形象，而且如孔夫子所说："岁寒，然后知松柏之后凋也。"柳树却不像松柏那样能够耐寒常绿，但是它在自己的时令里却有蓬勃旺盛的生命力。特别是在春风吹拂下，柔韧的柳条带着新绿的柳叶随风起舞，显示出特殊的美的魅力。正是由于它们有不同的美与特征，所以引起人们不同的美感和联想，也会引起不同的美育。因而研究自然美对于美感的制约和影响，是揭示自然美美育的功能与规律等等的重要途径。

其次，应该确认美的观念在自然美与人的美感之间重要的中介作用。就是说，虽然人对自然美的美感在根本上是对于自然美的反映，但是，这种反映并不是直接发生的。譬如说，青山常在，绿水长流，却不是每一个人都对青山绿水发生美感。前人有云："五岳归来不看山，黄山归来不看岳。"说的是游罢五岳回来，对于一般的山就看得平常了，难以对它们发生较为强烈的美感，甚至不发生美感；而游罢黄山回来，就连五岳也不在话下了。这是拿一般的山之美与五岳之美、进而与黄山之美比较，最后觉得要像黄山那样美才是真美，才值得为之激动、为之倾倒。这种以黄山之美为美的看法，就是一种关于山之美的美的观念。有了这样的观念，就不免将眼前的山与这种观念相比较，只有对象符合自己的美的观念，才可能对它发生美感。这种情况当然不限于山之美，例如前人又有云："曾经沧海难为水，除却巫山不是云。"这又是说，水要像沧海那样才美，云要像巫山的云那样才美。这当然是关于水之美、云之美的一种美的观念。有了这样的观念，就会以它为尺度，不会对任何云、任何水都发生美感。不用说，各个人关于自然美的观念是不尽一致的，因而即使对于同一自然美对象，人们未必都发生美感，也未必都发生同样强烈的美感。所以对于人体美，《诗经》里反映出来的是，周人以高大为美；根据唐代的诗画，可知唐人以丰满为美；到了《红楼梦》中的美人林黛玉，既没有庄姜的高大、也没有杨贵妃的丰满，倒是病体恹恹、弱不禁风的病西施了。而同样对于林黛玉，贾宝玉爱得不得了，焦大就未必欣赏她了。总之，在自然美与人对它的美感之间，主体的美的观念起着重要的中介作用，使美感表现为主体的美的观念的符合与满足，并引起主体强烈的美的感动。而且十分明显，美的观念有正确的与错误的、有高级的与低级的，在人的审美活动中，它还是运动发展的。那么，研究美的观念及其发展，对于我们正确理解美感、进而揭开自然美美育的奥秘，显然有重要的意义。

再次，应该确认人对自然美的美感是一种复杂的精神现象，它不仅包含对于自然美的反映和反应，还包含对于美的自然物作为现实事物的其他感性感受和精神反应。虽然人对自然美的美感是在人对自然的审美关系上发生的，但是，因为美的自然事物同时又是现实的实际事物，所以在发生美的感受和感动的同时，还会伴随发生其他的现实感受和精神反应。譬如置身高山悬崖之上去欣赏自然美景，在发生美的感受和感动的同时，也会对现实的危险发生紧张、恐怖之感。只要这种危险不过于严重，就可能给人的美感体验增添刺激和兴味，使美感在整体上具有特殊的魅力。如黄山天都峰上那著名的“鲤鱼背”，乃是耸立云间的山峰的光秃秃的山脊；游人要通过这数十米长的险路，才能到达天都峰顶。走上这“鲤鱼背”，周遭都是壮丽山色，而脚下两边都是万丈深渊，加之身在天际，不时有云来雾荡，使你的美感愉悦夹着兴奋、裹着紧张、伴着恐惧，增添了无穷的乐趣。所以，尽管危险，人们还是要亲自到此一试身手，一饱眼福。当然，伴随美感发生的不只是这种因危险而紧张、恐怖的感受，还可能有其他的感受。例如在月明之夜，你观赏那如玉的圆月、如水的月光，皎洁的月光使整个世界变得朦胧而寥廓，使你发生美的感受和感动。同时，这高悬的明月、寥廓的天宇，又会使你想到它们与人的现实联系。譬如想到今夜不知有多少人都能看见这明月、都在看着这明月，包括你远别的亲人、挚友，包括台湾海峡两岸的人民，于是激起你的思念。这也是李白《静夜思》所写：“床前明月光，疑是地上霜。举头望明月，低头思故乡。”即在对于明月之类的美感中，伴随发生了思乡念故之情，二者相得益彰，成为千古吟唱不绝的主题。因此，美感并不绝对排斥现实感，而常常有现实感的伴随，并由之增色添趣，甚至引起美感的深化。那么，探讨美感中美的感受与感动及伴随它发生的其他感受与反应，探讨这二者的关系，对于我们理解较为复杂的美感形态，揭示自然美美育的功能、规律，也是一个重要的途径。

总之，我们认为，人对自然美的美感在根本上是人对自然美的反映，自然美的特征对人的美感发生重要的制约和影响；同时，在自然美与人的美感之间，主体的美的观念起着重要的中介作用，在这个意义上，人对自然美的美感就是自然美对人的美的观念的符合与满足；并且，主体在对于自然美发生美的感受与感动的同时，往往伴随发生其他的现实感受与精神反应，给予美感整体以重要的影响。这些，就是正确理解人对自然美的美感的几个要点。自然美美育的功能与规律，正是由此而生发出来的。

下面，我们将遵循这些要点，逐步深入地讨论自然美美育的奥秘。我们把自然美美育的功能与规律划分为三个层次，即：自然美美育的基础性功能；自然美美育对人的气质、性格的定向化培育；自然美美育的深化。对这三个层次，我们将分别专章讨论。最后，再讨论自然美美育的实施。

第二章　自然美美育的基础性功能

一、美的启蒙教育

古希腊的哲人柏拉图，对于人们美学修养的培养，提出过一种分阶段逐步发展的设想。他认为，要想使人最终具有高超的美学造诣，应该从幼年起就使他倾心向往于美的形体：第一步让他从只爱某一个美的形体开始，然后使他喜爱许多的个别的美的形体，他逐渐就会从各个美的形体中见出美的形式，从而把他的爱推广到一切美的形体。再进一步，他会爱上更可珍贵的心灵的美、行为的美、智慧的美。“这时他凭临美的汪洋大海，凝神观照，心中起无限欣喜，于是孕育无量数的优美崇高的道理，得到丰富的哲学收获。”这样，他就依“正路”而达到了审美领域最高级的“深密境界”。[①]

在这里，喜爱许多个别的美的形体，见出众多形体的美的形式，被柏拉图视为“正路”的第一步，也即美的启蒙教育。这确实是一种合理而深刻的美育思想见解。而我们要指出，柏拉图所说的“正路”的第一步，实际上正是对自然美的喜爱和观赏。换言之，自然美美育的基础性功能，首先就在于它是美的启蒙教育。

《儒林外史》开篇第一回，就讲了王冕成才的故事。王冕七岁死了父亲，靠母亲做些针指在村学堂读了三年书。十岁便为间壁秦老家放牛；过了三四年，一日，放牛倦了，在七泖湖边绿草地上坐着：

① 柏拉图《文艺对话集》，人民文学出版社1963年版，第271～272页。

须臾，浓云密布，一阵大雨过了。那黑云边上镶着白云，渐渐散去，透出一派日光来，照耀得满湖通红。湖边山上，青一块，紫一块，绿一块。树枝上都像水洗过一番的，尤其绿得可爱。湖里有十来枝荷花，苞子上清水滴滴，荷叶上水珠滚来滚去。王冕看了一回，心里想道："古人说，'人在画图中'，其实不错。可惜我这里没有一个画工，把这荷花画他几枝，也觉有趣。"又心里想道："天下哪有学不会的事，我何不自画他几枝。"很快，他就成了画没骨花卉的名笔。

这正是一个在自然美欣赏中获得美的启蒙教育的动人故事。在这种自然美美育中，王冕所喜爱的正是大自然事物的光色形声等的现象美，他所见到的也正是大自然中事物的光色形声等形式的美，他所获得的美的启蒙教育基本上就是形式美或偏于形式的美的教育。

如果说，王冕是从幼年起便接触自然美、喜爱自然美，获得了偏于形式的美的教育；那么，我们还可以看到，甚至连一些神学家也能够获得这种教育。我们在前一章提到过一位著名的基督教神学的早期代表，即那位在欣赏高山大海、日月星辰时忘掉了自己的圣·奥古斯丁，他在《忏悔录》中对自己的喜爱自然美做过这样的忏悔："我的眼睛爱上了多种多样的形式美，特别是那些光辉的、悦人的色彩。快让这类的东西不来占有我的灵魂吧！上帝啊，恳求您占有它们吧！"可见，他对自然美的热爱和观赏，结果让形式的美占有了他的灵魂。他对此所做的忏悔，不过是要乞求上帝占有它们，再经过上帝的转手而赐还给自己。这种乞求，当然是要安慰他的神学良心；而不可动摇的事实是，他通过自然美美育得到了偏于形式的美的教育。

在我国的美学传统中，更把自然美美育的这种基础性功能，视为艺术家美学修养的基础和美的创造的前提。据文献资料记载，唐代大书法家怀素，不但喜欢观看云随风而发生的变化，而且有一次夜闻嘉陵江水声而他的草书因之大见长进。清人李渔提出这样的见解："才情者，人心之山水；山水者，天地之才情。使山水与才情判然无涉，则司马子长何所取于名山大川，而能扩其文思、雄其史笔也哉！”[①]也就是主张，应该在自然美美育中去获得美的滋养和教育。

可见，在大自然中，普遍存在着偏于形式的美；通过对于自然美的审美欣赏，人们可以获得美的启蒙教育。这种美的教育的启蒙性，既可以对幼年儿童说来表现为教育的初级性，成为达到高深境界的阶梯，又可以对一般欣赏者说来表现为教育的普遍性，成为最为大众化的美的教育形式；还可以对艺术家说来表现为启示性，成为他们美学修养的基础和美的创造的源泉。

那么，具体地说，自然美美育作为美的启蒙教育，它到底有怎样的实际内容？或者说，我们由此到底可能受到哪些方面的美的教育？这是需要进一步讨论的问题。对此，我们提出如下几个方面，即我们通过自然美美育可能受到：

关于形状形态的美的教育

在大自然中，各种各样的事物千姿百态、变化万端，其中有的形状或形态就是美的。十八世纪的英国美学家雷诺兹说得不错：“自然的最一般（普通）的形式就是最美的形式。”[②]而我们欣赏自然美，就可以获得这种美的形状或形态的感染和教育。

譬如我们欣赏初升的朝阳、十五的圆月、荷叶上滚动的水滴、草叶上挂着的露珠，在这里便普遍存在着圆形形状的美；我们欣赏如钩的新月、雨后的彩虹、弯曲的海湾，在这里便普遍存在着曲线线形的美；我们欣赏蜿蜒的连山、荡漾的水波、翻腾的云海、浩瀚的大漠，在这里便普遍存在着波状线形的美。正是由于长期受到这些美的形式的熏陶，人们才能一见到它们的存在便怦然心动、意醉神痴。例如罗丹就对他的模特儿的人体美发出这样的赞叹：“呀！这个女人的肩膀，多么令人心醉！真是完美的曲线……你看这个女人的胸部：饱满的乳房，美妙无比，令人爱煞。如此的优美，简直非人间所有！你看另一

---

① 《笠翁文集·梁冶湄明府西湖垂钓图赞》。

② 《西方美学家论美和美感》，商务印书馆1980年版，第116页。

个女人的臀部：多么神奇的起伏！软玉温香中，肌肉多么美妙！真要令人拜倒！”[①]这正是从形式美的角度对人体美的领悟。而公元前一世纪的古罗马诗人奥维德，也早曾这样在《情诗集》中赞扬其情人的人体美：“我谛视和抚摸的背和手是多么温柔啊！我拥抱的那丰满的胸脯多么像微波起伏啊！胸脯下那纤细的腰身多么窈窕啊！微呈曲线的臀和腿多么年青俊俏啊！”不难了解，如圆形、曲线形、波状线形等等美的形状，既然如此普遍地存在于自然界的万物、包括人体之中，那么，我们对自然美的欣赏就必然受到它们的熏染、滋养。

再譬如，从晶莹的宝石到巍峨的山体、从植物的叶片到它的花朵与树冠、从蝴蝶的翅膀到人体的四肢，又都显示出对称的美；而无论清水出芙蓉、危岩倚劲松、白鸥逐激浪、流云渡中天，又都以变化中的均衡与和谐显示出形状形态的美。恰当的比例乃至黄金分割，还奇妙地存在于大自然种种美的事物形体之中，美的人体更是如此。达·芬奇说过：“任何动物的每一部分和整体之间都存在一定的比例，即矮胖的其各部分也肥短，瘦长的其各部分也瘦长，大小适中的，其各部分也大小适中。”如果我们对羚羊的比例关系与老虎的比例关系乃至长颈鹿的比例关系稍作比较，当不难理解他的这个见解。达·芬奇还认为，人体有他的“神圣比例”，例如，人体各部分和身高成简单整数比，各部分之间也成简单整数比。他还具体地说，以人的头长为1，则身长为8，而身长与脐下身长的比例为8:5[②]。这里的8:5的比例，恰恰近似于黄金分割的1.618:1的比例关系。或许达·芬奇过于迷恋简单整数比，实际上，美的人体在身长上略逊于人头的8倍，它与脐下身长的比例关系几乎等于黄金分割。如果某个人体符合这种比例关系，那真如战国时宋玉所说，是“增之一分则太长，减之一分则太短”了。而假若离开了这种比例关系，我们立即就会感觉到这种缺陷。当然，宋玉的夸赞“东家之子”，犹如我们的赞许某一个美的人

① 《罗丹艺术论》，人民美术出版社1978年版，第59页。

② 《芬奇论绘画》，人民美术出版社1979年版，第134～137页。

体一样，未必知道黄金分割，在多数情况下也没有真的用尺子去度量过；但是，我们却能一见到这样的人体，便认出它，作为美去赞赏它和倾慕它。我们之所以能够做到这一点，不就是因为在自然美的长期欣赏中，为形式的美所熏染、教育，获得了相应的美学修养吗？正是由于同样的原因，我们一见到那些对称、均衡或和谐的美的自然事物，便立即认出了其中的形式美，尽管我们未必真的动用了测量工具，未必真的进行缜密的数学分析。

关于光泽色彩的美的教育

在大自然中，各种各样的事物色彩缤纷、千变万化、光怪陆离，其中有的光泽色彩就是美的。尽管我们未必都谙熟色彩学，却能够通过对自然美的欣赏，获得美的光泽色彩的感染和教育，成为所谓“感觉上的理论家”。

在自然界中存在着单纯色彩的事物或现象。以红色为例，有红日、红云、红霞、红玛瑙、红叶、红石、红沙、红泥、红花、红果等等，这些色彩现象常常能以它们的美引起我们不同程度的美感。而且比较而言，我们对红日、红云、红霞的喜爱，更甚于对红石、红沙、红泥的喜爱。即以红石、红沙、红泥而言，阳光照耀下或晚霞辉映下的形象要比阴天黯淡光线下的形象更令我们喜爱。为什么会这样？我们能够回答说，因为前者比后者更美。那么，前者为什么就比后者更美呢？这却是多数人难以回答的；或者可以回答说，这是审美实践告诉我们的。确实，人们在欣赏这些自然美时，一见如意，便喜爱它、赞赏它，当时既未经深思，事后也少有意识的反省。虽然如此，人们却知道了怎样的红色色彩现象是美的或更美的。这正是自然美美育的力量。不过，上面所提出的问题本身却是可以找到比较正确的答案的。达·芬奇指出：“不同颜色的美，由不同的途径增加。黑色在阴影中最美，白色在亮光中最美。青、绿、棕在中等阴影里最美，黄和红在亮光中最美，金色在反射光中最美，碧绿在中间影中最美。”[①]他这里指出的，正是单纯色彩现象美的规律。我们的喜爱红日、红云、红霞甚于喜爱红石、红沙、红泥，不正是因为前者在光亮的程度上强于后者，而“红在亮光中最美”吗？进一步从色彩学可以知道，饱和的色彩总比未饱和的色彩鲜明，因为当一种色彩饱和时最能显出其固有的性质。另一方面，不同的颜色在不同的光线强度下达到饱和，例如红色在强光下达到饱和，蓝色在弱光下达到饱和，等等。不难发现，单纯色彩达到饱和的规律，恰恰与达·芬奇指出的单纯色彩现象美的规律是一致的；而且，还与我们对自然美的审美经验也是一致的。因此，通过对自然界单纯色彩现象美的美感，我们便获得了美的色彩的教育。实际上，我们喜爱明月甚于喜爱银色，正是因为“白色在亮光中最美”；我们喜爱远山的颜色，也正因为蓝色在弱光中饱和，“青、绿、棕在中等阴影里最美”。所以，古人有不少吟咏月色的动人诗篇；对于远山，古人也有传诵千古的名句，如谢灵运的“连障叠巘崿，青翠杳深沉”、王维的“西岳出浮云，积翠在太清。连天疑黛色，百里遥青冥”、杜甫的“岱宗夫如何？齐鲁青未了”，就都是写远山美的色彩。

自然界里多种色彩的现象美，也能给我们以色彩的美的教育。我们喜爱七色的彩虹，就色彩现象而言，它正是白色的日光的丰富的展开，以赤橙黄绿青蓝紫形成和谐的色阶。白居易喜爱江流夕照的奇景，写道：“一道残阳铺水中，半江瑟瑟半江红。”瑟瑟为碧玉的青绿色，正与残阳的红色互补。据科学的分析，任意两种互补的色彩之间光波波长之比大都是1.25；而且，如果我们先盯住一片红色，然后马上看白色，我们所看到的将会是青绿色。歌德曾经说，互补色总是“相依为命”，它使我们的眼睛看到完整的东西。所以，我们对自然界中许多生动的色彩互补现象发生美感，受到色彩的美的教育。另外，我们还欣赏青山绿水，欣赏蓝天白云，欣赏碧叶黄花，这里虽然没有

① 《芬奇论绘画》，人民美术出版社1979年版，第121页。

色彩的互补，却有相近色彩稳定而和谐的对比，是也能给我们以色彩美的感染和教育的。

关于音响声调的美的教育

在自然界里充满着各种各样的声音，其中有的声音是美的。南朝刘勰在《文心雕龙·原道》中说道：“林籁结响，调如竽瑟；泉石激韵，和若球锽。”就是说，风吹林木发声，协调得像吹竽弹瑟；泉水激石成韵，其和谐有如击磬打钟。实际上，我们在大自然中欣赏着丰富多彩的声音美，如空山鸟语、鹤鸣幽谷是很美的，溪湍泉漱、竹吟松涛是很美的，山呼海啸、暴雨雷鸣同样也是很美的。尽管大自然里的声音美，并不能与我们人类创造的音乐美相等同，但我们对自然音响现象美的欣赏仍然能获得美的教育。譬如我们欣赏溶洞中滴水泉那丁东的声响，它音色优美、速度均匀、节奏平缓；我们欣赏山谷间溪流那淙淙的声响，它又音调悠长、节奏流畅、刚柔适中；我们还欣赏那暴风雨之夜，风声、雨声、雷鸣声交织在一起，更形成节奏急速、紧张有力、粗犷雄浑的和声……通过这些欣赏，难道我们一点也没有领略到声音的节奏之美、和谐之美、旋律之美吗？

关于生命的美的教育

自然美不仅给我们以光色形声的形式美的教育，还能给我们以生命的美的教育。在大自然中，有许许多多有生命的自然事物；其中不少自然事物不仅有光色形声的形式美，还能相当充分地体现生命的本质特征，具有生命的美。我们欣赏这样的自然事物，就能获得生命的美的教育。

譬如说，苔藓、浮萍等等是能够引起我们的美感的，但是我们对它们的喜爱，主要是对它们的色彩、形状的形式美的喜爱。而作为生命现象，我们就更喜爱那些发展得相当充分的植物种类。例如我们喜爱姿态婆娑、生意盎然的翠柳，喜爱耐寒常绿、苍劲有力的青松，喜爱主干挺拔、枝叶繁茂的白杨，它们从顶部到根部都全面发展，突出地体现着植物生命的欣欣向荣、生机勃勃的本质特征。它们通过美感所给予我们的生命的美的教育，是匍匐于地、无枝无干的苔藓所不能给予的。植物还能以它的花朵将生命的本质特征强烈地体现出来，而我们对于任何花朵几乎都是喜爱的，并且通过美感而获得生命的美的教育。这一点，也是苔藓所不具备的，因而欣赏苔藓较少得到生命的美的教育。

又譬如，田螺、孔雀等等是能够引起我们的美感的，但是我们对它们的喜爱，主要是对它们的形式美的喜爱。田螺的螺纹具有优美的蛇形线，孔雀的尾部羽毛能衍射出五光十色的华丽色彩，具有强烈的形式美。但是，田螺的美丽的螺壳却是它运动中的沉重负担，孔雀累赘的尾部已使它丧失了飞翔的自由。作为动物生命，它们少有体现生命的美。而我们作为生命而喜爱的动物，却是那些发展得相当充分的动物种类，例如我们喜爱神经敏锐、反应迅速、运动轻捷而剧烈的野马、麋鹿和羚羊，喜爱神经精敏、躯干雄壮、运动急速而强劲的雄狮、猛虎和山豹；喜爱一切能够在天空中自由飞翔的鸟类，无论它是勇猛的鹰隼还是柔顺的鸽子，无论它是善于长途飞行的大雁还是追逐激浪翻飞的海鸥。它们都突出地体现了动物生命那高度发展的能动性、运动能力等等本质特征，并通过我们的美感而发生生命的美的教育。

而我们的人体，则是自然界长期发展的产物，是自然界生命发展的最高阶段。从这个意义上来讲，古希腊哲人赫拉克利特说得好："最美丽的猴子与人类比起来也是丑陋的。"[①]黑格尔的分析也很有道理，他说："人体到处都显出人是一种受到生气灌注的能感觉的整体。他的皮肤不像植物那样被一层无生命的外壳遮盖住，血脉流行在全部皮肤表面都可以看出，跳动的有生命的心好像无处不在，显现为人所

① 《西方美学家论美和美感》，商务印书馆1980年版，第16页。

特有的生气活跃，生命的扩张。就连皮肤也到处显得是敏感的，现出温柔细腻的肉与血脉的色泽，使画家束手无策。”[①]因此，与任何植物和动物比较起来，人体是最能够体现生命的本质特征的；对于人体美的欣赏，能够给我们以最充分的生命的美的教育。

不过，人体的美丑却依个体来划分。这不像动植物。柳树不是这一株美、另一株丑，而是凡柳树都几乎一样美；老虎也不是这一只老虎美、另一只丑，而是凡老虎都几乎一样美。在人体，却有美的人体、比较美的人体，也有不美的人体、丑的人体。古代的西施、王蔷、赵飞燕、杨玉环，就都是著名的美人；而传说嫫母、无颜，在人体方面就是丑的。反映到文学作品中，如宋玉的《登徒子好色赋》里，就既有美如“东家之子”那样的人体，所谓“增之一分则太长，减之一分则太短，着粉则太白，施朱则太赤，眉如翠羽，肌如白雪，腰如束素，齿如含贝，嫣然一笑，惑阳城，迷下蔡”；又有丑如登徒子之妻那样的人体，所谓“蓬头挛耳，齞唇历齿，旁行踽偻，又疥且痔”。

丑的人体，不能体现，而是歪曲人作为生命最高形式的种类特征。例如枯槁的人体、臃肿的人体、病态的人体，不能引起我们正常的美感。而美的人体，以它的健康、匀称、稳定和神采，充分体现出人类高度发展的能动性、完整性，自由发展的潜力、有意识的生命活动和勃勃生机等等种类本质特征。对人体美的欣赏，就能给我们以最充分的生命的美的教育，难怪莎士比亚在《哈姆莱特》中借主人公之口赞叹说：“人类是一件多么了不得的杰作！多么高贵的理性！多么伟大的力量！多么优美的仪表！多么文雅的举动！在行为上多么像一个天使！在智慧上多么像一个天神！宇宙的精华！万物的灵长！”这一段充满激情的话，正包含着人体美给予我们的生命的美的教育。所以我们欣赏美的人体，往往能唤起我们支配世界的全能的理性，觉得

① 黑格尔：《美学》，第1卷，商务印书馆1979年版，第188页。

我们胜过自己百倍，天下任何事情都能担当起，连呼吸也更为自由了。这正体现了生命的美的教育的极致。

总之，自然美美育的一个基础性功能，在于给我们以形状形态、光泽色彩、音响声调的美的教育和生命的美的教育。前者基本上就是形式美的教育或偏于形式美的教育；后者虽然在根本上不是形式美的教育，但由于形式美对生命的美也有重要的意义，因而也可以包含形式美的教育。所以，我们把自然美美育的美的启蒙教育的内容，在总体上概括为偏于形式的美的教育；而在严格的意义上，就还应该补充说明，除了偏于形式的美的教育，还有关于生命的美的教育，二者共同构成上述美的启蒙教育的内容。

但是，有的人轻视形式美，也并不看重生命的美，因而对自然美美育的美的启蒙教育功能不以为然。特别是由于自然美美育这种基础性功能的发挥，带有不知不觉、潜移默化的特点，因而有的人更是否认在这里有什么教育作用的发生。诚然，我们对自然界的形式美和生命美，往往一见如意、一见钟情，似乎未经意识的作用。因此，要说这里有教育的收获，似乎也比较勉强。譬如有的人就曾质疑说，你喜爱高山，是受到三角形的教育吗？你喜爱流水，是受到波状线的教育吗？这说明，在谈到自然美美育的美的启蒙教育的内容之后，我们还需要对这种教育的认识特质和奇妙魅力作一简明扼要的讨论。

前面说过，我们对自然美的美感的发生，是由于自然美对象符合我们的美的观念。而自然美美育作为一种教育作用，其重要表现之一就是自然美在符合我们美的观念的同时，往往还提高和丰富我们的美的观念。这种提高和丰富，应当从美的观念的理性方面和感性方面以及二者的统一上去把握。

原来，我们的美的观念虽在根本上是理性的，但它不同于理论思维的抽象概念，而是理性与感性的统一。譬如我们说的美的波状线的观念，就不是在平面上用几何仪描出来的一种极度抽象的、没有厚度和宽度的、离开现实内容的波状线，而是与蜿蜒的连山、荡漾的水波、翻腾的云海、起伏的沙丘等等相联系的美的形状形态的观念，即是不脱离现实内容、而与现实的实际事物相联系的波状线形观念。因此，我们关于形式美、生命美的观念，既是相当普遍的、又是属于个人的。因为它与个人关于美的自然事物、自然现象的感觉经验和感性印象水乳交融，而这是任何几何学、色彩学、生物学之类教科书所无法包容、无法替代的。这就是说，尽管自然界中普遍存在的形式和生命的本质特征在规定性上比较单纯，不但人人可以把握，而且彼此在内容上是相近的；但是，作为形式美的观念、生命美的观念，却与个人的感觉经验和感性印象相联系。所以，这种观念就不是人人相同、彼此完全一致的。在这个意义上，十九世纪英国的裴特说得不错："在观察者的心灵中，每一对象则呈现出颜色、气味、结构等种种印象，而每一印象都属于彼此孤立的个人的印象，因为每一个人的心灵就像被隔离的囚犯，各自保持个人所憧憬的世界。"这种"个人所憧憬的世界"，可以借用来理解和说明普遍存在的形式美和生命美在观念上的个人独特性。这是讲个人之间的美的观念的不一致；同样的道理也可以适用于各个个人自己的美的观念的分析。就是说，不但个人之间美的观念不一致，而且各个个人自己的美的观念也不是僵死不动的，而是发展变化的。这种发展变化就是通过美感来实现的。

譬如一个在山区长大的人，他关于波状线的观念或者主要与蜿蜒的连山、翻腾的云海相联系。当他来到江边，看见波浪滚滚、大江东去，这符合他的美的观念，于是发生美感；同时，他的关于波状线的美的观念也因此与江涛相联系，受到关于江涛奔涌的气势、流畅的起伏等等新的感觉经验、感性印象的充实，于是这种美的观念不仅为之鲜明化，而且在质量上有所提高。那么，这种美的观念的充实、鲜明和提高，在本质上难道不是一种认识的发展、一种教育的获得吗？当然是的。

再拿人体美来说，我们以贾宝玉初见林黛玉为例子，这虽然是文学作品的描写，但在现实中却是大量存在的实际情况。《红楼梦》是这样描写的：林黛玉刚进荣国府，一见到贾宝玉便大吃一惊，心中想道："好生奇怪！倒像在那里见过的？何等眼熟！"而贾宝玉呢，则将林黛玉一再端详，细认一番之后笑道："这个妹妹，我曾见过的。"又说："虽没见过，却看着面善，心里倒像是远别重逢的一般。"他们这种似曾相识之感，在心中唤起类似于久别重逢的惊讶与喜悦，发生一种温馨温柔的美感愉悦，似乎谈不到有什么美的教育。但是如果进一步考察他们实际的意识活动，却可以发现在这里有着他们的美的观念的运动。因为他们一见钟情的美感，原是彼此符合自己的美的观念；所谓"眼熟"、"面善"，原来不过是与自己心中隐约形成的关于男性人体美或女性人体美的观念相比较的结果。然而，他们的这种人体美观念从何而来呢？当然不是来自于曹雪芹虚构的太虚幻境，而是来自于他们周遭的现实生活，就是根据日常对人体美的美感逐渐生成起来的。只是过去的美感，往往只满足于对象人体美的某些部分，或是对象的体形体态，或是对象的肌肤容貌，或是对象的风神气质；唯有这一次才彼此达到人体美观念的全面符合。而且在过去的美感中，他们的人体美观念既是不自觉的，又是较为零散而不够完整的；但这一次，对象对人体美观念的全面符合，也就将过去零散的东西整合为完整的观念。在很大程度上因此可以说，他们这种一见钟情乃是他们的人体美观念的觉醒，虽然仍有不自觉的一面，却更有了自觉的一面，并成为他们彼此爱情的重要基础。既然在这里，人体美的观念由零散而转化为整一、由不自觉而趋于自觉，表现为人体美观念的觉醒，这难道不是由于一种特殊的美育而引起的美的观念的升华吗？当然是的。

由上可知，在我们对自然美的美感中，既有对美的观念的符合，又有对美的观念的充实、鲜明、丰富、提高乃至升华。这一点，正是自然美美育的美的启蒙教育的明证和魅力。而且我们上面所举，还是比较简单的例子。如果我们进一步考虑到，我们关于形式美的观念不但有关于形状的美的观念，还有关于色彩的美、关于音响的美的观念，更有关于这种种形式美的复杂的配置的观念、关于形式美与其他较为深刻的内容美的关系的观念；我们关于生命的美的观念，也会与形式美的观念发生这样那样的关系，还会与我们关于社会美、艺术美的观念发生这样那样的关系，等等。那么，从感性与理性统一的关系上去把握，我们关于形式美和生命美的观念不是有着非常广阔的发展空间和非常丰富的运动方向吗？这当然意味着，自然美美育的美的启蒙教育可以从多方面来充实和提高我们的美的观念，不断向新的水平升华。

总之，自然美美育的第一个基础性功能，在于给我们以美的启蒙教育，是我们进入更高的美学境界的必由之路。任何否定它、轻视它的见解，都是错误的。

二、审美感受力的培养和提高

自然美美育不仅能给我们以美的启蒙教育，还能培养和提高我们的审美感受力。后者是自然美美育的又一个基础性功能。

尽管我们人类生来就有五种感觉器官，生来就有一定的感觉能力，然而，却并不是人人都有审美感受力，并不是人人都有同等水平的审美感受力。譬如杭州西湖有着美丽的自然风光，宋人苏轼观赏西湖的自然美，写下了传诵千古的不朽诗章："水光潋滟晴方好，山色空濛雨亦奇。欲把西湖比西子，淡妆浓抹总相宜。"在这里，诗人对西湖的湖光山色的敏锐的审美感受力，历来为人们所称道。但是，同样观赏西湖，却未必人人都能对西湖的自然美有苏轼那样敏锐的审美感受。例如《儒林外史》有个马二先生，他也曾游览西湖，却不过是在那里"横着身子乱跑，只管在人窝子里撞"；或者跑累了，便找个茶亭，胡乱买些香嘴的，不论好歹，吃个一饱。后来终于登上一个极高的山冈，站在那里纵览西湖美景，不免心旷神怡，于是想要赞叹一番；一张口，却是几句不着边际的迂腐的套话："真乃载华岳而不重，振河海而不泄，万物载焉！”可见马二先生虽然也有健全的五官，也有与生俱来的一定的感觉能力，但是与苏轼比起来，他对自然美的感受该是多么的愚钝和贫乏呵。

又譬如人体美，它是最高发展阶段的自然美，其感性表现也是极为丰富的。《诗经》中有一首《卫风·硕人》，其中这样描写庄姜的人体美，说她“手如柔荑，肤如凝脂，领如蝤蛴，齿如瓠犀，螓首蛾眉，巧笑倩兮，美目盼兮”。即她的手指像茅草的嫩芽，她的皮肤像凝冻的脂膏，嫩白的颈子像蚕蛹一样柔美，雪白的牙齿象瓠瓜子那般整齐，前额方方正正，眉毛微微弯曲，嘴角流动着轻巧的笑，在顾盼之间那眼波又美妙无比。读着这段脍炙人口的诗句，我们不禁会赞叹作者那惊人的审美感受力。可是，从古至今也总有那么一些人，如鲁迅先生所批评的，他们看见裸露胳膊，马上就联想到裸大腿、裸全身，进而更联想到性交，联想到私生子。这样的人，虽然也有五官和感觉能力，但是，他们在人体上看得见的只是低级的淫欲，却看不见高尚的人体的美。

如此说来，审美感受力固然与我们的感觉器官和感觉能力有关，但我们的感官及其能力并不就是审美感受力。所以，清人金圣叹就曾提出，世之善游者，必“胸中有其别才，眉下有其别眼”[①]。他所说的，就是特殊的审美感受力。在西方，普罗提诺把审美感受力设想为一种“心灵的功能”，认为“美是由一种专为审美而设的心灵的功能去领会的”[②]。这大约相当于金圣叹所谓“胸中别才”。近代的夏夫兹博里，则把审美感受力设想为一种“内在的眼睛”，认为人是“由一种内在的眼睛分辨出什么是美好端正的，可爱可赏的，什么是丑陋恶劣的，可恶可鄙的”[③]。他的门徒哈奇生，更提出诸如“第六感官”、“内在感官”、“审美的感官”等等说法。夏夫兹博里和哈奇生之所论，

---

① 《中国美学史资料选编》下，中华书局1981年版，第207页。

② 《西方美学家论美和美感》，商务印书馆1980年版，第55页。

③ 同上书，第95页。

又大约相当于金圣叹所谓“眉下别眼”。他们都强调了审美感受力的特殊性，也考虑到了审美感受力与心灵、与感觉器官的联系。只是这种联系，西方的上述三位思想家是各执一端而有所偏颇，我国的金圣叹则二者并举、较为全面，更能帮助我们理解审美感受力。

自然美美育的一个基础性功能，就在于能够培养和发展我们的“胸中别才”和“眉下别眼”，即培养和提高我们的审美感受力。具体地说，自然美美育的这个基础性功能，我们可以从以下几个方面来加以认识。

自然美美育在美感中升华了审美感受力的高度

自然美美育能使感性向理性跃迁，使感性与理性达到和谐的统一，从而使我们的感觉能力获得自由和解放，达到审美感受力的高度。

本来，我们与外部世界的联系是在实践基础上通过感觉器官及其感觉能力建立起来的。但是，我们感官的活动不是孤立进行的，它必然引起我们的各种感受和反应；而这些感受和反应，又会反过来对我们的感觉活动发生积极的影响，有的能够使我们的感觉能力获得自由和解放，有的却可能使我们的感觉能力受到限制与束缚。

例如《阿Q正传》里的阿Q，有一次在路上看见一个小尼姑，并上前用手去触摸小尼姑的头皮与面颊。在这里他既有视觉的活动，又有触觉的活动，是发挥了他与生俱来的感觉能力。而他的这种感觉活动，首先便引起了他感性的快感，“他觉得自己的大拇指和第二指有些古怪：仿佛比平常滑腻些。不知道是小尼姑的脸上有一点滑腻的东西沾在他指上，还是他的指头在小尼姑脸上磨得滑腻了？”进而更引起了他的精神反应，他想道：“……和尚动得……女人，女人！……女人！”他这里的感受和反应有什么特点？又对他的感官和感觉能力发生怎样的影响呢？十分明显，他的感受是沉湎于肉体之中的、局限于感官之内的快感，这种感受使主体只注意到身体的某一部分、特别是出现快感的器官，例如只注意到出现滑腻感的指头。这样，不但他的其他感官是沉睡的、迟钝的，而且他不能保持对于对象特征的注意。进而它所引起的精神反应也是与感官刺激相联系的，只是唤起它之所以产生的肉体原因方面的观念，引起一般是比较粗鄙的联想。例如这里引起的就是性的饥渴、情欲的狂乱炽热这样的精神反应，激起的就是和尚与尼姑通奸的狎邪联想，以及调戏、占有女性的卑贱的生理性欲望。这样的精神反应既建立在受到局限的感官所获得的零碎印象上，又加强了感官的局限性与印象的零碎性。所以，阿Q在这里虽有感官的活动，却见不出对象的美，不能发生美感，而仅仅停留在感性快感的水平上。

自然美美育却不是这样。自然美所引起的人的美感，虽然并不排斥感性的快感，但它却能将它升华为感性与理性相统一的美感的快感。譬如我们欣赏美的人体，那匀称而完善的体形、丰富而优美的曲线、温柔而细腻的肌肤，固然也使我们有感官的快适；但是，我们之所以发生美感，是因为对象的特征符合并满足了我们关于人体美的观念，所以，我们的注意力并不停滞于得到快感的感官本身，而是直接注意于对象，在主体的美的观念与对象的美的特征之间建立起一种评价与认识相统一的双向反馈关系。一方面，对象的特征符合我们的观念，我们肯定对象是美的，发生美的感受与感动；另一方面，对象的特征又丰富和提高了我们美的观念，美的观念在感性与理性两方面都得到满足，我们获得美的教育和心灵的愉悦。这样，我们的感官真正成为对象的美的特征连接主体心灵愉悦的通途。感官愈发达，获得的感觉材料就愈丰富，而我们的心灵愉悦也愈充分；反过来，美感的心灵愉悦又愈加促使感官去获得关于对象的更丰富的感觉材料，也就愈加促使感官去发展它们的全部潜能。这就使我们的感觉能力真正获得了自由与解放，并且在美感中升华到了审美感受力的高度。

由此可以说，我们的美的观念，就是金圣叹所谓“胸中别才”；我们的感觉能力与美的观念的关系，就是金圣叹所谓“眉下别眼”。

而所谓审美感受力，就是我们一定水平的美的观念与一定水平的感觉能力及其关系。所以，席勒曾强调说："要把美的观念和感觉能力的联系分开却是徒劳的。"[①]正是在这个意义上，审美感受力的培养和提高，只有通过审美实践、特别是通过自然美的审美实践才能获得。为什么说"特别"是通过自然美美育能够培养、提高我们的审美感受力呢？对于这一点，我们在下面来略加说明。

自然美美育是培养和提高审美感受力的基本途径

由于自然美主要是感性事物的美，所以，自然美美育在帮助我们获得最基本的美的观念和促使我们的感觉能力丰富化、敏锐化方面，具有独特的长处，因而成为培养和提高审美感受力的基本途径。

在前一点的讨论中我们指出，不是人人都有审美感受力，更不是人人都有同等水平的审美感受力，而审美感受力的培养和提高，必须通过审美实践。在这里稍加注意就不难发现一个问题，即：如果一个人的审美感受力没有或者非常低下，那么，他就很难从事审美实践，从而他的审美感受力便几乎无法提高了。从理论上说来，确实存在这个问题。但是在实际中，既然多种多样的美普遍而客观地存在着，既然人作为主体既有一定的感觉能力、又有一定的理性力量，那么，人人就都有发展审美感受力的可能性。只要方法和途径得当，审美感受力就能够得到培养和提高。正是在这里，自然美美育显示出它独特的长处。

所谓审美实践，无非是指对于自然美、社会美和艺术美的审美欣赏。其中，对于自然美的欣赏显然比对社会美和艺术美的欣赏要容易些。俗话说，"知人知面难知心"，正是说认识一个人形貌的美丑比认识一个人心灵的美丑要容易些。因为一个人心灵的美丑属于人的社会美范畴，未必能通过他的形貌直接表现出来，而必须通过他一定的社

① 席勒：《美育书简》，中国文联出版公司1984年版，第130页。

会行为和社会关系去加以把握。一个人形貌的美丑则属于人的自然美，往往一见面便可以获得对它的认识。再拿艺术美来说，诚然，“对于不辨音律的耳朵说来，最美的音乐也毫无意义，音乐对它说来不是对象”[①]。但是，许多不能欣赏音乐的人，却很容易对淙淙的泉水、啾啾的鸟叫、殷殷的雷鸣发生美的感动。因为音乐的美是一种高级的艺术美，往往需要有较强的审美感受力和较高的艺术修养才能欣赏它。而泉水那淙淙流淌的美的音响，音调既悦耳，节奏又单纯，便很容易使人发生美感。

自然美欣赏比较容易，是因为自然美主要是实体事物的美。这种实体事物的美，一方面偏于形式，是最为普遍的美。它偏于形式，所以比较单纯，容易接受和认识，帮助我们建立最基本的美的观念，如光色形声的形式美的观念和生命的美的观念。同时它又是普遍存在的美，即使在艺术美中，形式美与生命美也有普遍的意义，因而自然美美育帮助我们建立的最基本的美的观念，就不但是更高级的美的观念的基础，而且渗透进更高级的美的观念之中。这样，比较容易发生的自然美欣赏，就成为我们建立和发展美的观念的重要途径，从而对培养和提高审美感受力发挥重大作用。

自然美作为实体事物的美，另一方面，又有着丰富的感性表现。所以，它通过美感在建立和发展美的观念的同时，能够使我们的感觉能力丰富化和敏锐化。例如元末明初的刘基，在游览会稽山水时写过一篇《松风阁记》。他在文章里写道，仰视峰顶的青松，像是飘扬在头顶上的旌旗和车盖；山风吹来，松树的枝叶纵横交错、来回摇摆，有如龙飞凤舞；日光把树影投射在屋檐上，只见金黄色与碧绿色交相辉映：“观之者，目为之明。”他又说，那一阵阵的松涛，好像乐器的吹奏声，好像山雨袭来的音响，又好像急浪轰然拍打在岩石上，又好像战马在奔腾、兵器在碰撞，忽然间，又像草丛中的小虫那样细微而

① 马克思：《1844年经济学—哲学手稿》，人民出版社1979年版，第79页。

急促地鸣叫，那声音时大时小，若远若近，说不出的奇妙："听之者，耳为之聪。"他描写了峰顶青松的美如此丰富多彩的感性表现，认为对它的欣赏能够使人耳聪目明。这也就是使感觉能力丰富化、敏锐化的意思。这种意见，是符合自然美美育的客观实际的。

所以，历来有不少人惊叹自然美在其丰富而细微的感性表现上常令艺术家捉襟见肘。如明人王思任在他的山水小品《小洋》中，在描写了晚霞映照下天地山川的绚丽色彩及神奇变化之后，便惊叹道："夫人间之色仅得其五，五色互相用，衍至数十而止，焉有不可思议如此其错综幻变者！……嗟呼！不观天地之富，岂知人间之贫哉！"车尔尼雪夫斯基也曾经说："有些物体的颜色，绘画能够表现得很好，但是有许多物体的颜色却非绘画所能传达。一般说来，黑暗的颜色和粗糙的色度，绘画表现得较好；浅淡的颜色较坏；阳光照耀着的物体的色彩最坏；描绘正午天空的蔚蓝、晨曦和夕阳的玫瑰色与金黄色，也总是不成功的。"[①]那么，由此可以说，欣赏艺术美固然也可以培养和提高我们的审美感受力，但它并不能代替自然美的欣赏和美育；另一方面毋宁说，自然美美育在培养和提高审美感受力、特别是在使感觉能力丰富化与敏锐化方面，甚至可以成为欣赏艺术美乃至创造艺术美的重要基础。

这样说来，自然美美育不但给我们以美的启蒙教育，而且就培养、提高审美感受力而言，它也是最为浅近、最为基本的途径。

自然美美育培养和提高审美感受力的一种重要表现

自然美美育在帮助我们建立和发展美的观念的同时，还组织并发展特殊的感觉方式——通感，使我们的感觉能力的丰富潜力得以全面的实现。这是自然美美育培养和提高审美感受的重要表现。

一般说来，我们的五种感官有着均衡发展的丰富潜力，但实际上

---

① 《生活与美学》，人民文学出版社1959年版，第68～69页。

未必都已得到均衡的发展。特别表现在审美感受力上，有的人颇能欣赏绘画，却未必能欣赏音乐，因为他对于视觉艺术颇有审美感受力，然而对听觉艺术却少有审美感受力。而且同样是视觉艺术，他可能在色彩的审美感受上非常敏锐，所以能欣赏绘画的美，但是对于形状形态却缺乏审美感受，而不大欣赏雕塑的美。这种情况，对于多数人来说，都不同程度地存在着，形成自己独特的感觉方式。在一定的限度内，这可以是正常的；但超过一定的限度，如完全不能欣赏音乐，或完全不能欣赏雕塑，就造成审美感受力的重大缺陷，造成感觉能力的畸形而片面的发展。对于后者，在一定的意义上可以说，他在某一方面几乎没有审美感受力。

对于这种感觉能力片面发展的人说来，艺术美美育往往难以帮助他们。因为艺术品总以特定的艺术种类出现，而特定的艺术种类又总有它的艺术假定性。例如绘画就是无声的，雕塑就是无色的，而音乐则是没有形体、色彩等具体形象的。一个没有音乐感的人，当然难以通过绘画艺术的欣赏来弥补他的缺陷。但是，这里却有自然美美育的广泛用武之地。

例如前面曾经提到，一个不辨音律的人即使不能欣赏音乐的美，也可能对淙淙的泉水发生美的感动。这是因为，淙淙的泉水不但有它的音响美，而且有泉水流淌的波状线形的美、有泉水清澈透明而闪着银色反光的光芒色彩的美，或者还有水底的彩石、水中的小鱼、水面所倒映的蓝天白云乃至周围碧草绿树的美，诸如此类。即使他对于音响的美在感受上特别迟钝，也会对其他如形状的美、色彩的美或生命的美发生美的感动。同时，在这里自然美又是作为光色形声的整体而对他发生影响的，所以在他的美感中不可能拒斥那音调悦耳、节奏单纯的泉水音响美，而会不自觉地接受它。这就在不知不觉间欣赏了泉水的音响美，在潜移默化中逐渐培养对于音响美的审美感受。

这仅仅是设想他某一次欣赏淙淙泉水的情况，对于他可能是偶然的。如果他从此远离大自然，那么，这一次审美体验中音响美的熏陶或许会像一点星火很快便熄灭了。但是，如果他还能继续欣赏自然美，就难免在这里或那里继续受到诸如啾啾的鸟鸣、滚滚的松涛、海浪拍击石崖、猿声啼于山谷、殷殷雷鸣、骤雨疾风等等音响美的熏陶，也就可能通过潜移默化逐渐唤醒他沉寂的音乐感受力。那么，当他再一次来到泉水边，面对自然界丰富多彩的美，他的各种感官和感受就会犹如一支交响乐队，一个感官奏响，另一些感官则作为和声而与之共鸣。它们在美的观念的统率下，协同动作，自由而客观地采集着对象的美和特征。这就是感觉方式向通感的升华。在这种通感中，感觉能力的发展便有了这样的方向：对象的美有何等细致入微，感觉能力就将有何等的敏锐；对象的感性品格有何等丰富多彩，感觉能力就将有何等的全面。于是，人的感觉能力的丰富潜力，就可能获得全面的实现，其审美感受力也可能弥补其缺陷而获得全面的发展。这样，当他拿起文学作品，欣赏那有名的诗句“明月松间照，清泉石上流”，尽管字面没有描写音响，他却能通过回忆和想象领悟到丰富的音响美。进而当他聆听音乐作品时，也就不但能够有音律美的感受和感动，而且可能被音乐的艺术美将审美感受力提升到新的高度。

所以，自然美美育培养、提高我们的审美感受力的一种重要形式，就是组织并发展我们的通感。这一点是自然美美育的长处，并可以成为艺术美欣赏的基础。而自然美美育之所以有这个长处，首要的根据还是由于自然美主要是实体事物的美，它有丰富的感性现象，从而成为我们全面发展感觉能力的基础、成为形成和发展特殊的感觉方式、即通感的前提。

以上我们从三个方面讨论了自然美美育的培养和提高审美感受力的基础性功能。应该承认，虽然自然美美育不是万能的，不能替代社会美和艺术美的美育，但自然美美育有它的长处，是我们培养和提高审美感受力的基本途径。

三、特殊的情感教育

如果说，通过对自然美的美感，美的启蒙教育以及我们审美感受力的提高，是在我们不知不觉之中获得的，因而是不自觉、又不明显的。那么，在对于自然美的美感中，我们却明显地发生美的感动，有自觉而强烈的情感、情绪的活动。

例如《庄子·知北游》中就有“世人”慨叹道：“山林与，皋壤与，使我欣欣然而乐与！乐未毕也，哀又继之。哀乐之来，吾不能御，其去弗能止。”就是说，在自然美欣赏中，我们可以获得极大的快乐；但在享受这种快乐的时候，却又可能突然悲从中来，令你泫然流泪。这种快乐和悲哀的产生，你没法抵御和抑制；可它们的寂然消逝，你想留也留不住。

刘勰在《文心雕龙·物色》中又说：“献岁发春，悦豫之情畅；滔滔孟夏，郁陶之心凝；天高气清，阴沈之志远；霰雪无垠，矜肃之虑深；岁有其物，物有其容；情以物迁，辞以情发。”即是说，新年春气发扬，使人情绪欢乐而舒畅；初夏阳气蓬勃，使人心情烦乱而不宁；秋季天高气爽而景象萧森，使人的情思阴沉而深远；冬季大雪纷飞、渺无际涯，使人的思虑严肃而深沉。他反复讲的，也就是自然美欣赏引起人们强烈的情感和情绪的活动。

所以，与一般美感一样，对自然美的美感是动情的。并且，通过这种美感的情感活动，自然美美育能给人以特殊的情感教育。这是自然美美育的第三种基础性功能。

但是，什么是情感教育呢？过去我们多讲政治教育、思想教育、道德教育、知识教育等等，却很少讲到情感教育。然而，情感教育确实是教育的一个重要的方面、重要的形式，不应该加以忽视的。这首先是因为，情感对我们的思想行为具有有力的影响。譬如梁启超先生就说：“天下最神圣的莫过于情感。用理解来引导人，顶多能叫人知道那件事应该做，那件事怎样做法，却是被引导的人到底去做不去做，没有什么关系，有时所知的越发多，所做的到越发少。用情感来激发人，好像磁力吸铁一般，有多大分量的磁，便引多大分量的铁，丝毫容不得躲闪。所以情感这样东西，可以说是一种催眠术，是人类一切动作的原动力。”这在心理学上也有一定的根据。心理学认为，情感是人对客观事物在态度上的一种心理体验，它给予人的心理活动和实践行为以重大的影响。同时心理学还指出情感或情绪具有两极性，可以是肯定的，也可以是否定的；可以是积极的或增力的，也可以是消极的或减力的；可以是紧张的、激动的、强烈的，也可以是轻松的、平静的、微弱的。因而梁启超先生说得不错：“情感的作用固然是神圣，但他的本质不能说他都是善的都是美的。他也有很恶的方面，他也有很丑的方面。他是盲目的，到处乱碰乱进，好起来好得可爱，坏起来也坏得可怕。”于是，这便产生了情感教育的必要，即通过情感教育“将情感善的美的方面尽量发挥，把那恶的丑的方面渐渐压伏淘汰下去”。[①]

这种情感教育，历来被认为是艺术所专擅的。俄国的托尔斯泰曾说：“人们用语言互相传达思想，而人们用艺术互相传达感情……艺术是这样的一项人类活动：一个人用某种外在的标志有意识地把自己体验过的感情传达给别人，而别人为这些感情所感染，也体验到这些感情。”他还进一步说：“艺术的主要吸引力和性能就在于消除个人的离群和孤单之感，就在于使个人和其他的人融合在一起。如果一个人体验到这种感情，受到作者的心情的感染，并感觉到自己和其他的人融合在一起，那么，导致这种情境的东西便是艺术。”[②]这不但认为情感教育是艺术的主要功能，而且认为唯有艺术能够施行情感教育了。连梁启超先生也说：“情感教育最大的利器，就是艺术。音乐、美术、文学这三件法宝，把‘情感秘密’的钥匙都掌住了。艺术的权威，是

① 《中国美学史资料选编》下，中华书局1981年版，第417页。

② 《西方文论选》下卷，上海译文出版社1979年版，第432～433、439页。

把那霎时间便过去的情感捉住他，令他随时可以再现，是把艺术家自己个性的情感，打进别人们的情阈里头，在若干期间内占领了他心的位置。因为他有恁么大的权威，所以艺术家的责任很重，为功为罪，间不容发。”①

不用说，他们的意见有着相当的道理。但是，情感教育不仅是艺术的功能，还是自然美美育的功能。而且与艺术的情感教育相比较，自然美美育的这种功能应该说是一种特殊的情感教育。这种特殊之处，首先在于艺术家是有意识地要以自己的情感去感染人、教育人，而在自然美美育中，却没有这样一位有意识的教育者。其次，在艺术的情感教育中，艺术的欣赏者即是受教育者，并且受到何种性质和范围的情感教育，首先是受到艺术家及其作品的规定的。然而在自然美美育中，欣赏者虽然是获得教育的方面，但这种教育却表现为欣赏者的自我教育，特别是在获得教育的范围上和程度上更多地随欣赏者的条件而变化。第三，在艺术的情感教育中，由于艺术家情感的重要的规定性，所以随艺术家情感的为善为恶，其情感教育也或为功、或为罪；但是，自然美欣赏所激起的情感，却一般地都是正当的、健康的，都是美的，都是善的，因而自然美美育的情感教育总是为功而总不为罪，总是能“将情感善的美的方面尽量发挥，把那恶的丑的方面渐渐厌伏淘汰下去”。

那么，自然美美育的特殊的情感教育，究竟是如何发生的？究竟有着怎样的功能、怎样的表现？我们拟提出它的四种情感教育作用，通过讨论来回答上述问题。

自然美美育的情感陶养作用

我们说，对自然美的美感所激起、所包含的情感，一般总是善的、总是美的；这是为什么呢？这要从这种情感产生的原因来考察。

① 《中国美学史资料选编》下，中华书局1981年版，第417～418页。

心理学告诉我们，产生情感的直接原因是人对客观事物的判断与评估。这种判断与评估，一方面以主体对客观事物的认识为基础，另一方面与主体的需要、愿望、渴求相联系。而且由于人的认识活动是一个不断发展的连续过程，所以，人对当前事物的判断与评估，要受到过去经验的制约。如果当前事物符合或者不符合主体过去形成的认识，加强或者挫败主体过去形成的愿望，那么，主体也就对该事物发生或者肯定、或者否定的情感。从一般情感产生的上述原因来看，可以知道，如果主体过去的认识不正确、过去的愿望不正当，那么，主体对当前事物的情感倾向就可能不正常，甚至于就是恶的、就是丑的。譬如鲁迅所批评的那些假道学先生，当他们看见一个裸露胳膊的女子的时候，由于他们过去对女人的认识就是荒谬地把女人当作祸水和玩物，而他们过去形成的愿望其实就是要玩弄女性、占有女性，但同时又希望在大庭广众之中装扮成正人君子，于是，他们对这裸露胳膊的女子就会发生一种狎邪与轻蔑相混合的情感。这种情感显然就是恶的、就是丑的。但是，对于人体美进行正当的审美欣赏，却与这种假道学不同。正如库申所说：“美的特点并非刺激欲望或把它点燃起来，而是使它纯洁化，高尚化。比方一个美女……她愈是长得美丽，人们愈是见了品格如此高贵的造物，他们的肉欲，必然愈加受到一种优美娴雅的情感的调和，有时甚至被无私的崇拜心理所替代。如果……在你身上引起肉欲，那你就不配欣赏美。”[①]这是因为，在一个人体美的欣赏者那里，他过去对人体的认识就是他的人体美的观念，即把人体当作自然界最高级的美，认识到人体的高度完整性、能动性，最充分的生命活力、最广阔的发展潜能和最神圣的理性意识；而他由此所形成的愿望，则是要满足和丰富这种人体美的观念，充满自豪与骄傲去发展人的全部力量与潜能，不愧为宇宙间最美的花朵。因此，当他看见一个丑的人体时，就会发生否定的情感；而当他看见

① 《西方美学家论美和美感》，商务印书馆1980年版，第231页

一个美的人体时，就会发生肯定的情感。所以歌德就说："谁看着人体美，任何不幸都不能触及他；他感到同自己和世界完全协调。"[①]罗丹也曾说过："一位伟大的雕塑家，一位菲狄亚斯，在人体轮廓的壮丽的节奏中，能够看到神的智慧散布在整个自然界里的静穆和谐；单是一般躯体，十分匀称、稳定、健美而有神采的躯体，就能暗示他支配世界的全能的理性。"[②]十分明显，这种由欣赏人体美所激起的情感，当然就是善的、就是美的。

所以，对自然美的美感所激起、所包含的情感，它的产生乃是美的观念获得满足、丰富的结果。由于美的观念在根本上是对于客观的美的规律的反映，由于主体的使美的观念获得满足的欲望或愿望是正常的、正当的，所以，美的观念得到满足所激起的情感也是积极的、健康的、善的和美的。亚里士多德曾经说过："精神方面的享受是大家公认为不仅含有美的因素，而且含有愉快的因素，幸福正在于这两个因素的结合……"[③]那么，对自然美的美感所激起、所包含的情感，就正是这两个因素的结合，就正是这种可称为幸福的精神享受。

不难理解，如果一个人热爱自然美，不断地进行自然美欣赏的审美实践，就会不断地体验到这种美的情感、这种幸福的精神享受。那么，他就必然会得到这种美的情感的陶养。而且，由上所述可以知道，这种美的情感的特质不但有美的愉悦，还与忘我感、自由感、解放感等等精神感受相联系。因此，这种美的情感陶养会对人的精神状态、人格模式和心理素质产生积极而健康的作用，使人保持良好的心态和发展起优美而稳定的情操。受到这样的情感陶养，那真会像歌德说的那样，"任何不幸都不能触及他"。

譬如衰老总是人生的一种不幸。不少英雄志士在人生的疆场上表现出大智大勇，却免不了心怀对衰老的忧伤。如汉代的李陵想劝降坚

① 《西方美学家论美和美感》，商务印书馆1980年版，第227页。

② 《罗丹论艺术》，人民美术出版社1978年版，第90页。

③ 《西方美学家论美和美感》，商务印书馆1980年版，第45页。

贞不屈的苏武，便拿起了衰老这个武器，对苏武说："人生如朝露，何久自苦如此！"而英雄如曹操，在《短歌行》中也发出"对酒当歌，人生几何"的感叹。但是，从他的《步出夏门行》又可以看到，对自然美的美感曾激起曹操对待衰老与死亡的一种奋发乐观的气概。在那里，他描绘了宏大雄浑的自然景象，观赏到"秋风萧瑟，洪波涌起；日月之行，若出其中；星汉灿烂，若出其里"的大海壮观；通过这样的自然美欣赏，当他再来面对衰老与死亡的时候，就有了"盈缩之期，不但在天。养怡之福，可得永年"的壮思，发出"老骥伏枥，志在千里。烈士暮年，壮心不已"的千古绝唱。那么可以说，正是自然美美育的情感陶养作用，使衰老这种不幸不能触及曹操的心，使曹操从"人生几何"的悲叹中挣脱出来，而保持一种奋发昂扬的积极心态。

其实，何止曹操一人如此。南朝刘宋的宗炳，在《画山水序》中就谈到过自己的体会："夫圣人以神法道，而贤者通；山水以形媚道，而仁者乐。不亦几乎？余眷恋庐、衡，契阔荆巫，不知老之将至。"而清人叶燮，据《清史列传》卷七十记载，也曾"纵游泰岱、嵩高、黄岳、匡庐、罗浮、天台、雁荡诸山，海内名胜略遍。年七十有六，犹以会稽五泄近在数百里内、未游为憾，复裹三月粮，穷其奥而归。"这又是一位纵情山水而"不知老之将至"的名人。

明人袁中道的《爽籁亭记》，还把在自然美欣赏中得到情感陶养的过程作了一番叙述。他讲的，是对泉水音响美的欣赏。他说："玉泉初如溅珠，注为修渠，至此忽有大石横峙，去地丈余，邮泉而下，忽落地作大声，闻数里。"他经常坐在泉畔石上，欣赏泉水喧腾轰鸣的音响之美，并受到情感的陶养。然而，泉声如此轰隆，怎么能够欣赏它、并得到情感教育呢？他说："其初至也，气浮意嚣，耳与泉不深入，风柯谷鸟，犹得而乱之。及暝而息焉，收吾视，返吾听，万缘俱却，嗒焉丧偶，而后泉之变态百出。初如哀松碎玉，已如鹍弦铁拨，已如疾雷震霆，摇荡川岳。故予神愈静，则泉愈喧也。泉之喧者，入吾耳，而注吾心，萧然冷然，浣濯肺腑，疏瀹尘垢，洒洒乎忘身世而一死生。故泉愈喧，则吾神愈静也。”正是通过这样的审美心理过程，他进入了倾心赏美的境界，感到泉声之美“浣濯肺腑，疏瀹尘垢”，忘记了自己的任何不幸，连生与死也值不得去忧虑。这同样如歌德所谓“任何不幸都不能触及他；他感到同自己和世界完全协调”。这样的情感陶养，当然能使人“将情感善的美的方面尽量发挥，把那恶的丑的方面渐渐压伏淘汰下去”。

自然美美育的心境转移作用

上面所说，是一般心境较为平和的人能够受到自然美美育的情感陶养，使任何不幸都不能触及他，使他得到与自由感、解放感、忘我感相联系的幸福的精神享受，情感获得美的熏染。但是，欣赏自然美的主体，有时事先却是处于一种不良的心境中。所谓心境，是人们在现实的社会生活中形成的一定的较为稳固、持久的情绪状态。一般说来，不论主体是否清楚地意识到，特定的心境总是由对主体具有重要意义的某一事物或事件引起的。譬如工作、事业、爱情的顺利或者受挫，家庭、工作单位、社会的人际关系的融洽或者危机，个人自身、亲朋好友的命运、健康的好转或者恶化，如此等等，都能形成主体一定的心境。而特定心境一经形成，并不专注或限制于使它产生的那个事物或事件上面，却成为一种精神能量在整个心理上弥散开来，使主体以一种特殊的情绪状态来看待各种事物、对待各种事件。在这里，有良好的心境；它能使人以积极、乐观的情绪来迎接生活的各种挑战，比较容易克服困难和处理棘手问题。但也有不良的心境，它使人在待人接物中兴味索然、烦躁不安，被消沉、厌倦的情绪所控制，对工作和生活产生不利的影响。在欣赏自然美之先，有些人就处在这种不良心境之中；而自然美美育的情感教育，在这种情况下往往比一般的情感陶养又深入一步，能通过心境转移的作用而获得奇妙的效果。

譬如列宁在侨居日内瓦期间，既要在花费巨大的精力领导布尔什维克对孟什维克的理论斗争，又不得不处理大量的人际间的或巨或细的纠葛纠纷，一度搞得心情沉闷、情绪低沉，处于一种不良的心境中，严重地影响了工作和生活。于是，人们便为列宁安排了一次旅行度假。列宁夫人回忆说，他们本来打算在旅途中做一些工作，“在弗拉基米尔·伊里奇的背囊中装着一本沉甸甸的法文字典，在我的背囊中也装着一本同样很重的法文书，这本书是我刚刚收到准备翻译的”。但是，“不论字典和书本在我们旅行的期间，连一次也没有翻开过；我们看的不是字典，而是常年积雪的大山，蓝色的湖泊，奇异的瀑布。这样消遣了一个月之后，弗拉基米尔·伊里奇的神经恢复了常态。好像用溪水擦洗身体，也洗掉了乱糟糟的小纠纷”[①]。显而易见，正是通过自然美美育，列宁驱散了心头郁积的消极情绪，恢复了积极、乐观的心态，由不良的心境而转移到良好的心境。自然美美育为什么具有如此奇妙而显著的效果呢？

又譬如宋人范仲淹著名的《岳阳楼记》，原是应他的遭到贬谪的朋友滕子京的请求而写的。滕子京仕途受挫，其心境自然是不好的。范仲淹作为他的朋友，当然是要对他加以安慰的。我们在《岳阳楼记》中便可以发现这样一段文字：“至若春和景明，波澜不惊，上下天光，一碧万顷；沙鸥翔集，锦鳞游泳；岸芷汀兰，郁郁青青。而或长烟一空，皓月千里，浮光跃金，静影沉璧；渔歌互答，其乐何极！登斯楼也，则有心旷神怡，宠辱偕忘，把酒临风，其喜洋洋者矣。”按照这里所说，欣赏洞庭湖的美景，能令人心胸开阔，精神舒畅，把仕途的顺遂与挫折、显荣与屈辱全都忘却，沉浸在幸福的审美喜悦之中。这不就是说，自然美美育能够使仕途受挫者的不良心境转变为良好的心境吗？那么，自然美美育何以能做到这一点？

应该承认，在这里对自然美的美感所引起的心旷神怡的审美愉悦，与不良心境的消极情绪、特别是如像仕途受挫所激起的悲愤之情相比较，不是更强烈而是更温和，不是更紧张而是更松缓。那么，以

① 《列宁论文学与艺术》，人民文学出版社1983年版，第377页。

这种温和、松缓的美感愉悦去冲击那不良心境强烈、紧张的郁闷悲愤之情，岂不是杯水车薪、势且莫抗吗？然而，人的各种情感或情绪的相互克制与转化，并不是简单地以大制小、以强凌弱。当代心理学家利珀指出，情绪并不是处于一种无组织的混乱状态，而快乐、兴趣等等与知觉相联系的温和、松缓的情绪，具有一种组织作用。①欣赏自然美所引起的美感愉悦，正是这样一种与知觉相联系的、有组织作用的温和而松缓的情绪。它与我们的美的观念相联系，能够调整和重建我们的情绪结构，清除笼罩于心理的不愉快的消极情绪阴影，实现不良心境向良好心境的转移。

宋人欧阳修所论，也可以帮助我们理解自然美美育的心境转移作用。他说："夫穷天下之物，无不得其欲者，富贵者之乐也。至于荫长松，藉丰草，听山溜之潺湲，饮石泉之滴沥，此山林者之乐也。而山林之士视天下之乐，不一动其心；或有欲于心，顾力不可得而止者，乃能退而获乐于斯。彼富贵者之能致物矣，而其不可兼者，惟山林之乐尔。惟富贵者而不得兼，然后贫贱之士有以自足而高世，其不能两得，亦其理与势之然欤！"这是说，富贵者以穷奢极欲，为所欲为之为乐，而自然美的欣赏者却能获得另一种"山林之乐"，并且不为富贵者之乐而动心。贫贱之士也有自己的欲望，但他却无力实现它；这时他能退而从自然美欣赏中获得乐趣，并对富贵者之乐产生轻蔑之情。在这里，自然美的欣赏者由得不到富贵者之乐转而获取山林之乐、轻视富贵者之乐，就始终伴随着美的观念乃至美的理想的重建，因而能够调整情绪结构，实现心境的转移。所以，欧阳修又说："足下知道之明者，固能达于进退穷通之理，能达于此而无累于心，然后山林泉石可以乐。必与贤者共，然后登临之际有以乐也。"②可见，自然美美育的心境转移作用，是由于美感愉悦与"达于进退穷通之理"的理智活动相联系，因而具有重建心境的组织作用；并且，这

① 参见斯托曼《情绪心理学》，辽宁人民出版社1986年版，第61、166～170页。

② 《中国美学史资料选编》下，中华书局1981年版，第4页。

种心境转移的结果，可以将主体的情操向“贤者”升华，达到情感教育的目的。

自然美美育的情感宣泄作用

上面所说的心境转移，按心理学的有关说法，是与知觉相联系的温馨的快乐发挥其组织作用，重建情绪结构而实现；在审美体验中，表现为消极情绪的释然消解、积极情绪的油然而生。但是，如果审美主体原来所遭到的挫折与不幸相当深刻，从而原来所有的不良心境的精神能量相当强大，那么，美感所引起的心境转移往往就不能够很顺遂地实现，而会发生一种特殊的心理现象，即情感宣泄的现象。

本来，对自然美的美感所激起的一般是赏心悦目的美感快乐。但是，所谓情感宣泄却不是宣泄这种快乐，而是唤起和发泄深藏心底的悲哀。即如《庄子·知北游》所谓“乐未毕也，哀又继之”，这里紧接着美感愉悦而发生的悲伤哀愁之情，就是我们要讨论的情感宣泄。

譬如柳树不但有鲜明的形式美，而且有显著的生命美。对柳树之美的欣赏，能够引起我们赏心悦目的美感快乐。可是，据《世说新语·言语》记载，东晋的桓温率兵北伐，在途中见到自己当年植下的柳树已经长得躯干老健、径达十围。桓温当时竟攀枝执条，泫然流泪，不胜感慨地说：“木犹如此，人何以堪！”他对于柳树的观赏，正是“乐未毕也，哀又继之”。国事的危艰、生命的短促，在他心底郁结难遣的重重心事、种种忧伤，都由欣赏自然美而受到触发，溃然泄出。这即是自然美美育的情感宣泄现象。

又譬如月光月色是美的，明人张大复曾经感慨道：“天上月色能移世界，果然！故夫山石泉涧，梵刹园亭，屋庐竹树，种种常见之物，月照之则深，蒙之则净；金碧之彩，披之则醇；惨悴之容，承之则奇；浅深浓淡之色，按之望之，则屡易而不可了。”[①]而欣赏明月之

① 《梅花草堂笔谈》。

美，也往往引起人们赏心悦目的美感快乐。但是，李白那著名的诗篇《静夜思》，却没有去表现赏月所获得的美感愉悦，却是“举头望明月，低头思故乡”，将心中难以排解的思念故乡的无限惆怅，由月光月色勾起而汩汩流出。这又是一例自然美美育的情感宣泄现象。

可见情感宣泄是自然美美育中一种特殊的心理现象。人们热爱自然美、欣赏自然美，原本是将它视为赏心乐事，要通过欣赏而获得幸福的精神享受；而情感宣泄现象却表现为人们在美的大自然面前悲从中来、潸然泪下，心事重重、满腹惆怅。那么，这不是让欣赏自然美失去了赏心乐事的意义？在这里又怎么可能有情感教育的作用呢？

关于这个问题，恩格斯的一段话可以提供初步的回答。恩格斯说：“大自然向我们展示出它的全部壮丽，当大自然中睡眠着的思想虽然没有醒来但是好像沉入金黄色的幻梦中的时候，一个人如果在大自然面前什么也感觉不出来，而且仅仅会这样感叹道：‘大自然啊！你是多么美丽呀！’——那么他便没有权利认为自己高于平凡和肤浅的人群。在比较深刻的人们那里，这时候就会产生个人的病痛和苦恼，但那只是为了溶化在周围的壮丽之中，获得非常愉快的解脱。”[①]他所说的，正是自然美美育的情感宣泄现象。在这里，这种情感宣泄是由自然美欣赏引起的，它的内容是个人的病痛和苦恼，而这种宣泄的结果却是获得非常愉快的解脱，复归于赏心悦目的积极情感。这样，欣赏自然美不仅没有失去其赏心乐事的意义，而且还有了从消极情绪的控制中得到解脱、以美的善的情感淘汰丑的恶的情感的教育作用。

但是，这样的情感宣泄何以能导致消极情感的消除，达到情感教育的目的呢？按照心理学家盖尔霍恩·劳夫布罗的情绪发泄理论，发泄涉及一种受压抑的不愉快体验的再生以及与它们有关的情绪的表现；并且，发泄是一种情绪释放的过程，先是强烈的情绪兴奋，然后

① 《马克思恩格斯论艺术》第4册，人民文学出版社1966年版，第399页。

是它的衰竭，最终是情绪障碍的消失，并引起正常关系和兴奋性的重建。因此，消极情感或情绪的发泄，不但使这种情感情绪失去其心理破坏性，而且能促使新的良好心境的建立。[①]这就从心理学角度帮助我们理解到，所谓情感宣泄，原是受压抑的消极情绪的释放，是一种情绪障碍消解的过程，也即是恶的丑的情感被压伏、淘汰的过程。而且在自然美美育中，这种情感宣泄是由自然美欣赏所获得的初步的美感愉悦激发的。对于审美主体说来，这是在得到自然美温馨的美感抚慰，而情不自禁地将自己深埋心底的种种愁苦和不幸，向美丽的大自然尽情倾诉。所以，这种倾诉对于审美主体说来，就像孩子向温柔宽厚的母亲倾吐委屈一样，是痛快的、彻底的，可以疗治心灵的创伤的。这种情感宣泄，也就必然给自然美美育增添了更大的魅力；而自然美美育，也因此能够给一切深藏痛苦、烦恼和不幸的人们，带来温柔的安慰和有益的陶冶。

大约正是由于这个缘故，所以，历来那些蹉跎失意、悲愁忧思的迁客骚人，大都投身于大自然的怀抱，纵情山水，倚松伴鹤。正如欧阳修所说："凡士之蕴其所有而不得施于世者，多喜自放于山巅水涯，外见虫鱼草木、风云鸟兽之类状，往往探其奇怪，内有忧思感愤之郁积，其兴于怨刺，以道羁臣寡妇之所叹，而写人情之难言。"[②]而在西方，深怀精神痛苦的尼采，也曾说道："我需要孤独，就是说我需要恢复，需要回到我自己，回到自由的、轻扬的、爽朗的空气之呼吸……"大自然之所以能够使他得到"恢复"，或许就是在于自然美美育的情感宣泄作用吧？

自然美美育的净化心灵作用

前面分别讲到自然美美育的情感陶养、心境转移和情感宣泄三种作用。这三种作用，可能表现为不同的审美主体的三种情况，也可能

---

① 参见斯托曼《情绪心理学》，辽宁人民出版社1986年版，第370～371页。

② 《梅圣俞诗集序》。

表现为同一审美主体在接受情感教育时的几个阶段。但是，这三种作用的最后归宿，都达到于不同程度上的心灵的净化。

所谓心灵净化，在自然美美育中是其情感教育的最高级的机制和阶段。因而就它的表现特征来讲，它是格外轻松、舒畅而精神满足的境界。依照《庄子·知北游》之所论，它是在乐与悲都平息下来之后而达到的。古希腊的柏拉图曾提出过美感的“迷狂说”，而心灵净化则是在这种迷狂之后实现的。柏拉图对美感的“迷狂”情状是这样描述的，他说：“有这种迷狂的人见到尘世的美，就回忆起上界里真正的美”，因而“惊喜不能自制”。譬如说，“如果他见到一个面孔有神明相，或是美本身的一个成功的仿影，他就先打一个寒颤，仿佛从前在上界挣扎时的惶恐再来侵袭他；他凝视这美形，于是心里起一种虔敬，敬他如敬神；如果他不怕人说他迷狂到了极顶，他就会向爱人馨香祷祝，如向神灵一样。当他凝视的时候，寒颤就经过自然的转变，变成一种从未经验过的高热，浑身发汗。因为他从眼睛接受到美的放射体，因它而发热，他的羽翼也因它而受滋润。感到了热力，羽翼在久经闭塞而不能生长之后又苏醒过来了。这种放射体陆续灌注营养品进来，羽管就涨大起来，从根向外生展，布满了灵魂胸脯——在过去，灵魂本是周身长着羽毛的。在这过程中，灵魂遍体沸腾跳动……发烧，又痒又疼”①。尽管夹杂着神学比附，这段话还是有力地说明了主体在美感中发生着怎样强烈的情感激荡：又是惶恐的寒颤、又是虔敬的凝视、又是灵魂的遍体沸腾，一言以蔽之曰，“迷狂状态”。然而，心灵净化的境界却并非这美感的迷狂状态本身，而是犹如暴风雨之后的宁静，是在美感的迷狂般的情感激荡消歇安定下来之后达到的。

进一步说，譬如晋人王胡之在观赏吴兴印渚的自然美时所感叹的：“非唯使人情开涤，亦觉日月清朗”，就是这种心灵净化的境界。

---

① 柏拉图：《文艺对话集》，人民文学出版社1983年版，第125～128页。

从这里还可以知道，所谓心灵净化原是对心灵两个方面的净化。第一个方面是“使人情开涤”，即情感的净化。其内容是帮助主体摆脱不良心境的困扰，使之从个人的苦痛苦恼中升华到忘我的思想境界。所以，即使身遭不幸，亦能心胸开阔，以稳定而健康的心态迎接生活的挑战。第二个方面是“觉日月清朗”，即向美的情操升华。这是对于主体的种种占有欲的净化。它虽然未必会使占有欲完全消除，却能使占有欲被控制在一定的水平，使主体的整个认识和愿望的系统都服从于美的规律，从而在感性和理性都获得自由和解放。所以，达到心灵净化境界的主体面对自然美，便会像王胡之那样“觉日月清朗”，或者像简文帝那样“觉鸟兽禽鱼，自来亲人”[①]，或者像库申说的那样以一种“无私的崇拜心理”去领悟人体美。正是由于对占有欲的净化，因而可以说“美感是一种特别的情操”[②]。

显而易见，自然美美育的心灵净化作用是与主体通过美感而调整认知模式、人格模式密切相关的。当代心理学家彼得斯指出，情感教育主要涉及道德方面，它培养人们树立正确的价值观以及对真理的认识、理解和追求；他还认为，情感教育的重要形式就是发展主动情绪的积极的道德模式，使善的、主动的情感发展为稳定的素质或情操[③]。实际上，这正适用于对自然美美育的心灵净化作用的理解或说明。

所以，心灵净化不但是自然美美育中情感教育的最高阶段，而且是它的最高形式。那么，这种心灵净化作用有着怎样的力量呢？可以说，它不仅是道德修养、人格建设的重要途径，还能够使人即使在极端屈辱的环境中葆有自己心灵的高尚和人格的力量。我们不妨举一个较为极端的例子，这就是马克思和恩格斯在《神圣家族》中曾经讨论过的《巴黎的秘密》的主人公玛丽花。

在小说《巴黎的秘密》中，玛丽花因受骗而沦为妓女，陷入极端

---

① 《世说新语·言语》。

② 《西方美学家论美和美感》，商务印书馆1980年版，第231页。

③ 参见斯托曼《情绪心理学》，辽宁人民出版社1986年版，第391、394页。

屈辱的境遇。但是我们看到，玛丽花在受到宗教的毒害之前，她热爱太阳，热爱花，热爱美丽的大自然。马克思、恩格斯十分重视这一点，评论道："太阳和花给她揭示了她自己的像太阳和花一样纯洁无瑕的天性。"他们认为，"在大自然的怀抱中，资产阶级生活的锁链脱去了，玛丽花可以自由地表露自己固有的天性，因此她流露出如此蓬勃的生趣、如此丰富的感受以及对大自然美的如此合乎人性的欣喜若狂"。不用说，她也就会在潜移默化中受到自然美美育，在幸福的精神享受中得到情感熏陶乃至心灵净化。而马克思、恩格斯认为，正是玛丽花对自然美的热爱，使她能够"在非人的境遇中得以合乎人性地成长"，在屈辱不堪的生活中"仍然保持着人类的高尚心灵、人性的落拓不羁和人性的优美"①。

对于玛丽花这样的风尘弱女，自然美美育的心灵净化作用尚有如此的力量。难怪战国时期身遭放逐、悲愤填胸的屈原，要"扈江蓠与辟芷兮，纫秋兰以为佩"、"制芰荷以为衣兮，集芙蓉以为裳"，还要"朝搴阰之木兰兮，夕揽洲之宿莽"。这不也是要在自然美美育中净化心灵，使自己在屈辱的境遇里"仍然保持着人类的高尚心灵、人性的落拓不羁和人性的优美"吗？身陷屈辱境地的人，能够通过自然美美育的心灵净化作用获取精神力量；那么，我们一般的人不更应该看重它，使自己达到更高的思想境界吗？

总之，自然美美育具有情感陶养作用、心境转移作用、情感宣泄作用和净化心灵作用。通过对这四种作用的讨论，我们也就基本上说明了自然美美育情感教育的发生、功能和表现诸问题。由此可以说，自然美美育总是激发和培养我们美的、善的情感，并帮助我们把丑的恶的情感渐渐压伏淘汰，因而是我们进行情感教育的有力手段和重要途径。

这样，我们就把自然美美育的三种基础性功能做了必要的讨论，

① 《马克思恩格斯论艺术》，第3卷，中国社会科学出版社1983年版，第39、41页。

它们是美的启蒙教育、审美感受力的培育和特殊的情感教育。这三种功能当然是同时发生的，相互关联、相互促进地共同构成自然美美育的基础形态，使之具有丰富的表现和动人的魅力，使人们在倾心赏美之中自觉或不自觉地乐意受教。不过，它们仍然是自然美美育的基础性功能。自然美美育还有较之更为复杂的功能和表现。对于后者，我们将在下面两章去讨论它。但是，不管即将进一步讨论的自然美美育形态有怎样的复杂性、深刻性，却都是这样那样地从基础性功能生发和衍化出来的，即都是以美的启蒙教育、审美感受力的培育、特殊的情感教育为基础的。所以，把握自然美美育的基础性功能，为我们进一步探讨自然美美育的其他功能及表现，提供了突破口或门径。下面便来作这种进一步的考察。

第三章　自然美美育的定向化

一、两种美感形态：雄伟感与秀丽感

清代著名的文学家方苞，游雁荡山而返，将他的体验和感想写成了《游雁荡山记》。他认为，雁荡山的山容壁色，与其他名山没有什么不同；但是，它也有自己突出的特点，即它的岩壑别具一格，幽奇险峭，殊形诡状，壁立千仞，不可攀援。他进而发表感想说："凡山川之明媚者，能使游者欣然而乐。而兹山岩深壁削，仰而观、俯而视者，严恭静正之心不觉其自动。盖至此，则万感绝，百虑冥，而吾之本心乃与天地之精神一相接焉。"在这里，他将对于山水自然美的美感分为两个种类。一种是在欣赏明媚的自然山水时，其美感特征是使人"欣然而乐"；另一种是欣赏险峻奇异的自然山水时，其美感特征是使人顿生"严恭静正之心"，进而使人获得相当深刻的理性感悟。

方苞所说的第一种美感形态，也即姚鼐所谓"阴与柔之美"。姚鼐认为，在大自然中，"如升初日，如清风，如云，如霞，如烟，如幽林曲涧，如沦，如漾，如珠玉之辉，如鸿鹄之鸣而入寥廓"等等，能引起人们偏于阴与柔的美感。方苞所说的第二种美感形态，也即姚鼐所谓"阳与刚之美"。姚鼐认为，在大自然中，"如霆，如电，如长风之出谷，如崇山峻崖，如决大川，如奔骐骥"，又"如杲日，如火，如金镠铁"等等，它们引起的人们的美感则偏于阳与刚。[①]

① 《复鲁絜非书》。

姚鼐之所论，主要列举美的自然山水以及日月星辰、云雾烟霞、玉石珍珠等等引起的美感。其实，在有生命的美的自然事物中，也能引起这两种不同类型的美感。拿植物来说，譬如杨柳，一般地能引起人们偏于阴与柔的美感。所以《诗经》的《采薇》诗中，有“昔我往矣，杨柳依依。今我来思，雨雪霏霏”的名句。其中第一句诗，便用杨柳轻轻飘荡的美的形象来表现戍卒离家时轻松而欢愉的情愫。而松柏所引起的美感，一般却是偏于阳与刚的。再拿动物来说，许多美的食草动物，例如羚羊、麋鹿之类，引起的美感往往偏于阴柔；而许多美的肉食动物，例如狮子、老虎之类，引起的美感则往往偏于阳刚。

甚至美的人体也有类似的情况。譬如翟墨做过这样的比较，他说：“男人体以阳刚之美取胜，给人以强烈的力感量感和动感。那浓眉大眼方口棱颚凸起的喉结粗大的脖颈洋溢着勃勃的朝气。那宽厚的胸膛健壮的手臂隆起的肌肉黝黑的皮肤蕴蓄着巨大的爆发力抵抗力张力和应力。男人体魁梧高大，呈倒三角形，上宽下窄，不稳平衡，适宜于动：站起像一座挺拔的高山，躺下像一条壮阔的大河，奔走像一串滚动的惊雷。”与此不同，“女人体以阴柔之美见长，给人以优雅的柔软感弹性感和宁静感。那浑圆的肩膀饱满的乳房纤细的腰肢丰满的臀部构成神奇的起伏完美的曲线。那飞瀑的黑发闪动的睫毛莹白的肌肤嫩红的樱唇弥漫着微妙的色彩飘忽的馨香。女人体玲珑俊秀，呈正三角形，上窄下宽，稳定平衡，适宜于静：站起像一个亭亭玉立的花瓶，躺下像一泓微波起伏的梦湖，行动像一缕轻舒曼卷的烟霞……”①

由上可知，偏于阴柔与偏于阳刚的两种美感形态，在对于自然美的美感中具有普遍性。在第一章里我们说过，自然美美育的奥秘在于美感。而美感又分为阴柔的与阳刚的两种不同形态，那么，这种美感形态与自然美美育有着怎样的联系呢？这是我们在讨论自然美美育的基础性功能时，还没有接触到的。现在，我们就要以自然美美育基础

① 《当代人体艺术探索》，文化艺术出版社1988年版，第3～4页。

性功能为前提，进一步讨论自然美欣赏的美感形态与美育的关系。为此，本节先来讨论这两种美感形态的特征与规律。我们拟提出如下要点，逐次进行讨论。

第一，这两种美感形态虽然依据于美的自然对象的一定特征，但它们的区分却与欣赏者个人的尺度有关。因而，即使同一美的自然对象，对不同的欣赏者往往引起不同的美感形态。

前面说过，方苞提出的两种美感形态在自然美欣赏中具有普遍性，类似于姚鼐所谓阴柔之美与阳刚之美。不过，姚鼐与方苞有一点不大相同，即姚鼐把阴柔与阳刚首先是作为两种美来看待的。他认为："阴阳刚柔，其本二端，造物者糅而气有多寡，进绌，则品次亿万，以至于不可穷，万物生焉。"于是，自然美便有阴柔之美与阳刚之美的区分。这种区分从事实方面来看，如前文所列举，确实有一定的根据。不过进一步来看，要严格地贯彻这种区分也有相当的困难。姚鼐在理论上也感到这种困难，并且指出："一阴一阳之为道。"即万物的规律是既有阴、又有阳的，所以"糅而偏胜可也，偏胜之极，一有一绝无"，则不可也。[①]他还说，"阴阳刚柔并行而不容偏废，有其一端而绝亡其一，刚者至于偾强而拂戾，柔者至于颓废而暗幽"[②]。总之，不能只有阳刚，也不能只有阴柔，而要阴阳相合、刚柔相济，在这个基础上有所偏胜，才有阴柔美与阳刚美。这样说来，阴柔者也须有阳刚的一面；反之亦然。譬如云霞，即是阴阳刚柔相合相济的。所以，飘飘白云可以以阴柔胜，但滚滚云海则以阳刚胜；轻柔霞光可以以阴柔胜，但满天火红的晚霞则以阳刚胜。麋鹿也是如此。湖畔静息的麋鹿以阴柔胜，但若是群鹿风驰电掣般在原野上飞驰，又以阳刚胜。所以，同一个美的自然事物，有时可以唤起偏于阴柔的美感，有时可以唤起偏于阳刚的美感。这两种美感虽有对象方面的根据，但要在对象方面作为美的种类加以固定尚有一定的困难，而作为美感的种

① 《复鲁絜非书》。

② 《海愚诗钞序》。

类却可以作出较为确切的描述和剖析。

而且，同一个美的自然对象，在不同的欣赏者可能引起不同类型的美感。譬如对于同一条江河，有人引起阳刚形态的美感；但也有人可能引起阴柔形态的美感，而对于大海，他才起阳刚形态的美感。又譬如对于同一座险峰，有人引起阳刚形态的美感，但也有人可能觉得它还不够险峻，并不起阳刚形态的美感。清人袁枚曾游黄山登始信峰，“峰高且险，下临无底之溪”。这在许多人是要引起阳刚形态的美感的。但袁枚站在峰顶悬崖边上，把脚指头也伸出悬崖之外。陪他游山的和尚连忙将他拉住，怕他掉下去。袁枚却笑着说：“掉下去有什么关系？不妨事。”和尚问他为什么这样说，袁枚答道：“下面的山溪其深无底。人如果掉进去，它还是无底。人在水里飘飘荡荡，不知飘到何处去？纵然山溪有底，也要费许多时间才能达到，完全可以从从容容找到活路。”说得和尚大笑起来。[①]在这里，袁枚基本上还是“欣然而乐”的美感，并没有发生“严恭静正之心”，也未入“万感绝，百虑冥”之境。

当然，袁枚也能发生方苞说的第二种形态的美感，这是当他被人背着在山上疾行的时候。背他的人走得很快，“捷若猱猿，冲突急走”；袁枚在他背上看见“千万山亦学人奔，状如潮涌。俯视深坑怪峰在脚底相待，倘一失足，不堪置想。然事已至此，惴栗无益，若禁缓之，自觉无勇。不得已，托孤寄命，凭渠所往，觉此身便已羽化。”这时他看见下面是坚硬的石头，掉下去会粉身碎骨，于是才恐惧起来；不过，他没有为恐惧所压倒，而是相信背他的人，把生命交给他，任凭他疾走如飞，反倒觉得自己飘飘然像神仙一般了。这正是方苞所谓“万感绝，百虑冥，而吾之本心乃与天地之精神一相接”。

由此可见，发生怎样的美感形态，固然与自然对象的一定特征相关，但也取决于欣赏者个人的尺度。有的人，身临悬崖便难以发生阴

① 袁枚：《游黄山记》。

柔形态的美感；但袁枚这样的人，只要下面是深潭，就仍然能够发生阴柔形态的美感。如此说来，阴柔与阳刚这一对范畴，与其当作美的种类来考虑，不如当作美感形态的种类来把握。那么，这两种美感形态究竟与自然对象怎样的特征相关？又取决于怎样的个人尺度呢？下面再来深入一步讨论。

第二，阴柔与阳刚两种美感形态，首先与美的自然对象的形式特征相关；这种形式特征给予主体以或强或弱的感性刺激力，引起主体的感性感受。而主体的感性承受力的强度就作为个人的尺度，或者发生快感，或者发生不快感，于是美感或者偏于阴柔，或者偏于阳刚。

这就是说，对于这两种美感形态，首先可以从感性感受来考察。不难发现，阴柔形态的美感是伴随着快感的，阳刚形态的美感则是有不快感相伴随。譬如我们欣赏幽林曲涧的美，就有感性的快适发生；我们欣赏悬崖峭壁的美，雄鹰猛鹫的美，男性强健的美，在美感中就伴随有感性的不快。其实，早在柏拉图，便指出过存在“不混合的快感”与“混合的快感”两种样式。前者“使感官感到满足，引起快感，并不和痛感夹杂在一起”①；后者则指“一些快感，看来是很大而且很多的，实在是和痛感混合在一起，是和身心两方面最大的痛苦的停止混合在一起”。前者发生在阴柔形态的美感中，后者发生在阳刚形态的美感中。

这两种形态的美感之所以分别与快感和痛感相联系，是与对象的形式特征及其感性刺激相关联的。柏克曾经把阳刚形态美感的对象称为“崇高”或“崇高的对象”，把阴柔形态美感的对象称为“美”或“美的对象”。他分析说：“崇高的对象在它们的体积方面是巨大的，而美的对象则比较小；美必须是平滑光亮的，而伟大的东西则是凹凸不平和奔放不羁的；美必须避开直线条，然而又必须缓慢地偏离直线，而伟大的东西则在许多情况下喜欢采取直线条，而当它偏离直线

① 《文艺对话集》，人民文学出版社1963年版，第297～298页。

时也往往作强烈的偏离；美必须不是朦胧模糊的，而伟大的东西则必须是阴暗朦胧的；美必须是轻巧而娇柔的，而伟大的东西则必须是坚实的，甚至是笨重的。它们确实是性质十分不同的观念，后者以痛感为基础，而前者以快感为基础；尽管它们在以后可能发生变化，违背它们的起因的直接本性，可是这些起因却仍然使它们保持着永恒的区别。”[①]就是说，美的对象在形式特征上如果比较小、轻巧娇柔、明朗而富于曲线，往往引起阴柔形态的美感，或者叫做优美感、秀丽感。反之，如果体积巨大、坚实笨重、阴暗模糊、多有直线而奔放不羁，往往引起阳刚形态的美感，或者叫做崇高感、伟大感、壮美感、雄伟感等等。

所以，康德在论崇高时，便把崇高归结为量，认为有力学的崇高和数学的崇高。力学的崇高是强劲的，数学的崇高是巨大的。那么相应地，优美的则是柔和的和娇小的。

进而不难见出，引起优美感、秀丽感的美的对象，由于它的形式特征，所以能给予人的感性刺激力相当柔和、相当平缓，使感官觉得快适。如像清风、明月、彩虹、垂柳、美的女人体，其感性品格、形式特征就有着这种类型的刺激力，我们的美感往往伴随感性的快适，是阴柔形态的优美、秀丽之感。而引起壮美感、雄伟感的美的对象，由于它的形式特征，所以给予人的感性刺激力就相当强大、相当剧烈，使感官觉得不快。如美的男人体的高大魁梧、强劲的肌肉、黝黑的皮肤、呈倒三角形的不稳平衡等等，都给我们的感官以强有力的刺激，使美感伴有感性的不适，形成阳刚形态的壮美、雄伟之感。

如此说来，对象的感性刺激力有强劲型与柔和型之分，主体的美感由是或者伴随痛感、不快感，或者伴随感官的快适感、满足感，因而或偏于阳刚、形成雄伟感，或偏于阴柔、形成秀丽感。但是，在这一连串的环节中，还有一个关键的中介，即欣赏者主体的感性承受力

---

① 《西方美学家论美和美感》，商务印书馆1980年版，第123页。

的强度。而不同的主体，其感性刺激的承受力不尽相同，往往有程度的差别。即以高山上的悬崖为例，有的人感性刺激承受力弱，离悬崖边老远便已经心悸目眩；有的人却能稳稳地站到悬崖边上，如袁枚还将脚趾放置于悬崖之外，其感性刺激的承受力就相当强。这样，同一个美的对象，尽管具有相同的形式特征，对不同的人可能引起快感，也可能引起不快，可能觉得秀丽，也可能觉得雄伟。

当然，人们感性刺激承受力在程度上的差异，只能使我们不要将美感形态与对象的形式特征的联系绝对化，即不要机械地认为怎样的形式特征一定会发生或者阳刚、或者阴柔的美感。但是，无论如何，对于主体说来，如果发生阴柔形态的美感，就一定伴随有快感；如果发生阳刚形态的美感，就一定伴随有不快感。这是对各个欣赏主体都适用的通例或规律。并且，虽然不能将美感形态与对象的形式特征的联系绝对化，但是，也可以承认有相对的、大致的对应性。

第三，阴柔与阳刚两种美感形态，还与自然美作为现实事物与人的关系相关；这种关系引起人们发生或者顺受、或者逆受的精神反应，因而使美感或者偏于阴柔，或者偏于阳刚。

人们对自然美的美感，不仅伴随发生感性的感受，即快感或不快，还伴随发生其他的精神反应。例如欣赏清风明月、幽林曲涧，在美感中会伴随有朦胧的悠游舒适之感，进而还可能产生亲昵、爱怜的感情。然而，欣赏危峰悬崖、大海惊涛，在欣赏者却会发生朦胧的紧张压迫之感，进而还可能有悲哀、恐怖等感情。前一种是顺受的精神反应，后一种则是逆受的精神反应。

追溯这种顺受或逆受的精神反应发生的缘由，在于自然界美的事物同时又是现实的实际事物，与人、即欣赏主体有这样那样的现实的关系。于是，主体不但发生美感，同时还发生这样那样的现实感。如果美的自然事物在其现实品格上不仅于人没有损害、威胁，而且还是协调的，甚至有益的，我们的精神反应往往是顺受的。清风明月就是如此。它不但是美的，而且往往有益于我们的生活活动，所以有悠游舒适，乃至亲昵、爱怜的感情发生。如果美的自然事物在其现实品格上对我们有损害的可能，有实际的威胁，我们的精神反应往往是逆受的。危峰悬崖既有崩塌的危险，我们在那里又有坠落的威胁；大海惊涛有可能颠覆船只，有可能把我们吞没。我们的精神反应就往往是紧张的，甚至是恐怖的。

而且一般说来，在这里精神反应与感性感受存在着一致性。如果我们在美感中伴随发生的其他精神反应是顺受的，那么，其感性反应一般也是快感；如果精神反应是逆受的，其感性反应一般也是不快的。就是说，美的自然物在其现实品格上如果与主体相协调、对主体有益，那么，它的形式特征给予主体的刺激力，往往也是柔和的、平缓的。如果它与主体相冲突、对主体有威胁，那么，它的形式特征给予主体的刺激力往往也是强大的、剧烈的。例如清风明月就不仅使主体有感性的快适，还使主体发生悠游舒畅、亲昵爱怜之情；而危峰悬崖不仅使主体有感性的不快，还使主体发生紧张压抑、悲哀恐怖之感。

当然，这种精神反应的顺与逆，犹如感性感受的快适与否一样，又取决于主体个人的尺度。如果说，对于对象的一定刺激力，主体的感性感受取决于主体的感性刺激承受力；那么，对于对象的现实品格及现实关系，主体的精神反应就取决于主体的意志品质了。于是，由感性感受与精神反应的一致性，我们不难了解，人们的感性刺激承受力的强弱，也是与他们意志品质的强弱，大致协调一致、差别不大的。

但是，第四，无论是感性的快感或不快，也无论是顺受的或逆受的精神反应，它们本身并不就是美感。只有当它们伴随美感而发生的时候，它们才成为美感的一部分或一方面。

拿快感来说，它本身并不是美感。因为快感只是感官的快适。口渴时得到水喝，寒冷时烤火取暖，都可以得到感官的快适。但单单是这种快感，却与阿Q触摸小尼姑头皮而在手指上获得触觉的快适，在原则上没有什么区别。它们与根本上是理性获得满足的美感，不是一回事。但是，美感却并不排斥快感，快感可以伴随美感而发生，使美感更加充溢感性的光辉。

顺受的精神反应也是如此。这种精神反应的发生，是建立在对象与主体的一种协调或有益的关系上。例如在月光下可以散步、可以抒情、可以恋爱，于是对月光有一种亲昵、爱怜之情。但是，在月光下从事这些活动，并非月光的美之所以美的根源；其实，在月光下，什么事情不可能发生呢？所以，这种顺受的精神反应，本身未必就是对月光的美感。月光的美在于它的光芒色彩的美。对月光的美感就是主体对月光这种偏于形式的美的感受和感动。但是，对月光的美感并不拒斥对月光的一种亲昵、爱怜之情。后者在伴随美感发生时，可以在一定程度上增强美感。

再来说感性的不快，即被柏拉图、柏克称为“痛感”的感性感受。它本身并非美感，这是显而易见的。而且，它既是感性的不快，就是与美感的愉悦相矛盾、相冲突的。既然如此，它怎么可能与美感共同出现，并成为美感的一个方面呢？它在美感中到底有何作用呢？这是我们必须进一步讨论的问题。

同样，逆受的精神反应既然引起悲哀、恐怖的感情，当然也是与美感相矛盾、相冲突的。所以，康德曾说：“自然界在我们的审美判断里，不是在它引起我们恐怖的范围内被评为崇高。”他还说：“对于一个叫人认真感到恐怖的东西，是不可能发生快感的。所以从一个重压里解放出来的轻松会是一种愉快。而这愉快，因为它是一个从危险的解脱，就会同时抱定主意，不再去冒那个险了啊，甚至于不愿再回想到它，更不必说再度去寻找机会了。”[①]这就是说，单纯的恐怖感，本身并非美感；过于强大的恐怖感，还会压制和破坏美感。所以，深山遇虎，或身坠悬崖，我们完全为恐怖感所震慑，不能发生美感。即

① 康德：《判断力批判》上卷，商务印书馆1964年版，第101～102页。

使万一脱险生还，那也是一段可怕的回忆。如果这情境在梦中复现，是要令人惊怖胆寒的。俗话说，一朝被蛇咬，十年怕草绳。讲的也是这个道理。所以康德说，我们会不愿再回想到它，更不必说再度寻找机会了。但是对于某些特定的“险境”，人们依然会产生审美的意趣。例如我们对悬崖峭壁、大海惊涛的审美欣赏，尽管有恐怖感伴随发生，我们却乐意回想它，乐意再度寻找机会去体验它。又例如对于狮子、老虎等猛兽，我们设置动物园，用栅栏把它们与人隔开；或者像坦桑尼亚国家森林公园那样，人们坐在封闭的汽车里，驰入猛兽出没之地，透过玻璃窗去观赏它们。这虽然削弱了现实的威胁，但我们仍有相当程度的恐怖感发生。只是这种恐怖感虽与美感相冲突，却为美感增添了别种兴味。在这种情况下，甚至对象越可怕，就越对我们有吸引力。那么，这种恐怖感在美感中，到底又有何作用呢？这是需要讨论的。

由上所述，感性的快感与不快，其他精神反应的顺受与逆受，本身不是美感，却可以伴随美感而发生。于是，美感便有了一种二重结构。一方面，美感主要是狭义的美感，即对于美的感受和感动；另一方面，美感还伴随发生一定的感性感受和其他精神反应，即对于美的事物的现实品格以及与人的现实关系的感受和感情反应。美感就是这两个方面构成的一种混合的情绪活动。这两个方面可能是相互调和的，即美感愉悦与感性的快适以及亲昵、爱怜之情相互调和，形成偏于阴柔形态的秀丽感，或优美感。这两个方面也可能相互矛盾，即美感愉悦与伴随发生的感性的不快以及恐怖之情相互矛盾，形成偏于阳刚形态的雄伟感，壮美感，或崇高感。下面，我们将这两种美感形态再作对比的讨论，重点说明在阳刚形态的雄伟感中美感二重结构的实际状态。

第五，在两种美感形态中，美感二重结构的特征和魅力。

阴柔形态的秀丽感，是一种调和的混合情绪活动。一方面，美的自然物引起美感愉悦，根本是理性的满足、心灵的快乐；另一方面，它又引起感性快适和其他的精神愉快，在最初是一种朦胧的悠游舒适之感，经过深化则发生亲昵、爱怜等感情。这两个方面是一致的、调和的，整个说来是愉快的。这种秀丽的美感，既使人悦目娱耳，又使人豫情怡性，给人一种温馨、宁静、恬适的精神享受，唤起甜蜜的爱恋之情，又似乎是感官欢乐的节日。人们在自然美欣赏中，经常发生这种形态的美感，不但很快乐地接受美的启蒙教育、审美感受力的培育，而且受到美的情感陶养。那些身遭不幸的人们，由此还得到大自然温柔的安慰。因此，这种美感形态，是人们的一种重要的精神享受。

阳刚形态的美感，也是一种重要的精神享受。但是，感性的不快和其他精神上的不快，乃至悲哀、恐怖等感情，如何能成为人们的精神享受呢？这是我们首先要重点讨论的问题。

前面说到，由于主体感性刺激承受性以及意志品质等主体条件，对于一定的美的自然物在观赏时会发生不快感、悲哀感、恐怖感。十分明显，如果这种感受和感情在质上持续不变、在量上始终强大，那么，就谈不上真正的美感愉悦。因而，这些感受和感情在美感情绪活动过程中必然是变化的。正如柏拉图所说，那种与痛感“混合的快感”，“是和身心两方面最大的痛苦的停止混合在一起”。即是说，痛感与快感的混合，最终要导致“痛苦的停止”，即不快感的消失，才成为“混合的快感”。而莱布尼茨又曾说：“鉴赏力是由一些混乱的感觉组成的”，“它们引起一种与痛感只有大小之分的不安心情，这种心情往往形成我们的欲望，乃至于通过产生一种使人激动的味道，形成我们的快感”[①]。这里更讲到，不快感、悲哀感、恐怖感等等“不安心情”，不仅会消退，还会形成欲望，使人激动，即转化为意志与激情。这些意见说明，在阳刚形态的雄伟感中，不快感、悲哀感与恐怖感会向愉悦感转化，并且这种愉悦感将不同于单纯的愉悦感。但他们还没

① 《西方美学家论美和美感》，商务印书馆1980年版，第84～86页。

有能较清楚地说明这种转化的途径和这种愉悦感的新质。在这方面，康德提出了重要的见解。他的见解有三点值得注意：

首先，康德指出，崇高的情绪“是一种仅能间接产生的愉快；那就是这样的，它经历着一个瞬间的生命力的阻滞，而立刻继之以生命力的因而更加强烈的喷射，崇高的感觉产生了”。在这里，“心情不只是被吸引着，同时又不断地反复地被拒绝着。对于崇高的愉快不只是含着积极的快乐，更多的是惊叹或崇敬，这就可称作消极的快乐”。[①]这就指出，在雄伟感，即崇高感中，同时活动着对主体的吸引和拒斥两种情绪，并由此而产生以惊叹、崇敬为特征的愉快，这是间接产生的、消极的快乐。

其次，康德还指出，崇高感的产生首先是因为对象的量越过了想像力对于大的审美估量，使我们有一种无能之感，是不愉快的；但是，“一切在自然界里对我们作为大的对象，在和那理性的观念相比较时，将被估量为小”。于是在这种自然对象面前，我们由想像力的无能而转向对于理性观念的企望和努力，从而发现了自己的无限能力，所以在这里同时引起一种愉快感。因而，“心情在自然界的崇高的表象中感到自己受到激动……这个激动（尤以在它开始时），能够和一种震撼相比拟；这就是这一对象对我们同时快速地交换着拒绝和吸引”。这是想像力与理性在估量上的不一致和对立。随着向理性观念的企望和努力，即随着心情的扩张并在内心激起“超感性的使命的情感”，开始时尤为突出的震撼之感便向一种令人激动的愉快感转化。[②]这又指出在崇高感中理性的积极活动与重要意义，并且由于它的活动，那最初的震撼向充满激情的快乐推移。这显然是对崇高感中情绪转化途径和情绪新质的重要说明。

再次，康德还进一步说明了崇高感的产生条件和特殊魅力。他说：“高耸而下垂威胁着人的断岩，天边层层堆叠的乌云里面挟着闪

① 康德：《判断力批判》上卷，商务印书馆1964年版，第84页。

② 同上书，第97～98页。

电与雷鸣，火山在狂暴肆虐之中，飓风带着它摧毁了的荒墟，无边无界的海洋，怒涛狂啸着，一个洪流的高瀑，诸如此类的景象，在和它们相较量里，我们对它们抵拒的能力显得太渺小了。但是假使发现我们自己却是在安全地带，那么，这景象越可怕，就越对我们有吸引力。我们称呼这些对象为崇高，因它们提高了我们的精神力量越过平常的尺度，而让我们在内心里发现另一种类的抵抗的能力，这赋予我们勇气来和自然界的全能威力的假象较量一下。”①

康德对崇高感的这些理论考察，可以帮助我们理解崇高感中复杂的情绪混合活动，理解崇高感、即阳刚形态的雄伟感何以能够成为一种特别的精神享受。

不过，康德的理论思考也有他的局限，即他着重考察的只是美感中伴随发生的感性感受和其他精神反应的方面，相对忽视了对于美的感受和感动这一方面，没有明确地从美感的这种二重结构去加以理论探讨。所以，在了解康德上述见解之后，还有必要补充爱迪生的下述意见。

爱迪生在论及一种特殊的美感样式，即“一种愉快的惊奇”时说：“我们的想像就爱有一种对象来把它塞满，就爱抓住过分的超过它的掌握能力的那种对象。对着这些无边的景象，我们就被投入一种既愉快而又惊奇的心境；抓住了它们，灵魂中就感觉到一种可喜的平静和惊奇。人的心天然地厌恶凡是对它像是一种约束的东西……但是如果这伟大之外又加上一种美或奇特，例如惊涛骇浪中的海洋，由繁星装饰起来的天空，或是一片分布着河流、树林、崖石和草原的山水风景，我们的乐趣就会加强，因为它不仅起于某一个单独的根源。”②当然，在感性感受和其他精神反应的活动、变化方面，爱迪生的探讨不及后来的康德那样精深。但是爱迪生却抓住了美感的二重结构，认为在对象方面是伟大加上美，才引起主体产生一种“愉快的惊奇”

① 康德：《判断力批判》上卷，商务印书馆1964年版，第101页。

② 《西方美学家论美和美感》，商务印书馆1980年版，第96～97页。

的。即是说，并不是只要站在安全的地方，一切可怖的景象都能引起崇高或雄伟的美感；还需要这景象是美的，才能引起这种美感。这一点，恰是康德忽略了的。

这样，我们就可以对阳刚形态的雄伟的美感，提出如下的理论概括。阳刚形态的雄伟的美感，是一种矛盾的混合情绪活动。一方面，自然美引起美的感受和感动，在根本上是心灵的愉悦、精神的享受；另一方面，美的自然物作为实际的现实事物，又引起感性的不快和其他逆受的精神反应，最初是一种朦胧的紧张压迫之感，进而发生悲哀、恐怖之情，引起心理上对于对象的“霎时的拒抗”。这两个方面显然是不一致的、矛盾的。但它们却互相影响着、渗透着、推动着，并且通过深刻的理性活动使紧张、压迫之感和悲哀、恐怖之情转化为一种惊奇的愉快、崇敬的激情，推动和加强了美的感受和感动。这种雄伟的美感，既使人意气昂扬，又使人悦心悦志，给人一种粗犷、激奋、热烈的精神享受，唤起强劲、充沛的精神力量，意志在鼓舞中向自由境界升华。人们在自然美欣赏中，经常发生这种形态的美感，给予自然美美育的情感教育以巨大的助力，往往使那些身遭不幸而斗志不懈的人们获得精神的鼓舞。因此，这种美感形态，同样是人们的一种重要的精神享受。

这样，我们在上一章讨论了较为单纯的自然美美感的教育作用，在本章本节又从美感的二重结构讨论了较为复杂的两种美感形态，那么，这两种美感形态将给予自然美美育以怎样的影响或贡献呢？我们在下一节来讨论它。

二、气质和性格的定向化美育

丹纳曾经提出“自然界的结构留在民族精神上的印记”这个命题，并且以希腊为例，认为希腊自然界的结构特点给予希腊人的精神气质、民族性格以重大的影响。他说道：“希腊境内没有一样巨大的东西；外界的事物绝对没有比例不称、压倒一切的体积。既没有巨妖式的喜马拉雅，错综复杂与密密层层的草木，巨大的河流，像印度诗歌中描写的那样；也没有无穷的森林，无垠的平原，狰狞可怖的无边的大海，像北欧那样。眼睛在这儿能毫不费事的捕捉事物的外貌，留下一个明确的形象。一切都大小适中，恰如其分，简单明了，容易为感官接受……人看惯明确的形象，绝对没有对于他世界的茫茫然的恐惧，太多的幻想，不安的猜测。这便形成希腊人的精神模子，为他后来面目清楚的思想打下基础——最后还有土地与气候的许多特色共同铸成这个模子。”[①]这种精神模子，表现为希腊人的活泼、轻快，性格和谐而心情开朗。

实际上，丹纳在这里谈到的见解，正是说明在自然美一定的形式特征基础上发生的特殊的美感形态，对于人的气质和性格具有某种定向化的美育作用。就他所举的希腊的例子来说，即是在希腊自然美的形式特征基础上，一般发生阴柔形态的秀丽的美感；这种形态的美感，有助于使希腊人的气质趋于明敏灵秀，使希腊人的性格趋于温和优美。

我们还可以依照此例，对我国的南方和北方的有关情况做一对比性的考察。显而易见，我国南方和北方，在自然美的形式结构方面及现实关系上，确有不同的特征。南方的自然风物，大抵是山明水秀、细雨和风、莺歌燕舞、鸟语花香。因为南方气候温润，占尽春时，大地常绿，景色宜人。所以，其美的自然事物在形式特征上纤秀秾丽而富于曲线，其感性刺激力多是轻柔而平和的，作为现实事物与人的关系也常常是协调一致的。由是，南方人的自然美欣赏多发生阴柔形态的秀丽的美感。南方人在气质上往往敏感而多情，在性格上往往细腻而柔顺，与受到这种美感形态的熏染是有关的。

北方的自然风物，则有辽阔的草原，天苍苍、野茫茫，无边无

---

① 丹纳：《艺术哲学》，人民文学出版社1963年版，第255～256页。

际；又有浩瀚的沙漠，“大漠孤烟直，长河落日圆”，空阔而雄悍；更有滚滚的黄河一泻千里，坦荡的平原一望无涯，长白山漫山遍野的原始森林，大西北铺天盖地的一色黄土……到处是巨大的体积、单调而狂放不羁的线形和色彩，给人以强劲刚猛、咄咄逼人的感性刺激。更兼冬季漫长、严寒肆虐，一切生命在这里都受到酷烈的考验，人类也不能不奋力为生存、发展而斗争。由于这种种条件，北方人在自然美面前多发生阳刚形态的雄伟的美感。北方人在气质上往往浑厚而质朴，在性格上往往粗犷而豪放，与受到这种美感的熏陶是有关的。古来即称燕、赵多慷慨悲歌之士，而吴、越多清绮隽秀之才。这同北方人通过雄伟的美感的教育，多有俊鹘盘云、横绝朔漠的气概；而南方人通过秀丽的美感的教育，多染上春江花月夜的流韵，是不无关联的。

根据上述事实我们可以肯定，阴柔与阳刚两种美感形态对于美育的贡献，即在于它们对于人的气质、性格具有某种定向化的培育作用。然而，人的气质更多受到先天的影响，人的性格主要在社会生活中形成，一定的美感形态何以能够对它们发生定向化的美育作用呢？

我们首先来考察美感形态与人的气质的关系。鲍姆加登曾说：“按照通行的气质学说，人们通常把抑郁质归于这样的人，他们常常没有把错综复杂的审美思维同必须迅速想到底的简捷的思维加以足够的区别。多血质的人适宜于后一种思维，抑郁质的人适宜于前一种思维。因为反正有这样一些人宁愿成为胆汁质的人！‘他们乘坐一辆四面透风的车，追名逐利把他们驱上了舞台。所以，功名的热望就赋予了他们必要的力量，去完成自己业已开创的伟业。’”[①] 实际上，这就把人的气质与一定的美感形态联系了起来，认为特定的气质适宜于发生具有某种特征的美感。从事实方面来说，抑郁质的人确实较易发生阴柔形态的秀丽的美感，而胆汁质的人确实较易发生阳刚形态的雄伟的美感。

① 鲍姆加登：《美学》，文化艺术出版社1987年版，第27～28页。

这是因为，美的自然物给予主体一定量的感性刺激力，主体则依据于自己感性刺激承受力的强度，或者发生感性的快适，或者发生感性的不快。这里说的感性刺激承受力，就属于人的气质范畴，与神经系统的基本特征有关。巴甫洛夫曾经指出，神经系统具有强度、灵活性和平衡性三种特征，它们的各种组合便构成各种神经系统类型，并成为气质类型的生理基础。我们说的感性刺激承受力，基本上即是神经系统的强度特性。而这种强度特性，在气质中表现为一定的感受性、耐受性和情绪兴奋性等等。如果一个人的感性刺激承受力较弱，就意味着他对于较强的感性刺激具有较低的耐受性；但他却有较高的感受性，对于刺激力较弱的对象也有敏锐的感受；他又有较高的情绪兴奋性，在较小的感性刺激下即进入情绪的兴奋状态。抑郁质恰恰具有这种感受性高而耐受性低、情绪兴奋性高而体验深的特点。所以，抑郁质的人不但多愁善感，而且具备发生秀丽的美感的主体条件，较易引起这种美感形态。另一方面，如果一个人的感性刺激承受力较强，就意味着他能耐受较为强烈的感性刺激。而胆汁质恰恰具有感受性较低而耐受性高、情绪兴奋性也高的特点。所以，这种气质的人不但热情奔放，而且具备发生雄伟的美感的主体条件，较易引起这种形态的美感。

由上可知，人的气质特性给予美感形态的形成以重大的影响。而反过来，美感形态却也有助于在一定的方向上强化或改变人的气质特性。在这里，可以借鉴格式塔心理学的理论，那么不难了解，一定的美感形态能作用于人的气质，表现为对象的引起一定美感形态的形式特征与人的气质要素之间存在一种异质同构的关系和作用。

格式塔心理学认为，外部事物的特定的形式结构，会在人的大脑皮层中激起一个与之同形的生理张力式样，而且后者还必定对应着一个与它同形的心理体验。这首先是说，自然事物的形状、色彩、音响等等形式，都可以归结为支配它们的力在方向、强度、速率上的不同。即使是静态的自然事物，它的外部形式也显现着包含其中的力的运动、扩张、收缩或成长等等。例如大海波浪那富于动感的起伏的曲线，是海水的上涨力与重力相互作用的结果；山峦起伏的轮廓线，复现着大自然造山运动活跃的伟力；而树的枝干挺拔笔立或者弯曲盘旋的形态，也显露着生命力的蓬勃运动。自然事物的这种力的形式结构，会在人的大脑力场中激起类似的生理张力式样。譬如微风拂柳的景象，其力的强度较小、速率较缓，力在变化中现出一定的方向性；这在观赏者的大脑力场中也会激起相应的张力式样，进而引起感官的舒畅和轻松。又由于人的气质本来就与神经活动的方向、强度和速率相关联，所以，在大脑力场中与外界事物的力的形式结构相类相应的生理张力式样的复现，就是对人的气质的一种唤醒或激活。进一步，如果一个观赏者自小生长于山明水秀的南方，长年接触类似微风拂柳这样的自然美，反复在大脑力场中激起这样的生理张力式样，那么，他的气质就必然地在一定程度上为之潜移默化。即与外部事物力的形式结构相应，他的气质渐渐趋于敏感、柔和而多情，耐不住外部强烈的刺激，却有很强的感受性和情绪兴奋性。同样的道理，北方的自然风物也会在一定程度上将北方人的气质潜移默化，渐渐趋于质朴、粗犷而浑厚。由此可见，不但人的气质特性能够影响美感形态的形成，而且外部美的自然物的形式特征以及相应的美感形态，也有助于将气质导往一定的方向，发生定向的美育作用。

其次来说美感形态与人的性格的关系。尽管人的性格主要是在社会生活中形成的，但是人对自然美的欣赏也是人的一种特殊的社会活动，而且，一定的美感形态既以主体的性格为基础，又能对主体的性格塑造或性格发展施加积极的影响。

康德说过："对于大自然的壮美的愉快……已经拿另一种情感，即它的超感性的使命的情感为前提；这情感虽然可能是那样地不分明，却是具有着道德的基础的。"[①]这说明，美感形态、特别是阳刚的

---

① 康德：《判断力批判》上卷，商务印书馆1964年版，第136页。

美感形态的形成，是以主体的性格、包括道德修养为前提的。那么进一步说，如果一个人经常地、反复地发生阳刚形态的美感体验，就一定能够培育在危险中不屈不挠的坚强性格。清人金圣叹曾说："夫天下险能生妙，非天下妙能生险也；险故妙，险绝故妙绝；不险不能妙，不险绝不能妙绝也。游山亦犹是矣。不梯而上，不缒而下，未见其能穷山川之窈窕、洞壑之秘隐也。梯而上，缒而下，而吾之所至，乃在飞鸟徘徊、蛇虎踯躅之处，而吾之力绝，而吾之气尽，而吾之神色索然犹如死人，而吾之耳目乃一变换，而吾之胸襟乃一荡涤，而吾之识略乃得高者愈高，深者愈深……"①他的这段话，就不仅说明了雄伟的美感能使人的胸襟更开阔、意志更坚强，而且经常发生这种形态的美感还能产生"险能生妙"的观念和情操。这就犹如北宋王安石所说："世之奇伟、瑰怪、非常之观，常在于险远，而人之所罕至焉，故非有志者不能至也。"②由经常发生雄伟的美感而获得这样的信念和情操，不就是培养起临危不惧、处变不惊的大智大勇的坚强性格吗？

格式塔心理学还认为，不但存在外部事物与大脑力场在形式结构上的对应，而且存在生理历程与意识、情感的历程的对应。他们曾做过一个实验，让一组舞蹈学院的学生分别即席表演出悲哀、力量或夜晚等主题。"结果证明，所有的演员在表现同一主题时所作的动作，都是一致的。举例说，当要求他们分别表现出'悲哀'这一主题时，所有演员的舞蹈动作看上去都是缓慢的，每一种动作的幅度都很小，每一个舞蹈动作的造型也大都呈曲线形式，呈现出来的张力也都比较小。动作的方向看上去时时变化、很不确定，身体看上去似乎是在自身的重力支配下活动着，而不是在一种内在的主动力量的支配下活动着。应该承认，'悲哀'这种心理情绪，其本身的结构式样在性质上与舞蹈动作的结构式样是相似的。"他们把这里的相似性，称为人体对内在情感的表现性，而且认为自然事物也都有这种表现性。即"那

① 《中国美学史资料选编》下，中华书局1981年版，第202页。

② 《游褒禅山记》。

些不具意识的事物——一块陡峭的岩石、一棵垂柳、落日的余晖、墙上的裂缝、飘零的落叶、一汪清泉、甚至一条抽象的线条、一片孤立的色彩或者在银幕上起舞的抽象形状——都和人体具有同样的表现性”[①]。这就是说，外部自然事物的形式特征，通过对大脑力场的生理张力式样的异质同构，在人的内心激起相对应的心理情绪。那么，长期接触一定形式的美的自然事物，从而不断地反复地发生秀丽的美感，或者是不断地反复地发生雄伟的美感，就必然对人的性格起到某种强化和改造的作用。这至少从一个方面揭示了美感形态对性格的定向化美育的机制。

当然，按照格式塔心理学的理论，这种异质同构现象会作用于人的气质；现在又根据这个理论，认为它会作用于人的性格。其实，接受自然美美育的人的气质和人的性格，又是相互作用的。性格对于气质有显著的影响，它在一定程度上可以掩盖或改造气质；另一方面，气质又是性格的基础，它可以影响到性格的形成、发展的速度和动态。因而，当它们都受到美感形态的定向化美育的时候，它们彼此之间又会互相联系、互相作用、互相推动，加强这种定向化美育的效果。

因此可以说，美感形态对于人的气质和性格都能发生定向化的美育作用。在这个问题上，席勒提出过许多值得重视的意见，并且实际上还讨论到如何运用这种定向化美育的课题。

席勒认为，从概念上讲，“由美可以同时期待产生松弛和紧张两种作用。松弛的作用可以使感性冲动和形式冲动各自安分守己，紧张的作用可以使两种冲动都保持其力量”。但是在实际上，美的这两种作用并不总是均衡的，所以说，“在经验界中存在一种融合性的美和一种振奋性的美”。所谓“融合性的美”，是指这种美在美感效应上主要产生“松弛作用”。其实，这显然就是指这种美能引起一种调和的

---

① 阿恩海姆：《艺术与视知觉》，中国社会科学出版社1984年版，第615、623页。

混合情绪活动，也即是我们伴随产生悠游舒适之感、亲昵爱怜之情的阴柔形态的秀丽美感。所谓“振奋性的美”，是指这种美在美感效应上主要产生“紧张作用”。其实，这显然又是指这种美能引起一种矛盾的混合情绪活动，也即使我们伴随产生紧张压迫之感、悲哀恐怖之情的阳刚形态的雄伟美感。

席勒认为，这“两种美”在美育作用上各有长短利弊。“振奋性的美”，它“使精神既适应物质方面也适应道德方面”，它“使温良的人性也会受到一种只有粗野本性才应遇到的压抑”。由于“这种粗野本性也具有一种仅仅自由的人格才会有的力量，因此我们在力量和充实的时代发现了与巨大和奇异相联系的观念的真正伟大以及与热情的极大迸发相联系的志向的崇高”。这就是说，“振奋性的美”能使我们为伟大和力量所激励，引起我们的热情迸发和崇高志向。但是，它也有短处。它“并不能使人抵制粗暴和僵化的某些残余”，它使人类的本性“经常地受到支配和压抑以及被超越和凌辱”，从而使人过分地紧张，于是，“美在紧张的人身上失去了它的自由和多样性”。

“融合性的美”，却能“使精神在道德领域以及自然领域都得到松弛”。所以，它能使人对于和谐与优美非常敏感。但是，它“不能使人防止某种软弱和无能”，“失去他由粗野状态所带来的力量”，往往“把温情变成柔弱，把坦率变成肤浅，把精确变成空虚，把自由性变成随意性，把敏捷变成轻浮，把安详变成冷漠，而最令人鄙视的讽刺画与最美好的人性直接相邻”。于是，美在这种松弛的人身上便“失去了它的活力”。

在分析了两种美感形态对人的气质、性格的不同作用之后，席勒进一步提出了自觉地运用这种定向化美育、促进人的全面发展问题。他指出，“对于在素材与形式两方面都受到强制的人需要融合性的美”，“对于沉醉在审美趣味中的人，需要振奋性的美”。换句话说，“融合性的美据认为适合于紧张的人，而振奋性的美则适合于松弛的人。”这个思想，也就是要根据自己气质、性格的不足，有选择地利用和发展一定的美感形态，以其定向化美育作用来弥补自己的这种不足。

譬如紧张的人，应该通过“融合性的美”恢复和谐。席勒认为紧张的人有两种，一种是“自然的人”，另一种是“有教养的人”。“自然的人”还为原始的粗暴的本性所控制。对于他们说来，融合性的美能够“作为安详的形式使粗野的生活和缓下来，并为从感觉到思维的转化开辟道路”。这样，可以逐渐使他们的气质和性格受到柔和的陶冶，建立起对优美的敏感，使紧张逐渐趋于和谐。而“有教养的人”过多沉溺于抽象的概念和法则，受到粗暴与僵化的某些残余的侵扰。对于他们说来，融合性的美则“作为活的形象，以感性力量装备起抽象的形式，使概念回到直观，使法则回到情感”。这样，就可以缓和理性片面发展带给他们的紧张和压抑，由感性与理性的统一使他们恢复到和谐，使他们的气质、性格获得全面的发展。①

显而易见，席勒的上述思想，对于我们认识和正确地运用美感形态对人的气质、性格的定向化美育，都是很可宝贵的。不过，关于这种定向化美育作用的运用方面，席勒的论述还是展开不够的。因此，就它的运用问题，下面还拟谈几点意见来加以强调或补充。

第一，两种美感形态对气质、性格的定向化美育都有自己的积极贡献，不宜简单地厚此薄彼。

康德在许多地方对于雄伟的美感的美育作用肯定较多，例如，他就曾指出：“什么才是甚至对于野蛮人成为一最大叹赏的对象呢？这就是一个人，他不震惊，不畏惧，不躲避危险，而同时带着充分的思考来有力地从事它的工作。就是在最文明最进步的社会里仍然存在着这种对战士的崇敬，不过人们还要求他们同时表示具有和平时期的一切德行，即温和，同情心，以及相当照顾到他自己人格风貌，正因为在这上面见到它的心情在危险中的不屈不挠性。所以人们尽管对于政治家和将军相比较谁更值得尊敬这一点上争论很多，审美的判断却肯

① 以上席勒的引文均见《美育书简》，中国文联出版公司1984年版，第92～97页。

定后者。”[①]虽然他看到秀丽的美感的美育作用能够发展温和、同情等和平时期的一切德行，虽然也看到人们对于战士的崇敬中包含有不满足之处，但他还是肯定将军比政治家更值得尊敬，即肯定雄伟的美感能发展人们在危险中的不屈不挠性、因而优于秀丽美感的美育作用。

但是，像康德这样简单地厚此薄彼，还是不够妥当的。实际上，就它们的定向化美育的积极方面而言，各有独特的贡献，都应该受到尊重。桑塔耶纳曾经说：“美的主要特权，在于综合自我的种种冲动，使之集中在一个焦点上，使之停留在单一个形象上，于是伟大的和平降临于那骚乱的王国。我们的美感享受和美的一切神秘意义都是以这些暂时和谐的经验为基础。然而，取得和谐就有两种方法：一种方法是使所有已知因素统一起来，另一种方法是舍弃和删除一切拒绝统一的因素。以囊括而取得的统一给予我们以美；以排斥、对抗、孤立而取得的统一给予我们以崇高。两者都是快感。但美的快感是热情的，被动的，遍布的，而崇高的快感则是冷静的，专横的，尖锐的。美使我们与世界打成一片，崇高则使我们凌驾于世界之上。”[②]他所说的，就是针对两种美感形态（即他所谓美与崇高）的积极贡献而言，二者显然是各有所长、各有所用。只要我们运用得当，如席勒所说，“融合性的美据认为适合于紧张的人，而振奋性的美则适合于松弛的人”，就都可以获得满意的美育效用。

第二，尽管两种美感形态的美育作用不宜简单地厚此薄彼，但由于它们的不同方向性，所以在实际上它们会与一定社会的时代精神、时代情绪发生不同的关系，而与时代的精神、情绪同趋的美感形态的美育作用往往会受到特别的强调和重视。也就是说，某种美感形态的定向化美育作用，往往由于时代的需要而得到人们的青睐。

例如明末清初时期，正是民族矛盾、社会矛盾空前激烈的时代。当时强烈的民族情感与悲壮的抗清斗争，培育起悲愤哀怒、慷慨激昂

① 康德：《判断力批判》上卷，商务印书馆1964年版，第102～103页。

② 桑塔耶纳：《美感》，中国社会科学出版社1982年版，第160页。

的时代情绪。于是，有黄宗羲出来提倡“风雷之文”，认为阳刚形态的雄伟美感是天地之元气的强烈表现。他认为：“元气之在平时，昆仑旁薄，和声顺气，发自廊庙，而咝泱于幽遐，无所见奇。逮夫厄运危时，天地闭塞，元气鼓荡而出，拥勇郁遏，坌愤激讦。”在这时要得天地之元气，就应当去观赏铁壁鬼谷、瀑布乱礁，聆听“猿吟而鹳鹤欬且笑”，由之而“以孤愤绝人，徬徨痛哭于山巅水澨之际”，这才是万古之性情[1]。稍晚一些的廖燕，也强调观赏者一定要领略自然山水所发泄的天地之愤气，并以这种愤气来熏染自己的气质、性格，进而写出天地间第一等绝妙文字。廖燕说道：“天下之最能愤者莫如山水。山则巉峭岚宠，蜿蟺磅礴，其高之最者，则拔地插天，日月为之亏蔽，虽猿鸟莫得而逾焉。水则汪洋巨浸，波涛怒飞，顷刻数十百里，甚至溃决奔放，蛟龙出没其间，夷城郭宫室，而不可阻遏。故吾以为山水者，天地之愤气所结撰而成者也。天地未辟，此气尝蕴于中，迨蕴蓄既久，一旦奋迅而发，似非寻常小器足以当之，必极天下之岳峙潮回海涵地负之观，而后得以尽其怪奇焉。其气之愤见于山水者如是，虽历今千百万年，充塞宇宙，犹未知其底止。故知愤气者，又天地之才也。非才无以泄其愤，非愤无以成其才；则山水者，岂非吾人所当收罗于胸中而为怪奇之文章者哉？”[2]他这种“非愤无以成其才”的论调，就是主张要通过阳刚形态的雄伟美感，来培育自己雄浑沉厚的气质、刚猛狂放的性格、慷慨悲歌的情操、掣雷走电的气势。这种褒阳刚而抑阴柔的态度，正是当时时代情绪的强烈反映。

到了近代中国，表达社会郁积的强烈心声、追求社会变革和社会进步，形成了鼓吹变革、召唤风雷的时代精神。阳刚形态的雄伟美感以及它的美育作用，又一次成为时代的需要。龚自珍在《送徐铁孙序》中，认为诗歌的最高境界应当“如岭之表、海之浒，磅礴浩汹，以受天下之瑰丽而泄天下之拗怒”。也就是要提倡雄伟豪放、悲愤沉

① 《中国美学史资料选编》下，中华书局1981年版，第212～213页。

② 同上书，第337～338页。

郁的阳刚之美，并且要从自然美美育中也获取这种美。康有为在《人境庐诗草序》中，同样高扬阳刚之美，强调诗人应如“磊珂千丈松，郁郁青葱，荫岩竦壑，千岁不死，上荫白云，下听流泉，而为人所瞻仰徘徊者”。也就是要诗人无论人格和诗风，都要如劲松那样高大伟岸、独树风标。章炳麟《序〈革命军〉》，也大声疾呼：“不震以雷霆之声，其能化者几何？”鲁迅的《摩罗诗力说》更热忱呼吁：“刚健不挠，抱诚守真；不取媚于群，以随顺旧俗；发为雄声，以起其国人之新生，而大其国于天下。”如上种种，阳刚形态的雄伟美感及其美育作用之所以备受尊崇，就在于它与时代的精神同趋，为时代的斗争所需要。

而在我们今天，正处于一个变革的时代、进取的时代、创造的时代，需要勇往直前的力量、在困难和挫折面前不屈不挠的精神、建设一个新世界的崇高志向。那么，雄伟的美感及其对气质、性格的美育定向，或许也会格外地受到重视吧。

总之，两种美感形态对气质、性格的美育作用各有自己的独特贡献。但是，作为一种社会历史现象，由于它们与时代精神的关系及其发展，出现有所偏重的现象也是完全合理的。对于我们来说，也要认清时代的精神，注意运用与时代精神同趋的美感形态的美育作用，使自己的气质和性格与时代更加协调。

第三，虽然与时代精神存在上面所讨论的关系，但是，气质、性格既是属于个人的，美感形态又以其定向化美育作用于个人，因此，运用这种定向化美育又必须根据于个人的实际情况。而个人的运用原则，应该是追求气质与性格的均衡、健康而全面的发展。

因为美感形态的定向化美育，无论是雄伟的美感，还是秀丽的美感，不但各有积极而独特的长处，而且也有各自的不足或消极方面。片面地运用这种定向化美育，都会走向反面，会像姚鼐批判的那样，“有其一端而绝亡其一，刚者至于偾强而拂戾，柔者至于颓废而暗幽”。所以，正确的运用应该注意阴阳相合而刚柔相济，在这种均衡、全面发展的基础上去谈有所偏胜，即塑造自己气质、性格的个性。

这样，我们首先就会考察自己气质、性格的不足，有针对性地选择一定的美感形态，利用它的定向化美育的长处来弥补自己的不足。如古人所说，“自恨诗无幽燕气，故向冰天跃马行”。这是谈诗的风格；但诗如其人，所以又是从人的气质、性格的重塑着手的。那么，性格软弱、气质柔弱的人，便不妨多去观赏险峰、大海之类自然美，以深山大河、巨海积沙、崇山峻岭、怒潮洪波等等美的形象来熏染自己。而性格粗犷、气质鲁钝的人，便不妨多去观赏山清水秀、明月清风，以春江花月夜的流韵来陶冶气质和性格。这样的结果，当然不致使原有的气质、性格完全丧失，却能使之获得全面的发展、并保有自己独特的个性。

总之，对自然美的一定形态的美感，可以对人的气质、性格发生定向化美育作用。对于这种美育作用，我们应该重视它、认识它，并对之加以正确的运用。

第四章　自然美美育的深化

一、探索自然奥秘的知识之门

宋人苏轼有一篇著名的《石钟山记》，以他身临其境的实际游历和考察，辨明石钟山命名的缘由。我国第一部以水道为纲的地理书籍《水经》曾说："彭蠡之口，有石钟山焉。"这里为什么叫做石钟山？这引起了后人的兴趣。北魏郦道元根据他的考察指出，这是因为"下临深潭，微风鼓浪，水石相搏，声如洪钟"。但是人们却不相信这种说法，认为即使把钟、磬放在水中，就是大风大浪相搏击，它也不会发出悦耳的钟声，何况于石头呢！唐代的李渤，跑到那里去实地考察，发现两块特别的石头。南边那块石头，一敲击它，便发出厚重而模糊的声音；北边那块石头，一敲击它，便发出清亮而高扬的声音。李渤以为找到了石钟山得名的真正原因，写了一篇《辨石钟山记》来宣传自己的见解。但是，苏轼却怀疑他的见解未必真切，因为石块被敲击而铿然作响，许多地方都可以找到，为什么在这里就要称作"石钟"？于是，苏轼亲自到了石钟山，晚上乘坐小船泊于绝壁之下。只见绝壁上巨石侧立，像是猛兽奇鬼，阴森森地要向人扑来；山上栖宿的猛禽被人声惊扰，发出尖厉的叫声，响彻云霄；鹳鹤也鸣叫起来，声音就像老人一边咳嗽一边发笑，在山谷中回响。苏轼在惊恐之中正要想返回，这时候，巨大的声响突然在水上出现，噌噌吰吰，像钟鼓轰鸣，不绝于耳。"徐而察之，则山下皆穴罅，不知其浅深，微波入焉，涵澹澎湃而为此也。"坐着船，从绝壁下回到两山之间，将入港口，又发现“有大石当中流，可坐百人，空中而多窍，与风水相吞吐，有窾坎镗鞳之声，与向之噌吰者相应，如乐作焉。”这样，苏轼通过实地考察，证实了郦道元的说法是真实的，所以笑道：“古之人不余欺也！”

这是一个动人的探奇访胜的真实故事。古人遗下“石钟山”之名，透露出这里有奇妙的音响美，引起了数百年间自郦道元到李渤、到苏轼的不断探索，终于揭示了大自然的奥秘，而且澄清了误解，使真知昭示于天下。对于古人的这种科学的求实精神，我们固然是非常敬佩的。进一步思考，他们的这种探索，不是也与自然美的感召有密切关系吗？说到这里，我们也就想到法国著名数学家彭加勒的一段话。他说：“科学家研究自然，并非因为这样做有用处。他所以研究它，是因为他从中得到乐趣；而他之所以能从中得到乐趣，那是因为它美。如果自然并不美，就不值得去了解它，生命也就没有存在的价值。”这段话所特别要说明的，是科学家在研究自然时获得的乐趣，并且把他们对于自然美的热爱和追求，与他们对大自然奥秘的潜心探索，相互联系了起来。由此也就可以说，自然美美育以它特殊的魅力，成为人们探索自然奥秘的知识之门。

我国明代的徐霞客，集旅行家与地理学家于一身；他毕生的事业、追求和成就，尤其强烈地说明了自然美美育与探索自然奥秘之间的联系。徐霞客自己曾说：“余髫年蓄五岳志。”即在童年时就立下了游历祖国自然山水的壮志。他从二十二岁起到其去世的三十多年间，主要依靠徒步，披星戴月，沐雨栉风，周览名山大川，足迹遍于现在华东、华北、东南沿海和西南云贵。在艰苦的长途跋涉之后，还要在危垣破壁之下，燃脂拾穗，走笔为记。这些日记体裁的文字，后人搜集、整理，成为我们现在能读到的《徐霞客游记》。《徐霞客游记》为我们展开一幅幅自然山水的美丽画卷，使人目不暇接、美不胜收。读着这部文学珍品，我们可以想见，在丰富多彩的自然美面前，徐霞客经历着怎样强烈的美感激动。尤其值得注意的是，徐霞客对于自然美的感受和感动，逐渐使他由早期的偏重于“赏会山水”，发展到晚年的偏重于“搜剔幽秘”。即由偏重于欣赏自然而发展到在自然美的感召下观察并探索大自然的奥秘。

因为他在对自然山水的大量的游历和观赏的过程中，逐渐发现了过去的舆地典籍存在的弊病。他认为，过去这些典籍的记载都局限于某一个地区，不知道天地的广大；更为严重的是，“昔人志星官舆地，多以承袭附会”，以至于“山川面目，多为图经志籍所蒙”，因而“征事考实，书之不足尽信”。为了追求真知，他不惧“神龙精怪”，在湖南茶陵只身闯入无人敢进的麻叶洞；在广西融县的真仙洞里，忽有巨蟒挡道，他从巨蟒背上跨过，继续探索。他在融县、大理与盘县，多次失足落水，九死一生；在滇西攀登石房洞，在陡壁上绷足挂指，陷入欲上无援、欲下无地的绝境。这样，他便以真知否定了古人的一些谬见。例如指出雁荡山的雁湖之水“与大龙湫风马牛无及”；指出云南潞江、澜沧江、元江都单独入海，改正了潞江入于澜沧，澜沧又是元江支流的传统谬误。他更指出儒教经典《书经》所谓“岷山导江”的失实，说“岷流入江，而未始为江源”，“故推江源者，必当以金沙江为首”。

他在地理学上的贡献，不仅仅是纠正前人的错误，更重要的是他走向广阔而瑰丽的大自然，开辟了系统地观察自然、探索自然的新方向。他的《游记》不仅仅是一部文学珍品，更是一部地学百科全书。英国科技史家李约瑟在《中国科学技术史》中赞扬说：“他（徐霞客）的游记读来并不像是十七世纪的学者所写的东西，倒像是一位二十世纪的野外勘测家所写的考察记录。”例如他的《游记》对东起于湖南道县、西至于云南罗平的西南广大地区的石灰岩地貌作了系统考察，比欧洲人最初所作的同一性质的广泛调查，早了一个多世纪。而且，他所考察过的岩洞有一百多个，因此，他的《游记》堪称世界上最早、最丰富的岩洞学重要文献；《游记》还大量记载了温泉资料，涉及温泉的状况、颜色、温度乃至水质成分、医疗效能等等，因而又是一部宝贵的地热资料。

那么，自然美美育如何能够像对于苏轼、徐霞客那样，成为引导人们探索自然奥秘的知识大门呢？这可以从主体和客体两方面来加以说明。

首先，从主体对于自然美所发生的美感说来，它能够给人以极大的精神享受和生活乐趣，不但能够陶养感情，而且能使人的精神痛苦得到愉快的解脱。但是，这种美感在内容方面却又有相当的朦胧性和模糊性；这是因为，对于自然美的美感是对于偏于形式的美的美感，所以在内容上相当单纯，并且主体对于这种内容往往缺乏非常清楚而清醒的自觉意识。例如观赏湖畔垂柳，观赏傍水青山，一般的欣赏者都能获得美感愉悦，但却很难说清楚自己由之得到了怎样的认识收获。经过分析，虽然可以指明在这里有美的启蒙教育，也即偏于形式的美的教育，但在内容上毕竟是单纯的、浅显的。这样，主体的美感愉悦虽然是强烈的，但由于内容的朦胧、模糊，所以美感愉悦在时间延续性上往往难以持久，而是短暂的。这些，都是较为单纯的对于自然美的美感的情况，是本书第二章讨论过的。但是，既然对自然美的美感是人们极大的精神享受，人们积极的理性意识就必然是欢迎它、乐于享受它，因而产生强化这种美感的意识倾向，即要求这种美感由单纯性趋于丰富性，由朦胧性趋于鲜明性，由易逝性趋于持久性。正是这种在内容上强化美感的意识倾向，在观赏自然美与探索大自然之间搭上了意识的桥梁。所以，徐霞客在云南大理的蝴蝶泉，看到引诱蝴蝶的花树，会“折其枝、图其叶而后行”；在云南保山附近的玛瑙山上，他发现“石树”，如获至宝，进而摘取其中一部分，装入筒中、带下山来鉴赏分析，得出“其外皆结肤为石，盖石膏日久凝胎而成”的结论。这正是在强化美感的意识倾向下，从观赏自然美进到探索大自然；而这种探索，也果然强化了对自然美的美感，引起了自然美美育的深化。

其次来说客体方面。既然主体方面存在强化美感的意识倾向，要从观赏自然美而进到探索自然的奥秘，那么，自然美作为客体，是否可能提供实现这种意识倾向的客观基础呢？我们的回答是肯定的。这是因为，美的自然事物或自然现象，它的产生完全是由于自然的必然性，它的特性也鲜明地体现着自然的必然性。这就是说，自然美在根本上是自然规律的产物或体现，自然美作为实际的自然事物的美与大自然的奥秘存在着内在联系。这种内在联系，也就使主体能够从对于自然美的感受和感动，进到对于大自然奥秘的探索或深思，产生并实现强化美感的意识倾向。

具体来说，自然美，无论是自然界光色形声等现象的美，还是动植物或人体的生命美，都是自然规律的产物，都是自然奥秘的体现。例如云的形态往往是美的。宋人韩拙曾经概括说，春云如白鹤，夏云如奇峰，秋云如轻浪。[①]这些都是云的美的形态。但是，春云何以能如白鹤？秋云何以能如轻浪？五代荆浩说得好："夫雾云烟霭，轻重有时，势或因风，象皆不定。"[②]这是说，云没有固定不变的形状形态，它要受到时令季节、朝暮晨昏以及空中气流等等的影响。那么，韩拙所谓春云秋云之论，就体现着春秋季节空气的湿度、大气环流活动等等的某些规律性；而或如白鹤、或如轻浪，也就是这些自然规律的产物。又例如雄伟的珠穆朗玛云峰是美的；而它不但是造山运动的历史结果，并且还在不断升高，显示着可能是陆地板块漂移、挤压一类的地壳活动。桂林山水是美的；而它自有其石灰质熔岩的地质原因和地貌特点。巍巍华山也无疑是美的；而它也有其花岗岩山体的地质原因和地质特点。

再说动植物或人体的生命的美。例如能够在天空中自由地飞翔的鸟类，一般都是美的。而它们的身体构造在许多方面都有着适应这种运动方式的精巧而完善的发展，体现着物体在空中运动的规律性。例如它们都有流线型、纺锤体般的身躯，坚薄而轻巧的骨骼，肌肉发达

① 《山水纯全集》。

② 《笔记法》。

的翅膀。而且，它们的运动方式也同样蕴藏着丰富的自然奥秘。譬如征程万里的大雁，常常成群结队飞行；它们排成一字形或人字形，头雁鼓动翅尖，激起微弱的上升气流，后面的大雁则利用这股气流的冲力在高空中滑翔。至于我们的人体，更是大自然长期发展的最高产物，蕴含着无穷的自然秘奥，有些甚至至今还有待于我们去探讨。

由上可知，由于主客体两方面的原因，人们在自然美欣赏中不仅发生美的感受和感动，还发生强化这种美感的意识倾向，由观赏自然美深化到探索大自然的奥秘。这是自然美美育的一种深化。那么，这种自然美美育的深化，给人们带来怎样的美育收获呢？我们拟概括为以下四个方面。

激起欣赏者向大自然未知领域探索的强烈愿望

由于自然美既丰富多彩、变化万千，又深邃博大、奥妙无穷，所以，自然美美育的深化常常能激起欣赏者向大自然未知领域探索的强烈欲望。

譬如我们头上的天空，该有多少美妙的自然现象！不要说星移斗转、日月如梭，也不要说雷鸣电闪、云蒸霞蔚，单说天空的色彩美就五光十色、变幻无穷。这一点就激起了庄子的求知欲，他在《庄子·逍遥游》中问道："天之苍苍，其正色耶？"即是说，天空经常呈现出青苍之色，难道这就是天空的本色吗？这种对于天之"正色"的探求，正是自然美美育深化的表现。当然，庄子对此并不能作出正确的解答。但是，他提出了这个问题，对这个问题产生了强烈的求知欲望，这本身就是很了不起的事情。因为，如爱因斯坦所说："提出一个问题往往比解决一个问题更重要，因为解决问题也许仅是一个数学上或实验上的技能而已。而提出新的问题，新的可能性，从新的角度去看旧的问题，却需要有创造性的想像力，而且标志着科学的真正进步。"所以，庄子关于天之"正色"问题的提出，就不能够小看了它。尽管这个问题直到近代，才由自然科学作出了正确的解答；但是，如果没有人像庄子这样提出问题，如果人们没有像庄子这样的求知欲，要解决问题是很难谈得到的。

又如屈原在《天问》中也曾提出了许多问题，他问道：“这浩茫的宇宙有没有一个开头？那时混混沌沌、天地未分，可凭什么来研究？穹隆的天盖高达九层，多么雄伟壮丽！太阳和月亮高悬不坠，何以能照耀千秋？大地为什么倾陷东南？共工为什么怒触不周？江河滚滚东去，大海却老喝不够？哪里能冬暖夏凉？何处长灵芝长寿？……”应该说，这些问题大都是诗人在欣赏、观察大自然时所激起的深思。诗人一面惊叹着大自然的雄伟壮丽、严整精密，一面渴望探知大自然现象后面所隐藏的特性和规律。因而，这也可以视为是自然美美育的一种深化，并且对于科学的发展具有重要的意义。

那么，按照上述道理，一位赏花人在强化美感的意识倾向下，就有可能不但欣赏这花的美，还会对花所蕴藏的自然奥秘发生兴趣、求知欲以及深思。当然，这个见解与康德的下述意见是矛盾的；康德曾说：“花是自由的自然美。一朵花究竟是什么，除掉植物学家很难有人知道。就是这位知道花是植物的生殖器的人当他对之作鉴赏判断时，他也不顾到这种自然的目的。”[①]在康德看来，欣赏者一旦顾到花的“自然的目的”，其美感就会消失，更谈不上美感教育及其深化了。这样把自然美与自然物的本性相割裂、相对立的意见，无疑是过于绝对了。其实，赏花人在发生美感的基础上，未尝不可以顾到“花的自然的目的”，例如他完全可以想到这花为什么这样美、它有什么作用、隐藏着怎样的自然奥秘等等。产生这样的求知的欲望并对之进行深思，不但不会终止美感教育，反而可能使美感教育深化。譬如说，假若他像达尔文那样深思道：“花是自然界的最美丽的产物；它们与绿叶相映而惹起注意，同时也就使它们显得美观，因此它们就可以容易地被昆虫看到。我做出这种结论，是由于看到一个不变的规律，即，

① 康德：《判断力批判》上卷，商务印书馆1964年版，第67页。

风媒花从来没有华丽的花冠的。有几种植物惯于开两种花，一种是开放而有彩色的，以便吸引昆虫；一种是闭合而没有彩色的，没有花蜜，从不被昆虫所访问。因此，我们可以断言，如果在地球的表面上不曾有昆虫的发展，我们的植物便不会点缀着美丽的花。”[①]如果一位赏花人发生上述内容的深思，那么，他对于花的美感就不但不会丧失，反倒会因为对更丰富的自然关系的探求和把握而有所强化和深化，把他引向对于更广阔的未知领域的探索和进取。事实上，我们在大自然中，见梅花而知春光不远，望落叶而知秋色将临，看燕归来而赏鸟之守信，视星空而叹宇宙之浩渺，这些不都使我们的美感强化、美育深化，激起我们对自然奥秘求知的欲望及对自然关系的深沉思索吗？总之，激起我们求知的欲望，是自然美美育深化带来的第一种新收获。

有力地推动创造性思维的发展

人类科学技术的进步和飞跃，在相当大的程度上与自然美美育的深化有密切的关系。我们欣赏飞鸟的美，同时也羡慕它在天空中自由飞翔的能力，因而从飞鸟那里看到了人类征服天空的可能性。于是，我们的想像力不但先于实践能力征服了天空，而且给予在实践上征服天空提供了推动和帮助。事实上，我们的飞机也像飞鸟一样展开着双翼，这说明即使在技术环节上我们也从自然美美育中获得了重要的启发。这种美育较之一般单纯地欣赏飞鸟的美，是经过深化了的；而这种深化便直接激活了我们的创造性思维，增强了我们利用和驾驭自然的能力。

由此可知，在自然美美育的深化中，我们不仅研究当前的美的自然物体现的自然的必然，而且在更为广阔的自然领域里去探索自然的必然，从中获得宝贵的启示，帮助人类从必然王国向自由王国升华。

---

① 达尔文：《物种起源》，第2分册，商务印书馆1963年版，第229页。

这一点，几乎可以说就是现代勃兴的仿生学的一个最为重要的特点。仿生学将生命科学与技术科学联系了起来，在自然界的各种生命形式中获得了丰富的启发。自然界千奇百怪的生物，经过千百万年的进化，逐渐完善了自身各部分的特殊结构和特殊功能，常常使人造的技术系统相形见绌。例如在第一次世界大战期间，人们绞尽脑汁发明了探测水下目标的声纳装置；而在人们自赞自赏的时候，却发现如蝙蝠、海豚等动物的声纳系统无论在结构、灵敏度和抗干扰性能等等各个方面，都远比人造声纳优越。又例如螳螂能够在0.05秒的时间内，计算出从它面前飞掠而过的小虫的速度、距离和方向，这又是人类的火炮跟踪系统所自叹弗如的。再例如鹰的眼睛，也有着特殊的构造和特别的功能。它不仅能在几千米的高空中观察到地面上的猎物，而且当它从高空中迅猛地扑击下来的时候，眼球的焦距能够急速地自动调节，犹如电影画面在一刹那间由远景而急速地推到对猎物的大特写。显然，生物的这些特殊本领和构造一经人们发现，就可以为人类提供仿生学的模型，激活人们丰富的想像力和创造性思维，在科技领域中获得重大进步。

所以，科学家非常重视对自然美的美感强化与自然美美育深化。爱因斯坦曾从这种美育深化能激活人们丰富的想像力的角度强调说："想像力比知识更重要，因为知识是有限的，而想像力概括着世界上的一切，推动着进步，并且是知识进化的源泉。"而物理学家霍夫曼认为："爱因斯坦的方法，虽然以渊博的物理学知识作为基础，但是在本质上，是美学的、直觉的。我一边同他谈话，一边盯着他，我才懂得科学的性质。"这显然可以视为对爱因斯坦论想像力的那段话的注脚。这也就意识着，如数学家阿达马说的那样，在创造发明的关键时刻，是美感引导着科学家前行的。因为在这种关键时刻，他说道，"在我们用下意识所形成的大量组合中，大多数是乏味的和没有用的，它们无法作用于我们的美感，它们永远不会为我们意识到；其中只有若干组合是和谐的，因此同时是美的和有用的，它们能够激起我们特殊的几何直觉，这种几何直觉把我们的注意力引向这些组合，使它们能够被我们意识到。”[1]这又说明，自然美美感教育的强化与深化，不仅在技术领域，而且在基本理论研究领域，甚至在数学那样抽象的研究领域，也激活着人们的想像力，引导着人们的创造性思维。而阿达马所说的那种特殊的几何直觉，显然是与最有普遍意义的关于形式美的美感相联系的；而最美的形式，就是自然界最普遍存在的形式。这一点，可能正是自然美美育深化甚至在最抽象的数学领域也能激发创造性思维的缘故吧。

促进科学的自然观的发展

对自然美的美感是主体对自然界进行整体把握的一种特殊形式，因而，这种美感的强化以及随之而来的美育深化，就可以发展人们科学的自然观，从而到处破坏着宗教感而发展着健康的美感。

人们在欣赏自然美的时候，美感强化的意识倾向引导人们追寻自然美乃至整个大自然的根源和本质。在这里有一种相反的趋向，就是将大自然视为上帝的造物而过渡到宗教感。但是，这种宗教感却在根本上破坏或扭曲对自然美的美感，摧毁它带来的积极健康的精神力量。所以，这种趋向在根本上不是美感的强化和美育的深化，而是美感及其美育的转移和丧失。实际上，这种趋向是主体宗教意识对美感的干预和终止，并且是以主体眼界的狭隘和拒绝承认、探索自然规律为前提的。而真正的对自然美的美感强化和美育深化，却是破坏着上述宗教的趋向的，并且是以主体眼界的开阔以及承认、探索自然规律为前提的，所以，它能够促进科学的自然观的发展。

达尔文在欣赏自然美时，就曾进而追寻自然美乃至整个大自然的根源和本质。在这里，他强烈地反对这样的信念，即那种相信生物的许多构造只是为了让人或“造物主”喜欢才被创造成美的信念。达尔

---

① 转引自《创造心理学》，中国青年出版社1983年版，第194页。

文说道："如果美的东西全然为了供人欣赏才被创造出来，那么就应该指出，在人类出现以前，地面上的美应当比不上他们登上舞台之后。始新世的美丽的螺旋形和圆锥形贝壳，以及第二纪的有精致刻纹的鹦鹉螺化石，是为了人在许多年代以后可以在室中鉴赏它们而被创造出来吗？很少东西比矽藻的细小矽壳更美观；它们是为了可以放在高倍显微镜下观察和欣赏而被创造出来的吗？矽藻以及其他许多东西的美，显然是完全由于生长的对称所致。"[①]这就把自然界的美与自然的必然联系了起来，既否定了自然美是为了供人欣赏而被创造出来的欺人之谈，又从根本上铲除了"造物主"在自然界的立锥之地。这正是自然美美育深化而通往科学的自然观的一个例证。

而且，达尔文甚至还把对于自然美的美感的强化，与他长期探索得来的生物进化论结合起来，为我们描述出这样一幅既有美感激情、又有科学思想光辉的图景。他说："思索一下一个树木交错的岸，在它上面有许多种类的无数植物覆盖着，鸟类在灌木丛里歌唱，各种不同的昆虫飞来飞去，蚯蚓在潮湿的泥土里爬过，并且默想一下这些构造精巧的类型，彼此是这样地相异，并以这样复杂的方式彼此相互依存，而它们都是由于在我们周围发生作用的法则产生出来的，这样的思索和默想是很有趣的。这些法则……足以导致'生活斗争'、因而导致'自然选择'、并且引起'性状分歧'和较少改进的类型'绝灭'的那样程度的高度增加率。这样，从自然的战争里，从饥荒和死亡里，我们能够体会到的最可赞美的对象，即高级动物的产生，便直接随之而至。"[②]这个自然图景的提出，在人类自然观的历史发展中，曾经具有划时代的革命意义。对于这个科学的图景，即使我们不能说它只是自然美美育深化的产物，我们至少还是可以说，在达尔文上述科学的自然观的形成过程中，自然美美育的深化提供了重要的助力。

不用说，在强化美感的意识倾向下，我们也可能在自然美面前发

① 达尔文：《物种起源》，第2分册，商务印书馆1963年版，第229页。

② 达尔文：《物种起源》，第3分册，商务印书馆1964年版，第593～594页。

生这种“思索和默想”。不管我们在这种思索和默想中，是体味和验证达尔文等先辈科学家已经提出过的关于自然联系和关系的科学论点，还是我们自己去观察和发现前人未知的自然联系和关系，那都是“很有趣”的，并且都可以促进我们科学的自然观的发展。

帮助青少年发展智力、增长知识

自然美美育的深化还可以使智育与美育相结合，成为向青少年传授科学知识、培养思维能力的良好途径。

从前面三点所述不难了解，我们这里所讨论的自然美美育的深化，是向大自然奥秘的深化；这对于处在学习期间的青少年说来，也就是向智育的深化。而且，这是自然美美育与智育的结合，比起单纯的智育来，至少有两大优点。首先，这种智育由于是从强化对自然美的美感而发展来的，所以，它是饱和着美感激情的。这样，它就可以避免单纯智育可能发生的枯燥性以及学员的消极性、被动性，而代之以充满美感愉悦的趣味性以及学员为美的感受和感动所激起的积极性、主动性。其次，这种智育既然采取了自然美美育深化的形式，那么，它向学员介绍的客体对象就是实际的自然事物或自然现象，并且往往是美的或包含着美的实际的自然事物或现象。于是，这种客体对象就有它的整体性；学员在教师的引导下，去探索它的规律或奥秘，往往能激发想像力、培养思维的创造性。而单纯的智育往往把对象分别加以抽象，并在不同的学科中传授其某一方面的知识，如几何学的知识、力学的知识、化学的知识等等；这就不利于学员整体地把握对象，对于教学内容容易死记硬背，而缺乏想像力和创造性。从这两个优点说来，足见自然美美育与智育的结合是帮助青少年发展智力、增长知识的良好形式。

这样，我们便不仅指出了自然美美育向探索自然奥秘深化的途径，而且讨论了自然美美育的这种深化给主体带来的四个方面的新的收获。但是，自然美美育的深化并不仅仅是探索大自然的奥秘，它还有其他的深化途径，我们在以下各节去进一步加以讨论。

二、砥砺道德情操的重要途径

席勒认为：“我们只要给他以重大的推动，就能使审美的人获得理智和高尚的情操。”[①]这也适合于自然美美育的情况。就是说，对自然美的美感的意识强化倾向，还可以通过社会的途径得以实现，从而使自然美美育深化，成为陶冶人们的道德情操的重要手段。

但是，就自然美本身说来，不存在什么道德情操的问题。譬如天空的云聚云散、地上的花开花落，都是出于自然的必然，云和花本身并没有什么意识，更没有什么意识的自觉，因而谈不上道德情操的问题。不过，欣赏自然美的人，在根本上却是社会的，是具有一定的道德情操的。而对于自然美的美感乃是主体与客体相互作用的产物，虽在根本上依据于客体方面的特征，但也受到主体方面的积极影响，其中包括主体的道德情操的积极影响。这样，对于自然美的美感就不但与自然美的特征发生联系，而且与人的道德情操也发生联系。

对于自然美的美感所具有的这种双向的联系，有一个汇聚点，即汇聚于美感发生的重要中介——美的观念。当客观的自然美的特征符合于主体的美的观念时，主体发生美感。而美的观念作为人的世界观、人生观的一个有机成分，必然要受到人的道德情操以及人的社会美的观念的渗透和影响。因此，自然美观念的满足也即对自然美的美感的发生，就必然会作用于人的道德情操以及人的社会美的观念，或者触动它，或者动摇它和改变它，或者加强它和提高它。这样，即使一般的对于自然美的美感，也能起到陶冶情操的作用。例如我们在讨论自然美美育的基础性功能时，提出并分析过情感教育的作用，就是属于这种一般美感对道德情操的陶冶。

① 席勒：《美育书简》，中国文联出版公司1984年版，第118页。

既然一般的对自然美的美感尚有陶冶情操的功能，那么，要强化这种美感，当然会深化这种功能。这就是现在要讨论的通过社会的途径而对自然美美育的深化。具体说来，由社会途径深化自然美美育，有以下几种主要情况。

经过主体人生观的中介作用

依据自然美的自然天成的品格，经过主体人生观的中介作用，深化美育对道德情操的陶冶。

人们对自然美发生美感，很愉快地发现和肯定自然美是美好的实际事物，是令我们为之热爱、倾慕和向往的东西。而在强化美感的意识倾向下，人们还会进一步发现，这些美好的实际事物既没有人为的雕饰，又没有故意的做作，只有天然自生的朴素的真实。即自然美的形成是自然而然的，它的表现也完全是自然而然的，真所谓“清水出芙蓉，天然妙生成”。自然美的这种特点，对于我们人的追求社会美、砥砺自己的道德情操，无疑是很有启发意义的。事实上，在人类社会中就确实存在着许多矫揉造作的陋习、心口不一的伪善，甚至还有许多没有原则的看风使舵、丧失节操的违心从俗，更不要说居心叵测的奸诈之徒那些两面三刀、阳奉阴违的鬼魅伎俩了。面对这些丑恶的社会现象，我们是反感的、反对的，而要追求真的、善的和美的。那么，如果我们在欣赏自然美时，不但发生了美的感受和感动，而且进一步发现了它是天然自生的朴素的真实，难道我们不会怦然心动，触动我们的人生观，受到经过社会途径深化的自然美美育吗？

例如庄子就提出过法天贵真、崇尚自然的美学思想。《庄子·天运》还讲了一个寓言，说是：“西施病心而矉其里。其里之丑人见之而美之，归亦捧心而其里矉。其里之富人见之，坚闭门而不出，贫人见之，挈妻子而去走。彼知矉美而不知矉之所以美。”这就是所谓“东施效颦”的故事。这个丑女去学西施的病容，这种矫揉造作不仅没有使她显得美些，反而更见其丑了。显然，庄子所珍视的，正是自然美的自然纯真、天然朴实的品格。这即是我们说的自然美美育的深化。所以庄子进一步强调说："强哭者虽悲不哀，强怒者虽严不威，强亲者虽笑不和。真悲无声而哀，真怒未发而威，真亲未笑而和……礼者，世俗之所为也；真者，所以受于天也，自然不可易也。"[①]这也就是由自然美美育的深化，而要求人们在道德修养上反对做作和虚伪，提倡自然和真实。值得注意的是，庄子把当时礼教的规范也归入世俗的伪善加以反对，即要求人们超越世俗礼教的人为限制和虚假外饰，挣脱任何外在的束缚，而追求内在精神的绝对自由，并把这种追求视为审美的最高境界。这样，自然美的天然自生而非人为造作的特性，就被庄子从道德情操的高度推移到社会范畴而给予尊重和推崇。庄子的这种思想，在中国古代思想史、教育史上发生了深远的影响。古代知识分子不但在自然美欣赏中对之发生长久的共鸣，而且在道德修养中也把它当作重要的精神准则。

当然，脱离现实的绝对的精神自由是没有的。即如庄子对精神自由的向往和追求，本身就有着对于现实的强烈的批判态度，因而实际是一种以现实为基础的对精神自由的追求。从而，后世知识分子接受庄子这种崇尚自然与天真、追求精神自由的思想影响，也是与对于现实的批判态度相联系的。

而且，庄子的这种思想还有另一重深刻的意义。他由崇尚自然美天真朴实的品格，进而反对世俗礼教、追求精神自由，实际上又包含了要求人们不要满足于勉强地服从社会道德规范，而要努力使道德观念化为个人的内在要求和自觉的精神力量，才能像自然美那样自然而然地焕发出真与美的光辉。这在理论上也就涉及社会道德规范与个人道德情操的辩证关系。所谓社会道德规范，是某一社会其成员共同的行为准绳，它肯定或否定个人的道德行为。而个人的道德情操，则是个人对社会道德规范的独特体验和自觉把握；因而历来的哲人把它视

① 《庄子·渔父》。

为发自良心的内在要求，给它以无上的、神圣的权威。如康德在《实践理性批判》中说：“每当接触我内在的道德律时，就像仰望光辉的太空一样，在我的内心产生感叹和敬畏的心情。”所以，个人的道德修养，不应满足于勉强地服从社会道德规范，而根本是在于个人道德情操的培养和升华，后者还常常使人能超出社会道德规范的一般水准，达到很高的道德造诣。这就是庄子由自然美美育深化，而提倡法天贵真、崇尚自然、追求精神自由所包含的深刻的理论意义。这种理论意义，在今天仍然是可贵的。

庄子的这种思想，在十八世纪德国古典哲学大师康德那里得到了共鸣。康德认为：“人的心意思索自然的美时，就不能不发见自己在这里同时对于自然是感到兴趣的。这种兴趣按照它的亲属关系来说是道德的……这个对自然美的直接兴趣实际上不普遍，而只是那些人才具有，他们的思想意识或已对于善发展了，或对此种发展特别容易接受。”[①]即是说，在欣赏自然美时，一个人如果同时对自然感到兴趣，美感教育作用就会向陶冶道德情操方面深化。

康德举例说，譬如一个人欣赏着花鸟时，他“惊赞它，不愿意在大自然里缺少了它，纵使由此就会对于他有所损害，更少显示对于他有什么利益，这时他就是对于自然的美具有了一种直接的，并且是智性的兴趣了。这就是不但自然成品的形式方面，而且它的存在方面也使他愉快，并不需一个感性的刺激参加在这里面，也不用结合着任何一个目的”。于是，他对于自然的美的这种兴趣，就好像他不顾利害得失、不受任何外在目的所左右、只是根据他“内在的道德律”行事一样。

但是，“假使人们欺骗了他而是把假造的花（人能做得和真的一样）插进地土里，或是把假造的雕刻的鸟雀放在树枝上，后来他发现了这欺骗，他先前对于这些东西的兴趣就消失掉了；但可能另一种兴

① 康德：《判断力批判》上卷，商务印书馆1964年版，第145～146页。

趣来替代了这个，这就是虚荣的兴趣，他把他的房间用这些假花装饰起来以炫别人的眼睛。”后者又与人们日常的伪装的风习相一致，只是一种有意的以错觉来引动别人愉快而人为做作的自然摹本，就好像我们为了获取某种利益而牺牲掉道德情操一样。

康德称前者是“自由的兴趣”，而后者是“虚荣的兴趣”，前者对于后者的优越性也就是“自然美对艺术美的优越性”。康德强烈地对比说：“如果一个曾经充分具备着鉴赏力，能够以极大的正确性和精致来评定美术作品的人，他愿意离开那间布满虚浮的，为了社交消遣安排的美丽事物房屋而转向大自然的美，以便在这里，在永远发展不尽的思想的络绎中，见到精神的极大的欢快，我们会以高度的尊敬来看待他的这一选择，并且肯定他的内心具有美丽的灵魂，这种美丽的灵魂不是艺术通和爱好者根据他们对艺术的兴趣就能有资格主张他们也具有着。”[①]显然，康德对于所谓“自然美对艺术美的优越性”的推崇，既是对于天然自生优越于假造欺骗的肯定，更是对于追求精神自由优越于一味取悦于他人的肯定。这与庄子提倡的“朴素而天下莫能与之争美”、“法天贵真，不拘于俗”的思想，显然不谋而合，异曲同工，都是肯定依据自然美之天然真实，自然美美育可以向陶冶道德情操深化，使美感愉悦与对精神自由的追求融洽无间。

经过主体的美的观念的中介作用

依据自然美的现实品格，经过主体的美的观念、包括社会美的观念的中介，深化美育对道德情操的陶冶。

我国春秋时期的孔子，早曾提出过“君子比德”[②]的论点，说是君子往往将自然事物的品格与人的道德操守相比拟，用自然的美来陶冶自己的情操。这个论点，确实概括了一种相当普遍的审美现象，揭示了对自然美的美感的意识强化倾向与人的道德情操的联系，是自然

① 康德：《判断力批判》上卷，商务印书馆1964年版，第143～145页。

② 刘向：《说苑·杂言》。

美美育深化的又一种典型表现。譬如孔子在《论语·子罕篇》中说："岁寒，然后知松柏之后凋也。"在这里，孔子不但对松柏发生了美的感受和感动，而且对松柏的现实品格油然而生仰慕之心，赞赏它，崇敬它，觉得它肯定了自己的道德追求，并且很快乐地让自己的道德情操受到它的滋养和熏染。这一点，可以说千百年来在后世发生着长久的共鸣。譬如唐代李白有诗句说："为草当作兰，为木当作松。"五代的荆浩在《笔记法》中谈到松树，他也说道："夫木之生，为受其性。松之生也，枉而不曲遇。如密如疏，匪青匪翠。从微自直，萌心不低。势既独高，枝低复偃。倒挂未堕于地，下分层似叠于林间：如君子之德风也。"即使在今天，我们对于松柏的审美欣赏，不也有许多与孔子相似相通之处吗？当然，"君子"的内涵无论在阶级内容和时代内容上都是历史地发展的。不过，所谓"君子比德"作为自然美美育的一种深化的形式，却有相当的普遍性。

孔子在《论语·雍也篇》中又曾说："知者乐水，仁者乐山。"说是聪明多智的人特别欣赏流水的美，仁义宽厚的人特别欣赏高山的美，因为他们的德操禀赋与对象的品格特征彼此适合。宋人周敦颐又用这个观点论到赏花，他在《爱莲说》里论道："晋陶渊明独爱菊，自李唐来，世人盛爱牡丹，予独爱莲……"因为在他看来，似乎各种花都独具一种特别的道德情操，认为："菊，花之隐逸者也；牡丹，花之富贵者也；莲，花之君子也。"这无非是说隐逸者爱菊花、富贵者爱牡丹，而他这种君子独爱莲。至于他之所以爱莲，还是根据莲的独特的现实品格，即莲之"出淤泥而不染，濯清涟而不妖，中通外直，不蔓不枝，香远益清，亭亭静植，可远观与不可亵玩焉"。所以，这里所论无论对于山水还是花卉的欣赏，其实也是"君子比德"说的题中应有之义；只是不但说一般的主体往往要将对象的品格与自己的道德相比较，而且说不同的主体有不同的道德情操，因而会对于自然美有不同的偏爱，以至从某一主体所偏爱的那些美的自然物的现实品格可以看出这主体自身的道德追求。这就好像歌德在《拉伐戴骨相学著作札记》里说的那样："人从广阔的世界里给自己划出一个小天地，这个小天地就贴满了他自己的形象。"于是，人们在欣赏自然美时，虽然都可以通过社会途径实现强化美感的意识倾向，但由于他们各自情操的不同，所以各自选择独特的对象，并受到不同的道德陶冶作用。

也许可以说，"君子比德"现象是建立于自然美的现实品格与欣赏主体自身的道德情操间的一种相似关系。孔子自己正是这样说的，他在提出"君子比德"的那段话中，就说水"浅者流行，深者不测，似智"。由于水的"似智"，所以发生"知者乐水"的现象。孟子对孔子的思想也作过类似的解释。有人问孟子说："仲尼亟称于水，曰'水哉，水哉！'何取于水也？"孟子回答说："源泉混混，不舍昼夜，盈科而后进，放乎四海。有本者如是，是之取尔。"[①] 孟子没有说水如何似智，却说水如何"有本"；他还说这里关键在于"取"和"何取于水"。这样，依孟子说来"君子比德"即在于主体对自然事物的现实品格所作的一种选择和肯定；而对于对象的肯定，同时也肯定了主体自身相应的道德情操。以上这些说法，都是古人对"君子比德"现象作出的朴素而富有启发性的解释。

不过，这种解释并不能令人满意。因为仅仅从相似性这一点来看，一般的自然物多少都可以找到与人的道德的某种相似点，但是，并非任何自然物都一概是美的，我们也不是一见到相似之处就发生美感。譬如苍蝇、老鼠就是相当机灵的，这与人的机智未必不可以说有所相似；然而，它们既不是美的自然物，"君子"也不大愿意与它们"比德"，更不要说倾慕、赞赏它们了。所以，"君子比德"这个传统说法还需要加以限定和解释，而过去的解释则需要重新加以审查和改进。

实际上，所谓"君子比德"，是从一般对自然美的较为单纯的美

---

① 《孟子·离娄章句下》。

感发展而来的。就是说，“君子”总是首先发生了对自然美的感受和感动，然后才在强化美感的意识倾向下，与对象进行“比德”的。譬如我们见到松柏，首先是松柏的生命美的形象符合我们关于自然美的观念，于是我们发生美的感受和感动。由于这种较为单纯的美感在内容上还不够清晰，而我们的意识倾向要求强化这种美感享受，所以，我们进一步观察和思考松柏的现实品格，努力使美感的内容趋于清晰化。这样，我们就可能把握更丰富的自然关系，见到或联想到在冰封雪飘的严冬，其他的树藤花草都经不住寒冷，纷纷凋零了、干枯了，唯有松柏却能傲霜斗雪，犹自青枝绿叶，焕发出旺盛的生命力。这就使我们怦然心动，因为它进一步触动了我们关于社会美的观念，不由得将松柏在自然界的品格与我们自己在人类社会中面临危难时的气节操守相比较，这就发生了“君子比德”。其结果，松柏岁寒后凋的品格就会滋养我们的心灵、陶冶我们的情操，使我们努力追求临危不惧、坚贞不屈的高风亮节。

所以，“君子比德”有两个关键环节。首先它必须以对自然美的感受和感动为前提，否则“君子”是不会漫无边际地随意与任何对象去“比德”的。其次它又必须以主体社会美的观念受到激活为必要条件，否则“君子”就只有对自然美的感受和感动，而不会与对象“比德”。譬如像周敦颐那样的人，菊花、牡丹和莲花都能引起他的美的感受和感动；但是，菊花、牡丹却不能以其现实品格触动他的社会美观念，因此，他不与它们“比德”，而只与能触动他的社会美观念的莲花“比德”。至于莲花的现实品格之所以能激活他的社会美观念，倒可以在相似性中得到解释。并且由于这种相似，主体的道德情操乐于肯定对象的现实品格，另一方面，主体也乐于以对象的现实品格来滋养自己，获得自然美美育向陶冶道德情操的深化。

功利感可能强化对自然的美感

在一定的条件下，由于主体世界观、人生观的中介，功利感可以强化对自然美的美感，深化自然美美育对道德情操的陶冶。

美的自然事物同时又是现实的实际事物。因此，它不仅能引起美感，还能引起现实的功利感。在这里，对自然美的美感与对美的自然物的功利感，有相互对立的一面。功利感过于强烈，或者只有功利感，就会破坏美感、甚至阻碍美感的发生。如果在美的人体面前，一个人产生过于强烈的占有欲或性欲，就难以产生对人体美的美感。同时，就美感来说，在一定的意义上它也能使人摆脱功利感或占有欲的束缚，使人的感性和理性得到全面的协调发展。

但是，对自然美的美感与现实的功利感并不是绝对排斥的、水火不容的，它们还有相互联系、相互统一的另一面。在一定的条件下，功利感可以强化对自然美的美感，从社会的途径使自然美美育深化。车尔尼雪夫斯基曾经指出："尤其是对无生自然界的美的欣赏，就往往有这样一种模糊的思想伴随着：它能给人以什么用处或者什么享受呢？譬如，当我们欣赏莱蒙托夫所谓'黄熟的田畴'的时候，我们便不能摆脱这样的思想。美的欣赏只有在下面这个意义上才是不自私的：譬如，我欣赏别人的田畴，而绝不想到它不是属于我所有，卖去田中谷物所得的钱也不会落到我的口袋里，但是我却不能这样想：'谢天谢地，谷子长得好极了，这一回，乡下人可以松口气了！我的天，这田里给人们长了多少人间幸福，多少欢乐呀！'应该指出，这种思想可能是模糊地作用于我们的心里，甚至我们不觉得它是作用于我们的心里，但是它最能引起我们对田畴的美的欣赏。我们知道得很清楚：美的欣赏与所有主的愉快感是两种完全不同的感觉，但并不是常常彼此妨碍的。"[①]他所说的这个道理，还是很有启发意义的。

我们且来看一些实际的例子吧。譬如我们欣赏太阳的美，太阳以它的万丈光焰和无比光明使我们发生美的感受和感动。在此基础上，我们的意识产生强化美感的倾向，并且很可能得到我们对于太阳的功

① 《西方美学家论美和美感》，商务印书馆1980年版，第258页。

利感的助力。因为我们在美感愉悦中很可能进一步想到，这美的太阳还给我们带来温暖和幸福、丰收和希望；这种功利感就能够强化美感，并经过人生观的中介作用，使我们的道德情操受到这样的熏陶：我们也应该像太阳那样，无私地奉献出自己全部的光和热，给人们带来温暖和欢乐。

又譬如我们欣赏自然山水的美，发生对于崇山峻岭、大江长河的美的感受和感动。这时如果进一步想到这些美的山水都是属于我们伟大的祖国的，那么，这种现实的功利感就能强化对于山水的美感，引起自然美美育的深化。方志敏在《可爱的中国》里曾说：我们祖国的河山多么美呀！“不但是雄伟的峨眉，妩媚的西湖，幽雅的雁荡，与夫‘秀丽甲天下的桂林山水’，可以傲睨一世，令人称羡；其实中国是无地不美；……这好像我们的母亲，她是一个天姿玉质的美人，她的身体的每一部分，都有令人羡慕之美。”在这里，他首先是对于峨眉、西湖、雁荡、桂林山水发生美感，赞赏它们的美；进而这种美感，更被这些名山胜水都属于祖国这样一种功利感所强化，发展到“中国是无地不美”的自豪与赞叹，沉浸在爱国主义的澎湃激情之中。

上述例子说明，当我们对自然美发生美感的时候，如果这种美的自然事物在其现实关系上对我们有利、有益，能激起与健康的社会情感相联系的功利感，那么，这种功利感就可以强化我们对自然美的美感，陶冶我们的情操。这是美感与功利感相和谐统一的美育深化。

还有一种情况，美感与功利感可以通过对立的统一而深化自然美美育。这就是我们在第三章第二节所讨论的阳刚形态的雄伟美感。雄伟美感也是从较为单纯的美感发展演化而来，是美感与危险感、恐怖感对立统一而形成的美感形态。它也可以视为一种特殊的美感深化现象，并且常常能砥砺我们的道德情操、意志品质。我们在本节开头曾引述席勒的一句话，是说：“我们只要给他以重大的推动，就能使审美的人获得理智和高尚的情操。”那么，这个“重大的推动”是指什么呢？席勒说，对于审美的人说来，“为了使人成为英雄和贤能只要有崇高局势的促进（它直接作用于意志力）”[1]。这就是说，让一个人去欣赏高山巨川、欣赏惊涛怒海、欣赏雄狮猛虎、欣赏斗雪青松、欣赏刚劲有力的男性人体美，雄伟的美感可以使他变得临危不惧、大智大勇。这也是自然美美育深化的一种特殊表现。

社会美的美感推动力

对于自然美的美感，还可以受到对于社会美的美感的推动而强化，从而使自然美美育通过社会的途径而深化。

譬如我们欣赏泰山的美，发生对于它的雄伟浑厚的自然美的美感。同时，我们又会对南天门的社会美发生美感，感佩古代劳动人民伟大的智慧和惊人的创造力。这会使我们对于泰山自然美的美感得到强化，觉得泰山不但是很美的，而且简直是我们坚韧不拔、伟大崇高的民族精神的化身。如果我们进一步在泰山游览，观赏那些历代帝王祭天祈佑的殿堂，过去曾仪仗森严的道路石阶，乃至传说中秦始皇避雨所封的“五大夫松”等等，就会兴起凭吊怀古的幽思遐想。这种巨大的历史感，又会给我们对泰山四大奇观（旭日东升、晚霞夕照、黄河金带、云海玉盘）等等自然美的美感以重大的推动，使我们超越前人的千秋功罪，面对今天伟大的时代，发生“俱往矣，数风流人物还在今朝”的壮思，激起开拓创造、走向未来的豪迈感情。

又譬如我们欣赏四川青城山的自然美，“青城天下幽”，美感会把我们带入清凉的天地、缥缈的梦境，沉醉于青山秀岩的怀抱中。然而当我们漫步在山顶，见到历史上农民起义军的遗迹，那平整的跑马坪、巨大的旗杆石，那曾经囚禁、镇压过反动官僚地主的深幽的“复仇谷”，又会使我们激起动荡澎湃的历史激情。它必定将我们对青城山自然美的美感推进到新的方向，产生铲除人间的不平、建设美好的世界的激情。

① 席勒：《美育书简》，中国文联出版公司1984年版，第118页。

再譬如我们游览厦门的风景名胜鼓浪屿。登上日光岩，鸟瞰岛上的美丽景色，眺望大海的万顷碧涛，发生对于自然美的感受和感动。而同时，明末清初的民族英雄郑成功那雄峙海疆的水操台，又引起我们对社会美的美感激情。它也会使我们对自然美的美感得到强化和推动。就像郑成功在发出“大好河山”的赞叹时，内心跃动着驱逐强虏、收复失地的壮志豪情那样，我们也把对于自然美的美感升华为爱国主义的激情，从而陶冶自己的道德情操。

甚至当我们徜徉于自然山水之中，那农家屋顶袅袅升起的炊烟，常常能在我们对自然美的美感中融进对生活的热爱。当我们泛舟于明湖秋水的时候，那岸边点缀的房屋楼阁、万家灯火，也常常使我们对自然美的美感能推移到把祖国建设得更加美好的宏伟理想。

对社会美的美感之所以能够像上述例子中这样引起自然美美育向德育方向深化，究其原因就在于我们的自然美观念与社会美观念原是同属于我们的美的观念的系统。它们虽然有性质的不同，却也不是相互割断的，而有相互的关联和影响。而我们的美的观念的系统，也像一般系统一样，具有整体性、转换性和自身调整性。所以，对社会美的美感就可以经过美的观念系统的中介，作用于对自然美的美感，强化它，推动它，彼此共振，相互贯通，引起自然美美育向德育深化。当然，我们这里所讨论的情况有它的规定性，即：在这里，客体对象方面既是以自然美为主体，主体的美感心理方面又以对自然美的美感为主导，所以其结果，是自然美美育的深化。如果客体对象方面以社会美为主体，就说不上自然美美育的深化，也不在本书讨论的范围了。

从以上讨论的四种主要情况可以知道，虽然自然美本身没有什么道德情操，但是，对于自然美的美感却可以经由社会的途径强化，而发生陶冶道德情操的教育作用。在这里，主体的世界观、人生观、美的观念起了重要的中介作用，把自然美美育导向深化。这是自然美美育与德育的相互渗透，是主体在倾心赏美的过程中充分发挥主观能动性的一种自我教育，因而往往有良好的效果，成为人们砥砺道德情操的重要途径。

三、通往艺术殿堂的必由之路

对于自然美的美感，还可以得到艺术美的强化，从而通过艺术的途径深化自然美美育，明显地提高主体的美学修养和艺术修养，成为主体通往艺术殿堂的坦途——必由之路。

首先从事实上来看，自然美与艺术美向来存在内在关联。在现实的客观世界中，自然美与艺术美虽然互相区别，但它们是杂然并存的，互相影响和互相渗透的。譬如在自然山水中，尽管在客体对象方面主要是自然美，却也常常并存着具有建筑艺术美的亭台楼阁、飞檐曲廊，有的还点缀了美的雕塑和壁画，美的碑刻和摩崖题词，等等。因此，我们在欣赏自然美的时候，也不免欣赏这些艺术的美；我们对于自然美的美感，也不免得到对于艺术美的美感的渗透和推动，从而引起自然美美育的深化。

这种情况，还可以表现于另一种形式。这就是，即使自然美与艺术美并没有现实地杂然并存，然而却可能有前人反映和表现这种自然美的文学作品或绘画作品。欣赏自然美的审美主体，也不免在自然美的面前，将过去对于艺术美的美感体验融会于当前的美感之中，影响或推动对自然美的美感的发展。

其次从原则上来看，虽然自然美完全出自自然的必然，艺术美则出自人的自觉的创造；但是，二者既然都是美，就都是符合于美的规律的。所以，自然美尽管未必都有艺术美与之并存，但当它们并存时，就可能互相协调，使自然美的特征更加突出，使我们对于自然美的美感更加强烈、丰富。而且，艺术美的创造、特别是那些反映和表现自然美的艺术作品的美的创造，在根本上要遵循现实美的规律。因此艺术美可能比自然美更高级，却并不与自然美相矛盾，而在根本上可以帮助我们更好地欣赏自然美，以至使我们对于自然美的美感更加细腻、更加深刻。由此说来，如果主体在自然美的欣赏中，不断地反复地受到艺术美的推动，也就踏上了通往艺术殿堂的通途。

那么具体来说，我们对于自然美的美感是如何受到艺术美的强化，又怎样帮助我们提高美学修养和艺术修养的呢？下面就来渐次加以考察。

从自然山水美的欣赏来考察

在自然山水之中，常常有亭台楼阁、飞檐曲廊等建筑物配置其间。这类建筑，往往煞费设计师的艺术匠心，不但它本身具有建筑艺术的美，而且在位置的选择、建筑的风格和样式等方面都与周围的自然美的特征相协调，常常能在整体上突出名山胜水自然美的特点。传为唐人王维所撰的《山水论》就指出："山腰掩抱，寺舍可安。断岸坡堤，小桥可置。"虽然这是论绘画的布局，却也可以视为在自然山水中建筑物位置布局的设计原则。宋人韩拙在《山水纯全集》中，更认为建筑的风格和样式要适合自然风景的特色。他说："东山敦厚而广博，景质而水少"，"宜林落、薪锄、旅店……"；"西山川峡而峭拔，高耸而险峻"，"宜用关城、栈路、罗网、高阁、观宇之类"；"南山低小而水多，江湖景秀而华盛"，"宜江村、渔市、水邦、山阁之类"。这些设计原则的正确实施，其美的建筑就可以强化我们对自然美的美感。例如泰山的南天门就建筑在泰山的顶部，风格厚实沉稳，样式简朴粗犷；南天门下临摹云梯，拔地通天，险峻异常。游人经过中天门，走过"快活三里"，抬头便能看见雄踞山顶的南天门以及笔立险峻的十八盘，有力地衬托出泰山自然美那庄重、雄伟、气势磅礴的特征。这就是南天门以及门下十八盘的建筑艺术美，进一步强化了我们对于泰山自然美阳刚形态的雄伟美感。如果没有南天门以及十八盘，虽然我们也会对泰山的自然美发生强烈的美感；但是，有了它们，却能一下集中我们的观察力和审美感受力，观赏泰山最能显示其雄奇、浑厚的美的自然景致。在这里，显然有前辈设计师对我们审美欣赏活动的引导和指导，并且通过建筑美激起的美感将我们对泰山自然美的美感，推往适当的方向，在不知不觉中提高了我们的美学修养和艺术修养。自然美美育如此深化的结果，虽然不能一下就把我们培养成优秀的建筑设计师，但也会潜移默化地给予我们这方面的教育。而如峨眉山麓的清音阁，则以其清雅秀丽的建筑风格，突出着山环水绕、流泉淙淙的自然美，强化着我们对这里清幽柔和、林木掩映的自然美的美感。

建筑物位置选择的适当，又能够对于欣赏者的阳刚形态的雄伟美感，在其形成上给以助力，在其美感愉悦上给以加强。因为雄伟的美感的形成，往往由于对象自然美在形式特征上有强大的感性刺激力，在现实关系上有危险的威胁，所以在美感中伴随有恐怖感的发生。如果这种感性刺激过于强大，恐怖感过于强烈，即使对象很美，美感也难以发生；设若能够发生，往往也不能持久。这种情况，可以由于建筑物的巧妙配置而得到改善。譬如宋人苏辙有一篇《黄州快哉亭记》，说是长江流出西陵峡以后，其水势疾猛，奔放狂肆；在黄州观赏江水，其浩荡的气势简直与大海相仿。但是，这些自然景象，“变化倏忽，动心骇目，不可久视”。也就是景象的特征令人太紧张了，太恐惧了，所以不能尽情地欣赏。而快哉亭建成之后，“今乃得玩之几席之上，举目而足”。可见快哉亭帮助欣赏者削弱了恐怖感，增强了安适感，使人能够尽情观赏壮丽的自然美景，悦目快心，愉情豫志。清人袁枚又有《峡江寺飞泉亭记》，更明白地指出：“凡人之情，其目悦，其体不适，势不能久留”。他举例说：“天台之瀑，离寺百步；雁宕瀑旁无寺；他若匡庐，若罗浮，若青田之石门，瀑未尝不奇，而游者皆暴日中，踞危崖，不得从容以观；如倾盖交，虽欢易别。”接着，他述说了飞泉亭的妙处，道：“登山大半，飞瀑雷震，从空而下。瀑旁有室，即飞泉亭也。纵横丈余，八窗明净，闭窗瀑闻，开窗瀑至；人可坐，可卧，可箕踞，可偃仰，可放笔砚，可瀹茗置饮；以人之逸，待水之劳，取九天银河置几席间作玩。当时建此亭者其仙乎！”足见快哉亭、飞泉亭都起到了强化对自然美的美感的作用，并且如袁枚更领悟到了当时建亭者的苦心，引起了建筑设施与自然美欣赏规律的关系的美学思索，这不是踏上了通往艺术殿堂的坦途吗？

进一步说，位置得当的建筑物还为自然美的欣赏者提供了较佳的视点和视角。因为自然山水的美是非常丰富的，多变的。即如山景，宋人郭熙说得好：“山近看如此，远数里看又如此，远数十里看又如此，每远每异，所谓山形步步移也。山正面如此，侧面又如此，背面又如此，每看每异，所谓山形面面看也。”[①]既然自然山水美如此千姿百态，在不同的视点和视角，可以见到不同的美的形象，如苏轼所谓“横看成岭侧成峰，远近高低各不同”；那么，总有一些视点和视角所见到的形象要更美些。优秀的设计师就能找到这样的视点和视角，并在这里建筑恰当的亭台楼阁。游人到此小憩，也就能欣赏到最为奇妙的自然美。尽管在这里游人的美感还是由周围自然的美景引起的，不过，游人的这种欣赏活动，不也在无形之中受到设计师的指导、在不知不觉间受到设计师的美学见解的影响吗？

而且，这些亭台楼阁往往都有前人创作的楹联。它们不但有书法艺术美，而且常常表现了前人的审美感受，以文学艺术美的形式启发后人、感染后人，强化后人的美感，引导他们对眼前的自然美获得更深刻、更强烈的美感赏会。譬如泰山南天门有楹联写道：“门辟九霄，仰步三天胜迹；阶崇万级，俯临千嶂奇观。”读着这样的文字，我们会顿时忘记征服十八盘的疲劳，按着它的引导，“俯临千嶂奇观”，沉浸在对泰山自然美的美感愉悦之中。而山东历城观旭楼的楹联有：“高吸红霞，最好五更看日出；薄游黄海，曾来一夕听风声。”这不仅有对于游人观赏日出的指导，还很好地表现出作者的美感体验，拓宽了游人审美的眼界和心胸。又如峨眉山下报国寺有楹联说：“我奉雪

① 《林泉高致》。

山为赠品，君收云海作诗声。”使游人未及登山，便为峨眉山自然美的魅力所吸引。到了山顶卧云庵，有楹联道：“天著霞衣迎日出；峰腾云海作舟浮。”点出了峨眉山顶的两个著名景观，引导游人去一饱眼福。有的楹联，突出地描写对景点自然美的感受和联想，如黄山九龙瀑的楹联：“九匹白练出奇观，连续奔腾，远观如八骏骅骝添赤兔；三岭松涛鸣爽籁，抑扬起伏，乍听似千军健卒赴疆场。”有的楹联，还以奇妙的文字将景区的自然美诗意化，如西湖中山公园那副著名的迭字回文联，写道：“水水山山处处明明秀秀；晴晴雨雨时时好好奇奇。”它也可以倒过来读为“秀秀明明，处处山山水水；奇奇好好，时时雨雨晴晴”。这种特别的文学技巧，并不是单纯的文字游戏，而能很好地表现西湖风光的丰富多彩，使欣赏者对自然美的美感为之增强。还有的长联，以博大的气势、丰富的联想，给欣赏者对自然美的美感以有力的推动。例如昆明大观楼那著名的长联写道：“五百里滇池奔来眼底。披襟岸帻，喜茫茫空阔无边。看东骧神骏，西翥灵仪，北走蜿蜒，南翔缟素。高人韵士，何妨选胜登临。趁蟹屿螺州梳，裹就风鬟雾鬓。更苹天苇地，点缀些翠羽丹霞。莫辜负四周香稻，万顷晴沙，九夏芙蓉，三春杨柳。”不算标点符号，这90个字组成的上联，描写了气象恢弘、绚丽多彩的自然美景。下联写道：“数千年往事注到心头。把酒凌虚，叹滚滚英雄谁在！想汉习楼船，唐标铁柱，宋挥玉斧，元跨革囊。伟烈半功，费尽移山心力。尽珠帘画栋，卷不及暮雨朝云。便断碣残碑，都付与苍烟落照。只赢得几杵疏钟，半江渔火，两行秋雁，一枕清霜。”这是写作者丰富的联想和深沉的喟叹。读着这副长联，我们会因它的艺术美发生美感；而这种美感，又会融进并推动我们对自然美的美感，在对于滇池的欣赏中获得更加丰富、深刻的兴会。

还有自然山水的一些景点上的摩崖题词或碑石镌刻，也与上述楹联的作用相似。譬如庐山仙人洞附近的蟾蜍石，登石可览庐山上下，石上刻有“纵览云飞”四个大字。它本身就有书法的美、镌刻的美，而且游人在它的提示下也更能欣赏庐山云海的美，即能起到加强对自然美美感的作用。

上面我们主要谈的是建筑艺术以及相关的书法、楹联、碑刻等等强化对自然美的美感的情况。下面还要谈到另一种重要现象，它所涉及的主要是文学和绘画，特别是山水诗和山水画。当然，这里主要不是讲如何欣赏山水诗、山水画的艺术美，而是讲这种艺术美如何能在自然美欣赏中深化自然美的美育。

譬如我们欣赏泰山的自然美，对之发生美的感受和感动。但在美感中，我们所获得的思想启示和具体感触往往朦胧模糊、甚至茫然无绪，而愉快的精神享受却要求美感的内容明朗化。这时，我们就可能突然忆起过去读过的杜甫名诗《望岳》："岱宗夫如何？齐鲁青未了。造化钟神秀，阴阳割昏晓。荡胸生层云，决眦入归鸟。会当凌绝顶，一览众山小。"我们诵读着这些诗句，感到泰山的雄伟壮观被杜甫传神地表达出来，并且钦佩他对泰山自然美敏锐的观察、准确的捕捉；还感到他的审美感受不但是强烈的、独特的，而且能够和我们相沟通，使我们受到感染和升华。特别是最后两句"会当凌绝顶，一览众山小"，简直把我们对于泰山自然美的美感激情鼓荡得汹涌澎湃起来。这样，《望岳》一诗就给予了我们对泰山的美感以重大的推动，而我们也由此明显地提高了美学修养和艺术修养。实际上，在我国许多名山胜水，都留下了前人优秀的吟咏之作。我们在游览这些风景胜地时，翻一翻前人的名作，面对实景，赏玩品味，不但可以深深地领悟这些诗篇，而且反过来也会强化对自然美的美感，成为学习前人艺术经验的有效方法。

以山水诗来深化自然美美育，也不一定只限于山水诗所吟咏的实地。因为有的山水诗的名句，它所反映、表现的自然美景，可以不囿于一时一地，而存在于许多自然山水之中。例如王维《汉江临眺》的名句："江流天地外，山色有无中。"描绘了气象空阔的山水远景，就是在许多地方都能见到这种实际景象的。而我们在欣赏这种实际的自然美景时，吟咏王维这个名句，往往可以强化对自然美的美感。还有的诗虽然是反映、表现自然美的，但一则它没有非常具体的实地，就是描写一种普遍存在的美景的；二则它还可能描写了种种美感情思。如唐人张若虚《春江花月夜》就是如此。这首长诗的开首四句便说："春江潮水连海平，海上明月共潮生。滟滟随波千万里，何处春江无月明？"那么，这里所表现的春江花月夜的美丽景色，就凡是春江都可能有的；因而，我们无论在何地欣赏春江花月夜的实景，只要我们曾读过并忆起张若虚这首诗，我们对于自然美的美感都可能受到它的诗意的推动。这首诗的眼界相当宽阔，描写了江水、沙滩、月色、原野、枫林、花木、船只、高楼离人、扁舟游子、捣衣石砧、鸿雁长飞、江鱼跳跃等等，内容丰富多彩，以一种迷人的气氛展开月光映照下万里长江的绚丽画卷。受到这种诗意的感染，我们对实际的春江花月夜的美感不也会更加丰富、更加宏大吗？而且张若虚这首诗还表现了在春江花月夜的种种美感情思。譬如其中有这样的诗句："江畔何人初见月？江月何年初照人？人生代代无穷已，江月年年只相似；不知江月待何人？但见长江送流水。"这深沉而空明的情思，当然也会使我们对于自然界春江花月夜的美感为之升华。

其实，不仅仅是山水诗，而且游记或其他散文，乃至其他种类的艺术对自然美的表现，也能起到这种深化作用。譬如自然界的暴风雨有它特殊的美，而人们常常囿于实际的功利关系，难得对之发生美感。但是，欣赏过贝多芬的《田园交响乐》的人，当然也就感受过其中较为完整地表现暴风雨过程的音乐，这样的人再面临实际的暴风雨，一定会对暴风雨的自然美有更敏锐的感受、更强烈的感动。再譬如郭沫若的历史剧《屈原》，其中剧中人也曾满怀激情地赞颂过暴风雨，说道："你们风，你们雷，你们电，你们在这黑暗中咆哮着，闪耀着的一切的一切，你们都是诗，都是音乐，都是跳舞。你们宇宙中伟大的艺人们呀，尽量发挥你们的力量吧！"这里不但有对于暴风雨的美的领悟，而且跃动着剧中人以及作家那火热的感情，表现着强烈的时代精神。如果我们在对现实的暴风雨的美发生美感时，也忆起这段台词，那么，我们的美感就会得到强化和扩充。

再来说山水画艺术美的这种强化作用。清人笪重光《画筌》指出过："董巨峰峦，多属金陵一带；倪黄树石，得之吴越诸方。米家墨法，出润州城南；郭氏图形，在太行山右……从来笔墨之探奇，必系山川之写照。"这里谈到我国许多著名山水画家的艺术实践，认为他们的艺术创新、艺术成就，来自于对真山真水的真实再现和艺术提炼。所谓"董巨峰峦"，是指北宋的董源、巨然的独特风貌的山水画。董源以水墨皴染的技法表现江南烟云变幻的美景；巨然更创造了焦墨破笔，以簇簇落落的苔点发展了董源的技法。沈括曾经评论说："大体源及巨然画笔，皆宜远观。其用笔甚草草，近视之几不类物景，远观则景物灿然，幽情远思，如睹异境。"[①] 实际上，从钱塘江到富春江的两岸几百里山色，以至从湖南到广东一路的风景，都与"董巨峰峦"有着同样的气象和体制。那么董源、巨然的山水画，是从江南景色提炼而来的，并且融进了他们的美感体验。如果我们欣赏过他们的绘画，我们在对江南真山真水的美感赏会时就会有"江山如画"之感。我们的美感也就会被他们创造的艺术美加强、扩充，不仅对自然美有更充分的深情领悟，还对"董巨峰峦"有了更多的理解和感受，从而提高了美学修养和艺术修养。

从动物、植物的美的欣赏来考察

依照前面对自然山水美欣赏的考察，不难了解，我们对动植物的美感也可以受到艺术美的强化。前面的考察涉及到许多的艺术种类，是按艺术的种类分别讨论它们对自然美美育的深化作用的；现在不妨变一个角度，从艺术作品的再现真实、表现主观情感和表现审美理想等功能，分别来考察我们对动植物的欣赏如何受到艺术美的影响。

---

① 《梦溪笔谈》。

艺术作品是要再现客观真实的。所谓再现真实不是抄袭，不是照搬。即使是摄影艺术，它也要有对于对象的观察、选择和提炼。从这个角度来说，艺术品不能等同于它的对象。不过，这当然不是要否认艺术再现客观真实的功能。只是要求这种再现不仅是现象的，还是符合对象的本质特征的；不仅是形似，还要求神似，达到形神兼备的高度。例如苏轼就认为，"诗人有写物之功：'桑之未落，其叶沃若。'他木殆不可以当此。林逋《梅花诗》云：'疏影横斜水清浅，暗香浮动月黄昏。'绝非桃李诗。皮日休《白莲花诗》云：'无情有恨何人见，月晓风清欲堕时。'绝非红梅诗。此乃写物之功。若石曼卿《红梅诗》云：'认桃无绿叶，辨杏有青枝。'此至陋语，盖村学中体也。"[1]所谓"写物之功"，就是要真正把对象的本质特征和美再现出来。为了使自己的艺术作品达到这种"写物之功"，古代艺术家以自然造化为师，其认真严肃的精神是很感人的。宋人罗大经的《画说》谈过几位古代画家的动人事迹，说是"唐皇令韩干观所藏画马，干曰：'厩马皆师。'李伯时过太仆卿廨舍，终日纵观御马，至不暇与客谈。积精储神，赏其神骏，久久则胸中有全马矣。信意落笔，自尔超妙……曾云巢无疑，工画草虫，年迈愈精。余问有所传乎，无疑曰：'是岂有法可传哉？某自少时取草虫，笼而观之，穷昼夜不厌。又恐其神之不完也，复就草地观之，于是始得其天。方其落笔之际，不知我之为草虫耶？草虫之为我也？此与造化生机之机缄，盖无之异。岂有可传之法哉！'"可见，艺术家要成功地再现客观真实，必须作怎样长期而艰巨的努力啊！

既然成功的艺术品能够再现对象的本质特征和美，那么，以动植物为对象的成功的艺术作品，也就能够帮助我们深刻地感受和认识动植物的美。由此可知，当我们在欣赏实际的动植物的美时，我们的美感不是可以得到相关的艺术美的推动，引起自然美美育深化吗？譬如

---

① 《苏轼论文艺》，北京出版社1985年版，第162页。

我们欣赏雄狮、猛虎的自然美，既不能跑到深山老林里去欣赏，因为现实的危险过于严重，使我们难以发生美感；又不满足于欣赏关在动物园铁栅栏里的狮、虎，因为它们无饥渴之忧，在我们参观的大白天里，它们昏昏沉睡的时候多，难以观赏到它们虎虎有生气的最美的形象。可是事实上，我们只能在动物园里去欣赏它们，而且也能获得相当的美感。究其原因，大约我们在动物园里对它们所起的美感，在无形之中可能已经得到了艺术美的强化。因为我们或许观赏过关于狮、虎的成功的绘画，或许看过纪录狮、虎野外生活的电影，或许读过如《水浒传》武松打虎的小说，或许听过别人深山遇虎的故事，这些都会引起我们的艺术美的美感，并且会对我们站在动物园栅栏外所起的自然美的美感以有力的推动。而这些绘画、电影、小说等等的成功之外，就在于它们真实地再现雄狮、猛虎的自然美。所以，它们并不把我们观赏动物园狮、虎自然美的美感转移为艺术欣赏，却是引起自然美美育的深化，而将美学修养、艺术修养的提高包含在这种深化之中。

其次来说，艺术作品也要表现艺术家主观的情感。例如屈原的《橘颂》，说橘“精色内白，类任道兮，纷缊宜修，姱而不丑兮”。这既是颂橘，又表现了诗人对橘的品格的赞誉之情以及诗人自己的情操。唐人骆宾王《咏蝉》，则说它“有目斯开，不以道昏而昧其视；有翼自薄，不以俗厚而易其真”。这同样表现着诗人的主观情感和操守。再如古代的艺术家常将松、竹、梅画在一起，谓之“岁寒三友图”；或者又将梅、兰、竹、菊绘于一幅，合称“四君子”；或者再加上松树，或者再加上水仙，又称为“五清”。这些既再现着对象的真实，又表现着主观的情感。而且，这种主观情感就是由对于动植物自然美的美感提炼、发展而来，同时又是以艺术作品对自然美的真实再现为前提的。所以关于“岁寒三友”等等，甚至渗透进我们民族的审美意识之中，对于我们关于松、竹、梅的自然美的美感起着强化和扩充的作用。

艺术美又是理想美。无论艺术作品对自然美的真实再现，还是它对主观情感的表现，都是在艺术家的美的理想引导下实现的。不过也有必要特别提到艺术作品对美的理想的强烈表现，常常不拘泥于自然的真实。爱迪生在《观察者》一文里说："诗人无须跟着'自然'一季一时地慢慢变迁……他可以把春季和秋季的一切美都用入他的描写……玫瑰、忍冬和茉莉可以同时开花，他的花床可以同时产生莲花、紫罗兰和鸡冠花。"例如我国唐代的王维，传说他就曾作过"雪里芭蕉"的绘画，强烈地表现出他的美的理想。所以锡德尼曾经说："自然是黄铜世界，只有诗人才交出黄金世界。"[①]

不过，艺术美虽然可以比自然美更完美、更符合理想，但自然美却完全是实际的自然事物或自然现象的美，是现实地存在着的东西。这种现实性，又是自然美可珍贵的品格。如车尔尼雪夫斯基所说："美感寻求的是好的东西，而不是虚幻地完美的东西。因此既令现实中的美有许多严重的缺点，我们还是满意它的。"[②]这是说，艺术美所表现的美的理想并不妨碍我们对自然美的欣赏，也不贬低我们对自然美的美感。这是事情的一方面；它还有另一方面，即艺术美表现的美的理想还能够充实和加强我们对自然美的美感。例如我们对松树的美发生美感，甚至还通过社会的途径加以强化，能陶冶我们的道德情操。这时候，如果我们进而联想到《岁寒三友图》，浮现出苍劲有力的青松、贞节虚心的绿竹、铁骨健枝的红梅，三者同声共气、傲霜斗雪的图景，那么，我们对松树的美感或许会升华到更为理想化的境界，其自然美美育也更带有美的理想的教育性质。又例如我们欣赏春梅，或者欣赏秋菊，或者欣赏别的什么花朵，这时候若受到艺术美集百花于一图的熏染和推动，我们对于梅花或者菊花自然美的美感不也会变得更加强烈，推动我们向美的理想升华吗？所以从这个意义上，与其说"自然是黄铜世界，诗人才交出黄金世界"，不如说"自然是

① 《西方美学家论美和美感》，商务印书馆1980年版，第71页。

② 同上书，第254页。

富含金沙的宝藏，诗人把它炼成纯金”。而我们受到诗人的陶养，就能在自然中一眼见出金沙来。

从人体美的欣赏来考察

关于艺术美对于我们关于人体美美感的强化，这里只拟举出两种现象来略加考察。第一种现象，是人体美与服装艺术美的关系。第二种现象，是人体美与人体艺术的关系。在这两种关系上，都可能引起自然美美育的深化。

服装，当然不只有艺术美，还有社会美。不过在这里，我们只从服装的艺术美来考虑。不用说，服装自身有其艺术的美；但是，这种艺术美如何能作用于对人体美的美感呢？

再美的服装，总要由人来穿着。于是，便出现了人体美与服装美共存于个别人体上的情况，就好像在自然风景区有了建筑存在一样。显而易见，个人的穿着如果能遵循抑丑扬美的原则，并且运用得恰当，就能够强化观赏者对于对象的人体美的美感，使这种美感得到服装艺术美的进一步扩充。我们看到，青年人在穿着上往往喜欢裸露得多一些。这样可以较充分地展现人体美，而人体美正是青年的长处。但是也应当了解，服装不仅能遮盖美，还能突出美。黑格尔就认为：“如果服装……可以把姿势充分显示出来，我们就毫无损失，而且服装还可以把姿势正确地突出地表现出来，就应看作一个优点，因为它把纯然感性的没有意义的东西遮盖起，只显示出由姿势和运动表现出来的情境中有关的东西。”他又批评过近代的服装，说道：“我们在近代服装上所看得出的不是身体处在柔和的流转自如的发达状态中的那种生动，自由而优美的轮廓，而是一种带着僵硬褶纹的绷得很紧的布袋……有机体的优美的源泉滚滚的浪纹却消失了。”[①]所以，服装如果得体，就运用遮盖的艺术突出“身体的感性美，生动的圆形和波浪

① 黑格尔：《美学》，第3卷上册，商务印书馆1979年版，第160～161页。

似的曲线”。在这个前提下，服装的样式、用料、质地、色调等等，还能进一步强化人体美美感。

实际上，人体美是相当丰富的，多种多样的。如苏轼所说：“妍媸肥瘦各有态，玉环、飞燕谁敢轻！”所以如女性人体美，虽然都引起偏于阴柔的美感，但是进一步考察，却可以因对象特征的不同，这美感或者清雅、或者浓烈、或者纤丽、或者丰艳、或者轻盈、或者明快，不一而足。在这里，服装的色调如果选择得适宜，其色调的冷暖，自可强化对人体的美感。再者，服装的纵条花纹可以使略为矮胖者显得苗条些，横条花纹可以使略为瘦削者显得丰满些。厚重而深色的用料有收缩的张力，有助于胖者的美化；薄轻而浅色的用料有扩展的张力，有助于瘦者的美化。这些都可以加强欣赏者对人体的美感，同时也使欣赏者领悟装饰艺术的无穷奥妙。

再说人体艺术，无论是雕塑、绘画，都可能强化我们对人体美的美感。这种强化，在原则上和事实上，与山水诗、山水画之强化对自然山水的美感，与花鸟画、咏物诗之强化对动植物的美感，是一致的、相通的。既然相通，也就不必赘述。不过有一点却应当提出来加以说明，这就是对人体艺术的欣赏经验有助于我们在欣赏实际的人体美时，弱化功利感，冲淡占有欲，而强化美的感受和感动，培养高尚的情操。

现实的人体美，特别是异性的人体美，在欣赏中难免使主体或多或少地伴随发生肉感、性感、情欲乃至占有欲。这类感受和欲望，如果保持在适当的限度之内，并不破坏对人体美的美感；但是，如果它们过于强烈，对人体美的美感就会遭到压制和破坏。弗洛伊德曾经指出，有的人对于人体的“观看的欲望”，“完全局限于性器”，成为“性错乱”的精神疾病患者。而“如果我们的兴趣从性器转向全身的体态，这种好奇的心理便是艺术性的”[①]。这就是说，过于强烈的性

① 弗洛伊德：《爱情心理学》，作家出版社1986年版，第35～36页。

感和情欲，使人只看见人体的性器官，只对人体的这一部分感到兴趣，却看不见人体的美。而要弱化这种性感和情欲，就应该把观赏的兴趣“从性器转向全身的体态”，才会对人体美发生美感。要做到这一点，人体艺术的美可以起到重要的推动作用。因为表现人体美的艺术作品，与实际的美的人体相比较，已经削弱了现实性，特别是淡化了性器官的感性刺激而突出了人体的美。当然，也有那种春宫画，是着意于渲染性的刺激，挑逗观者的情欲的；但这种画并不能很好地表现人体的美，算不上表现人体美的艺术。而“真正的艺术家善于打动心眩，而不愿眩惑五官”。他们表现人体的美，就不是去“刺激欲望或把它点燃起来，而是使它纯洁化，高尚化”。所以，如“加比都尔的维纳斯女神，或者圣女赛西勒，或者一个以前放在郎贝尔爵邸作装饰品的缪斯女神”就不会在你身上引起肉欲，而是使肉欲“受到一种优美娴雅的情感的调和，有时甚至被无私的崇拜心理所替代。”[①]如果受到这些表现人体美的优秀艺术的熏陶，人们去欣赏实际的美的人体，就能够获得健康而强烈的美感。这也就是意味着，人们在这种条件下对人体美的美感，得到了艺术美的强化。

综上所述，人们对于自然山水美、动植物的美、人体美的美感，在一定的条件下可以受到艺术美的强化，使自然美美育更加深化。在这种经过深化的美育中，不仅能更深刻地领悟自然美，还能明显地提高欣赏者的艺术修养。

四、自然美美育与体育的结合

南朝刘宋的谢灵运，是我国第一位大量创作山水诗的作家，在文学史上占有重要的地位。谢灵运之所以能取得这样的成就，是与他对自然山水美的热爱、追求分不开的。《宋书·谢灵运传》记载，他不仅

① 《西方美学家论美和美感》，商务印书馆1980年版，第231页。

在自己的住地“修营别业，傍山带江，尽幽居之美”；还经常走出家门，在大自然中去纵情游览，到处“寻山陟岭，必造幽峻，岩障千重，莫不备尽”。而且，他这种到大自然去探幽访胜的游览活动，有时一天要走一百六七十里地，经常十天半月不回家。其实这种活动，也就是我们今天所说的登山运动。只是谢灵运的登山运动，是为了追求自然山水的美，有着探幽访胜、欣赏自然美的目的性。为了便于登山，谢灵运还设计创制了一种特殊的登山鞋。其底有齿，颇类似于足球场上的钉鞋；却是用木头做成，齿也可装可卸，“上山则去前齿，下山去其后齿”。这就是后来李白《梦游天姥吟留别》所说的“谢公屐”，说是“脚着谢公屐，身登青云梯”。可见这种鞋具，很适宜于登山；也可见谢灵运之于登山，是相当有经验，又相当花费心思的。所以，谢灵运常常能做出一些惊世骇俗的壮举。例如有一次，他带领数百人从始宁的南山出发，伐木开径，翻山越岭，一直通到了临海郡。临海太守以为是出没深山的强盗，大为惊惶；经过打听，才知道是谢灵运为首的登山狂。人们历来称道谢灵运对山水诗创作的贡献，也赞扬他对于自然美的热爱和追求，却没有注意到他在登山运动上的殊勋，更没有注意到他将自然美欣赏与登山运动相结合的这一特征及其意义。这就是提出了本节所要讨论的问题。

我们在前面已经讲到了自然美美育深化的三种途径或形式。在相当程度上，它们可以分别看作是：一、自然美美育与智育结合，成为探索自然奥秘的知识之门；二、自然美美育与德育相结合，成为砥砺道德情操的重要途径；三、自然美美育与艺术美美育相结合，成为通往艺术殿堂的坦途或阶梯。现在我们还要讲到第四种形式，即如谢灵运的例子所表示的，自然美美育还能够通过与体育相结合而深化。

但是，自然美美育怎么能与体育结合呢？自然美美育，原是通过对于自然美的美感所进行的教育，基本上是通过观赏、认识来实现；而体育则须通过运动、锻炼来增强体质，强健体魄，不是只观赏一下，听听、看看所能奏效的。因而，自然美美育与体育不能等同。但是，在一定的条件下，它们又能够相互联系乃至相互结合。

拿我们开头提到的自然山水美的美育与体育的结合来说，是有其必然性的。北宋王安石《游褒禅山记》，可以说也谈到了这个道理。因为要获得自然山水美的美育，就必须到自然山水中去，观赏自然山水的美。当然，自然山水美是相当普遍地存在着的，要观赏到它并不是非登山不可。事实上，如王安石所说，观赏自然山水美，那些平坦而近便的地方，去的人很多；而那些艰险而深远的地方，到那里的人却很少。不能说那些去平坦而近便的地方游览的人没有观赏到自然山水美。但是，“世之奇伟、瑰怪、非常之观，常在于险远，而人之所罕至焉”。要观赏到这些险远之处大自然奇伟瑰丽的美景，就非登山不可了。王安石说，在这种情况下，游览者要具备两个重要的条件。一个条件是“有志”，即要有追求自然美的决心；另一个条件是“有力”，即要有足以征服险远的充沛精力和强健体魄。当然，有了志与力，还要借助于外物的帮助，即要有相应的登山器具。那么，按照王安石所说，追求自然山水美就势在必然地要与登山运动相结合了。

王安石说的志与力，既是自然山水美美育与登山运动结合的前提，又是这种结合的积极成果。明代徐霞客的母亲，就是虽然有志而“力不足者”。徐霞客出游时，他母亲总是为他整治行装，甚至“为制远游冠，以壮其行色”，还要求儿子“第游名胜归，袖图一一示我”。而徐霞客每次归家，叙述游览见闻和探幽历险经过，“令人瞿目缩舌骇汗”，而“母色意大惬，煮蒲烹茗，为振之（徐霞客名宏祖、字振之）贺”。后来她已经过了古稀之年，要儿子陪着她去游览江苏宜兴一带风光。因为她虽然有志，却无力去征服险远，所以只好去游览这类平坦、近便的地方。而徐霞客则有志有力，一直将对于自然美的追求与登山运动结合，锻炼得“捷如青猿，健如黄犊牛”，能够“高而为鸟，险而为猿，下而为鱼”，“霜露下宿，能忍数日饥”。所以他到了晚年，还能够“登不必有径，荒榛密箐，无不穿也；涉不必有津，冲湍恶泷，无不绝也”。正是由于自然美美育与登山运动结合，发展了他的志与力，所以能够“驰骛数万里，踯躅三十年”，集旅游家与地理学家于一身，成就了非凡的事业。

王安石所说的道理，用清人金圣叹的话来说，就是：“不梯而上，不缒而下，未见其能穷山川之窈窕、洞壑之秘隐也”。而金圣叹还讲到了“险能生妙”的乐趣，说道：“梯而上，缒而下，而吾之所至，乃在飞鸟徘徊、蛇虎踯躅之处，而吾之力绝，而吾之气尽，而吾之神色索然犹如死人，而吾之耳目乃一变换，而吾之胸襟乃一荡涤，而吾之识略乃得高者愈高，深者愈深。”[①]金圣叹所说的当然是追求自然美与从事登山运动的结合，并且重点说明了登山运动对自然美美育的深化。他说奋勇登山、攀上顶峰之时，简直力绝气尽、神色索然犹如死人，然而体力的消耗却换来了意志力的锤炼、险峰的征服，所以身置险境、观赏大自然奇伟的壮观，觉得耳目为之一新，胸襟为之开阔，识略为之升华，获得了更加深刻而强烈的美感赏会。正是由于自然美美育与登山运动相结合而产生的这种特殊魅力，所以，即使像列宁这样的革命家也乐于从事这种活动。在列宁住在休廉堡进行研究工作期间，列宁夫人回忆道：“午饭以后，我们有时去山里玩一整个下午。伊里奇很喜欢山，喜欢在傍晚时分爬到罗特伦霍山的支脉上去，那时山顶上是一片奇异的景色，而在脚下则漂浮着玫瑰色的薄雾……”[②]

其实，自然美美育不仅能与登山运动相结合，还能与各种各样的体育运动形式相结合。譬如高山滑雪、马拉松长跑、自行车运动、汽车拉力赛、划船运动、冲浪运动等等，自然山水美的美育都可以与之结合而得到深化。而且自然美美育与体育的结合还有一个重要方面，即人体美的美育与体育的结合。这种结合在古代希腊有着非常突出而且甚为完美的表现。

丹纳根据历史资料做过这样的介绍：在古代希腊，“那时没有工

---

① 《中国美学史资料选编》下，中华书局1981年，第202页。

② 《列宁论文学与艺术》，人民文学出版社1983年版，第387页。

业，不知道有战争的机器；打仗全凭肉搏。要得胜不是像现在这样把士兵训练成正确的机器，而是锻炼每个士兵的身体，使他越耐苦越好，越强壮越矫捷越好，总之要造成体格最好最持久的斗士。为了做到这一点，（公元前）八世纪时成为全希腊的榜样与推动力的斯巴达，有一个极复杂也极有效的制度……青年男子一律编队，上操，过集体生活，像我们的子弟兵。一个队伍分成两个对抗的小组，互相监督，拳打足踢，睡在露天，在寒冷的攸罗斯河里洗澡，到野外去抢掠，只喝清水，吃得很少很坏，睡在芦苇编的床上，忍受恶劣的气候……当然，那种古式教育在别的城邦没有如此严格，或者要少一些。但办法虽比较温和，仍是从同样的路走向同样的目标。青年人大半时间都在练身场上角斗，跳跃，拳击，赛跑，掷铁饼，把赤露的饥肉练得又强壮又柔软；目的是要练成一个最结实，最轻灵，最健美的身体"。这是一种军事与体育的结合，同时又是人体美美育与这种军事体育的结合。因为"那时的人在浴场上，在练身场上，在敬神的舞蹈中，在公众的竞技中，经常看到裸体和裸体的动作。他们所注意而特别喜爱的，是表现力量，健康和活泼的形态和姿势。他们竭力要使肉体长成这一类形态，培养这一类姿势……所以他们终于能发现人体的理想模型是不足为奇的。我们今日对于理想人体的观念就得之于他们"。[①]这不仅说明了古希腊人体美美育与体育的结合，而且说明了通过这种结合，人体美美育得到了怎样的深化。

在我国古代，又有传统的武术运动。无论棍术、枪术、刀术、剑术、拳术等等，固然是为了习武制敌，有军事的目的；但同时又是为了强身健体，是一种体育运动，并且与自然美美育结合着的。例如汉末名医华佗曾说："吾有一术，名五禽之戏……亦以除疾，兼利蹄足，以当导引。体有不快，起作一禽之戏，怡而汗出，因以著粉，身体轻便而欲食。"[②]这首先表现出体育与医学的结合。而所谓五禽之戏，乃

① 丹纳：《艺术哲学》，人民文学出版社1963年版，第42～43、46页。

② 《后汉书·华佗传》。

是模仿虎、鹿、熊、猿、鸟的动作和姿态进行肢体运动。不用说，这种模仿就包含了对于这些动物的自然美的审美体验，并且它的目的又是与人体美的美育相融会的。所以，五禽之戏就是通过对动物自然美的体会和模仿，使人体美美育与体育结合的一种形式。这里显然存在着中国武术的民族特色。例如传统武术中有所谓猴拳、虎拳、鹰拳、蛇拳等等，就都是通过对动物的自然美的体会和模仿，实现人体美美育与体育的结合的。

实际上，在我们今天的各项体育运动中，无论有没有明确的军事的或格斗的目的，都在一定程度上存在人体美美育与体育的结合。这种结合的必然性，寓于人体的美与人体的健康的必然联系之中。因为美的人体总是健康的、正常发展的人体，而病态的、畸形发展的人体总是丑的。虽然有所谓病态美的说法，这种美却是虚假的美、真实的丑。例如车尔尼雪夫斯基曾指出：上流社会的那种“脸色苍白、唇无血色、眼神困倦、瘦削孱弱的年轻太太和姑娘：普通老百姓简直不会去瞧她们一眼”。另一方面，“脸色红润总是美丽的，因为在红润中透出健康；然而肺痨病的红润却很不妙——可是它跟健康的红润是否有很大区别呢？它常常甚至是难分难辨：然而我们只要一旦发现这种红润是病态，不是健康，我们就不会再喜欢这种红润了。一个女人由于她的面貌生得不端正，各部之间不调和，常常妨碍她得到美人的称呼——凡此种种，都是并非完全正常地、也就是说并不完全健康地发展的结果。畸形是疾病、或者一种对人有害变故的结果，十分自然，畸形不能算是美人；然而一个身材生得不好的人也是一种畸形，只不过程度上要比真正的畸形来得轻些。驼背的人是畸形；可是伛偻的人也是驼背，只不过程度比较轻”。[①]这就从事实上说明了人体的美与人体的健康存在必然联系。而体育运动就能给人以健康，同时也就在一定程度上加强了人体的美。所以，人们常常说，生命在于运

① 《车尔尼雪夫斯基论文学》，中卷，人民文学出版社1965年版，第28～30页。

动；我们还应当补充说，运动也就同时是对人体美的一种追求。

人体美与健康的这种内在联系，在现代出现并发展了健美运动，直接将人体美美育与体育融为一体。在这里，人体美美育的深化焕发出主体极大的能动性，体态臃肿的人可以由之而减肥，身体瘦弱的人可以由之而强健。人们甚至还根据自己身材，通过健美运动，自己塑造自己的体型，使自己的胸围、腰围、臀围达到理想的人体尺度。

而且，在人体美美育与体育的结合中，不仅运动员获得了人体美美育的深化，就是观赏者对人体美的美感也获得了体育的强化，得到了经过深化的人体美美育。马克思这样说过："我们如果看到一个痉挛得缩成一团、背弯得抬不起头来的人，就会不由自主地四下张望，怀疑自己的存在，生怕自己也消失了。但是如果看到一个非常勇敢的、穿得光辉夺目的武术家，我们就会忘掉自己，觉得我们胜过自己百倍，天下任何事情都能担当起，呼吸也更为自由了。"①这里固然是说对人体美的美感，但这种美感也已经得到了武术运动家的体育表演的强化，所以获得的美育是非常深刻的。

这样，我们就从事实上和理论上简要说明了自然美美育与体育运动的结合。这种结合会引起自然美美育的深化。那么，具体说来，这种深化到底有些什么内容呢？我们试作概括如下：

第一，对自然美的美感，如果受到对抗性的竞技运动的推动，可以强化我们的刚阳形态的雄伟美感，增强我们的意志品质和进取精神。前面说过，雄伟的美感本来就能培养我们临危不惧、大智大勇的意志品质。而对抗性的竞技运动更有它的三个重要特征，可以强化这种雄伟的美感。特点之一，竞技运动有它的竞争性。参加竞争的双方运动员，按照一定的比赛规则、在平等的条件下依靠自己的体力、智慧以及技巧，去努力达到克敌制胜的目的。这就具有强有力的感性刺激，大大增强了伴随美感而发生的紧张压迫之感。譬如当摔跤运动员

① 《马克思恩格斯论艺术》，第2卷，中国社会科学出版社1983年版，第43页。

双方势均力敌的时候，当拳击运动员双方频繁地挥拳出击的时候，当赛跑运动员最后向终点冲刺的时候，当一场紧张激烈的篮球赛以接近的比分进入最后三分钟的时候，那种力量的对抗、意志的较量真能使运动场上紧张的气氛达到白热化的程度，不但心理素质较差的运动员会突然失去常态、引起技术变形，而且常常令患有心脏病的观众当场昏厥，让救护车号叫着载他驰往医院。而绝大多数的运动员和群众却承受住这种精神重压，处于极度兴奋而紧张的情绪中，以坚强的意志去迎接胜利，或经受意外失败的考验。特点之二，竞技运动又有它独特的美的形象性。譬如摔跤运动员那出场的装束便是精干有力的，突出着他们强壮的身体和雄健的体态；在竞赛中，他们强劲的肌肉紧张有力，在较量中呈现出各种静止或运动的姿态，都加强着我们对人体美的美感。而当今最受看重的足球运动也有它独特的形象美。不用说守门员从各种角度鱼跃救球的美的姿态，只说在足球场上那龙腾虎跃的大兵团作战，那排山倒海、气势磅礴的快速反击，那瞬息万变、大开大合的攻防转换，都使我们对人体美的美感大大加强，不仅感受到运动员英姿飒爽的美，还感受到他们奋力拼搏的精神的美。特点之三，竞技运动还有它的娱乐性。竞技运动虽然是力量的对抗、意志的较量，却又是一种文明的娱乐活动。尽管比赛紧张激烈，偶尔也发生运动员受伤的事故，但是，从比赛的着装到比赛的规则又都是保护运动员安全的。因此，竞争、对抗的危险性始终被限制在一定的程度之内，这便保证了对人体美的美感不致被现实的危险感所压制。同时这种竞技运动的娱乐性，又是集体的，是公众的。这就是说，不但运动员与观众之间是呼应的、存在交流的，而且观众之间也是互相感染的、互相沟通的。譬如赛跑运动员的最后百米冲刺以及奋勇夺冠，几乎总是伴随着公众热情洋溢的欢呼，运动员的胜利是与公众共享的，而每一个观众也都受着集体的热情与欢乐的感染。这种情况，当然会有力地强化每一个人的美感。由于上述三种特点，所以说，对抗性的竞技运动可以深化自然美美育，增强我们的意志品质与进取精神。

第二，对自然美的美感，如果受到形式特征柔和的、非对抗性的体育运动的推动，可以强化我们的阴柔形态的秀丽美感，发展我们美的情操和审美感受力。这种体育运动形式也有三个特征。其一是它的表演性，即它不是诉诸对抗与竞争，而是展示和表现独特的美。譬如跳水运动、体操和技巧运动、花样滑冰、艺术体操和健美运动等等，都不是直接对抗的，而同时在运动场上活动的往往只是一方的运动员。如果要进行比赛，也是通过各方独自的表演，由裁判加以比较来判定的。所以，这类体育运动形式一般较少紧张有力的感性刺激。其二，它也有美的形象性，不过在形式特征上往往是柔和的、优美的，不像对抗性竞技运动那样多是强烈的、壮美的。它的这种特征，在运动中充分地表现着人体的美，有时还伴奏音乐以突出人体运动的节奏、韵律的美。其三，它还同样具有娱乐性，不过主要不是伴随强烈感性刺激的娱乐，而是一种欣赏和陶醉的娱乐。所以，这种体育运动形式较能充分展现并丰富人体的美，特别是人体的柔韧、曲线以及流转自如的美。这就有利于发展我们美的感受力和美的情操。

第三，由于自然美美育得到体育的深化，所以，它获得了一些新的功能。首先，这种深化可以引起观赏性的自然美美育推移为实践性地追求自然美，这就获得了增强人们体质的新功能。前文讲到的徐霞客是一个鲜明的例证。其次，这种深化还能使主体开拓新的生活领域，获得更大的人生乐趣。实际上，健美运动的开展曾受到了旧的习惯势力的重重阻碍；但它终于冲破了阻力，不但为许多年轻人打开了新的生活领域，而且还与体操、舞蹈相结合，形成老年迪斯科这种健美运动的创新形式，使我国的老年人获得了莫大的人生乐趣。这就是说，自然美美育与体育的结合不仅使人增强体质，还能使人获得积极、乐观的情绪。而巴甫洛夫说过：“忧愁、顾虑和悲观，可以使人得病；积极、愉快和坚强的意志和乐观的情绪可以战胜疾病，更可以使人强壮和长寿。”

以上，我们简略地讨论了对自然美的美感通过体育的途径得到强化的现象，认为自然美美育可以与体育相结合，使美育成果更加深刻和丰富。

综合本章上述四节之所论，可知我们对自然美的美感可以通过多种途径而强化，这样，经过深化的自然美美育就与我们各种生活实践活动，与我们全面的发展有了密切的关系。于是，我们也就系统地考察了自然美美育从它的基础性功能，到它的对性格、气质的定向化培育，到它的深化的多种形式。我们当然应该正确地认识和运用自然美美育的特性和规律，得到更大的美育收获。

第五章　自然美美育的实施

一、自然美美育在家庭的实施

我们已经讨论了自然美美育的特征和规律，现在来讨论自然美美育的实施。就自然美美育的特征来说，它既是个人的自我教育形式，又是整个社会全国的教育体系的一部分。一般说来，由于个人总是诞生和生活于具体的家庭，然后进入学校学习，然后进入社会去劳动。所以，个人既是自然美欣赏的主体，又是家庭、学校和社会实施自然美美育的对象。因此我们首先来讨论自然美美育在家庭的实施。

在自然美美育的实施中，家庭具有重要的地位。我们提到过的明末的徐霞客的家庭，就是一个成功地实施自然美美育的范例。徐霞客的曾祖父和祖父都曾经做过官，在徐霞客出生时，已经家道中落。徐霞客小时候就对经书、八股文不感兴趣。为了遮掩塾师的耳目，他常常把山经、地志一类书籍放在经书下面，偷偷阅读；在童年便立下了壮游五岳的志向。他十九岁时，父亲因病去世；三年服丧期满，他就想出外游历，但因老母在堂，所以踌躇不决。他的母亲知道后，勉励他说："身为男子，应该志在四方。至于'游必有方'的古训，不过是说要计算好路途的远近、时间的短长，能够如期往返，也就是了。怎么能为了母亲而羁留家园，好像是被圈在篱笆里的小鸡、套在车辕上的小马一样呢？"于是她亲手为儿子整治行装，送徐霞客踏上了为之奋斗一生的征途。后来他母亲年事渐高，徐霞客一时不打算外出，中止了继续远游的计划。他母亲很不以为然，对他说："我虽然已经年迈，但饭量还很好，身体也结实，用不着惦记我。不信，我还可以出外游历一番呢。”于是要儿子陪她到附近江苏宜兴一带游历，一路上总是走在儿子的前面，毫不示弱；徐霞客受到的鼓舞，是可以想见的。可以说，徐霞客之所以能集旅游家和地理学家于一身，固然与自然美美育及其深化有关，却也受到家庭、特别是他的母亲的重大影响；而他童年便蔑视科举，有五岳之志，可能还受到他父亲的影响。那么，他的家庭所发挥的这种影响，也就是对自然美美育的一种成功的实施。

在自然美美育的实施中，家庭常常有举足轻重的关键作用。那么，家庭如何实施自然美美育呢？考察这个问题，首先要明了家庭实施这种美育的对象的特点，进而大致确定家庭实施这种美育的重点，然后才能谈到家庭实施这种美育的方法。

一般说来，自然美美育在家庭的实施，父母是这种实施的组织者和引导者，而子女是其教育的对象。子女，特别是正在成年的青年子女，要进入学校，接触社会，受到学校和社会的重大影响。因而比较来说，幼年和少年的子女对于家庭有更大的依赖性；而家庭实施的自然美美育，尤其对于幼年、少年的子女有重大的影响。于是，我们首先就要重视幼年、少年的子女的特点，从而确定家庭实施自然美美育的重点。

心理学一般把三至七岁称为幼儿期，把六至十二岁称为儿童晚期。这一时期是一个人的性格、特别是气质形成的奠基时期，也是他的美的观念、特别是美的趣味形成的奠基时期。所以这一时期往往被称作“儿童期的外界的获得时代”。处于这一时期的子女，游戏和模仿是重要的学习方式；而鼓励他们的主动精神和创造精神，引导和发展他们的兴趣，注意和培养他们在情绪上的强烈敏感性，都是很重要的。考虑到他们的这些特点，家庭实施自然美美育就应该把重点放在发挥自然美美育的基础性功能上，并且积极地利用定向化的自然美美育，对子女的气质和性格进行塑造。当然，对于进入青年期的子女，家庭也要实施自然美美育。但是，家庭所尤其要考虑的，是幼年和少年的子女的教育。

那么，家庭可以采取怎样的措施来实施自然美美育呢？具体措施可以是多种多样的，但主要的应当包括下列各点。

方法之一，利用自然美美化家庭环境，努力提高儿童对形式美的感受性，培养他们对自然美的兴趣和热爱。

家长应该注意到儿童在情绪上的强烈敏感性，他们容易接受并记忆一切有色彩、有趣味和耐人寻味的东西。因此，家长可以利用自然美或表现自然美的艺术作品来美化家庭环境，例如在家庭中点缀盆景，喂养金鱼，在墙上装饰有表现力的风景画、动物画以及表现人体美、包括儿童人体美的生动绘画。这样，儿童在家中便能直接或间接地接触到丰富多彩的自然美，接受各种色彩、形态的感性刺激和潜移默化的美的感染，有助于培养他们对美的事物的观察力和感受力。

儿童往往有强烈的自居作用，以主动精神和创造精神参加家庭生活。因此，家长可以利用家庭环境、养花植树，喂养金鱼；条件许可的话，还可以喂养猫、狗、鸟类等小动物；并且让自己的孩子参加这些活动，为花浇水，为树整枝，为小动物喂食。这有利于培养他们对自然美的热爱和兴趣。儿童由于他们的思维特征，还常常赋予花、树、鱼、鸟、猫、狗等等以人的特征，对它们发生深挚的感情。家长应该尊重这种感情，并且向他们讲述富有趣味性、知识性的童话故事，推进他们幼小心灵中善的道德发展，同时逐渐丰富他们的知识。

当然，家长还可以利用电视，让孩子了解“动物世界”、欣赏童话艺术片，让他们的想像插上翅膀、自由翱翔。

方法之二，让孩子经常投入大自然的怀抱，接受自然美的熏陶，并且注意诱发和引导他们对自然美的美感。

家长不应该让孩子囿于狭小的家庭环境，而应带着孩子到大自然中去。譬如家长可以定期带孩子到动物园去参观，让他们观赏各种动物的形体、姿态；可以带孩子去参观花展，让他们欣赏各种花朵的独特芳姿。在进行这些活动时，应当适当地与孩子交流，不但耐心地回答孩子的提问，而且向孩子提问或讲解，以诱发他们对自然美的美感。

家长还可以定期带孩子去公园游览，去郊外远足，甚至到更远的风景名胜或国家自然保护区去畅游。并且充分注意到孩子的游戏的天性，让他们在大自然的怀抱中尽情欢跃、自由活动，如明代王守仁所说，“泄其跳号呼啸”、“宣其幽抑结滞”，达到“顺导其意志，调理其性情，潜消其鄙吝，默化其粗顽”的目的[①]。当孩子安静下来，又可以或在丽日春风、或在花前月下，与孩子一起去感受自然美；那么，家长对自然美的感受和感动，当会感染到孩子，而家长与孩子这时的交流，也会有助于孩子审美感受力的提高。

方法之三，帮助和督促孩子参加一定的体育锻炼，让孩子在自然美美育与体育的结合中，获得健康的美的情趣。

儿童正处在思想单纯、热情好动、生命力极其旺盛的时期。因此，家长应该让他们从小便热爱体育运动，根据他们的兴趣，为他们创造体育锻炼的条件。当然，儿童期比较缺乏守恒性，他们的兴趣往往容易转移。在这时，家长不应该失去耐心，也不宜主观地强求他们一定要成为某项运动的童星，而应该因势利导，帮助他们在体育运动中逐渐升华到追求自然美的境界。如果他们迷上了某项体育运动，家长不应该粗暴地中断他们的锻炼，也不宜向他们灌输出人头地的思想，而应该尊重他们的选择和爱好，帮助他们获得健康的美的情趣。

方法之四，细心注意儿童的气质、性格发展的趋向，积极利用自然美美育定向化培育的功能，使他们的气质、性格获得健康的发展。

儿童期正是其气质、性格形成的奠基的阶段。儿童的气质、性格发展的趋向，有时很早便表现出来了。家长尤其要注意的，是避免和矫正儿童气质、性格的有重要缺陷的片面发展趋向。例如有的孩子表现出胆小怯懦、依赖性过强的缺陷，另有的孩子又表现出横蛮粗暴、

---

① 《中国美学史资料选编》下，中华书局1981年版，第103页。

甚至有些残忍的缺陷。家长就应该利用自然美美育的定向化，以帮助矫正孩子的这种片面发展。对于胆小怯懦的孩子，可以鼓励他们参加带有一定竞技对抗性的体育运动，带领他们到比较雄伟的风景区去游览；而对于横蛮粗暴的孩子，则可以引导他们参加较为柔和的非对抗性的体育运动，带领他们到比较秀丽的风景区去游览。这样，前者可以通过形式特征粗犷的自然美的熏染，逐渐增强感性刺激的承受力，增强意志品质；而后者可以通过形式特征柔和的自然美的陶冶，逐渐增强敏锐的感受力和温和的同情心。

方法之五，无论对于幼年和少年的子女，还是对于青年的子女，父母都应该尊重他们的主动性和创造精神，支持和鼓励他们对自然美的积极而健康的兴趣和追求。

前面提到的徐霞客的母亲，就在这方面为家长树立了令人感佩的榜样。家长要做好这一点，常常需要顶住落后的社会习惯势力的压力，并不是很轻松的事。徐霞客的母亲，就顶住了科举仕途、耀祖扬宗的世俗观念的压力，才能给予儿子以有力的支持。进一步说，父母要支持子女对自然美的追求，还要冲破狭隘功利观念的束缚。例如徐霞客所选择的游历自然山水的道路，从狭隘的功利观念来论，就不能像参加科举走仕途官宦道路那样名利双收。而徐霞客的母亲就能摆脱狭隘功利观念的束缚，才能成全儿子的壮志。可以说，这位令人尊敬的母亲具备美的情操，思想处在美的境界。这一点，也尤其是值得我们今天做家长的同志深思和学习的。

总之，在自然美美育的实施中，家庭是一个重要的方面。而家长要能够正确地实施自然美美育，他们自身就应当热爱、追求自然美，有高尚的美的情操。这是不待细说的。

二、自然美美育在学校的实施

孩子从六七岁便进入学校，在学校中由少年而成长为青年，然后由学校而进入社会。如果说，在六至十二岁的儿童晚期，孩子对家庭还有较大程度的依赖，家庭生活还是他们最重要的生活部分；那么，在十三至十七岁的青年期，孩子的生活重心就逐渐由家庭而转向学校，学校生活成为他们最重要的生活部分。所以，关于学校对自然美美育的实施，我们考察的重点是以青年学生为对象的自然美美育。

在我国的文化传统中，学校历来重视实施自然美美育。如果我们去参观一些旧时著名的学堂，从它们的楹联上便可以对此获得强烈的印象。例如有一个学堂的楹联写道："教弟子如养芝兰、此日栽培须务本；愿先生无弃樗栎、他年长大尽成材。"这是写给教师看的，要求教师像培育美的自然事物那样尊重规律、尽心尽力，而在这里面显然已经包含了对实施自然美美育的重视。又如湘乡的东皋书院有楹联说："涟水湘山俱有灵、其秀气必钟英哲；圣贤豪杰本无种、在儒生自识指归。"这是写给学生看的，它以美好的自然环境会培养出优秀的人物来，也即所谓钟灵毓秀的思想，鼓励学生奋发有为。这本身就是对自然美美育的实施。有的学堂还把这种思想表现得更有诗意、更有感染力，例如安庆的怀宁学堂有楹联写道："潜岳西来、到此间气象岩岩、士品须从高处立；大江东去、任终古波涛滚滚、文风力向上游争。"这是用自然山水美来陶冶学生的情操，有更多的道德教育的内容了。衡阳学堂又有楹联写道："流水绕东洲、涤心净对三湘月；回峰接南岳、放眼全消万里云。"这同样是以当地实际的自然山水美来陶冶学生的情操。这些都是通过楹联的艺术形式来实施自然美美育，对于青年学生的情操、志向是有积极影响的。当然，这种楹联在今天的学校是很少采用了，但旧时学堂由此表现的对自然美美育的重视，却是我们应该积极发扬的。

那么，今天的学校如何针对青年学生的特点来实施自然美美育呢？不用说，我们首先就必须了解青年学生究竟有着怎样的特点。我们认为，就实施自然美美育说来，青年学生以下三个特点是值得充分重视的。

第一，青年学生正处在长身体的重要时期，在这一时期他们将获得最高阶段的自然美，即人体美，并达到人体美最为美妙的形态。

在一切自然美中，人体美是最高级的，最美的。而就人体美说来，青年的人体美又是最美的。虽然黑格尔曾说："大体说来，儿童是最美的，一切个别特性在他们身上好像都还沉睡在未展开的幼芽里。"不过他也承认，"但是儿童的活泼气象尽管显出一切可能性，在他的这种天真中却还缺乏较深刻的心灵的特征"。[①]所以比较起来，如果以花朵来比喻，儿童的人体美还是花苞的美，它可能吐放出艳丽的鲜花，但这还只作为一种可能性存在着；而青年的人体美才是那现实的艳丽花朵，以它的丰富和完美表现出无尽的魅力。实际上，只是通过青年期，人才具备了他匀称均衡的体型，成就了他阳刚形态的男性美或阴柔形态的女性美，并且焕发出人体美最可珍贵的青春活力。因而，只要是正常发展的青年的人体，几乎总是非常美的。但是，青年学生在学校生活大半时间里，还仅仅处于向这种最美的人体形态发展的过程中。如果阻碍他们的正常发展，就会使他们终于失去或削弱那最为完善的人体美。学校实施自然美美育的一个重要任务，就是保护和促进他们的人体的正常发展。

第二，学生在青年期身体的重大变化和发展，使他们在心理上要经历一段危机时期。

孩子进入青年期，在向最美的人体形态发展时，这种发展是逐渐实现的。当一些重大的变化开始出现时，如女孩子的乳房、臀部的增大，月经的来临，男孩子声音的变化以及长出胡子等等，他们常常不能理解这种变化。而且青年期的发育通过身体的各部分进行，但各部分发育的快慢并不一致，往往造成全身生理性机能暂时失去平衡。因而，青年往往感到手足无措，感到不能掌握自己身体内部的变化，不

---

① 黑格尔：《美学》，第1卷，商务印书馆1979年版，第194页。

能掌握自我。于是，他们产生烦恼、不安，对自己、对外界都采取否定态度，经历心理学上所谓否定期的阶段。在这时，他们把探索的视线转向自己内部，出现各种相互矛盾的心理倾向，诸如焦躁不安，郁郁不乐，孤独和悲哀，渴望理解，对外界非常敏感，先是对异性反感而后又希望与异性交往，容易兴奋而又容易动摇，甚至出现一些反常的心理和行为，等等。所有这些都表明，他们所经历的否定期，既是一种严重的心理危机，又孕育着精神生活即将到来的飞速而丰富的发展。在这时，如果对他们指导和帮助无方，严重的可能引起堕落和毁灭，发生令社会头疼的青少年犯罪。所以，如何帮助他们平静而安全地度过否定期的危机，促进他们精神生活健康而丰富地发展，显然是学校实施自然美美育的又一重要任务。

第三，学生在青年期长知识、长身体，其精神生活将获得丰富、深刻的发展，不但其感受能力正日渐丰富和细腻，而且其个性、世界观、美的观念和理想也正日趋成熟。

随着身体内部变化的日趋稳定，否定期经历的内在混乱逐渐澄清，青年对自我、对人生逐渐转向肯定态度，进入肯定期的心路历程。在这时，他们会突然感到面前所展开的，是一个丰富多彩、美妙绝伦、充满魅力的世界。他们与大自然的关系突然变得融洽无间。尽管过去他们也感受到自然美，但现在他们对自然美更发生深刻的体验和感动，生平第一次对自然美达到如痴如醉、惊羡不已的美感赏会。对于这种第一次发生如此深刻的自然体验的经历，有人回忆说："那是我上高中一年级的事了。将进入初夏的一天，在那条走熟了的上学的路上，我在一株大树下停住脚步。抬头仰望这株大树，不由得为它的美丽而惊叹。在头顶上，都是浅绿色的嫩叶，阳光从那丛簇的绿叶的缝隙中洒落下来。那种意想不到的令人陶醉的自然美色，使我瞠目而视。不知为什么，一种青春是美好的感觉蓦地涌上了我的心头。以前在那条路上走过多少个来回，连自己也数不清了，但只在那天，我才第一次感受到那种令人惊叹的自然美色，就像是使自己感受到那突然涌现出来的平静的力一样。我至今仍然清晰地记得当时那种特别的心情，还能回忆起对自己的变化感到惊奇。从那天起，我变得比从前更爱大海和高山，喜欢沿着山路散步，而且也能在自然美景的微小变化中感到喜悦了。”[①]可以说，他们现在进入了审美感受力飞速发展的时期，进入了人生观及美的观念活跃而飞跃的时期。这时在他们身上，享受着精力充沛的满足感、青春和生命的跃动感、自由和力量的幸福体验，朝气蓬勃，精神焕发，喷发着追求理想的火一般的热情。那么，如何使青年学生在这一阶段更丰富、更深刻地发展他们的精神生活，当然是学校实施自然美美育的一个重要课题。

我们讨论了青年学生的三个重要特点，提出了学校实施自然美美育的三个重要任务，现在来说明学校实施自然美美育的主要措施。

把自然美美育作为学校教育的有机组成部分

全国贯彻教育方针，把自然美美育作为学校教育的有机组成部分，可以帮助学生确立远大的人生抱负，使之带着丰富的收获走出否定期，实现肯定期对精神生活的巨大发展。

我们的教育方针的一个要点，是要使学生在德育、智育、体育和美育诸方面都获得全面的发展。那么，全面地贯彻教育方针，也就必须把美育，包括自然美美育作为学校教育的有机组成部分。另一方面，在学校教育中，自然美美育虽然有它独立而独特的地位，但又是可以，而且应该与德育、智育、体育及其他美育相互渗透、结合施行的。也就是说，学校实施自然美美育，首先重点在于采取本书第四章所讨论的自然美美育的深化形式。这是学校实施自然美美育的任务所要求的。因为学校要帮助学生度过否定期的危机、迎来肯定期的发展，既不能离开自然美美育，又不是单靠自然美美育能够实现的。所以，学校必须全面地实施德育、智育、体育和美育，同时使自然美美

① 《青年心理学》，知识出版社1981年版，第74页。

育在其深化形式上发挥更加有力的作用。

例如青年在否定期的危机，在很大程度上是由于性的发育引起的。要克服这个危机，就需要德、智、体、美诸种教育的结合施行。譬如应该对学生进行关于性的生理学知识教育，帮助他们正确理解自己身体内部的变化，破除关于性的神秘感；并结合实施人体美的美育，使他们的兴趣不是专注于性的器官，而是注意到人体的美，引导他们健康地欣赏和追求人体美。而且知识教育还应扩大到对于自然发展史的了解、对于人类文明史的了解，涉及到诸如自然、生物、历史、哲学、政治等等课程的教学，涉及到智育与德育的结合。这些都可以帮助学生理解到，即使在性的问题上，人类也有自己的高尚与尊严；启发他们避免陷入动物性的原欲冲动的控制，力求使动物性的欲望升华到人类的美的情操；激励他们仿效前辈英才，学习千古风流，在青少年时期便立下远大的志向，树立正确的人生观，把精力投入学习和创造，为将来走进社会、大显身手打下坚实的基础。在这些教育中，更结合施行自然美美育，使他们在自然美的历史发展进程中激起人类独具高尚、纯洁、完善的美的自豪感，培养对于自然美，包括人体美的美感情操，使他们将自己在美学的高度上从动物界升华出来。显而易见，在这种德育、智育、体育、美育的全面实施的基础上，自然美美育将有力地帮助青年学生度过否定期的危机，带着丰富的收获进入肯定期的发展。

结合教学实践，实施自然美美育

上面所说的对自然美美育的实施，实际上已经谈到了与教学实践的结合；但是，主要地却是从如何对付否定期的危机这个严重课题来谈的。现在要谈的，是在一般的教学实践中应该结合施行自然美美育。例如地理课教学组织学生到野外采集矿物标本；生物课教学组织学生到课外采集植物标本，种植花草并作出观察日志，或者组织学生到动物园观察并且提出报告；几何学教学启发学生把握抽象的线、形、面、体与具体形象的实际事物的联系；物理学教学将力学、光学理论联系大自然中美的自然现象，如是等等。这种结合，既可以避免单纯的填鸭式的教学，而让学生积极主动地进行学习；又可以避免学生单纯地死记硬背，而能培养学生活跃的想像力、深刻的理解力；还可以避免学生理论脱离实际，而使他们将对大自然的热爱与对自然奥秘的求知欲结合起来，观察自然、研究自然、将学得的知识融会贯通、灵活运用。而且，教师和学校还可以进一步组织课外活动小组，结合教学实践指导他们向大自然探求，不但能培养他们提出问题、解决问题的实际能力，还能使他们更加热爱自然美、热爱科学事业，对他们今后的一生都会发生积极而深刻的影响。

积极开展文娱体育活动

将自然美美育与体育相结合，是学校实施人体美美育的重要形式。因为体育不仅能增强体质，还能展示人体的美，同时也是对人体美的追求。所以，学校不应满足于体育课的课内教学，还应积极组织学生进行多种形式的体育锻炼，引导学生热爱自然美、追求人体美。例如组织体工队、组织体育比赛和各类运动会，结合青年学生的特点开展球类竞赛活动、艺术体操活动、健美运动等等。

学校还可以积极开展文娱活动，如组织绘画组、舞蹈队、摄影组等等，结合实施自然美美育。可以组织表现自然美的摄影比赛、作文比赛、绘画比赛，将艺术美美育与自然美美育结合实施。

学生的假期生活也是学校实施自然美美育的大好机会。如组织夏令营、郊外野游、远足旅行、游览名山胜地等等，以各种集体活动让学生走进大自然的怀抱，促进其精神生活的丰富发展。

抓好学校环境和校风

一个学校的校风，可以在无形中给予青年学生以重要的精神影响。有的学校只抓智育，使学生一味埋头读书，即使在课余时间运动场上也空寂无人，严重影响了学生身心全面的健康发展，智育也不能真正抓上去。好的校风应该是朝气蓬勃，健康向上，鼓励学生全面发展的。只有真正重视全面贯彻教育方针，包括重视自然美美育，才能树立良好的校风。

不用说，校风的具体表现是丰富多样的，校风与自然美美育的联系也是多方面的。在这里，首先要提到学校的环境。前面说过旧时学堂的楹联，实际上就是一种通过环境的建设来培植良好校风的一种手段。并且我们认为，在今天的学校未尝不可以加以运用，而且一定能够运用得更好的。学校的环境建设，还有其他许多问题。譬如说，学校应该培植好花草树木，用自然美来美化学校环境；学校也应该搞好整体布局，建设适当的亭台楼阁，使学生有可能登高远望，让美好的河山荡涤心胸。这些都是能够不知不觉地影响学生精神生活的因素，是不应当加以忽视的。

另外，培养校风还与学校对整个教学的组织有关。譬如学校可能只重视课堂教学的单向灌注，也可能将课内、课外，将理论与实际，作很好的结合，使之成为各种专门人才成长的摇篮。或者，学校还可以利用自己的条件，包括校内和校外的条件，在学校教育的某些方面形成特长，树立独特的校风。例如有的学校成为足球明星的摇篮、体操明星的摇篮等等。只要不对其他方面偏废，这种特色是值得欢迎的。

关于学校对自然美美育的实施，我们就简略地讨论到此。不过还应当提到，正如家长在家庭教育中处于主导的地位一样，学校教育中校长和教师则处于主导地位。他们应该为人师表，又是教学的组织者；如果他们忽视自然美美育，就会影响到学校对自然美美育的实施。再者，学校教育与家庭教育是相辅相成的，在实施自然美美育时，学校与家庭应当密切地配合。

三、自然美美育在社会的实施

家庭和学校对自然美美育的实施，在很大程度上要受到社会的制约和影响。因此，我们来进一步讨论社会对自然美美育的实施。

虽然家庭和学校也是社会的一部分，但是社会的实施自然美美育却不是囿于家庭或学校的范围，不限于自己的子女或学生，而是以广大的社会群众为对象，施行于各种年龄层次、各种文化层次的社会成员。所以，社会的实施自然美美育，与家庭、学校相比较，其形式更加多样，其规模更加巨大，其作用和影响都更加深远。

实际上，一个社会对自然美美育的实施的状况，在相当大的程度上标志出那个社会的精神文明发展的水平。譬如古希腊的人体美美育，不但催开了人体雕塑艺术的灿烂花朵，而且对西方文明的发展打下了深刻的印记。而我国在魏晋南北朝时期成熟的山水美意识和山水美美育，也不但造成了山水诗、山水画艺术高峰的先后崛起，而且对东方文明的发展打下了深刻的印记。从宋明理学倡行之后，人体美美育在我国遭到严重挫折，不仅女子受到缠足的摧残，不能健康地正常发展，就是男子也受到封建礼教的严重束缚，四体不勤，体质羸弱。在近代鸦片战争之后，国人更被视为“东亚病夫”，在世界饱受歧视、侮辱之耻。而社会实施自然美美育的这些状况，无论长处和短处、健康和病态，都给予家庭、学校及全社会群众对自然美的追求以深刻的影响。

所以，我们今天来谈社会的实施自然美美育，就应该站在建设社会主义精神文明的新的历史高度上。社会主义的精神文明，应该比过去任何历史时代的精神文明更高级、更纯粹、更丰富，更能促进人的全面发展，从而在自然美美育的实施上，也应该比过去任何时代有更多样的形式、更巨大的规模，促进人的精神和肉体有更自由而完美的发展。

当然，强调社会的实施自然美美育应该站在建设社会主义精神文明的历史高度，这并不是要强行规定人们只准欣赏这种自然美、不准欣赏那种自然美，也不是要强行规定在欣赏自然美的时候，人们只准这样想、不准那样想。自然美美育毕竟是通过个人实现的、以倾心赏美为特征的自我教育形式，对之加以强行的规定乃至行政的干预，总是错误的，也总是没有真正的收效的。所以，社会的实施自然美美育如果要站在建设社会主义精神文明的高度上，就必须尊重自然美美育的规律和特性，以积极创造自然美欣赏的物质条件和精神条件为基本任务，引导人们正确地掌握和运用自然美美育这种自我教育形式，支持和帮助家庭、学校实施自然美美育，使全社会组织在自然美欣赏中乐心受教、得到健康的美感享受和精神收获。

那么具体说来，社会怎样实施自然美美育呢？我们提出下述几个主要的方面和措施。

保护和开发自然美　积极创造自然美欣赏的物质条件

保护自然美的任务，是随着人类的认识和实践的发展，在最近的一二百年间才提出来的。在过去，尽管很早就有人感到并谈到过这个问题，却没有引起重视；人们总是以为大自然及其美是取之不尽、用之不竭的源泉，没有保护自然资源的观念，更没有保护自然美的观念。然而，正如恩格斯所说，虽然“动物仅仅利用外部自然界，单纯地以自己的存在来使自然界改变；而人则通过他所作出的改变来使自然界为自己的目的服务，来支配自然界”。但是，“我们不要过分陶醉于我们对自然界的胜利。对于每一次这样的胜利，自然界都报复了我们。每一次胜利，在第一步都确实取得了我们预期的结果，但是在第二步和第三步却有了完全不同的、出乎预料的影响，常常把第一个结果又取消了”。他举例说：“美索不达米亚、希腊、小亚细亚以及其他各地的居民，为了想得到耕地，把森林都砍完了，但是他们梦想不到，这些地方今天竟因此成为荒芜不毛之地，因为他们使这些地方失去了森林，也失去了积聚和贮存水分的中心。”又如我国的黄土高原，被誉为中华民族的摇篮。据历史记载，西周时期这里的森林面积约达4.8亿多亩，覆盖率为53%。《孟子·梁惠王》提到黄土高原南部地区，还说“斧斤以时入山林，材木不可胜用也”。可见到孟子时，这里的森林资源仍很丰富。除森林之外，其余地方则是草原。那时的黄土高原，真是山清水秀，林木参天，草原莽莽，景色迷人，不仅有丰富的自然资源，还有丰富的自然美。但是，由于农耕代替放牧，由于大兴土木而滥伐森林，特别是经过秦汉、唐宋、明清对森林资料的三次大破坏，往昔美丽的黄土高原如今到处是荒山秃岭了。这正是恩格斯说的“自然界的报复”，而我们人类“经过几千年的劳动才稍微学会估计我们生产行动的比较远的自然影响”。于是，我们认识到保护自然资源、保护自然美的严重意义。

保护自然美，就必须实行自然环境保护、维持良性生态平衡、消除三废危害、大搞绿化活动等等大规模的社会措施；对于滥伐森林、滥捕野生动物、滥放三废等等危害行动，还要施以法治，给予制裁和打击。显而易见，这种保护自然美的工作，固然是个人、家庭、学校的义务，而更重要的是依靠社会、国家予以施行。事实上，现在仍然存在着破坏自然资源、破坏自然美的严重问题。有些人只顾眼前的经济利益，上下勾结，偷猎珍贵野生动物，集体滥伐山林山木；有些地区不作合理的科学考察和长远规划，在经济开发中严重破坏自然景观和生态平衡。这些行为已经带来严重危害，不但使水灾频仍、旱灾肆虐，而且使鸟兽绝踪、山荒水穷，不但损害了经济利益，而且破坏了施行自然美美育的物质条件。所以，尽管社会和国家在保护自然美方面已经做了大量工作，却还应该高度重视，做更多的努力。

如果说，保护自然美是最近一两个世纪才有自觉地开展，那么，开发自然美，在我国早有悠久的历史传统。所谓开发自然美，就是发现自然美，并且为了审美欣赏的需要而在自然风景区进行适当的建设。这是社会实施自然美美育的一项重要措施。在这方面，我们的祖先做过许多值得我们钦佩、自豪的工作。譬如泰山、杭州以及许多名山胜地自然美的开发，至今为我们进行自然美美育提供着绝好的境界，并且前人在那里进行的景点建设以及碑刻、楹联之类仍能对我们的自然美美育有所帮助。不过，过去时代对自然美的开发，终究受到历史的局限。譬如泰山自然美的开发，原是受了历代帝王祭天祈福需要的重大推动。而杭州西湖自然美的开发更是几经波折，西湖数次被变为平田野陂，为官吏私家侵占。虽然极少数较为清明的官吏为整治西湖作了贡献，但他们也是担了很大风险的。例如宋代苏东坡在杭州任职时，组织过修河浚湖，却被御史贾易弹劾；明代杨孟瑛任杭州知府时，对西湖作了修治，又遭到御史胡文璧的弹劾；清代浙江巡抚李卫、浙江盐驿道副使王钧负责整治西湖，为了避免得罪朝廷，所需4.27万多两银子，全数由王钧私人捐赠。所以，过去时代对自然美的开发，不可能真正成为全社会的事业，不但在开发规模上受到限制，而且很少是为了全社会成员健康的自然美美育的需要去考虑。

可以说，开发自然美在今天才逐渐成为全社会的事业。自然风景区不再成为皇家禁地，而是属于人民的人间仙境。随着旅游事业的发展，还会有更多的自然风景胜地陆续开发出来。在这种开发中，不仅应当发挥今天的优势，还应当注意学习前人的经验，尤其要避免那种只注重经济效益而牺牲了美的倾向。

在城市建设中积极创造自然美欣赏的物质条件

自然美欣赏是人民群众极大的精神享受，所以，城市的建设和发展应当注意保护和加强环境中的自然美。例如居民区的建设，应当把建筑群与花园式的环境作妥善的配置；在城市的整体规划中，要有足够的草地覆盖指数，建设自然环境优美的公园，规划城市的森林建设区。近年来，在各城市展开的市花、市树的征选和种植活动，也是很有意义的；但还应当坚持下去，搞得更有声色，并通过城市建设加以巩固和发展。另外，城市还应当充分重视体育运动场地和设施的建设，为人体美美育的实施创造物质条件。

通过民间团体和社会活动实施自然美美育

我国在山水花鸟美的美育方面，有着悠久的历史传统。尊重并发扬这种传统，是社会实施自然美美育应当注意到的。社会应当设法将山水美、花鸟美的爱好者组织起来，建立诸如山水旅游、养花、养鸟、养鱼等等民间团体；并且通过它们开展各种实施自然美美育的群众活动，例如山水旅游、自然保护的征文活动、摄影大赛，例如花卉展览、金鱼展览、信鸽比赛，例如山水、花鸟的绘画展览，如是等等。

破除封建传统的束缚，推动人体美美育的实施

在自然美美育的实施中，人体美美育相对说来在我国还相当薄弱。许多人不愿意改变这种现状，强调我们的民族传统、民族心理与西方是如何大相径庭。其实，民族的传统和心理也是历史地形成的，并且随时代的发展而前进，并不是什么万古不变的东西。事实上，阻碍人体美美育实施的，只是传统中那种封建的、落后的东西，而且它们又只是特别在宋明理学之后形成和发展的封建性的糟粕。自周至唐，庄姜、西施、赵飞燕、杨玉环，著名的美人层出不穷；她们在人们心目中的地位，犹如海伦在西方人心目中的地位一样。王维曾经说："艳色天下重"。这可以说是自周至唐关于人体美美育的优良传统。而在宋明理学之后，我们只听见孝女、节妇，只听见才女、青楼，再没有如庄姜、西施那样的美人的消息。因为这时的女子只是被当作男子的玩物，关于她们的品德的理想是三从四德，关于她们人体美的观念也无非是莺声燕语、三寸金莲，实际只是一种病态社会的病态审美要求，只适合于男子三妻四妾、金屋藏娇。所以，这种观念是对于自周至唐关于人体美美育传统的一种反动，是历史传统中应予抛弃的封建糟粕。我们当然不应该把它当成至宝，去抵制和反对人体美

美育；而应该冲破它的束缚，努力去创造社会主义的精神文明。在这方面，社会尤其有它的责任。

实际上，在西方虽有古希腊人体美美育的传统，但经过中世纪的黑暗，人体美美育的倡行也是不平静的。譬如著名的艺术家米开朗琪罗，因为在《最后的审判》中画了赤身露体的人群，就曾受到教皇保罗三世的斥责，一些人甚至要以异教徒的罪名控告他。甚至在十九世纪的法国，还接踵发生了这样三宗美术事件：1853年，库尔贝画了一幅《浴女》，以裸体女人代替了裸体女神；在展出时，这幅画成为众矢之的，拿破仑三世还气愤地用马鞭对它狠狠抽了一下。十年后，1863年，马奈展出《草地上的午餐》，被很多人斥为有伤风化，拿破仑三世也将它斥为“下流”。接着，1869年，卡尔波为巴黎歌剧院正门设计了浮雕《舞蹈》，在手持小鼓的少年周围，裸体女子们携手起舞，表现着青春的欢乐。起初与观众见面时，议论大哗。有人认为这一作品太放肆了，晚上跑去用手帕将裸女们的胸部遮掩起来。然而这一作品最终还是为群众所接受，至今作为艺术珍品而保存着。所以，在西方，健康的、进步的人体美美育也是通过反封建、反神学的斗争，才得以施行的。这一点，我们今天实施人体美美育，显然是应该注意到的。

所以，我们的社会的实施人体美美育，就应该对封建传统的糟粕进行清除，并且通过发展丰富多彩的体育运动和健康高尚的人体艺术，有力地推动人体美美育的施行。

关于社会的实施自然美美育，还有多种多样的形式，我们就其主要的方面和措施只作了如上讨论。当然有一点还应该加以补充，即社会对于家庭和学校的实施自然美美育，应该予以支持和指导。这样，家庭的、学校的和社会的实施自然美美育，才能各施所长而又互相渗透和补充，形成一个完整的系统，为建设社会主义精神文明作出贡献。

四、在自然美美育中超越自我

我们已经讨论了家庭、学校和社会对自然美美育的实施，但是，自然美美育却终归要通过个人才能实现，无论家庭、学校和社会都不能代替个人的努力。而且在一定的意义上讲，自然美美育是个人倾心赏美的自由精神活动，是个人在获得美感享受的同时进行的一种自我教育。因此，个人如何积极地进行自然美美育，需要我们进一步加以讨论。

然而，要讨论这个问题，却几乎涉及到本书的全部内容。因为本书的各章各节，可以说都从不同的角度讨论了自然美美育的规律和特性；个人对这些规律和特性只要加以正确的认识和运用，就能在自然美美育中得到丰富而深刻的收获。所以，从原则上来说，个人应该根据自己的实际情况，充分发挥主体的能动性，正确地认识和运用自然美美育的规律和特性：这就是我们对于个人如何进行自然美美育这个问题的基本回答。

具体说来，个人应该如何积极地进行自然美美育呢？我们且提出如下的建议供读者参考。

第一，要热爱自然美、追求自然美，将自然美美育作为自己精神享受的权利和精神营养的泉源，努力去体验、去实践。在这里，我们愿向读者推荐宋人苏辙《上枢密韩太尉书》。在这封书信中，苏辙谈到他关于如何“养气”，即如何进行后天的修养的见解。他说：“辙生十有九年矣。其居家所与游者，不过其邻里乡党之人；所见不过数百里之间，无高山大野可登览以自广；百氏之书，虽无所不读，然皆古人之陈迹，不足以激发其志气。恐遂汩没，故决然舍去，求天下奇闻壮观，以知天地之广大。过秦汉之故都，恣观终南、嵩、华之高，北顾黄河之奔流，慨然想见古之豪杰；至京师，仰观天子宫阙之壮，与仓廪府库城池苑囿之富且大也，而后知天下之巨丽。见翰林欧阳公，听其议论之宏辩，观其容貌之秀伟，与其门人贤士大夫游，而后知天下之文章聚乎此也。”在这里，苏辙的可贵之处，是他不满足于古人的陈说和数百里之间的见闻，而要走出家乡，“求天下奇闻壮观，以知天地之广大”。并且他认为，对自然美的阅历和欣赏，也是进行后天修养的重要手段。事实上，苏辙后来成为北宋著名的文学家，是很得益于他这种“尽天下之大观”的思想和实践的。因此，我们应该向苏辙学习，“求天下奇闻壮观”，在对自然美的热爱与追求中，不断获得精神的营养，提高自己的修养和情操。

第二，认识自然美能够给我们以美的启蒙教育，能够培养和发展我们的审美感受力；在自然美美育中，自觉地获取美的滋养。在这里，我们愿向读者推荐清人李渔的一段宏论。李渔说：“李子遨游天下，几四十年，海内名山大川，十经六七，始知造物非他，乃古今第一才人也。于何见之，曰：见于所历之山水。洪蒙未辟之初，蠢然一巨物耳，何处宜山，何处宜江宜海，何处当安细流，何处当成巨壑，求其高不干枯，卑不泛滥，亦已难矣，矧能随意成诗，而且为诗之祖，信手入画，而更为画之师，使古往今来一切文人墨客，歌之咏之，绘之肖之，而终不能穷其所蕴乎哉？故知才情者，人心之山水；山水者，天地之才情。”[①]这也就是主张要自觉地以天地山水之美，来培育和发展人的才情。我们若能借鉴这种思想，就能更自觉地通过自然美美育，获得美的滋养，提高审美感受力。

第三，认识自然美能够给我们以情感教育，自觉地通过自然美来培养、发展美的善的情感，以良好的积极的心态对待社会人生。郑板桥曾说：“为文，须想春江之妙境。”[②]其实为人，亦须常想春江之妙境。因为春江之妙境能够激起我们对生活的热爱，疗治那些消极的情感、不良的心境对精神的伤害，让我们摆脱精神的疲劳和心情的厌倦。那么，当你精神倦怠、烦躁不安的时候，请到大自然中去，接受

① 《中国美学史资料选编》上，中华书局1981年版，第244页。

② 同上书，第345页。

自然美的抚慰，重新燃起生活的激情。当你遭受挫折、郁郁不乐的时候，请到大自然中去，自然美会帮助你躯散受挫心理的阴云，使你挺起胸膛，踏过挫折去争取胜利。当你感到怀才不遇、悲愤郁结的时候，或者当你蒙受耻辱、痛不欲生的时候，请到大自然中去吧，请把你的苦痛、不幸向大自然倾诉吧，自然美会帮助你打开人生的新境界，使你心胸为之荡涤、眼界为之开阔，以人的高贵和尊严重新斗志昂扬地扬起生活的风帆。让我们再重温一下恩格斯站在船头、面对大海所说的那段话吧："你抓住船头桅杆的缆索，望一望那被龙骨冲开的波浪，它们溅起白色的泡沫，远远地飞过你的头上。你再望一望远方的碧绿的海面，波涛汹涌翻腾，永不停息。阳光从无数闪烁的镜子中反射到你的眼里，碧绿的海水同蔚蓝的镜子般的天空和金色的太阳熔化成美妙的色彩，——于是你的一切忧思，一切关于人世间的敌人及其阴谋诡计的回忆，就会烟消云散，你就会溶化在自由的无限的精神的骄傲意识中。"[①]这样的美感体验，你经历过吗？如果你经历过，何尝不可以自觉地将它作为情感教育的途径呢？

第四，认识自然美美育对于气质、性格的定向化培育作用，自觉地用它来美化自己的气质和性格。我们曾经引用过席勒的话，他说："美在紧张的人身上失去了它的自由和多样性，在松弛的人身上失去了它的活力。"因此，"融合性的美据认为适合于紧张的人，而振奋性的美则适合于松弛的人。"[②]他在这里提出了我们所说的自然美美育的定向化功能，以及运用这种功能的一般性原则。对这种功能的运用，我们还拟提出如下的建议。首先，应当考虑时代的需要来运用这种功能。例如今天，我们生活在一个伟大的变革的时代，一个需要具有大无畏的开创精神和进取精神的时代。因而一般地说，我们应该注重利用阳刚形态的雄伟美感来美化我们的气质和性格。其次，应当考虑职业的需要来运用这种功能。不用说：一个军人更需要受到雄伟美

① 《马克思恩格斯论艺术》第4册，人民文学出版社1966年版，第393页。
② 《美育书简》，中国文联出版公司1984年出版，第96页。

感的熏染。而一位教师更像是母亲，他需要用爱的力量深刻地影响学生的成长，就更需要秀丽美感的熏染。再次，应当结合志向的需要来运用这种功能。一个人如果立志做一个具有开创精神的企业家，另一个如果立志做一个作风细致、体贴入微的护士，显然对美感形态的选择有不同的偏重，再次，还应当根据自己的气质、性格的实际来运用这种功能。因为无论时代、职业和志向的需要如何特殊，都不是只要阳刚或只要阴柔，而只是在均衡、全面的发展中有所偏重。所以，一个人的气质与性格，不但根据时代、职业和志向的需要应该自觉地加以定向的培育，而且就他的气质、性格本身来说，也应该避免过于偏颇的发展。所以，如果一个人在气质、性格上产生粗暴、僵化的偏向，就应当向阴柔形态的秀丽美感获得帮助；而如果一个人偏向于软弱、无能，就应当借重于阳刚形态的雄伟美感的熏染了。

第五，认识和正确地运用自然美美育深化的规律，努力获得更加深刻而丰富的美育成果。

自然美美育的深化，有助于我们对自然奥秘的探索。因而，任何有志于科学事业的人，都应该保持对自然美的热爱与追求。到丰富多彩、奥妙无穷的大自然中去，随时随地研究吧，思索吧，什么是美丽的和可爱的，什么是人类还没有见过的，不断地从必然王国向自由王国升华。

自然美美育的深化，能够陶冶我们的道德情操。我们不必戴着道德的有色眼镜，赋予自然事物以社会的性质。但是，自然美美育的深化却可以激发、培养我们向美、向善的道德情操。蔡元培先生曾经说："纯粹之美育，所以陶养吾人之感情，使有高尚纯洁之习惯，而使人我之见、利己损人之思念，以渐消沮者也。"[①] 请热爱圣洁的人体美吧，因为它使你的肉体的欲望高尚化、纯洁化，培养起一种特殊的美的情操。请发展你对某种特殊的自然美的钟爱，无论你是钦羡遒劲

① 《中国美学史资料选编》下，中华书局1981年版，第460页。

刚健的青松，还是挚爱青春焕发的绿柳，也无论你是崇敬光焰万丈的朝阳，还是钟情于朦胧柔和的明月，都可以受到美的滋养，肯定并净化你的道德追求。请热爱整个的自然美吧，即便是它们浑然天成的自然品格，也会鼓励你发展内在的道德要求，培养起超出一般道德规范的高尚的道德情操。

自然美美育的深化，还能发展你的艺术修养，还能引导你投身体育锻炼，把健与美融为一体。那么，请你不满足于对美的直观欣赏，更进而参加美的创造吧。

这样，我们就不仅对个人进行自然美美育提出了若干建议，而且对本书的内容作了一种总结。我们相信，只要个人积极努力，在我们的家庭、学校和社会的支持和帮助下，自然美美育一定结出丰硕的成果，折射出耀眼的光芒，为我们的精神文明建设作出独特的贡献。

席勒曾经说过："只有美才能使全世界幸福，谁要是受到美的魔力的诱惑，他就会忘掉自己的局限。"[①]朋友，让我们走进那充满无穷魅力的大自然。在自然美的美育中，不但忘掉自己的局限，而且不断地克服自己的局限。不懈地追求自身的全面发展，不断地超越自我，那是很幸福的。

---

① 《美育书简》，中国文联出版公司1984年版，第146页。

图书在版编目（CIP）数据

自然之美/严昭柱著. －北京：作家出版社，2013.5
ISBN 978－7－5063－6888－9

Ⅰ.①自… Ⅱ.①严 … Ⅲ.①自然美－文集 Ⅳ.①B83－069

中国版本图书馆 CIP 数据核字（2013）第 083042 号

自然之美

作　　者：严昭柱
责任编辑：罗静文
装帧设计：张晓光
出版发行：作家出版社
社　　址：北京农展馆南里 10 号　**邮编**：100125
电话传真：86－10－65930756（出版发行部）
86－10－65004079（总编室）
86－10－65015116（邮购部）
E－mail：**zuojia@ zuojia. net. cn**
http://www. haozuojia. com（作家在线）
印　　刷：三河市华业印装有限公司
成品尺寸：152×230
字　　数：360 千
印　　张：27
版　　次：2013 年 5 月第 1 版
印　　次：2013 年 5 月第 1 次印刷
ISBN　978－7－5063－6888－9
定　　价：39.00 元